AI芯片

前沿技术与创新未来

张臣雄◎著

人民邮电出版社

北 京

图书在版编目（CIP）数据

AI芯片：前沿技术与创新未来 / 张臣雄著. —— 北
京：人民邮电出版社，2021.4
ISBN 978-7-115-55319-5

Ⅰ．①A… Ⅱ．①张… Ⅲ．①半导体集成电路—研究
Ⅳ．①TN4

中国版本图书馆CIP数据核字(2021)第003830号

内 容 提 要

本书从人工智能（AI）的发展历史讲起，介绍了目前非常热门的深度学习加速芯片和基于神经形态计算的类脑芯片的相关算法、架构、电路等，并介绍了近年来产业界和学术界一些著名的 AI 芯片，包括生成对抗网络芯片和深度强化学习芯片等。本书着重介绍了用创新的思维来设计 AI 芯片的各种计算范式，以及下一代AI 芯片的几种范例，包括量子启发的 AI 芯片、进一步提升智能程度的 AI 芯片、有机自进化 AI 芯片、光子AI 芯片及自供电 AI 芯片等。本书也介绍了半导体芯片技术在后摩尔定律时代的发展趋势，以及基础理论（如量子场论、信息论等）在引领 AI 芯片创新方面发挥的巨大作用。最后，本书介绍了 AI 发展的三个层次、现阶段 AI 芯片与生物大脑的差距及未来的发展方向。

本书可供 AI 和芯片领域的研究人员、工程技术人员，科技、产业决策和管理人员，创投从业者和相关专业研究生、本科生以及所有对 AI 芯片感兴趣的人士阅读参考。

◆ 著　　　　　张臣雄
　　责任编辑　　贺瑞君
　　责任印制　　李　东　　周昇亮
◆ 人民邮电出版社出版发行　　北京市丰台区成寿寺路 11 号
　　邮编　100164　　电子邮件　315@ptpress.com.cn
　　网址　https://www.ptpress.com.cn
　　廊坊市印艺阁数字科技有限公司印刷
◆ 开本：787×1092　1/16
　　印张：25　　　　　　　　　　2021 年 4 月第 1 版
　　字数：456 千字　　　　　　　2024 年 10 月河北第 15 次印刷

定价：159.80 元

读者服务热线：(010)81055552　印装质量热线：(010)81055316
反盗版热线：(010)81055315
广告经营许可证：京东市监广登字 20170147 号

前言
PREFACE

人工智能（Artificial Intelligence，AI）正在影响各行各业，并将极大地影响人们的工作和生活。而 AI 技术的核心之一就是 AI 芯片。从利用图形处理器作为最初的深度学习加速芯片开始，到专门为 AI 定制的五花八门的专用芯片，在短短几年的时间里，AI 芯片就飞速发展成为一个新兴的产业。各大公司和研究机构、高等院校纷纷成立专门的 AI 研究机构，研究 AI 算法、模型和硬件（即 AI 芯片），有的大学甚至还为本科生开设了 AI 课程，以培养社会急需的 AI 人才。

从最初深度学习加速器的产业化，到基于神经形态计算的类脑芯片迅速发展，AI 芯片在数年内取得了巨大进步。在未来 5 年或更长时间内，我们期待基于新型存储器、利用存内计算的深度学习 AI 芯片能够产业化，同时期待类脑芯片逐渐取代深度学习 AI 芯片。按照现在的技术发展轨迹，我们或许可以预测 10 ～ 20 年后 AI 芯片的形态：除了比现在强大得多的性能、极低的功耗外，它将不是现在这样硬邦邦的一块硅片，而可能是可弯曲、可折叠甚至全透明的薄片，可以随时按需打印，可以植入人类体内，甚至可能是一种用蛋白质实现或依照 DNA 计算、量子计算原理设计的 AI 芯片。

在这样一个科技飞速发展的时代，颠覆性的创新（包括基础理论的创新）正不断出现。AI 的发展包含了两个并行发展和演进的领域：一个是"AI 发现"领域，这个领域包含了不断在创新的新型神经网络和算法；另一个是"AI 实现"领域，即如何通过芯片用最佳的架构、电路、器件和新的材料实现算法。如果要在核心关键技术方面迎头赶上，我们必须加强上述两个领域的基础研究和应用研究。

在这样的形势下，关于 AI 的研究成果和专利正呈现出爆炸式的增长，每个月、每周，甚至每天都会出现大量新的创想、新的论文，而基于新算法所实现的 AI 芯片，也已达到令人"眼花缭乱"的地步。AI 领域不再是前几年只有几棵"大树"的景况，如今它已经变成了一片辽阔的"森林"。对在该领域工作的研发人员来说，先到这片"森林"中去逛一逛，再回过头来培育自己的"大树"或"树苗"，一定能有所获益。以此为初衷，本书对 AI 芯片领域的理论现状和发展进行了梳理，旨在带领读者俯瞰 AI 这片"森林"中 AI 芯片一隅的概貌，以了解 AI 芯片当前最新的研发情况、技术进展和一些新的研究方向。作者也基于多年经验，给出了对未来几年的展望，希望帮助广大读者对这个领域的知识和发展有进一步的认识。

人民邮电出版社贺瑞君编辑对书稿进行了精心审读，提出了宝贵的意见；出版社其他工作人员也为本书作了大量努力，让本书得以较快与读者见面，在此谨向他们表示最诚挚的感谢！

AI 芯片的研究工作和产业化正在以日新月异的速度向前推进，这是一个涉及面非常广的技术领域，作者也在不断探索中。因作者水平有限，书中难免有疏漏与谬误之处，敬请业界同行和读者指正。

张臣雄

2020 年 9 月

目录
CONTENTS

第二篇　最热门的 AI 芯片

第六篇　促进 AI 芯片发展的基础理论研究、应用和创新

第一篇

导　论

第 1 章 AI 芯片是人工智能未来发展的核心
——什么是 AI 芯片

随着人工智能（Artificial Intelligence，AI）的热潮席卷各行各业，作为人工智能核心的"AI 芯片"变得炙手可热，它是所有智能设备必不可少的核心器件，专门用于处理 AI 相关的计算任务。AI 芯片领域不光是半导体芯片公司竞争的舞台，连互联网公司、云计算公司都纷纷发布推出芯片的计划。而大大小小的 AI 芯片初创公司更是像雨后春笋般出现，各种 AI 芯片相关的发布会、研讨会上人头涌动、热闹异常，都说明了人们对于 AI 芯片的浓厚兴趣。

AI 芯片包含两个领域的内容：一个是计算机科学领域，简单地说就是软件，即研究如何设计出高效率的智能算法；另一个是半导体芯片领域，简单地说就是硬件，即研究如何把这些算法有效地在硅片上实现，变成能与配套软件相结合的最终产品。

下面，让我们先回顾一下 AI 芯片的简要历史、AI 芯片到底需要完成什么样的运算，再作后续讨论与介绍，包括：

（1）AI 芯片（包括深度学习加速器和类脑芯片等）的实现方法；

（2）各种新颖的算法和架构；

（3）新的计算范式（如模拟计算、存内计算、近似计算、随机计算、可逆计算、自然计算、仿生计算、储备池计算、量子启发计算、有机计算等）；

（4）光子 AI 芯片和"自进化""自学习"的 AI 芯片，量子场论、统计物理、信息论等基础理论如何引领 AI 算法的创新，以及基于信息论的新颖 AI 芯片；

（5）如何实现能够"带创造力"和"自供电"的 AI 芯片；

（6）"后摩尔定律时代"的芯片技术；

（7）AI 芯片的"杀手锏"应用和分"左右脑"的新颖 AI 芯片等；

（8）AI 芯片的发展前景及面临的挑战。

1.1　AI 芯片的历史

从工业革命开始，机器已经逐步取代了人类的重复性手工劳动和繁重的体力劳动。如今，人类的部分脑力劳动和知识性工作也逐渐可以被具有人工智能的机器所取代。

这种带有 AI 芯片的"智能机器"具有强大的计算处理和学习能力，可以自主操作。智能机器不但可以仿照人类肌肉执行任务，而且将成为大脑功能的替代者。这种智能机器将会越来越普及，性能也将会不断提高，它将被广泛地用于人脸识别、汽车驾驶、艺术作品创作、新材料合成、新药开发、医学诊断、机器人及人们的日常生活中。可以这样说，在未来的 25 年内，AI 将无处不在，它将可以胜任大部分人类正在从事的工作。因此，在未来，现在人类大部分的工作岗位都将被这种智能机器"抢走"，也就算不上是危言耸听了。

如前所述，AI 芯片的发展主要依赖两个领域的创新和演进：一个是模仿人脑建立起来的数学模型和算法，这与脑生物神经学和计算机科学相关；另一个是半导体集成电路，简称芯片。

芯片是上述智能机器的"核心"，是运行这种机器最关键的"引擎"。从 1957 年第一块芯片发明以来，芯片技术得到了极为迅速的发展。从一开始几个晶体管的集成，到今天已经可以在一块很小的硅基芯片上集成几十亿甚至几百亿个晶体管，这是非常了不起的人类智慧的结晶，也是人类历史上的奇迹。海量晶体管的集成使大量运算得以进行，从而大大提高了芯片的运算能力。今天用于深度学习的图形处理器（Graphics Processing Unit，GPU）芯片，已经可以达到 100 TFLOPS（每秒 100 万亿次浮点运算）以上的运算速度，是 20 世纪 90 年代初超级计算机 Cray-3 运算速度（16 GFLOPS，即每秒 160 亿次浮点运算）的 6000 多倍。

世界上第一块芯片是由美国德州仪器（TI）公司的杰克·基尔比（Jack Kilby）发明的。现已退休的台积电（TSMC）创始人张忠谋在他的自传里，记述了当时他和芯片发明人杰克·基尔比一起并肩工作的情景。"我入职 TI 不久，结识了一位和我几乎同时加入的同事，他有一个令人印象深刻的外表，高得出奇（超过两米）、瘦削，最显眼的是巨大的头颅。那时他 30 多岁，……正想把好几个晶体管、二极管，加上电阻器，组成一个线路放在同一粒硅晶片上。……老实说，那时要我做一个晶体管都有困难，把好几个晶体管再加别的电子元器件放在同一粒硅晶片上，还要它们同时起作用，简直是匪夷所思。"但杰克后来成功了。就是这块芯片，奠定了后来信息革命的基础。

AI 想法的产生，以及后来神经网络数学模型和算法的发展，一路上伴随着半导体芯片的演进过程。虽然在二十世纪三四十年代就有人在研究人类的脑功能，并试图建立一种数学模型，但没有产生较大影响。直到 1957 年，模拟人脑的感知器（Perceptron）的发明被看作是第一个"人工神经网络"方面的突破。感知器是当时就职于康奈尔航空实验室的法兰克·罗森布拉特（Frank Rosenblatt）发明的。作为最简单的前向人工神经网络形式，感知器虽然结构简单，但它拥有学习能力，能不断进化从而解决更为复杂的问题。

到了 20 世纪 80 年代，已经有人研究构建模仿大脑运行的硬件（不是从逻辑学的角度来看，而是根据感知器的模型），这是构建人工神经元和神经网络的初步尝试。AI 走出实验室，走向商品化，形成了巨大的投资热潮。当时人们预测，如果使用感知器构建深度神经网络（Deep Neural Network，DNN），可以在计算机上构建类人的推理和学习机制。不少公司不但使用数字电路，还尝试使用模拟电路来制作神经网络的芯片。但是，当时硬件的计算能力非常低，无法使这类网络模型得到有效应用。从 20 世纪 90 年代初开始，AI 科技泡沫逐渐破灭。

现在不少人认为当时的 AI 泡沫破灭是因为没有像如今最红火的"深度学习"（即深度神经网络）算法这样的好算法。其实，最关键的还是当时半导体芯片的运算能力没有跟上。"深度学习"这样的模型和算法，其实早在 20 世纪 80 年代就有了。1986 年，杰弗里·辛顿（Geoffrey E. Hinton）与同事们一起，探索了如何显著改善多层神经网络（即深度神经网络）的性能，使用被称为反向传播（误差反向传播方法）的算法，并发表了他们的划时代论文。1989 年，当时还在贝尔实验室的杨立昆（Yann LeCun）和其他研究人员一起开发了可以通过训练来识别手写邮政编码的神经网络，证明了能够在现实世界中应用这一新技术。但在那个时期，他们训练一个深度学习卷积神经网络（Convolutional Neural Network，CNN）需要 3 天的时间，因此无法投入实际应用。

这也说明了算法再好，如果没有足够的计算能力，也就是高性能的芯片，AI 就无法得到实际应用，只能在实验室里被束之高阁。

2009 年以来，AI 又一次受到人们的关注，飞速发展，这是由 GPU 芯片带动的。虽然英伟达（NVIDIA）公司在 1999 年就发明了 GPU，但从来没有人把它用于深度学习。一直到 2009 年，斯坦福大学的拉亚特·莱纳（Rajat Raina）、阿南德·马德哈文（Anand Madhavan）及吴恩达（Andrew Y. Ng）共同发表了一篇突破性的论文，介绍了如何利用现代 GPU 远超过多核中央处理器（Central Processing Unit，CPU）的计算能力（超过 70 倍），把 AI 训练时间从几周缩短到了几小时。

2012 年，一切都发生了变化。一系列极具影响力的论文发表，如亚历克斯·克里泽夫斯基（Alex Krizhevsky）、伊利·萨茨凯（Ilye Sutskever）和辛顿的《具有深度卷积神经网络的 ImageNet 分类》一文，就展示了他们在 ImageNet 图像识别挑战赛上取得的成果。其他很多实验室也已经在从事类似工作。在这一年结束之前，深度学习已成为美国《纽约时报》的头版，并且迅速成为人工智能中最知名的技术。

之后，深度学习在图像识别、语音识别方面的实验结果逐年得到改善，直到超过人类的识别率，引起人们的极大关注，再次掀起了 AI 热潮。由此可见，AI 与半导体芯片的发展是紧密联系在一起的，没有 GPU 等半导体芯片近年来的迅猛发展，AI 就不会像今天这样炙手可热。从图 1.1 中可以看到按时间顺序列出的 AI 和半导体芯片的演进历程对照。

虽然感知器和第一块芯片都是在 1957 年发明的，但 AI 和半导体芯片这两条路发展到现在，还不能说很匹配。芯片的运算能力还远远无法满足算法的运算需求。非营利组织 OpenAI 的资深研究员最近指出，芯片性能需要每年提高 10 倍，才能满足训练 DNN 的需求。这个需求是巨大的，但目前看来还难以满足。

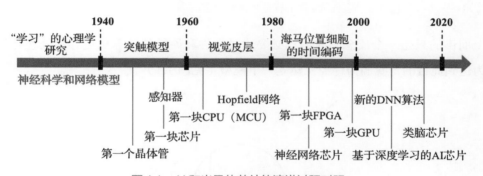

图 1.1　AI 和半导体芯片的演进过程对照

1.2　AI 芯片要完成的基本运算

AI 芯片是模仿大脑运作的芯片，它使用模拟神经元和突触的模型来尝试再现人类智能。

1.2.1　大脑的工作机制

大脑中有许多神经细胞，可以通过连接传达信息，并建立记忆。具有这种作用的神经细胞被称为神经元。神经元在连接处不断发送电子信号以传输信息，而突触就位于该连接处。换句话说，大脑中的神经细胞是神经元，它们的交界处是突触。

如图 1.2 所示，神经元由树突、突触、核及轴突构成。单个神经元只有激活与未激活两个状态，激活条件为从其他神经元接收到的输入信号量总和达到一定阈值。神经元被激活后，电脉冲产生并沿着轴突经突触传递到其他神经元。现在我们用"感知机"的概念模拟神经元行为，需要考虑权重（突触）、偏置（阈值）及激活函数（神经元）。

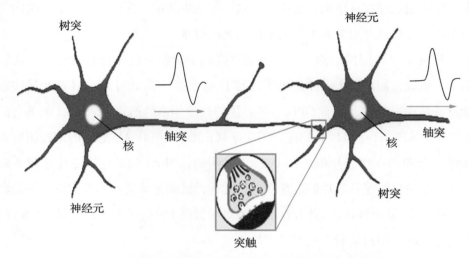

图 1.2　脑细胞连接的构造：神经元之间通过突触连接成网络

上面讲的只是一个概念，我们有必要通过软件和硬件使计算机更容易处理神经元行为。为达到此目的，我们为神经元建立一个模型（见图 1.3）。

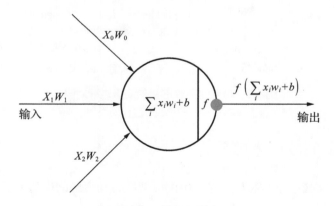

图 1.3　神经元模型

图 1.3 中，函数 f 是输入和输出之间的关系，称为激活函数；w_i 是突触特征的权重，权重为正表示突触兴奋，权重为负表示突触处于抑制状态；x_i 是另一个神经元的输出；b 是神经元激活（将输出传递到后续阶段）的阈值。

激活函数 $f(x)$ 的部分常见形式如图 1.4 所示。使用激活函数的目的是引入非线性，使输入和输出脱离线性关系。

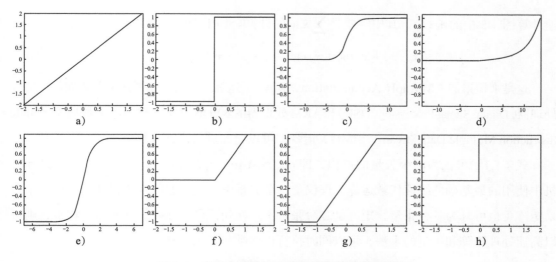

图 1.4　表示大脑神经元开和关的激活函数举例

a）线性函数　b）符号函数　c）Sigmoid 函数（S 形函数）　d）Softmax 函数

e）双曲正切 S 形函数　f）ReLU 函数　g）硬双曲正切 S 形函数　h）阶跃函数

目前用得最多的激活函数是图 1.4f 所示的修正线性单元（Rectified Linear Unit, ReLU）函数。ReLU 函数的表达式非常简单，就是小于 0 的部分全部置为 0，其他保持不变。S 形（Sigmoid）函数（见图 1.4c）是传统的神经元模型最常使用的激活函数，它基于神经科学仿生而得出。在第二波神经网络的浪潮中，S 形函数被用来模拟之前提到的神经元的激活过程，表现出了高度适用的效果。但该函数也容易带来饱和效应问题（即梯度弥散效应），会造成很长的"学习"时间。看似简单的 ReLU 函数解决了这个问题，因此成为深度学习算法的重大改进点之一。

1.2.2　模拟大脑运作的神经网络的计算

把神经元连起来，就成为一个神经网络（见图 1.5）。深度学习，即深度神经网络（DNN）的特点是在输入层和输出层中间加了很多层，称为隐藏层。目前较新的 DNN，已经有几百个甚至 1000 个以上的隐藏层。在 DNN 中，通过添加层的数量，可以将精度和吞吐量提高，并可以通过改变权重来响应各种功能。由于深度学习的采用，神经网络的层数显著增加，导致模型非常大。一般需要多达数千万的权重来定义神经元之间的大量连接，这些参数是在很费时间的学习过程中确定的。

AI 芯片是一种高速执行神经网络输入到输出计算过程的芯片。这里重要的是如何快速计算图 1.3 中的函数 f，其中主要是 $\sum\limits_i x_i w_i$ 的计算。如果把此式展开，可写成：

$$x_0 \cdot w_0 + x_1 \cdot w_1 + x_2 \cdot w_2 + \cdots + x_n \cdot w_n \qquad （1.1）$$

这是乘积累加（Multiply Accumulation，MAC）运算。传统上，通过使用诸如数字信号处理器（Digital Signal Processing，DSP）和 ARM 处理器的 NEON 之类的单指令多数据流（Single Instruction Multiple Data Stream，SIMD）指令，可以对此进行高速计算。

式（1.1）可视为两个矢量的点积，即 $(x_0, x_1, x_2, \cdots, x_n)(w_0, w_1, w_2, \cdots, w_n)$。点积是计算机中使用的最基础的线性代数运算，仅仅是两个矢量中相关元素的乘积累加。矢量的集合是矩阵（也可称为一种张量，矩阵是二阶张量）。换句话说，如果矩阵和矩阵相乘，则可以高速处理矩阵和矢量的乘法，可以同时执行许多乘积累加运算。

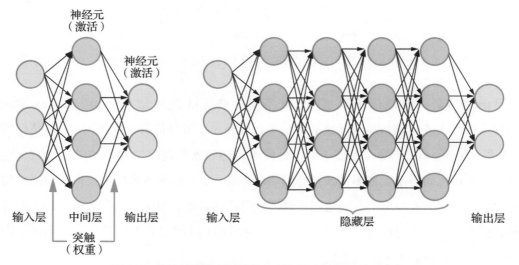

图 1.5　最简单的神经网络（左）和深度神经网络（右）

矩阵和矩阵的乘法及矩阵和矢量的乘法可以针对每个行和列并行计算，因此很适合多处理器并行处理。此外，在神经网络中，由于只有前一层的结果（神经元值）涉及特定神经元的计算，并且不依赖同一层的神经元计算，因此神经元值可以并行处理。

由此可见，AI 芯片（这里指用于深度学习加速的芯片）的本质是"高速张量运算及并行处理"。神经网络处理单元主要就是由乘积累加模块、激活函数模块和汇集模块组成的。

1.2.3　深度学习如何进行预测

通过使用构造相对简单的深度神经网络（DNN），可以实现传统上用复杂逻辑才能实现的功能，如识别和预测等。这里举一个简单的例子，来说明深度学习如何进行预测。

图 1.6 是一个正弦函数 $y = \sin(Ax)$，参数 A 控制正弦波的频率。对于人类来说，一旦我们理解了正弦函数，就能知道它在任何参数 A 下的行为。如果我们得到一个部分正弦波，就可以弄清楚它应该是什么样的波，并且可以将波外推到无穷大。

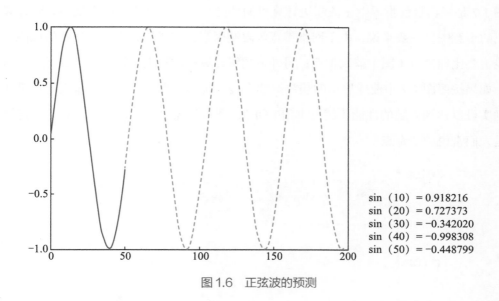

$$\sin（10）= 0.918216$$
$$\sin（20）= 0.727373$$
$$\sin（30）= -0.342020$$
$$\sin（40）= -0.998308$$
$$\sin（50）= -0.448799$$

图 1.6　正弦波的预测

深度学习可以预测参数 A 未知的正弦波。这是一个时间序列预测问题。我们希望能在训练期间模型从未见过参数 A 的情况下，预测其未来的值。

正弦波通常通过泰勒级数展开等方法计算。但是如果创建一个对应表，就将立即获得一系列正弦波的值，给定一些与函数 $\sin(Ax)$ 匹配的数据点，就可以尝试预测未来的值。简单地说，神经网络的学习只是等同于制作图 1.6 的对应表。

图灵奖得主、贝叶斯网络之父朱迪亚·珀尔（Judea Pearl）在近年的一篇访谈 [1] 中直言："当前的深度学习只不过是'曲线拟合'（Curve Fitting）。这听起来像是亵渎……但从数学的角度，无论你操纵数据的手段有多高明，从中读出来多少信息，你做的仍旧只是拟合一条曲线罢了。"珀尔还指出，"当前的机器学习系统几乎完全以统计学或盲模型的方式运行，不能由此做出未来的高度智能机器。"他认为突破口在于因果革命，借鉴结构性的因果推理模型，能对自动化推理做出独特贡献。

1.2.4　提高性能和降低功耗

人类大脑大约有 1000 亿个神经元。在任何给定的时刻，单个神经元可以通过突触将指令传递给数以千计的其他神经元——即传递到神经元之间的空间中，而神经递质通过这个空间交换。大脑中有超过 100 万亿个突触介入神经元信号传导，在剪除大量连接的同时加强一些连接，使大脑能够以闪电般的速度识别模式、记住事实并执行其他学习任务。

图 1.7 是根据目前世界上主流超级计算机的性能绘出的计算机性能发展与人脑计算性能对比的示意图。一般来说，由于网络带宽等限制因素，超级计算机实际达到的性能（图中红线）要比理论值（图中蓝线）低；另外，超级计算机的耗电量极大，导致运行成本非常高。如果按照图 1.7 中曲线展示的趋势继续发展，说不定再过几十年，超级计算机在性能上确实可以达到人脑的性能（超过 1 ZFLOPS，即每秒超过 10^{21} 次浮点运算）。这说不定就是人们常说的"奇点"。

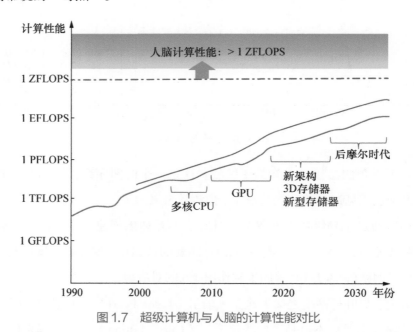

图 1.7　超级计算机与人脑的计算性能对比

但是，如果按照目前的技术水平，超级计算机达到人脑性能需要耗费的电力将会是个天文数字，所以实际上是不可行的。在高性能芯片上工作的深度学习系统能效很低，运行功耗非常大。例如，如果为了完成计算密集型任务而并行使用多个 GPU，功率很容易超过 1000 W。人脑则通常不会完全执行详细的计算，而只是进行估算，功耗几乎不到 20 W，这只是一般灯泡所需的功率。2016 年，AlphaGo 对战围棋九段高手李世石时，运行该 AI 程序的服务器功耗达 1 MW，将近人脑的 5 万倍。

因此，对于 AI 芯片设计来说，节能是一个亟待解决的重大课题，这里涉及半导体器件、电路甚至半导体材料本身的问题。

另外，与其他应用不同，深度学习算法对网络带宽的需求也异常高。在目前一些超级计算机架构设计中，深度学习的运行速度非常慢，其原因是并行深度学习涉及大量参数同步，需要极大的网络带宽。如果网络带宽不足，那么在某些时候，添加到系统的计算机（或处理单元）越多，深度学习就越慢。因此，针对深度学习的新架构设计非常重要。

1.3　AI 芯片的种类

过去，大部分 AI 模型的建立或算法的运算，都是在以 CPU 为核心的计算机里进行模拟的结果。

近些年来，正如摩尔定律所揭示的，业界通过在芯片上放置越来越多的晶体管使 CPU 实现更高的性能。然而，由于严格的功耗限制，片上时钟频率无法跟随这种上升趋势。使用多核处理器可以在不提高时钟频率的情况下提高计算性能。因此，从 2005 年开始，主流厂商转而采用多核处理器作为克服该问题的替代解决方案。但是很可惜，这种解决方案从长期来看可扩展性并不好。通过在芯片内部添加更多处理器核所实现的性能提升，是以各种快速增长的复杂性为代价的，如核与核之间的通信、内存一致性，还有最重要的功耗问题。

在早期的芯片工艺技术发展节点中，从一个节点到下一个节点允许的晶体管频率几乎加倍，并且可以通过降低电源电压，使功率密度几乎保持恒定。随着工艺技术进一步发展，虽然从一个节点到另一个节点的晶体管密度仍会增加，但它们的最大频率大致相同，并且电源电压不会相应地降低。结果，现在每个新技术节点的功率密度都在增加。因此，现在最大的挑战是降低单位平方毫米的功耗和热量耗散。

这种趋势很快就会限制内核数量的扩展，就像十多年前单个 CPU 核时钟频率被限制的情况那样。很多技术论文将这种情形表述为"暗硅"（Dark Silicon）效应——芯片在工作的时候，其中一部分区域必须保持断电以符合热量耗散约束条件。用一个简单的比喻来说，就好像房间里装了很多几百瓦的大灯泡，不能同时打开，只能让其中一部分点亮，如果同时打开，该房间的线路就会因高温被烧毁。解决此问题的一种方法是使用硬件加速器。硬件加速器可帮助处理器降低工作负载，提高总吞吐量并降低能耗。

现在的绝大多数 AI 芯片，就是这种硬件加速器。目前市场上第一批用于 AI 的芯片包括现成的 CPU、GPU、FPGA 和 DSP，以及它们的各种组合。虽然英特尔（Intel）、谷歌（Google）、英伟达（NVIDIA）、高通（Qualcomm）和 IBM 等公司已经推出或正在开发新的芯片设计，但目前还很难说哪家一定会胜出。一般来说，总是需要至少一个 CPU 来控制系统，但是当数据流需要并行处理时，将需要各种类型的协处理器（即硬件加速器），这就是专用集成电路（Application Specific Integrated Circuit，ASIC）芯片。

CPU、GPU、FPGA 及 ASIC 这 4 种芯片有不同的架构（见图 1.8）。下面分别讨论这 4 种芯片。

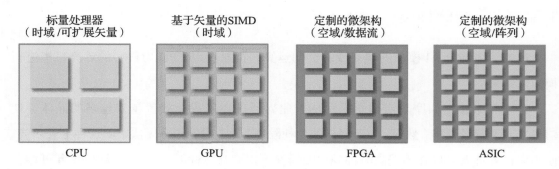

图 1.8　4 种芯片的不同架构

1. CPU

AI 算法（包括深度学习算法）可以在通用 CPU 上实现。由于 CPU 的普及和通用编程能力，神经网络技术在开始时期被大量推广和应用。一些关键的算法验证都是在 CPU 上完成的。

但是，CPU 并不是实现神经网络的理想硬件。CPU 以提供复杂的控制流而闻名，这对于更常规的、基于规则的计算可能是有益的，但对像使用数据驱动方法那样的神经网络却不是那么重要。神经网络的运行过程几乎不需要控制，因此在神经网络计算中，数据流是计算的主要部分，而不是控制流。

另外，对于 AI 算法的硬件实现和大规模应用来说，高吞吐量和低时延计算的需求在不断增长，而通用 CPU 是基于冯·诺依曼（Von Neumann）体系结构的处理器，存在不少结构限制；摩尔定律发展的放慢也意味着 CPU 的性能无法再得到快速改善。

2. GPU

GPU 最初用于快速图形渲染，它适用于 SIMD 并行处理，能快速进行图形渲染相关的浮点密集型计算。GPU 架构的发展非常迅速，从一开始的可重构 GPU，发展到可编程的大规模并行协处理器，这使它非常适合 AI 这样需要高性能并行计算的场景。为了满足更快和更高精度 AI 的需求，人们正在继续推动越来越多并行 GPU 的开发。现在，具有超过 1000 个处理核和很大容量片上存储器的 GPU，其功耗仅为几瓦。尽管如此，对一些终端应用来说，这样的能效还不够高。

另外，利用 GPU 来模拟类脑架构，如脉冲神经网络（Spiking Neural Network，SNN），也是一种选择。其中一种被称为 GPU 增强型神经网络（GPU-enhanced Neural Network，GeNN）的类脑网络，利用神经网络算法的并行特性提供仿真环境，可以通过基于代码生成的方法在英伟达通用 GPU 上执行。

为了帮助软件工程师更方便地开发并行软件，像 CUDA 这样的 GPU 专用编程系统也一直在不断完善，它可以运行数万个并发线程和数百个处理器核。但是从本身的架构来说，GPU 的设计还存在一些缺陷。例如，很难快速地为 GPU 加载数据以使它们保持忙碌状态等。因此，很多人在继续研究新的 GPU 架构。无论如何，在模拟大型人工神经网络时，GPU 还是发挥了非常大的作用。

3. FPGA

现场可编程门阵列（Field Programmable Gate Array，FPGA）是一种"可重构"芯片，具有模块化和规则化的架构，主要包含可编程逻辑模块、片上存储器及用于连接逻辑模块的可重构互连层次结构。此外，它还可能包含数字信号处理模块和嵌入式处理器核。从电路级设计来看，FPGA 可以通过使用触发器来实现时序逻辑，通过使用查询表来实现组合逻辑。通过执行时序分析，可以插入流水线级以提高时钟频率。从系统级设计来看，FPGA 可进行高级综合，可以将 C 语言转换为可综合的硬件描述语言（Hardware Description Language，HDL），以加速开发过程。

FPGA 的优点是非常明显的。即使在被制造出来以后，FPGA 都可以在运行之前和运行期间对硬件进行重构，这给硬件应用带来了极大的灵活性。因此在 20 世纪 80 年代末，赛灵思（Xilinx）公司在最初推出 FPGA 时就宣称，它是芯片业界的一场革命。

近年新发布的一些 FPGA 采用了嵌入式 ARM 内核的片上系统（System-on-a-Chip，SoC）设计方法。如今，具有约 10 亿个逻辑门复杂度和几兆字节（MB）内部静态随机存取存储器（Static Random-Access Memory，SRAM）的 SoC 设计可以用最先进的 FPGA 实现。它的时钟频率接近吉赫兹（GHz）范围，因此算力可以在几瓦的功耗下达到 GFLOPS 的数量级。因此，FPGA 为并行实现人工神经网络提供了一个有吸引力的替代方案，具有灵活性高和上市时间短的优势。

开发 FPGA 和 ASIC 设计的时间基本相当，但 FPGA 的一大优势是不需要制造时间，在用有效的 EDA 工具电路综合之后，即可直接测试新设计。而且 FPGA 的并行化程度可以做得很高。但是，与 ASIC 相比，FPGA 的缺点是速度更慢、面积更大、功耗更高。

未来，并行标准芯片（如多核 CPU、GPU 或 FPGA）在市场驱动的开发和改进中具有成本效益高、容易获得等优势。它们具有最高的灵活性，不但可以用于深度学习加速器，而且可以用于本书第 5 章将介绍的类脑架构及其他类型的智能计算和仿生计算。

4. ASIC

ASIC 是定制的专用 AI 芯片，可以在芯片架构和电路上进行优化，以满足特定的应用需求。无论从性能、能效、成本角度，还是算法的最佳实现方面，ASIC 都是标准芯片无法比拟的。随着 AI 算法和应用技术的发展，ASIC 逐渐展现出自己的优势，非常适合各种 AI 应用场景。现在大部分 AI 芯片的初创公司，都是以开发一种独特、新颖的 ASIC 为目标。

把 AI 算法"硬件化"，即用 ASIC 来实现，带来了高性能、低功耗等突出优点，但缺点也是十分明显的。ASIC 芯片的开发需要很高的成本，一旦设计完毕，交由芯片代工厂流片（即制造芯片），首先需要支付一大笔一次性工程费用。这种费用一般不会低于 1000 万美元。这对中小型企业，尤其是初创公司来说，是一道很高的门槛。而 AI 又属于一个技术迭代速度很快的领域，现在几乎每隔几个月就会有新的算法和模型出现，这对于开发芯片的公司来说，意味着很大的商业风险。

ASIC 芯片一旦开始批量生产，就无法再改动里面的硬件架构。万一市场对 AI 芯片功能的需求出现重大变化，或者研发成功了新的 AI 算法，那这款芯片就只能被淘汰而由芯片设计者继续开发新的芯片。有的公司为了及时使用新的算法，甚至需要中途从代工厂召回正在生产的 ASIC 芯片，以更新芯片设计。

为了避免这种风险，除了选用灵活性很高的 FPGA 来实现之外，还可以采用模块化设计方法，即形成一个 IP 核（知识产权核，Intellectual Property Core）的库，可以根据设计需要来选取。

目前比较前沿的研究是设计"可进化"芯片，它基本上接近通过芯片的"自学习"来提升芯片自身的性能。AI 芯片的最终目标是能够"自学习"，即芯片能够自己学习"如何学习"；另外一个重要目标是做到智能机器之间（相当于 AI 芯片之间）的相互学习和协调，从而使智能机器自己得到更多的知识。这种"自学习"的性能，很可能随时间呈指数级提升，并将最终导致智能机器的智能水平超越人类。这条路虽然还很漫长，但是一些研究人员已经开始起步。

图 1.9 为不同种类的 AI 芯片及其计算范式。

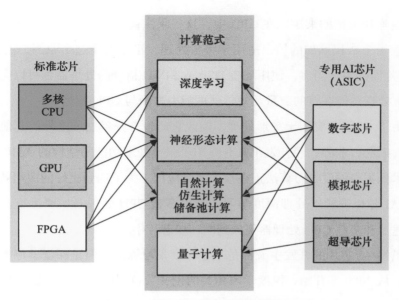

图 1.9　AI 芯片的种类及其计算范式

1.3.1　深度学习加速器

FPGA、GPU 和多核 CPU 处理器等并行标准芯片种类的日益丰富，为人工神经网络的实时应用提供了更大的选择范围。由于这些标准芯片价格低廉且可从市场上直接获得，采用它们实现神经网络计算比较容易起步。

深度神经网络本质上是并行的，因此很明显，使用多核处理器来实现深度神经网络是有吸引力的。"并行计算"这个概念让很多研究人员至少着迷了 30 年。过去一段时间，人们在并行计算领域付出的努力已经让市场看到了希望并聚集了不少投资。但截至目前，单处理器计算仍占上风。然而，通用计算正在向并行架构迈出不可逆转的步伐，因为单线程单处理器的性能无法再以过去那种速度提高。

具有高度并行性的神经网络的兴起，使人们对高性能并行计算的需求又一次被提上日程。真实世界的应用是并行的，硬件也可以做到并行，而缺少的是编程模型和支持这些不断发展的大规模并行计算体系结构的系统软件。此外，如何在多核架构的计算能力、存储器容量及内部和外部通信带宽之间取得平衡，目前尚无明确共识。

在并行超级计算机或计算机网络上模拟大型神经网络，把神经网络映射到多核架构方面，已经有了很多研究成果，各种技术被开发出来。多核处理器也可以嵌入机器人或智能手机这样的移动设备里。

如前文所述，深度学习算法中的大部分处理涉及矩阵乘法。GPU 擅长矩阵和矩阵的乘法，以及矩阵和矢量的乘法。在 GPU 中，这些乘法被大量用于三维坐标的转换。GPU 具有数百到数千个乘积累加的核，适用于张量处理。正是由于这个原因，英伟达的 GPU 以作为 AI 芯片而闻名。当然，使用配备 DSP 或 SIMD 指令的处理器也可以完成类似的处理，但很少有处理器能在核的数量及并行处理能力方面与 GPU 相当。

但是，由于 GPU 主要用于图形处理，因此它还包含张量处理之外的其他功能，这导致了高功耗。因此，业界已经开发出具有专用于张量处理功能的结构的 ASIC 芯片。基于几十年的技术积累，深度学习算法正在投入实际应用。为了达到更好的应用效果，需要有这种专用的 AI 芯片来加速处理深度学习，帮助多核 CPU 处理器加速运算。今后的趋势是把这类加速器和多核 CPU 处理器集成到同一块芯片中。

总之，虽然 AI 芯片的开发主流都是基于深度学习算法，但是深度学习本身也在不断改进和更新。从 2009 年开始，深度学习相关的论文数量每隔两年都会翻一番；2018 年之后，每天约有 100 篇关于这方面新的算法和思路的技术论文发表。这说明深度学习仍然是一个重要的研究领域，有许多有前景的应用和各种芯片设计的创新机会。

1.3.2　类脑芯片

要让 AI 芯片达到更高的智能水平，非常重要的一点是要使神经网络的运作模式更像人类大脑。除了大学研究所之外，很多开发 AI 芯片的公司专门成立了"脑神经科学"部门（如被谷歌收购的 DeepMind），以进一步研究人脑的思考过程，建立更科学、更符合生物特性、更细致的神经网络模型。

本书 1.3.1 节中讲到的深度学习加速器，就是在如何提高乘法计算和累加计算的性能上下功夫。为了贴近大脑的生物特性，AI 芯片应该具有在模拟而非数字方面更准确地模拟人类大脑运作的功能。用这种方法开发的 AI 芯片被称为类脑芯片或者神经形态芯片。这种芯片基于新的芯片架构，关键组成部分包含脉冲神经元、低精度突触和可扩展的通信网络等。脉冲神经元的概念直接来源于哺乳动物大脑的生物模型，其基本思想是神经元不会在每个传播周期都被激活，只有在膜电位达到特定值时才会被激活。膜电位是与细胞膜上的电荷相关的神经元的内在参数。

这类芯片的特点是基本上没有时钟，它采用事件驱动型操作（如模仿人类大脑电脉冲的脉冲神经网络），因此它的功耗远低于那些基于 DSP、SIMD 和张量处理等处理方式的芯片。

在过去 10 年中，美国和欧洲的大型政府资助计划都聚焦于神经形态芯片的开发。这些芯片按照以生物学为基础的原理运行，以提高性能和能效。例如，有些项目直接把许多输入"硬"连接到各个电子神经元,而有些项目使用类似生物神经元之间发生的短异步尖脉冲电压进行通信。

每个神经元、突触和树突均可以采用数字或模拟电路来实现。但是实际上,新的类脑芯片通常仍以传统的数字电路实现。对于数字芯片,我们可以使用有效的 EDA 软件工具来实现快速、可靠和复杂的设计,也可以使用最先进的生产线来生产器件密度最高的芯片。

而模拟电路的设计需要更多的设计时间,且设计人员需要具备良好的晶体管物理理论知识和布局布线设计的熟练经验。另外,只有少数工艺线(如 TI 等拥有的)以模拟电路为主要产品,对模拟电路的工艺流程有足够的经验。

此外,也有一些研究人员已开始将一些新型半导体器件,如阻变存储器(Resistive Random Access Memory,RRAM)技术应用于脉冲神经网络,来实现实时分类。

大约自 2018 年起,深度学习加速器在性能上有了飞速发展,占领了主流市场(这导致目前大部分人讲到 AI 芯片就只指深度学习加速器),而类脑芯片在性能上与这些深度学习加速器拉大了距离。类脑芯片在截至本书成稿时还无法真正商用。

因此,有家初创公司想走一条捷径:试图仍然使用深度学习的基本框架来保持较高的计算性能,而把类脑芯片的一些优点结合进去,如使用脉冲来激活深度学习中的输入,这样也可以比一般的深度学习模型大大降低功耗。这种思路仍然是深度学习的思路,而并非是类脑芯片。

个别研究深度学习的权威专家甚至认定基于神经形态计算的类脑芯片方向走不通,不如继续沿着深度学习这个思路深入研究下去。然而,类脑芯片不光是学术界实验室的产物,在产业界也有很多团队仍然在积极研究。更重要的是,深度学习更多地被视为一种数学模型,而类脑芯片才更接近模拟大脑功能的实际特征,因此有着达到高能效的巨大潜力。英特尔等公司的研究结果表明,当正确准备好数据时,这种神经形态计算可能非常强大,这可能会为新型电子产品提供机会。

1.3.3　仿生芯片及其他智能芯片

自然计算和仿生计算都是随着计算机硬件和计算机科学的进步而发展起来的。这些计算范式和算法涵盖了非常广泛的领域,其中发展最快的要数现在用得最多、最广的人工神经网络,这也是芯片实现最成功的领域。因为神经网络已在前文单独叙述了,本节介绍自然计算与仿生计算时就不再赘述。

自然计算包含的范围很广,它不但包括对生物机制的模拟,还包括对大自然的物理

（包括量子物理）、化学现象，及社会、文化、语言、情感等复杂自适应系统等的模拟，具有一定的智能机制。它被用来解决传统算法解决不了的问题，主要是在解决最优化问题上显示出强大的生命力和进一步发展的潜力。由于这类计算把大自然中有益的信息处理机制作为研究和模仿对象，也有人把这类算法称为"智能算法"。

自然计算的算法有退火算法、遗传算法、文化算法、蚁群算法、细胞神经网络、模糊算法、情感计算的算法、烟花算法等，也包含量子算法。这些算法可以用数字芯片或模拟芯片实现，很多是用 FPGA 实现，或者仅利用多核 CPU 进行模拟。而最近几年备受瞩目的量子计算，也有不少公司和大学研究所采用普通互补金属氧化物半导体（Complementary Metal Oxide Semiconductor，CMOS）硅基芯片，或硅光芯片来实现。现在，研究人员已经看到了用这样的芯片实现量子机器学习、量子 AI 计算的曙光。

仿生计算是对大自然生物机制的模拟，包含遗传计算、细胞自动机 / 细胞神经网络、免疫计算、DNA 计算（又称分子计算）等。生物体的自适应优化现象不断给人以启示，尤其是生物体和生态系统自身的演进和进化可以使很多相当复杂的优化问题得到解决。仿生算法主要利用 FPGA 实现，因为仿生芯片需要支持运行期间的硬件动态重构，还要有一定的容错性和鲁棒性。仿生计算应该属于上述自然计算的范畴，但因为它对 AI 芯片的未来发展会有重大影响，所以在这里专门列出。

如前文所述，AI 芯片的一个关键问题是"自学习"及"自进化"。这依靠什么来解决呢？如果我们关注一下仿生芯片的几大特点，就会有比较清楚的认识了。

（1）仿生芯片无须人工干预，通过自身在线进化，可以实现自动升级（不仅是软件升级，更主要是硬件升级）和自动设计。

（2）仿生芯片可以根据环境变化自适应调整硬件电路结构。随着芯片技术的进步，现在已经可以做到接近实时（10 ～ 15 个时钟周期）的自适应速度，就是说像一条变色龙那样，到一个新环境，马上就"变色"（改变硬件电路）。

（3）仿生芯片可以自己修复错误。现在芯片的线宽已经达到 7 nm 及以下，非常难以控制故障的出现。仿生芯片具备容错功能，能自动恢复系统功能。

（4）仿生芯片和深度学习加速器芯片结合，可以进一步提高运算速度，适应算法的不断更新。

业界把仿生芯片的这些特点，总结为"有机计算"的范式，也成立了专门的国际组织来讨论和交流这一领域的进展和趋势（见第 12 章）。

类似大脑架构和受自然界生物启发的自适应和模糊控制，投入实际使用已有 20 多年，但它们仍局限于仅面向某个功能，且对产品或服务的技术性能要求不高的应用。现在，随着 AI 芯片热潮的兴起，仿生芯片和其他智能芯片将会大有用武之地。仿生计算和其他智能计算的基本思路，既可以作为一种应用，用于 AI 芯片本身的扩展和完善，形成不同程度的"自学习"及"自进化"功能（如使用受量子物理启发的算法），又可以与目前的 AI 芯片结合起来，如应用仿生算法对 DNN 的架构进行神经架构搜索（Neural Architecture Search，NAS）及超参数优化，进一步提升深度学习的性能和能效。

1.3.4　基于忆阻器的芯片

20 世纪 80 年代初兴起的 CMOS 电路及其工艺实现，是芯片技术发展的一个重大里程碑。直到今天，芯片实现的基础还是 CMOS。除 CMOS 技术外，忆阻器（Memristor）也是深度学习加速器和类脑芯片的潜在硬件解决方案。"Memristor"一词是 Memory 和 Resistor 这两个英文单词的组合。忆阻器是新颖的两端元件，能够根据在其端子上施加的电压、电流来改变其电导率，最早是由美籍华人蔡少棠（Leon Chua）教授于 1971 年基于电路理论推理发现并证明的。蔡教授为找到电子学中除了电阻器、电感器、电容器之外的第 4 个基本电路元件而兴奋不已：当分别把电流、电压、电荷和磁通量画出 4 个区域时，其中 3 个区域可以对应电子学的 3 个基本电路元件——电阻器、电容器和电感器，剩下的一个区域对应一种非常独特的电子特性，但是当时只能从理论上证明会有这样一种基本电路元件存在（见图 1.10）。

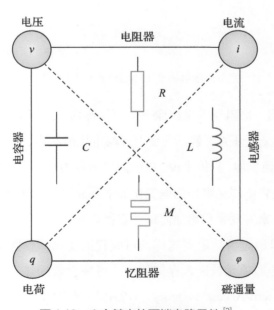

图 1.10　4 个基本的两端电路元件[2]

电阻器由电压 v 和电流 i 之间的关系定义；电感器由磁通量 φ 和电流 i 之间的关系定义；电容器由电荷 q 和电压 v 之间的关系定义；忆阻器则通过磁通量 φ 和电荷 q 之间的关系来定义。忆阻器的特性 i/v 方程可近似表示为

$$
\begin{aligned}
i_{MR} &= G(w, v_{MR})v_{MR} \\
dw/dt &= f_{MR}(w, v_{MR})
\end{aligned}
\qquad (1.2)
$$

式中，i_{MR}、v_{MR} 分别是忆阻器两端的电流和电压降；$G(w, v_{MR})$ 是随施加电压变化的电导（假设电压或磁通量受控制）的元件模型；w 是物理特征参数，其变化通常由所施加电压的非线性函数 f_{MR} 决定。

直到 2008 年，惠普公司的斯坦利·威廉（Stanley Williams）等人第一次在实验室里将用二氧化钛（TiO_2）制成的纳米元件夹在两个铂电极之间（$Pt-TiO_{2-x}-Pt$），做出了世界上第一个基于 TiO_2 薄膜的基本元件，即忆阻器。从那时起，研究人员已经发现并提出了许多纳米级的电阻材料和结构，最典型的是基于氧化还原的阻变存储器。

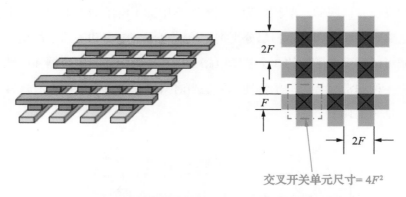

交叉开关单元尺寸 = $4F^2$

图 1.11　忆阻器由纵横交叉棒组成的交叉开关阵列来实现

从图 1.11 可以看到，忆阻器本身就像一个矩阵排列，两根交叉棒（Crossbar）的交叉点（Cross Point，又称交叉开关）就是可变电导与电压的相乘，而利用把这些交叉开关连起来的电流，就可以实现累加。具体来说，以电阻的电导为权重，电压为输入，电流为输出，来进行乘法运算；通过将不同忆阻器的电流相加来完成加法。这是根据基尔霍夫电流定律而来的，比用数字电路来实现乘积累加简单、直接得多。

乘积累加操作可以通过将忆阻器这样的可编程阻变元件直接集成到非易失性高密度存储芯片中来实现。处理单元被嵌入存储器中，可减少数据移动。而在与动态随机存取存储器（Dynamic Random-Access Memory，DRAM）密度相当的情况下，将存储器与处

理单元集成在一起，可使芯片密度大大提高，并可大大节省存取时间，从而降低功耗。这就是存内计算（Processing In Memory，PIM）①技术，又称为存算一体化。目前比较热门的新型非易失性存储器（Nonvolatile Memory，NVM）包括相变存储器（Phase Change Memory，PCM）、阻变存储器（RRAM 或 ReRAM）、导电桥 RAM（Conductive Bridging Random Access Memory，CBRAM）和自旋转移力矩磁性 RAM（STT-MRAM 或 STT-RAM，是几种已知的磁性 RAM 技术之一）等。这些器件在耐久性（即可写入多少次）、保留时间、写入电流、密度（即单元尺寸）、不一致性和速度方面各有不同的特点。

忆阻器的阵列结构最适合进行点积乘法和累加运算，而这类运算占深度学习算法中的绝大部分。由忆阻器组成的芯片因为不使用或很少使用有源器件，从而可以使芯片的功耗大大降低。对于 AI 芯片来说，这提供了使用数字模拟混合信号电路设计和先进 PIM 技术来提高效率的机会。当然，所有这些技术也应该结合起来考虑，同时要仔细了解它们之间的相互作用并寻找硬件和算法协同优化的机会。

忆阻器除了适合大规模乘积累加运算外，它的结构也与基于脑神经元的类脑结构十分吻合。因此，用大量忆阻器阵列来组成类脑芯片，会有非常诱人的前景，也有各种硬件设计的创新机会。例如，把忆阻器做成可重构电路；把忆阻器做成多端口晶体管，以进一步模仿神经元中的多个突触；或者做成混沌电路后，利用混沌电路的非线性特性来模仿大脑行为等，这些新的想法正在引起研究人员的广泛兴趣（见图 1.12）。

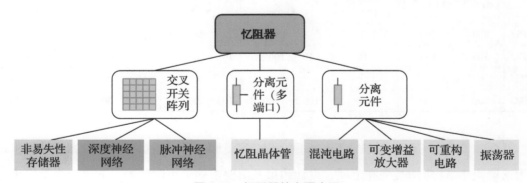

图 1.12　忆阻器的主要应用

虽然现在已有很多研究团队制作出了第一代含有忆阻器的 AI 芯片（基于 RRAM），但是目前还处于在实验室进行小批量试用的阶段。有的实现了模拟 RRAM，有的则实现了数模混合 RRAM 存内计算。但是，工艺不一致性、电路噪声、保持时间和耐久性问题

————————
① 也称为 In-Memory Computing（IMC）或 Computing In Memory（CIM）。

等现实挑战，仍然阻碍着基于 RRAM 的 AI 芯片的商业化。而模拟矩阵乘法面临的精度低、器件不一致性高和模数转换功耗大等问题，还亟待解决。

1.4 AI 芯片的研发概况

AI 芯片的研发热潮，主要集中在 ASIC 芯片领域。除了各大公司及不断出现的初创公司积极投入之外，大学和研究机构也起到了关键的作用，有的已经有十多年甚至更长时间的技术积累。目前引人注目的来自大公司的 ASIC 芯片，以谷歌的张量处理单元（Tensor Processing Unit，TPU）系列为代表。高通在 2019 年 4 月发布的 Cloud AI 100 系列，也是 AI 芯片性能的一次飞跃。但是，"爆炸式"出现的很多初创 AI 芯片公司，在技术层面也绝不落后于大公司。

表 1.1 列出了 ASIC 芯片与一些 CPU、GPU 和 FPGA 的参数对比。在"训练"和"推理"两栏中，CPU 的能效和速度为基数，其他都是与 CPU 相比较的倍数。FPGA 因为很少用于训练，因此其训练能效和速度没有数据。ASIC 芯片主要是指深度学习 AI 芯片，虽然与原来的 CPU 和 GPU 相比已经有了巨大进步，但性能和能效方面还有巨大的提升空间。

表 1.1 ASIC 芯片与 CPU、GPU 和 FPGA 的参数对比

	面积（mm²）	晶体管数量（亿个）	浮点运算次数（TFLOPS）	训练		推理	
				能效	速度	能效	速度
CPU	800	200	1	1	1	1	1
GPU	500	100	10	10～100 倍	10～1000 倍	1～10 倍	1～100 倍
FPGA	—	—	—	—	—	10～100 倍	10～100 倍
ASIC	800	200	100	100～1000 倍	10～1000 倍	100～1000 倍	10～1000 倍

然而，要确定 CPU、GPU、FPGA 和 ASIC 究竟哪一种才是最佳解决方案并非易事，因为这取决于 AI 应用类型和范围、设计约束及所要求的上市时间等。如果上市及应用时间紧，那就只能选择 GPU 或嵌入式 GPU。FPGA 的上市时间相对 ASIC 也较短，设计流程简单，也常用作设计 ASIC 之前的原型。另外，用于云端和边缘侧的芯片要求完全不同，云端服务器里的 AI 芯片需要很大的吞吐量和灵活性，而边缘侧物联网则需要功耗极低、面积很小的 AI 芯片。

AI 芯片要实现大规模商业化，需要保证芯片能够在极低的功耗和成本条件下达到足够高的性能，能够满足新的 AI 模型和算法的运算需求。虽然目前的硅基 AI 芯片只能算

是非常初级的尝试，离生物大脑的性能或能效还有很长的路要走，但是已经形成了很好的发展势头。

虽然深度学习加速器近年来已成为主流的 AI 芯片类型，但是"AI"不等于"深度学习"。AI 是一个包含广泛方法的领域，其目标是创建具有智能的机器，而深度学习本身作为 AI 的一个子领域，是机器学习领域里众多方法中的一种。

表 1.2 列出了 AI 芯片研发和产业化概况（截至 2020 年 9 月）。基于深度学习模型的加速器已经相对比较成熟，有的已经得到批量应用；而基于其他算法，包括在原来深度学习模型上进行了大量改动的新模型和新算法的 AI 芯片，大部分还处于实验室研发阶段。接近大脑机制的类脑芯片，最近几年有了很大的进展。量子启发模型比较特殊，已经成功做成了样片，预计在 2020 ～ 2022 年上市。总的来说，如果我们把 AI 芯片目前的状况与英特尔 x86 时代进行类比，可以说我们现在正处于 AI 芯片的"286 阶段"，或者说 AI 芯片刚处于 AI 1.0 时代；而以存内计算、模拟计算和新型存储器（如 NVM）为代表的 AI 2.0 时代将会在未来几年到来。

表 1.2　AI 芯片研发和产业化概况（截至 2020 年 9 月）

AI 芯片	实验室样片	少量试用	批量应用
CPU、GPU、FPGA	—	—	√
深度学习加速器	—	—	√
类脑芯片	√	√	—
基于新颖神经网络算法	√	√	—
基于量子启发算法	√	√	2020 ～ 2022 年
基于自然仿生计算	√	—	—
基于存内计算及新型存储器	√	—	2021 ～ 2025 年
基于量子计算及量子机器学习	√	2026 ～ 2030 年	—

1.5　小结

世界上第一块半导体芯片的发明，不但催生了一个巨大的半导体芯片产业以及以此为核心的电子信息产业，而且改变了地球上亿万人的生活和工作方式。如今 AI 浪潮的兴起，又把半导体芯片推到了风口浪尖：基于 AI 算法运行的芯片（即 AI 芯片），已经成为最有发展前景、最有可能改变世界的高科技之一。

以深度学习算法为主发展起来的深度学习 AI 芯片（深度学习加速器），已经形成了具有一定规模的产业，也已经在许多领域得到了部署和应用。作为 AI 芯片另一个类别的基于神经形态计算的类脑芯片，近年来也取得了非常令人鼓舞的进展。除了这两种芯片之外，根据许多新颖的 AI 算法实现的各种 AI 芯片，也正在得到世界各地实验室的积极研发。

要做出高性能、高能效并且可以覆盖较大应用范围、解决实际问题的 AI 芯片，既需要实践中的突破，也需要理论上的创新。最好的例子是新型元件忆阻器的研发过程：从 1971 年的理论创新，到 2008 年的实践突破，再到 2018 年成功用于深度学习 AI 芯片。这个过程说明了理论（尤其是基础理论）指导的重要性，也说明了这些理论研究最后被应用到芯片中之前，还需要先在电路、元器件、材料等工程实践领域有所突破。

第 **2** 章 执行 "训练" 和 "推理" 的 **AI** 芯片

虽然 AI 这个名词早在 1956 年于达特茅斯（Dartmouth）举行的一次历史性会议上就被提出了，但是直到最近 10 年，我们才逐渐开始对它的功能和应用有了实质性的了解。现在人们普遍认为，AI 可以执行通常通过人类认知才能执行的任务，如识别图像、语音，预测因不确定性而模糊的结果，以及做出复杂的决定等。

虽然在二十世纪八九十年代人们已经用半导体芯片实现了一些神经网络算法、仿生算法和其他一些智能算法，但是大部分仅仅停留在实验室阶段。最近 10 年左右的时间改变了一切：AI 芯片从实验室的试验走向了产业发展。这要归功于"深度学习"算法及半导体芯片技术的进步。

虽然还有不少人继续研发基于类脑算法或自然算法等其他类型的 AI 芯片，但是目前真正实现产业化并得到大量应用的 AI 芯片，仍然是作为深度学习加速器的 AI 芯片。

2.1 深度学习算法成为目前的主流

芯片计算能力的巨大提升及大数据的出现，使得神经网络中具有更高复杂性的"深度学习"（即深度神经网络，DNN）又一次得到人们的广泛关注。辛顿等人 2006 年提出了"深度信念网络"这个概念，有力推动了深度学习算法的应用。与其他传统机器学习方法相比，深度学习有着明显的优势。

图 2.1 为传统机器学习算法与大型 DNN 在图像、语音识别领域的精度比较。深度学习比传统方法更具吸引力，除了算法本身的优势，主要还是由于数据量和芯片计算能力的不断提高，这导致了近年来深度学习技术的"寒武纪大爆发"。

深度学习的实质是构建具有很多层的神经网络模型（保证模型的深度）和使用大量的

25

训练数据，让机器去学习重要的特征，最终使分类或预测达到很高的准确性。深度学习基于感知器的模型，模仿人脑的机制和神经元的信号处理模式，可以让计算机自行分析数据，找出特征值。

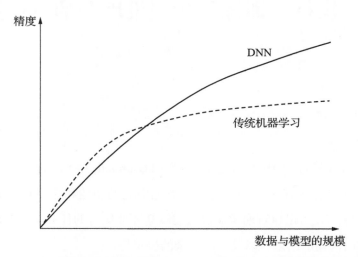

图 2.1　传统机器学习算法与大型 DNN 在图像、语音识别领域的精度比较

为了加速深度学习计算，更多地开发硬件是很自然的想法。半导体制造商开发出了一些 AI 芯片（深度学习加速协处理器）来处理深度学习。深度学习有各种各样的模型。例如，目前谷歌数据中心普遍使用以下 3 种 DNN。

（1）多层感知器（Multilayer Perceptron，MLP）。MLP 的每个后续层是一组非线性函数，它们来自先前层所有输出（全连接）的权重和。

（2）卷积神经网络（CNN）。在 CNN 中，每个后续层是一组非线性函数，它们来自先前层空间附近输出子集的权重和。权重在空间上复用。

（3）循环神经网络（Recurrent Neural Network，RNN）。RNN 的每个后续层是权重、输出和前一状态的非线性函数的集合。最受欢迎的 RNN 是长短时记忆（Long Short-Term Memory，LSTM），其妙处在于能够自主决定忘记哪些状态及将哪些状态传递到下一层。权重在时间上复用。

与传统人工神经网络相比，深度学习架构的一个优点是深度学习技术可以从原始数据中学习隐藏特征。每层根据前一层的输出训练一组特征，组成特征分层结构。将前一层特征重新组合的最内层，可以识别更复杂的特征。例如，在人脸识别模型的场景中，作为像素矢量的人头像的原始图像数据被馈送到其输入层中的模型。然后，每个隐藏层可以从前一层的输出中学习更多抽象特征。例如，第一层（隐藏层）识别线条和边缘；第二层识别面部, 如鼻子、眼睛等; 第三层组合所有先前的特征, 从而生成一个人脸图像。

　　DNN 成功的原因之一是它能够在连续的非线性层上学习更高级别的特征表示。近年来, 构建更深层网络这方面的硬件和学习技术的进展, 进一步提高了分类性能。ImageNet 挑战赛体现了更深层网络的趋势, 该赛事在不同年度出现的最先进的方法已经从 8 层 (AlexNet) 发展到 19 层 (VGGNet), 进而发展到 152 层 (ResNet) 及 101 层 (ResNext), 如图 2.2 所示。然而, 向更深层网络的发展极大地增加了前馈推理的时延和功耗。例如, 在 Titan X GPU 上将 VGGNet 与 AlexNet 进行比较的实验显示, 前者的运行时间和功耗增加了 20 倍, 但误差率降低了约 4%。DNN 模型的规模正在呈指数级增长, 基本上每年增加 10 倍 (见图 2.3)。近年出现的几个大型网络模型都是针对自然语言处理, 如 Megatron 是一种 48 层并行 Transformer 模型, 它的参数数量达 83 亿个, 约为 ResNet50 的 325 倍。Open AI 在 2020 年 6 月发布了 GPT-3, 这是迄今为止训练的最大模型, 具有 1750 亿个参数。

　　早期的 DNN 模型, 如 AlexNet 和 VGGNet, 现在被认为太大型且过度参数化。后来提出的技术, 在使用更深但更窄的网络结构来限制 DNN 大小 (如 GoogleNet 和 ResNet) 的同时, 追求更高的准确性。这个任务在继续进行, 其关键是大幅减少计算量及降低存储成本, 特别是乘积累加和权重的数量。后来又出现了卷积核 (又称过滤器, Filter) 分解之类的技术, 在构建针对移动设备的紧凑型 DNN (如 SqueezeNet 和 MobileNet) 场景中流行。这种演变导致了更多样化的 DNN, 其形状和大小各不相同。

图 2.2　DNN 的层数与分类精度的关系

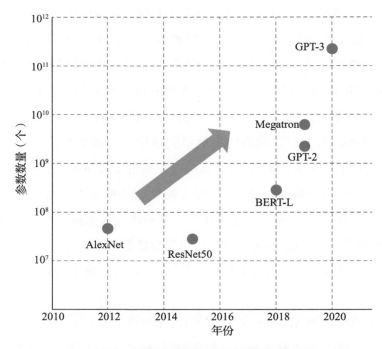

图 2.3　DNN 模型的规模正在呈指数级增长

　　然而，现在所提出的对深度学习的改进大都是基于经验评估，仍然没有具体的理论分析基础来回答为什么深度技术优于传统神经网络。而且，关于隐藏层的数量，DNN 和传统神经网络之间并没有明确的边界。通常，具有两个或更多个隐藏层，且具备最新训练算法的神经网络就可以被认为是深度学习模型。但是，只具有一个隐藏层的 RNN 也被归为深度学习，因为它们在隐藏层的单元上具有循环功能，这可以等效为 DNN。

2.1.1　深度学习的优势与不足

　　深度学习最近在各种应用领域中取得了巨大的成功。然而，深度学习的高精度是以对计算和内存的高要求为代价的，尤其训练深度学习模型非常耗时，而且计算量大，这是因为需要在多个时间段内迭代地修改数百万个参数。高精度和高资源消耗是深度学习的特征。

　　深度学习技术发展到今天，人们已经在最初定义的 DNN，即加很多隐藏层的神经网络基础上，开发了很多改进技术，使深度学习在资源消耗及性能方面都有了很大改进。这些改进有的是在算法上作些改动，如剪枝、压缩、二值或多值逻辑、稀疏网络等；有的是网络架构上的改动，如图神经网络（Graph Neural Network，GNN[3]，不进行张量运算而改用图形的节点和边来计算）、胶囊网络（Capsule Network）[4]、深度森林（Deep Forest[5]，基于决策树方法，超参数少，显示出无须反向传播即可构建深度模型的可能性）等。

深度学习算法虽然已被大量实现为芯片并得到应用，但是很多人认为这种算法不可能一直延续下去，一定会有更好的算法来取代它。

确实，DNN 是一种统计方法，本质上是不精确的，它需要大数据（即加标记的大型数据集）的支撑，而这是许多用户缺乏的。DNN 也比较脆弱，并不是一种十分稳固的结构：模式匹配在数据集不完整的时候，会返回十分奇怪的结果；而在数据集损坏时，则会返回误导的结果。因此，DNN 的分类精度在很大程度上取决于数据集的质量和大小。另一个主要问题是数据不平衡的情况：某个类别的数据在训练数据中可能只有很少的代表，如信用卡欺诈检测中真正的申请通常远远超过欺诈的申请，这样的不平衡就会给分类精度带来问题。

DNN 模型最本质的问题是没有与生物大脑的学习模式相匹配：大脑神经元的激活过程是不是存在"反向传播"，还是一个有争议的问题。生物大脑和 DNN 存在明显的物理差异。因此，从这个意义上说，深度学习算法并没有真正"仿脑"，也不是真正意义上的"学习"，而只是一个数学模型。

从 AI 芯片的研究方向来看，有不少研究人员主要致力于如何最大限度地提高数学运算的性能，同时满足商用硬件（目前都是冯·诺依曼架构）的局限性。这样的芯片设计，已经与深度学习模型本身没有太多关系了。

2.1.2 监督学习与无监督学习

AI 算法最初的应用之一是模式识别，也就是如何从采样数据中找到模式的问题，它有助于理解数据甚至产生新知识。为了实现这个目标，研究人员提出了一些学习算法来执行自动数据处理。如果算法被设计为与环境互动，在环境中执行某些操作，使一些累积"奖励"得到最大，则这种方式称为强化学习（Reinforcement Learning）。强化学习算法根据输出结果（决策）的优劣来训练自己，通过大量经验训练优化后的算法将能够给出较好的预测。然而，如果我们忽略累积奖励，仅仅考虑是否提供标签，那么学习算法可以分为 3 类：监督学习、无监督学习和半监督学习。

（1）监督学习是基于观察数据的有限子集（称为训练集）来学习关于数据所有可能轨迹的函数。此类训练集还与附加信息相关联以指示其目标值。学习算法定义了一个函数，该函数将训练数据映射到目标值。如果目标值的数量是有限的，则这种问题被定义为分类问题；如果目标值的数量是无限的，则此问题被定义为回归问题。目前已经有许多有监督的机器学习算法，如决策树、朴素贝叶斯、随机森林、支持向量机（Support Vector Machine，SVM）等。神经网络是一种以生物神经系统为模型的机器学习方法，其中 CNN、RNN 及 LSTM 等都属于监督学习。

（2）无监督学习是一种用于从没有标记的数据集中进行推理的学习算法，其目标基本上是在数据中找到结构或群集。一种常见的方法是聚类技术，用于进行数据分析以从一组数据中找到隐藏的模式。自组织映射（Self-Organizing Map，SOM）、自动编码器（Auto-Encoder，AE）、受限玻尔兹曼机（Restricted Boltzmann Machine，RBM）等都属于无监督学习。无监督学习的一个主要挑战是如何定义两个特征或输入数据之间的相似性；另一个挑战是不同的算法可能导致不同的结果，这需要专家再来分析它们。

（3）半监督学习与监督学习具有相同的目标。如果既有一些未知的模式也有一些已知的模式，我们通常将前者称为未标记数据，后者称为标记数据。当设计者获得的标记数据很受限时，就使用半监督学习。例如，群集边界可以用未标记数据来定义，而群集则用少量标记数据来标记。强化学习就是一种半监督学习。

现在所设计并已投入应用的深度学习加速器，主要使用监督学习。图 2.4 为监督学习过程，包括训练和推理两个阶段：在设计阶段进行训练，在部署阶段进行推理。

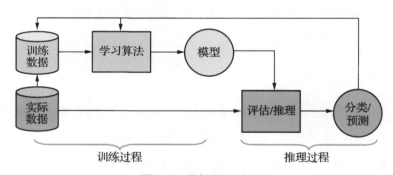

图 2.4　监督学习过程

训练过程（又称学习过程）是基于训练数据生成模型，确定网络中权重（和偏差）的值，一般需要较长时间，所以是"离线"完成；但在有些特殊应用中也会"在线"进行。在训练过程中需要调整神经网络权重以使损失函数最小，可通过反向传播来执行训练以更新每层中的权重。矩阵乘法和卷积在反向传播中保持不变，主要区别在于它们分别对转置后的权重矩阵和旋转的卷积核执行运算。

推理过程（又称评估过程）是使用未知的、模型此前没有测试过的数据来评估模型的准确性，训练所确定的权重就可用来计算，为给定的输入进行分类或得出预测，一般 "在线" 进行，以达到实时需求。该模型假设训练样本的分布与推理例子的分布相同。这要求训练样本必须足以代表推理数据。推理过程中只有正向传播而没有反向传播。

这种训练和推理相当于人类大脑学习和判断的过程。通常，需要花很长时间来学习（即训练），而学会之后进行判断（即推理）的时间，只需要一刹那就行了。

图 2.5 为图像分类的一个例子。预定义的一组图像类别先经过训练，推理平台通过深度学习算法给出不同的可信度分数。在经过推理得出的目标图像中，狗的概率最大。早在 2012 年就有过这种图像分类的大型试验，训练集包含 100 多万张图片，每张图片都加有类别标签（共有 1000 个种类）。当时，该试验使用了大量 GPU 芯片来完成。

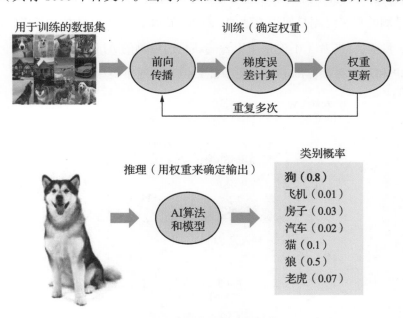

图 2.5　图像分类的一个例子

强化学习算法也可以用于训练权重。在给定的环境下，网络可以输出智能体应该采取的动作，使预期奖励最大。但这种奖励需要通过一系列的动作才可获得。

2.1.3　AI 芯片用于云端与边缘侧

深度学习的应用开发可分成云端与边缘侧两大部分。云端指的是数据中心或超级计算机，具有强大的计算能力，利用海量的数据和庞大而复杂的 DNN 进行模型训练，也可以进行推理。边缘侧指的是数据中心外的设备，如自动驾驶汽车、机器人、智能手机、无人机或物联网（Internet of Things，IoT）设备，它们用训练好的模型进行推理。

　　随着云计算技术的成熟，大量数据可以放到云端来计算，从而降低边缘侧的数据负载并减少计算能力需求。这样就形成了两种不同要求的 AI 芯片，一种用于云端，具有最大的计算能力和最高的性能，主要对深度学习算法模型进行训练，有时也进行推理。训练通常需要大数据，由于需要很多次权重更新迭代，因此需要大量的计算资源。在许多情况下，训练 DNN 模型仍需要几小时到几天，因此通常在云端执行。另一种 AI 芯片则用于数量庞大的边缘侧设备（含各种终端），它们的计算性能有限，主要使用从云端传来的训练好的模型和数据进行推理。

　　训练和推理的要求不一样。训练要求高精度、高吞吐量（高性能），推理则不需要很高的精度。边缘侧设备不但受到计算能力和存储器成本的限制，而且对功耗要求非常高，这是因为边缘侧的很多终端是使用电池的。图 2.6 显示了不同 AI 芯片的耗电情况。从图 2.6 中可以看出，目前 AI 芯片（不论是用于云端还是边缘侧的 AI 芯片）的功耗还是很高的，具有内置 DSP 和片上存储器的 FPGA 更节能，但它们通常更昂贵。

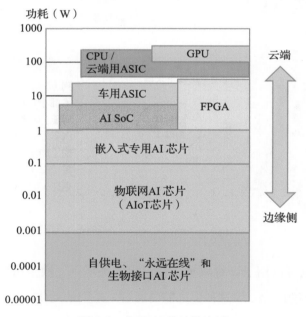

图 2.6　各种 AI 芯片的功耗

　　一般来说，衡量一个 AI 芯片数字计算效率的指标是每单位功率或每单位芯片面积每秒执行的操作数，常用单位为 TOPS/W 或 TOPS/mm²，这里 TOPS（Tera Operations per Second）表示每秒万亿次操作，有时也使用 TFLOPS（Tera Floating-point Operations per Second），指每秒万亿次浮点操作。由于一个 AI 系统往往是由很多个 AI 芯片组成的，因此在设计一个 AI 系统时，除了考虑 AI 芯片自身的功耗，还需要考虑 AI 芯片之间通信所产生的功耗。

GPU 支持多 TFLOPS 的吞吐量和大内存访问，但能耗很高，因此 GPU 适合大型 CNN。从性能角度来说，FPGA 和 ASIC 基本在一个等级上，GPU 要比它们高一个数量级，而 CPU 则比 FPGA 和 ASIC 低一个数量级。然而，由于各家公司的激烈竞争，若干年之后，AI 芯片的性能和功耗可能会出现另外一种景象。

1. 云端 AI 芯片

对于在云端用于训练和推理的 AI 芯片来说，最主要的指标是 AI 芯片的吞吐量。要达到尽可能高的吞吐量，最大的任务就是将大量的 AI 处理单元（PE）放置到单块芯片中。因此，云端 AI 芯片一般都使用最先进的半导体芯片工艺（如 7 nm）来制造，芯片中集成的晶体管数量也不断创纪录，而使用的芯片面积约为 800 mm²，几乎达到了目前芯片制造能力的极限。

然而，提高吞吐量带来的更严重的问题是功率密度和热量耗散问题。功率密度增加带来的暗硅效应问题（见第 1 章），已经成为云端 AI 芯片继续发展最主要的瓶颈。为了降低高密度晶体管集成造成的高温，云端 AI 芯片也必须采用复杂的散热方法，如谷歌的 TPUv3 就采用了液体散热。

因此，由于暗硅效应的影响，AI 处理单元的数量不能一直增加下去。目前，在一些主要的云端 AI 芯片设计中，已经把一大部分受暗硅效应影响的芯片面积腾出来，即不放置 AI 处理单元，而放置一些功耗相对低得多的电路，从而减弱暗硅效应的影响。图 2.7 展示了芯片上用作处理单元的逻辑电路所占面积比例随工艺进步不断减小的趋势（该图为示意图，不一定代表实际比例或实际值）。

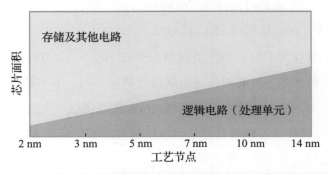

图 2.7　芯片上用作处理单元的逻辑电路所占面积比例随工艺进步不断减小的趋势

从目前已投入应用的产品来看，云端 AI 芯片的吞吐量可以达到 100 ～ 500 TOPS，而功耗基本上都集中在 10 ～ 300 W 范围内，300 W 是基于 PCI 的加速卡的上限。在这个功率范围内，能效可能会因架构、精度和工作负载（训练与推理）等各种因素而异，一般都在 1 TOPS/W 以下（但目前已有几种推理解决方案和一些训练解决方案声称能效大于 1 TOPS/W）。目前的产品必须至少使用功耗为 100 W 的处理器或加速器来进行训练，低于 100 W 的都是仅用于推理。

另外，训练需要浮点运算，因此 AI 芯片是否支持浮点运算也是区分训练和推理的标准。训练和推理所采用的芯片架构也是不一样的。

英伟达的 GPU 曾经在云端 AI 芯片领域一枝独秀，但是后来有一些厂家和初创公司的芯片也开始被很多数据中心所采用。不过，英伟达的 GPU 也在不断提升性能。在 2017 年发布 V100 GPU（一款 Volta 架构 GPU）之后，英伟达的 GPU 被视为由 AI 部分和传统 GPU 部分组成。该公司最新推出的基于 7 nm 工艺的 A100 GPU，在 AI 应用上的性能有了新的飞跃，表明在近年内其霸主地位还很难被打破。

云计算巨头谷歌为了应对神经网络应用不断增加的算力需求，开发了自己的 ASIC——TPU。最早的 TPUv1 只用于推理，且只支持整数运算；但 TPUv2 和 TPUv3 不仅能够用于推理，也都能够用于训练。谷歌在 2017 年发布报告称，在其数据中心中，TPUv2 运行普通神经网络的速度比现代 CPU 或 GPU 快 15 ～ 30 倍，并且能效提升了 30 ～ 80 倍。最新露面的 TPUv4 的性能据称要比 TPUv3 提升 2.7 倍。特别是谷歌在关键矩阵乘法单元使用"脉动式"设计，可以让数据在处理器之间流动而不必每次都返回到存储器。

Graphcore 在 2018 年推出了 IPU 芯片，最近又推出第二代 IPU 处理器 GC200。GC200 IPU 拥有 594 亿个晶体管，采用台积电 7 nm 工艺制造，是目前世界上包含晶体管数量最多的 AI 芯片。每个 IPU 具有 1472 个强大的处理器内核，可运行近 9000 个独立的并行程序线程。它使用了该公司独特的"处理器内嵌存储器"（In-Processor-Memory）技术，而不是存内计算，吞吐量达到 250 TFLOPS。

TPUv3、A100 GPU 和 IPU 芯片的吞吐量分布在 100 ～ 320 TFLOPS 范围。虽然都用于云端 AI 计算，但是这些芯片的架构和电路设计截然不同。本书第 4 章将会介绍一些比较著名的云端 AI 芯片，其中包括初创公司 Cerebras 的晶圆级"大芯片"。

除了上述几家公司外，近年来其他公司也已研发出不少云端 AI 芯片，其中包括寒武纪思元 270、阿里巴巴含光 800、华为昇腾 910 等。

随着训练数据集和神经网络规模的增加，单个深度学习加速器不再能够支持大型 DNN 的训练，不可避免地需要部署许多个加速器（组成群集）来训练 DNN。在这种情况下，需要着重优化加速器之间的通信方式，减少总的通信流量，以提高系统性能和能效。

2. **边缘侧 AI 芯片**

在这几年兴起的自研 AI 芯片热潮中，有的公司开发的芯片用于云端，但更多的是用于边缘侧。这里也包含了 AI 专用 IP 核的开发，这些核可以被嵌入 SoC 里面。例如，苹果智能手机里最大的应用处理器（Application Processor，AP）芯片就是一块带有 AI 核的 SoC。这类 SoC 的性能一般可以达到 5 ～ 10 TOPS。

不只自动驾驶汽车芯片，降低功耗、减小芯片面积是目前几乎所有 AI 芯片需要解决的重要课题，特别在边缘侧。例如，对于 AI 芯片需求极大的自动驾驶汽车来说，英伟达 Xavier 的性能可达 30 TOPS，但价格昂贵且功耗高达 30 W。而理想情况下自动驾驶汽车中的 AI 芯片功耗应该为 1 ～ 2 W 或更低。因此，这种类型的芯片正成为人们开发新型 AI 芯片的竞争焦点之一，汽车制造商们也正在期待着这样的低功耗、高性能芯片出现。

对于智能物联网（AI Internet of Things，AIoT）来说，在保持芯片一定性能（如 1 TOPS 左右）、高精度的情况下，功耗达到 100 mW 以下是基本要求。但是，某些需要几年甚至 10 年才能换一次电池的应用则需要 AI 芯片能够具备"自供电"（见本书第 14 章）及"永远在线"的功能，这就需要 AI 芯片的功耗非常低，甚至达到微瓦（μW）范围。目前，已经有不少研究人员在研发这类芯片。

在降低功耗和提高性能方面，AI 芯片的算法和架构还大有潜力可挖。本书第 3 章将着重介绍量化、压缩、二值和三值神经网络等技术，以及 AI 芯片电路实现上出现的一些新技术；本书后续几章也将介绍很多新的计算范式和半导体器件等，其中包括用新型 NVM 实现存内计算的 AI 芯片。这种芯片的研发从 2018 年以来已经取得很大进展，很有可能在不久的未来实现产业化并广泛用作边缘侧 AI 芯片。研发这些新方法和新器件的主要目的，就是为了降低芯片功耗及进一步提高性能。

另外一个需要考虑的方面是时延问题。与离线训练不同，无论是在自动驾驶汽车还是互联网应用中，推理期间的快速响应都至关重要。许多应用都希望在传感器附近进行 DNN 推理处理，如估测商店中的等待时间或预测交通模式，都期望从图像传感器（而不是云端的视频）中提取有意义的信息并直接进行处理。这样可以降低通信成本、减少时延。

即使在云端进行训练或推理，时延也是最重要的考虑因素之一，但传统的 GPU 设计并不关心时延。谷歌的 TPU 在这方面作了很大改进。为了保证低时延，设计人员简化了硬件并省略了一些会使现代处理器忙碌及需要更多功率的常见功能。

从长远看，云端和边缘侧的 AI 计算所要实现的目标是不一样的，如图 2.8 所示。

它们各自需要的 AI 芯片特性有很大的不同，将会走上不同的演进路径。基于云端的强大运算能力，AI 芯片最终可能实现自学习，从而超越人类智能。云端的 AI 可以完成一些"大事"，如发现人类未知的科学知识、解决社会问题等；而边缘侧的 AI 计算主要作为人类助手，取代人类所做的工作，并逐渐起到代替人类感官的作用。目前的 AI 只是取代了人类一些重复性的工作，但是未来将会取代人类创造性的工作。目前边缘侧的 AI 计算主要完成推理，但是在未来，将会把训练和推理交织在一起完成。

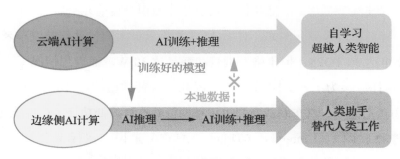

图 2.8　云端和边缘侧 AI 计算的不同目标

2.1.4　把 AI 计算从云端迁移到边缘侧

目前在 AI 应用中，DNN 模型不一定在边缘侧进行充分训练或推理，而是通过以云端与边缘侧设备协调的方式工作。有一些号称具有 AI 功能的边缘侧设备（如大部分可穿戴设备），不但训练在云端完成，推理也在云端完成，边缘侧设备仅是嵌入一个收发器和简单的处理器而已。但是，不管边缘侧设备是否具备推理功能，都需要有先进的联网解决方案，以便在不同的边缘节点之间有效地共享计算结果和数据。

对于 5G 网络来说，超高可靠低时延通信（Ultra-Reliable and Low Latency Communication，URLLC）功能已被定义用于要求低时延和高可靠性的关键任务应用场景。因此，将 5G URLLC 功能与边缘侧 AI 计算相集成，将会很有希望提供高可靠性、低时延服务。此外，5G 将采用软件定义的网络和网络功能虚拟化等先进技术，这将实现对网络资源的灵活控制，以支持计算密集型 AI 应用跨不同边缘侧节点的按需互联。因此，5G 和 AI 将在很多应用中密不可分。

然而，不久的未来，绝大部分边缘侧设备都会带有推理功能。而较长远的趋势是 DNN 模型训练和推理全部都由边缘侧设备完成（可能借助边缘服务器或个人云的帮助），不再需要使用 5G 或其他无线通信网络。这就需要大大提高边缘侧 AI 芯片的性能，以便进一步做到"实时"运算，不需要把私人数据传到云端并在云端远程训练，而在本地解决所有计算（见图 2.8）。

2.1.4.1　为什么要在边缘侧部署 AI

尽管 5G 移动通信的 URLLC 可以达到低时延（1 ms）传输，但是对于自动驾驶汽车、无人机导航和机器人技术等应用，依赖云端远程数据传输的时延和安全风险还是太高，因此需要本地处理，以尽可能提高安全性和可靠性，减小决策失误的风险，确保安全。例如，自动驾驶场景中的 AI 芯片如果能够自己对周边情况进行实时计算和分析，就不用通过移动通信网络把大量数据再传输到云端了。

图 2.9 展示了不同的应用对于带宽和时延的要求。例如对自动驾驶来说，它的实时性要求是非常高的。对边缘侧终端设备来说，实时性、安全和隐私是非常重要的。对于推理过程，边缘侧 AI 计算具有更小的时延和更低的通信依赖性，而且在保护用户隐私方面具有特别优势。另外，边缘侧设备的市场规模远大于云端数据中心，在经济回报方面有很强的吸引力。目前，用于制定决策的一些数据可以在本地（边缘侧）处理，而计算量大的只能通过（云端）数据中心处理，但两边实施的比例将可能会发生很大变化。云端的技术正在渗透到边缘侧。从长远来看，随着边缘侧芯片计算能力的大幅提高，传统大型数据中心会被大量关闭。

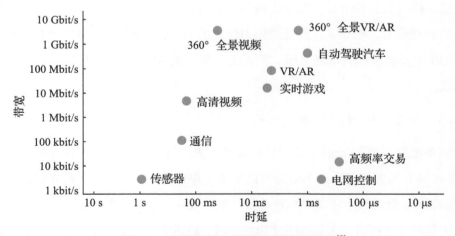

图 2.9　不同的应用对带宽和时延的要求 [6]

从长远来看，AI 芯片将大量出现在各种形式的"虚拟分身"里面。一个虚拟分身包含一个相关数据的集合（数据库）和基于人工智能的分析能力，以数字形式复制某个人，且一个虚拟分身只对应和代表某一个人。未来，每个人都将可能随时拥有一个虚拟分身，这个分身可以连接到个人云或企业云（见图 2.10 及图 2.11）。

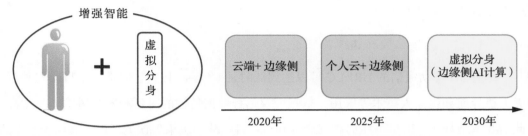

图 2.10　未来每个人都将可能拥有一个虚拟分身　　图 2.11　AI 计算从云端迁移到边缘侧

虚拟分身会学习这个人与数字世界交流时产生的所有数据，范围从计算机、网站、可穿戴设备到居家环境中的传感器（如摄像头、智能音箱、空调恒温器、移动通信基站）等。随着计算机算法的进步、更多个人数据的收集，虚拟分身将会越来越精确。虚拟分身对这个人的了解，将胜过其任何亲人或朋友。虚拟分身可以代替这个人聊天、阅读、学习、上网、作决策。另外，通过组合各种传感器和 AI 芯片，虚拟分身的知觉会达到甚至超过人的五感。可以说，将高存储容量、高计算能力、"超知觉"赋予虚拟分身，将是边缘侧 AI 芯片的第一个终极应用。

虚拟分身将拥有超级计算机的处理能力，存储容量可以根据需要调整，并在开始阶段以智能手机等终端设备形式出现。因此，智能手机的处理性能必须至少提高到当前性能的 100 倍，或者从长期来看，需要提高到 1000 倍。基于新 AI 算法的新 AI 芯片将可以提供极强的处理能力。然而，这种处理能力极强的 AI 芯片及相应的虚拟分身，可能直到 2025 ～ 2030 年才会被大众市场采用。但无论如何，把 AI 计算从云端迁移到边缘侧的一天总会到来。

2.1.4.2　提高边缘侧 AI 计算能力的几个思路

要做到不把数据放到云端（或少放到云端）去训练，而在边缘侧本地解决，需要边缘侧 AI 芯片具有强大的能力，不但需要高能效（单位为 TOPS/W）、高面积效率（单位为 TOPS/mm^2）、低时延，还需要高吞吐量，这可以称得上是一种"片上数据中心"了。这一领域正是可以发挥研究人员聪明才智的领域，给研究人员留出了极大的创新空间。一般来说，下面几个方向值得研究人员考虑和研究。

（1）采用新的 AI 模型和算法来替代现在最常用的监督学习 DNN 算法。例如采用无监督学习算法，就不需要对数据加标签进行训练；或者采用神经形态计算、仿生计算、自然计算等。Graphcore 则认为目前的先训练后推理的方法并不合理，应该让位于可以学习并在部署之后能够持续进化的一种"学习系统"。

（2）研究和发现新的大脑运作机制。例如，以顺序方式学习任务的能力对于人工智能的发展至关重要，但神经网络不具备此功能。而所谓的"灾难性遗忘"（Catastrophic Forgetting）是连接模型的必然特征：一旦训练去做新任务，网络会忘记先前的任务。然而，新的研究表明这种限制有可能被克服，训练网络会记住完成老任务的经验。对于边缘侧 AI 芯片来说，就无须对那些已长期不存在的样例再次训练，可以大大提高计算性能。

（3）对现有的深度学习算法，在提高性能和降低功耗方面作进一步改进，如采用二值权重、修枝的办法，将其变成稀疏网络。权重和激活值的数值精度，在训练处现已从原来的 32 位降到 16 位或 8 位，在推理处采用 8 位或 4 位，大大降低了计算量和功耗。但这还不够，很有可能在不久的将来降到 1～2 位。为了更好地优化 AI 芯片设计，有的方法采用硬件感知（Hardware-Aware）的参数优化技术，或是神经架构搜索，在进行推理之前，甚至在训练模型之前，先预测和理解深度学习模型的硬件性能和功耗，并优化模型的准确性，达到算法、模型和芯片三者协调设计。

（4）在进一步提高并行计算的效率上挖掘潜力。神经网络本质上是大规模的并行计算，而适合于并行计算的计算机架构已经有了几十年的研究积累，曾经有不少研究人员提出过很好的思路。现在，英国 AI 芯片初创公司 Graphcore 就使用了 20 世纪 80 年代哈佛大学教授提出的"整体同步并行计算"模型，这种模型可以实现并行计算所需的软、硬件的并行桥接，避免大量处理器之间通信的拥塞，是冯·诺依曼模型之外的一种另类选择。

（5）采用"去中心化"的分布式深度神经网络架构。例如，谷歌提出的联邦学习（Federated Learning，FL）方法，让分布式的各个边缘侧设备来帮助"训练"，而不是集中在数据中心训练，从而获得更好的模型训练和推理性能。然而，"去中心化"方法需要解决通信开销、异质设备的互操作性和资源分配等问题。

（6）在芯片实现上采用新的计算范式（如模拟计算、随机计算、存内计算、储备池计算等），这将带动芯片架构和电路设计的重大变革。例如，"谷歌大脑"项目组从原有硬件架构入手，设计了一种新的 CPU 架构来减轻 CPU 原有的"垃圾收集"冗余任务，从而提高了性能；如果采用模拟计算来实现神经网络，将可以使功耗降低几个数量级；而利用新型存储器（RRAM 等）来实现存内计算，已经展露出非常诱人的前景。

（7）在半导体工艺方面进行创新，以期在保持低功耗的同时，把运算速度提高几个数量级。例如在 2020 年，半导体工艺已从 7 nm 进步到 5 nm，台积电已全面使用极紫外（Extreme Ultra-Violet，EUV）光刻技术来批量生产 5 nm 芯片，使面积相同的芯片可以容纳更多处理单元，从而把计算能力提高 1 ～ 2 个数量级。如果在逻辑芯片或存储器芯片上实现三维堆叠，即单片 3D 芯片，将为 AI 芯片开辟一条全新的道路。

（8）从最底层基础研究做起，开发新的半导体器件，这可能为 AI 芯片带来根本性的突破。例如，日本东北大学国际集成电子研发中心最近开发出一种使用磁隧道结（Magnetic Tunnel Junction，MTJ）器件的 AI 芯片，该器件是应用自旋电子学的存储器件。通过将适用于存储器和学习处理的 MTJ 与适用于判断处理的 CMOS 相结合，这种芯片实现了更高的性能和更低的功耗。美国得克萨斯大学圣安东尼奥分校（UTSA）也已开发了基于 MTJ 的深度学习加速器芯片。

（9）把"电"改为"光"，即把神经网络架构改为用光子传输，不用电路，而是组成光路。由于目前硅光芯片工艺已经相当成熟，用硅光芯片制成 AI 芯片已经不再遥远，这将把目前 AI 芯片的性能和能效都提高几个数量级。

总的来说，目前如果要仅靠边缘侧的 AI 芯片来完成数据处理和模型训练，实现如图像识别等应用，还有很大的挑战。例如，视频涉及大量数据，需要占用很大的带宽，要做成低成本的图像识别芯片有很大难度。但我们需要努力去克服这些困难。对语音来说，实现边缘侧 AI 计算的问题还不算很大，语音识别使我们能够与智能手机等电子设备无缝进行互动。虽然目前苹果 Siri 和亚马逊 Alexa 语音服务等应用的大多数处理都在云端，但现在市场上新出现的很多智能音箱产品其实已经在边缘侧设备上实现了语音识别功能，减少了时延和对网络连接的依赖，并提高了隐私保护和安全性。

然而，一些 AI 不会走向边缘侧，如聊天机器人、会话 AI、监控欺诈的系统和网络安全系统。这些系统将从基于规则的系统发展为基于深度学习的 AI 系统，这实际上会增加云端的推理工作量。

2.2　AI 芯片的创新计算范式

新的深度学习模型和算法是指在 DNN 这个基本模型的基础上，为了进一步提高性能而提出的创新思路和算法。例如，开发出 AlphaGo 程序击败了顶尖围棋棋手的 DeepMind 公司，一直在不断改进原有的深度学习模型。该公司组建了脑神经科学研究小组，试图进一步提高人类对于大脑机制的认识程度，开发更详细的模仿人脑的脑神经模型和算法。

如果要用芯片实现 AI 算法，首先要判别这些算法是否"硬件友好"，即这些算法是否容易转换成硬件架构，因为有的算法可以用软件非常好地进行运算，而它的机制却很难做成芯片。例如，强化学习算法需要不断与环境状况互动，对环境适应一次次试错，用电路来实现时，就存在试错时间太长造成的信号时延问题，不易用硬件架构实现。因此，直至近年才出现了基于深度强化学习的 AI 芯片（见第 12 章）。同样，需要经过大量迭代运算才会收敛，或本身基于时间序列处理的算法（如 RNN、LSTM 等），也需要设计专门的电路以减少计算时间。因而到目前为止，只有很少人专注于 RNN 的硬件加速并做成了芯片。

最近出现的一些深度学习算法在计算和精度之间作了折中，以提高计算的能效，如使用二值权重以执行高效计算的方法。当神经网络的尺寸很小并且冗余连接被修剪了很多时（尤其是去除接近零的权重），通常可以实现较高能效。修剪以迭代方式完成，即在修剪之后重新训练权重，然后再次修剪低权重的边。在每次迭代中，来自前一阶段的训练权重被用于下一阶段。结果是密集网络可以被稀疏化，变成具有连接数少得多的网络。

有的新算法把编码和压缩量化相结合。量化的目标是减少表示每个连接的比特数。这种方法将所需的存储空间减小到原来的网络模型的几十分之一，同时不会降低精度，这样就降低了功耗，提高了边缘计算的能力。最近还有人尝试使用原来用于视频压缩的 MPEG 标准的压缩方法来对神经网络进行压缩。

前文提过的类脑芯片，是基于一种新的计算范式——神经形态计算而实现的。一个很有意义的方向是深入研究大脑神经的运作机制，将其映射为一个细致的数学模型，开发直接针对神经网络定制的芯片。值得注意的是，人类大脑并没有把软件和硬件分开，而现在的计算机科学学科把硬件和软件分得非常清楚，虽然这种区别从计算机维护的角度来看是有好处的，但这也是计算机效率无法与人类大脑相比拟的根源。现在，硬件和软件紧密集成在受大脑启发的计算模型中，推动类脑计算领域取得了很大进展。

除了模仿人脑功能的神经形态计算之外，模拟计算、近似计算、随机计算、存内计算、可逆计算、光子计算和储备池计算等计算范式在 AI 算法中已得到较多应用，尤其是深度学习算法的硬件架构实现上，这些范式已经发挥出独特的优点，可以在很大程度上降低电路的复杂性、减少计算时间，从而减小芯片面积并降低功耗。

自然计算、仿生计算是受到大自然物理、化学、生物启发所诞生的新的计算范式。而量子计算又采用了完全不一样的计算方式，有望在未来几年内有更大的进展。

图 2.12 中列出了 AI 芯片的一些创新计算范式。

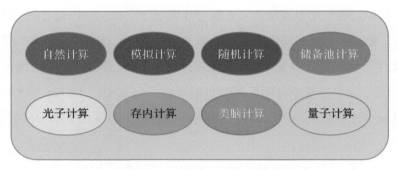

图 2.12　AI 芯片的一些创新计算范式

2.3　AI 芯片的创新实现方法

要做出高水准的 AI 芯片，不但要有 AI 模型和算法，更重要的是采用先进的电路设计及工艺技术。下面介绍一些目前正在尝试的新的设计和实现方法。

（1）脉动式电路（见图 2.13）。谷歌的 TPU 在关键矩阵乘法单元使用了脉动式设计，使得运算过程中的数据像流水线一样"流过"各个处理器，使这些数据可被重复使用而不用每次都返回存储器，从而大大降低了功耗（每个乘积累加单元的功耗可以降低到原来的 1/10 ～ 1/5）。让数据模仿人体心脏中血液的脉动式流动（心脏相当于存储器，血管相当于处理器阵列及连接），这种技术曾经在二十世纪七八十年代流行过一段时间，现在有了用武之地。现在微软和一些初创公司纷纷采用这个技术，有的研究人员在此基础上还作了进一步创新。

（2）异步电路。异步电路没有固定时钟，而是由事件驱动的，对于芯片电路设计者来说，这毫无疑问是非常具有吸引力的方法，因为可以大大提高芯片性能并降低功耗。但是，没有时钟来同步，也会在某些场合造成混乱，增加了电路设计难度，需要有高超的电路设计技巧。另外，现在还没有很好的异步设计 EDA 工具。因此，目前比较好的办法是采用折中的方式：在模块中仍采用时钟，即还是同步电路，但是各个模块的时钟可以不一样，在系统集成的总体上是异步的，称为全局异步局部同步（Globally Asynchronous and Locally Synchronous，GALS）技术，图 2.14 即为 GALS 的架构，也有人把它称为自定时（Self-Timing）技术。现在，已经至少有一家 AI 芯片初创公司成功使用了这种技术，做出了高性能、低功耗的 AI 芯片。

（3）新的散热方式。例如，谷歌最近发布的 TPUv3 采用了水冷散热的方法。这需要非常高的工艺水平。

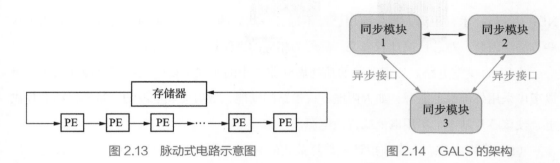

图 2.13　脉动式电路示意图　　　　图 2.14　GALS 的架构

（4）大芯片。芯片集成很多个（如 32～64 个）大处理器核，或集成海量的小处理器核。有家日本 AI 公司已在试验由几十个大核组成、面积超过 8 cm×8 cm 的芯片，里面封装了 4 片裸片（即未经封装的半导体芯片），而每片裸片的面积达到了 32.2 mm×23.5 mm。而英伟达用于 AI 加速的 GV100 GPU 集成了 211 亿个晶体管，内核面积达 815 mm^2。这些芯片几乎已经达到了目前半导体芯片制造工艺所能达到的极限（注：目前所能制造的裸片最大面积为 8 cm^2，这是因为受到 12 英寸晶圆掩模版区域的限制）。芯片面积大，就可以容纳很多处理单元和片上存储器，而不用把信号传递到片外 DRAM 来回存取，可以大大降低时延和功耗。但是，大面积的芯片对于制造来说是个巨大的挑战，在芯片上跨越长距离需要跨越芯片的长布线，产生时序收敛问题；同时，成品率会大大降低；另外，热量耗散也是个大问题。

（5）晶圆级集成。这个比上述大芯片还要大得多，把 AI 系统做在整个晶圆上，而不是做在从晶圆切割下来的芯片上。当芯片的特征尺寸已经很难做到 3 nm 以下时，晶圆级集成和大芯片一样是一种反向思维：既然不能把晶体管再做小，那就把整片面积做到晶圆这么大，以覆盖复杂度极高的 AI 系统。这种方法以前在欧洲由政府资助的研究机构尝试过，其"类脑"研究项目中集成了海量神经元和突触，以尽量向人脑的结构靠拢。时隔很多年之后，2019 年 8 月，初创公司 Cerebras 使用晶圆级集成技术实现了深度学习加速器，从而大大加快了神经网络的训练速度。晶圆级集成的面积，要比 CPU、GPU 等常见的芯片面积至少大 50 倍。

（6）芯粒（Chiplet）。这种芯片美国硅谷有家公司已经做了很多年，开始的应用是射频识别货物标签。2018 年以来英特尔、超威（AMD）、英伟达等都加入了研发这种芯片的行列。因为面积非常小（常见的为 6 mm^2 左右，有的甚至小于 1 mm^2），耗电极低（甚至可做成自供电），芯粒很适合在物联网中应用，或者进行模块化设计，即把多个芯粒组装成一个较大的高性能芯片。英特尔的应用是把 CPU、存储器、片上 FPGA 等做成芯粒，然后组装在较大的硅片上，从而可以缩短连线、降低成本并提高芯片开发速度。

（7）新一代存储器（如 RRAM 等）及存内计算和近数据处理（Near Data Processing，

NDP）等新技术，距离大批量商用已经不远。一些新的 AI 芯片初创公司也已经采用了这些方法。因此，对芯片设计者来说，需要为相应的电路设计作好准备。

（8）自供电电路。当把电路的功耗做到非常小的时候（如毫瓦级甚至微瓦级），可以考虑采用外部绿色能源，如太阳能、人走路的动能、散射无线电波的能量等来给芯片供电，使该芯片基本上不用电池或普通电源。

（9）模拟电路。未来模拟计算计算范式的兴起，需要大量模拟电路或数模混合电路的设计。使用模拟电路可以大大提高速度，但是系统就不能带有其他数字电路，因为如果需要一直进行模数转换（Analog-to-Digital Converter，ADC），就会得不偿失。近年来，一些大公司（如英伟达）已经组织团队开始研究模拟计算，谷歌也已经对此表示了强烈兴趣，而 IBM 的一个项目已经做出模拟计算的芯片原型。

（10）亚阈值电路。是使晶体管工作在低电压（未达到其开启电压）的一种低功耗方法。英特尔及一些研究所都曾做出亚阈值电路的初步样片，它的工作频率不高，但对于一些神经网络应用已经绰绰有余。

（11）细胞神经网络。最初的想法是在 20 世纪 50 年代被提出的细胞自动机，用于模拟生物系统中细胞间的自组织现象；20 世纪 80 年代，随着人工神经网络的兴起，美国加利福尼亚大学伯克利分校的蔡少棠教授提出了细胞神经网络模型。30 多年后，当年他的博士生在美国硅谷成立了一家初创公司 Gyrfalcon，按照细胞神经网络的原理做出了一款 AI 芯片，据称这款 AI 芯片的能效远远高于英特尔的传统 CPU 和英伟达的 GPU，可用于训练和推理。

（12）多值逻辑电路。即运算机制不再是通常数字电路的二进制，可以有 3 个值（如 +1、0、−1）或更多的值（有人提议多达 8 个值）来组成逻辑运算。这个思路虽然已经提出多年，但是一直没有得到真正应用。忆阻器及 RRAM 等阻变存储器的出现，为这种方法打开了应用之门，因为忆阻器本身就可以进行多值逻辑的运算。

（13）单片 3D 芯片。三星已经把 3D 存储器做得相当成熟了。下一步要实现的是把逻辑电路和存储器用 3D 方式集成在一起，目前较成熟的是采用所谓的 2.5D 方法，即还不是真正的 3D，而是通过一块中介层来集成（见图 2.15）。未来的目标是把模拟电路（包括射频电路）、数字逻辑电路、存储器、传感器等全部堆积起来，成为一块单片 3D 芯片。这种工艺技术也为存内计算和近数据处理的有效实现开辟了道路。

（14）硅光芯片。很有前景的光子计算的核心就是硅光芯片。英特尔已经把硅光技术做得相当成熟，开始时用于光通信模块。2017 年，麻省理工学院（MIT）的研究人员提出了光神经网络，即让矩阵乘法在光域完成。AI 芯片如果用硅光来实现，在性能上至少会提升 2 个数量级。目前，全球至少有 5 家初创公司或研究团队在研发 AI 硅光芯片。

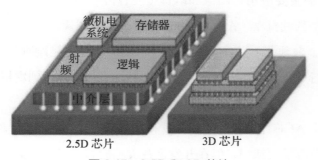

图 2.15 2.5D 和 3D 芯片

（15）量子芯片。这种芯片主要用于量子计算，现在有很多公司都在研究、开发并做出了样片：有的使用硅光技术；有的使用普通的 CMOS 数字芯片，在常温下进行量子计算；更多的是设计成在超低温环境下工作的超导芯片。使用量子芯片作为量子神经网络的 AI 加速器，是一个很有前景的想法。最近几年以来，已经有不少研究人员在研究如何用量子芯片加速线性代数运算，或作为图形模型中训练和推理的采样器等；也有研究人员利用伊辛模型（Ising Model），做成了量子神经元和量子突触等。

图 2.16 展示了一些 AI 芯片的创新实现方法，分别以高性能或低功耗为重点。

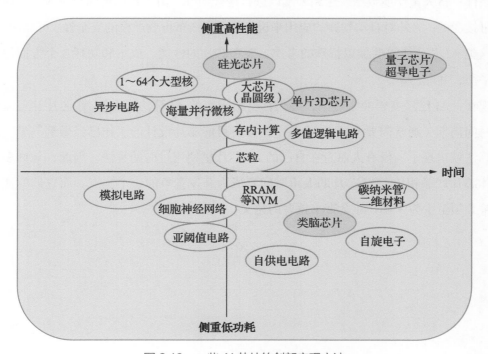

图 2.16 一些 AI 芯片的创新实现方法

2.4　小结

目前，AI 芯片的主要应用是图像和语音（约各占一半），其中很大一部分是汽车行业的应用，包含自动驾驶汽车（Autonomous Vehicle）的图像、语音识别功能。AI 芯片的各种其他应用，如金融预测、动作控制、决策机制等，还只是刚刚起步。AI 芯片不仅是为了用在手机里进行照片分类、图像识别而已，其终极目标是用到虚拟分身里，成为虚拟分身的"大脑"。

不管是近年走上 AI 芯片设计道路的谷歌和特斯拉（Tesla），还是许多 AI 芯片初创公司，都有着丰富的深度学习知识，但在开发这些尖端的芯片时却仍会面对很多艰难和严峻的挑战。

图像和语音应用使用不同的深度学习算法和神经网络架构。例如，语音应用的重点是自然语言处理（Natural Language Processing，NLP），所用的神经网络架构是循环神经网络（RNN）或基于 Transformer 模型，而图像分析所采用的主要是卷积神经网络（CNN）。由于这些架构都需要处理大量的数据来进行训练，因此如果只依赖离线的边缘侧 AI 芯片来处理，会有很大的挑战：许多现实生活场景（如机器人和自动驾驶汽车）要求 AI 芯片能够实时执行多个任务并具备动态适应能力。静态训练的模型无法有效处理随时间变化的环境条件；将大量环境数据发送到云端以进行迭代训练，由于数据传输时延太大，通常也是不可接受的；另外对自动驾驶的应用来说，考虑到汽车行业严格的安全性、可靠性要求，设计这类 AI 芯片还需要加以特殊的考虑。要在芯片的性能、成本和功耗 3 个方面得到最优的平衡，并非易事。

现在，AI 已经变得非常热门，每天都会出现新的 AI 算法。由于 AI 芯片开发需要不短的时间周期（通常需要 9 ～ 12 个月），极有可能芯片设计的工作已经做到一半，改进的新算法就出现了。没有人愿意在自己的 AI 芯片里使用过时的算法。因此，与许多其他半导体芯片产品相比，AI 芯片的上市时间将成为开发竞争的一个焦点，而它们的使用寿命通常必须至少为 3 年，才会带来重要的意义。

第二篇

最热门的 AI 芯片

第 3 章　深度学习 AI 芯片

目前用得最多的 AI 芯片是基于深度学习，也就是深度神经网络（DNN），模拟生物神经系统，以并行方式进行计算的芯片。这样的 AI 芯片又被称为深度学习加速器。

在过去的几年里，DNN 的性能有了很大改进。在一些应用领域里，深度学习已经实现了比人类大脑更高的精度，如计算机视觉、语音处理、自然语言处理、大数据问题等。这些发展使基于深度学习的 AI 芯片得到了极为广泛的应用，已经成为当前数据中心的一个主要需求，且这种需求仍在增长。从商业、金融、教育、医疗、通信等场合的各种设备到家用电器和手机，这类 AI 芯片都已经或即将付诸应用。

通常情况下，设计人员会在现成的商用硬件上运行高度并行的深度学习 AI 计算，其中最典型的案例就是 GPU。在训练阶段，尤其是计算密集的情况下，这些芯片是非常适用的。系统参数可以在该阶段以经过验证的样例得到调整。在推理阶段，深度学习的应用对存储器的频繁访问和快速响应有着更高的要求，过去很多年来也在用 GPU 实现推理。然而，为了应对快速增长的需求，各家公司正在竞相开发更直接提高深度学习能力的 AI 加速器芯片，这些加速器可以快速执行专门任务，在训练和推理上有更为出色的表现。

虽然一些研究人员尝试将 DNN 的模型和算法更多地与生物学（如脑科学）相关联，并取得了一定的成果，但大多数研发人员只关心对已有的深度学习算法进行加速，不太关心神经形态的原理。他们主要致力于最大限度地提高性能，同时关心如何突破商用冯·诺依曼硬件架构的局限性，如何能够在能效和性能上优于 GPU。这些因素推动了 ASIC 和 FPGA 的研发。

3.1　深度神经网络的基本组成及硬件实现

绝大多数 AI 芯片设计团队正在利用传统的数字电路设计技术，寻求提供硬件加速，以实现高能效、高吞吐量和低时延的 DNN 计算，同时避免牺牲神经网络精度。不管在系统级还是在芯片级，他们都大量采用异质架构，如 CPU 加 GPU、CPU 加 FPGA，或在 FPGA 里再增加"AI 引擎"（赛灵思公司）等。对 AI 芯片研发人员而言，了解并考虑这些数字加速器不断取得的进展至关重要。

　　DNN 将神经元排列成一层，这样排列后的网络层多达数十层、几百层甚至更多，逐层推理输入数据的更抽象的表示，最终达成其结果，如实现翻译文本或识别图像。每层都被设计用于检测不同级别的特征，将一个级别的表示（可能是图像、文本或声音的输入数据）转换为一个更抽象级别的表示。例如，在图像识别中，输入最初以像素的形式出现；第一层检测低级特征，如边缘和曲线；第一层的输出变为第二层的输入，产生更高级别的特征，如半圆形和正方形；后一层将前一层的输出组合为一部分熟悉的对象，后续层检测对象。随着经过更多的网络层，网络会生成一个代表越来越复杂特征的激活映射。网络越深，卷积核所能响应的像素空间中的区域就越大。

　　在各种神经网络类型中，卷积神经网络（CNN）被认为是计算机视觉领域最具潜力的创新之一，在分类和各种计算机视觉任务方面准确性更高。因此，现在的主流深度学习都以 CNN 作为最主要的部分，这也是现在很大一部分深度学习应用在图像识别、图像分类等领域的原因。包含 CNN 在内，目前比较流行的 DNN 及其主要特征如下。

　　（1）卷积神经网络（CNN）：前馈型，权重共享，稀疏连接；

　　（2）全连接（Fully Connected，FC）神经网络：前馈型，又称多层感知器（MLP）；

　　（3）循环神经网络（RNN）：反馈型；

　　（4）长短期记忆网络（LSTM）：反馈型，具备存储功能。

　　目前大部分 DNN 的基本组成，主要是 CNN 卷积层（CONV 层）加上少量全连接层（FC 层）及池化层等，如图 3.1 所示。

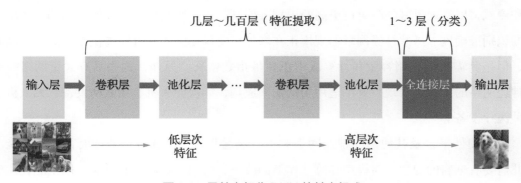

图 3.1　目前大部分 DNN 的基本组成

在卷积层和卷积层之间，或卷积层和全连接层之间，往往还加有起到降低特征维度等作用的池化层和归一化层。卷积层一般多达几十层，也有的达到了上千层。由于卷积层占了计算量的 90% 以上，时延和功耗都是在卷积层的计算上产生的，后面介绍的很多新的 DNN 算法和架构，都是针对卷积层进行各种优化和改进。

如前文所述，DNN 的一个主要特点是很高的并行性，需要充分加以利用。例如在某个网络中，一个全连接层就有 1600 万个互相独立的乘法运算，在训练的时候，可以并行训练多个样例，可以把模型分到多个处理器来处理。

典型的 CNN 是具有管道状结构的多层前馈神经网络。具体而言，每一层对前一层的输出执行计算，以生成下一层的输入。一般来说，CNN 有两种类型的输入：要测试或分类的数据（又称特征图）和权重。一方面，图像、音频文件和录制的视频都可以是使用 CNN 分类的输入数据；另一方面，网络权重通过在包含与被测试输入相似的输入的数据集上训练 CNN 而生成。

网络层的数量、层内和层之间的特定互连、权重的精确值及阈值行为相结合，给出了整个网络对输入的响应，通常需要多达数千万的权重来指定神经元之间的广泛互连。在实践中，人们会使用反向传播过程离线训练 CNN。然后，离线训练出的 CNN 用于前馈过程执行识别任务。前馈过程的速度是很重要的。当网络最终用于推理时，权重在系统中作为新输入时通常保持不变。层中的每个神经元执行独立计算（将每个输入乘以相关权重，再把这些乘积加起来，进行非线性计算来确定输出）。大部分计算都可以使用矩阵乘法处理，从而让许多步骤并行完成。

3.1.1 AI 芯片的设计流程

研发人员一直在不断改进现有的 DNN 模型和算法，使用越来越多样化的网络进行训练和测试，以实现更好的分类或更高的识别准确度，在某些情况下已经能够达到或超出人类的识别准确度。虽然神经网络的规模正在增加，变得更强大并且能提供更高的分类准确度，但是其需要的存储容量和计算成本正在呈指数增长。另外，这些具有大量网络参数的神经网络的大规模实现，并不适用于低功率应用，如智能手机、物联网设备、无人机、各种医疗设备等。

很多硬件平台及其使用的神经网络对于"永远开启"、低时延处理而言不够节能。因此需要有创新的想法，对模型和算法作新的改进，协同设计芯片和算法，以使能耗达到最小，并在芯片的架构级和电路级都有新的实现方法。图 3.2 为 AI 芯片的设计流程。

图 3.2　AI 芯片的设计流程

（1）基本思路。AI 技术的基本思路大致有两种，一种是基于西方哲学的逻辑思考，使用符号规则来进行符号表征，起到推理的作用；另一种是基于生物中神经网络的连接现象，找出学习的规则。从人工智能的发展历史来看，一开始都是基于符号规则来进行推理，但后来发展到以连接为主导的神经网络架构和算法。近年来，有人提出了把这两种类型结合在一起进行推理的新想法。

（2）数据集。对监督学习来说，训练数据就是"输入"和"标记"的组合，而"标记"代表了正确答案。数据的数量取决于所需的精度，也与网络架构和算法有关。无监督学习则只有训练数据的输入，没有"标记"。

（3）神经网络架构 / 算法。根据准备好的数据集，确定合适的网络架构和算法，并确立一组训练参数，称为超参数（详见第 9 章）。可尽量采用近年来优化的方法，如二值网络、三值网络、降低数值精度（量化）、稀疏性（ReLU、网络剪枝）、可重用性、近似计算、专用 DNN 架构、张量分解（可分离卷积核）、循环穿孔等。

（4）芯片架构。主要把网络架构和算法映射到硬件架构，包括乘积累加器 / 处理单元的优化、处理单元阵列及网络拓扑的优化、充分利用稀疏性及数据可重用性、高效存储器分层、权重固定（Weight Stationary）及行固定（Row Stationary）数据流等。

（5）电路实现。如近阈值电路、异步电路、基于查找表（Look-Up-Table，LUT）的乘法运算、定制片上 SRAM 单元电路等。长远来看，用 NVM（非易失性存储器）来取代 SRAM 将可以大大提高能效。

3.1.2　计算引擎和存储系统

3.1.2.1　计算引擎

深度学习 AI 芯片是基于 DNN 实现的，而 DNN 里最主要的组成部分就是卷积层。

卷积层里的计算包含对 3D 卷积核（权重）、输入特征图（激活）、输出特征图（激活）、这些特征图的数量［称为批量（batch）］等的计算，达到 7 个维度的计算空间[7]（见图 3.3）。在图 3.3 中，*R* 和 *S* 是一个卷积核的高和宽；*C* 是一个卷积核的通道数或输入特征图的通

51

道数；X 和 Y、X' 和 Y' 分别是输入及输出特征图的宽和高；K 为卷积核数量或输出特征图的通道数；N 表示批量的大小，用作训练的神经网络的 N 很大，而用作推理的 N 相对较小。

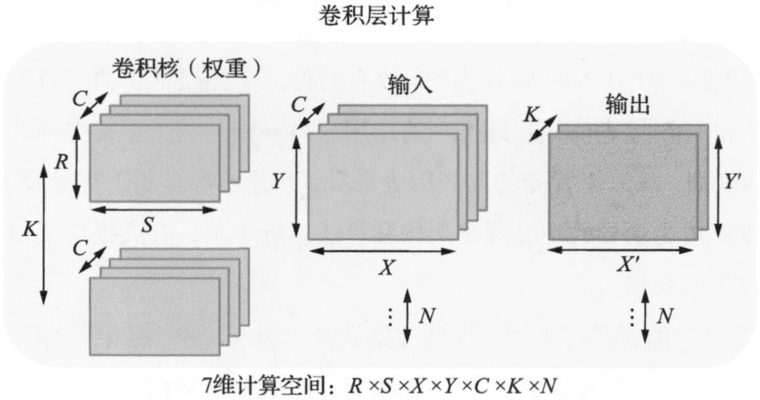

图 3.3　卷积层计算

卷积可以看作是矩阵乘法的扩展版，它增加了局部连接性和平移不变性（即图像经过了平移，图像样本的标记仍然保持不变）。与矩阵乘法相比，每个输入单元被替换成一个 2D 特征图，而每个权重单元被替换成一个卷积核，然后用滑动窗来计算。例如，从输入特征图的左上角开始，卷积核向右滑动，到了最右端后又移回最左端并下移一行。

由于卷积层需要进行 7 个维度的计算，再加上为提供平移不变性而需要的卷积核数据重用等，卷积层的计算比一般矩阵乘法复杂很多。

在 CPU 和 GPU 中，计算引擎通常是算术逻辑单元（Arithmetic and Logic Unit，ALU）；而在 FPGA 和 ASIC 中，计算引擎则是复杂的处理单元（PE），它可支持多种数据流模式。PE 通过片上网络（Network on Chip，NoC）互连，以实现所需的数据移动方案。

卷积计算需要 PE 阵列来完成。这些 PE 是 DNN 的关键组件，也就是 MAC，如图 3.4 所示。图 3.4a 中，MAC 接收 3 个数据，即输入数据 X_i、权重数据 W_{ij} 和到此为止得到的部分和 Y_{j-1}，并输出新的部分和 Y_j。MAC 中的乘法器大部分都是用数字电路实现的，但也有用模拟电路实现的（见图 3.4b、c）。

AI 芯片常常以 TOPS 为单位来衡量其性能，它主要是可实现峰值吞吐量的度量，但不是实际吞吐量的度量。大多数操作是 MAC，因此 TOPS = MAC 单元数 × MAC 操作频率 ×2。为了充分利用性能，芯片需要一个能够让 MAC 在大多数时间保持忙碌（高MAC 利用率）的存储架构，这是实现高实际吞吐量的关键。

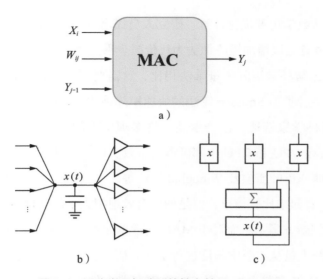

图 3.4　深度学习加速器的核心单元 —— MAC

a）MAC 处理输入数据、权重数据和部分和　　b）MAC 的模拟电路实现　　c）MAC 的数字电路实现

简单地说，卷积其实就是对数据加权求和，这也正是 MAC 发挥作用的地方。CNN 能够执行一些不同类型的数据处理操作，但数量不相同，最常使用的操作是卷积。卷积层的计算工作量可能涉及深度嵌套的循环。卷积和反卷积基于算术乘法和加法。虽然 CNN 的概念很专业，但它们执行的基本操作中有 99% 以上是最基本的乘法和加法。表 3.1 为某种 AI 芯片的计算量实现结果（MOPS 指每秒百万次操作）。由表可见，该 AI 芯片执行的基本操作中，有 99.7% 是乘法和加法。

表 3.1　某种 AI 芯片的计算量实测结果 *

计算类型	计算量（MOPS）	占比
卷积	34,275	98.1%
反卷积	576	1.6%
ReLU	123	0.2%
池化	13	0.1%

* 数据来源于特斯拉公司。

在 GPU 实现中，MAC 操作被转换为矩阵与矩阵或张量与张量的乘积累加运算[8]。这允许同时计算批量样例，其中每层 MAC 在现代 GPU 内的许多 SIMD 处理器上并行操作。在宽高比大致相同的大矩阵相乘时，GPU 特别有效，因此可以选择批量的大小以便充分利用 GPU 的计算或存储器资源。批量选得越大，处理速度越快；选得越小，时延就越低。因此这需要折中考虑。

此外，还可以从数学角度优化计算。研究人员提出应用 Strassen 算法来减小矩阵乘法的计算工作量[9]。该算法以增加矩阵加法为代价减少乘法次数，某些层可以降低高达 47% 的计算负荷。然而，与朴素矩阵矢量乘法相比，这需要更多的逻辑控制和存储器。在过去的半个世纪中，各种类似 Strassen 算法的快速矩阵乘法（Fast Matrix Multiply，FMM）算法使很多计算机科学家着迷，已经推动了许多理论上的改进。Strassen 算法不仅能在 ASIC 中实现，而且在 CPU 和 GPU 中都可得到有效实现。另外，为了加速矩阵乘法运算，还有人提出使用快速傅里叶变换及 Winograd 算法等。

MAC 处理单元看起来比较简单，但是如何有效地把大量的处理单元连接、组织起来，就有很多种不同的创新方案了。而对于 MAC 处理单元本身，如何更好、更快地实现乘积累加，也有不少研究人员从纯数学角度进行了深入研究，提出了新的运算方法。

CPU、GPU 及 DSP 都包含宽矢量 SIMD 寄存器文件及处理单元。SIMD 可以减少指令解码的开销，但是每次计算都得从寄存器文件中读出操作数并把结果写回去，又造成数据来回移动和存储的新开销，这成为 SIMD 的一个瓶颈。

因此，有研究人员想到了使用在 20 世纪 80 年代比较热门的脉动式阵列，将复杂的脉动数据流精心组织到 MAC 处理单元之中[7,10]。在 AI 芯片中，脉动式阵列方法于 2015 年首次应用于谷歌的 TPU 中，目前已经广泛应用于基于深度学习的 AI 芯片中。在这种架构中，计算结果从一个 MAC 直接传输到另一个 MAC，没有寄存器的读写过程，并自动计算乘积累加。这样，每个 MAC 的功耗可以降低至原来的 $1/10 \sim 1/5$。而且这种架构很容易扩展，谷歌就使用了一个 256×256 的阵列，覆盖了 65,536 个 MAC。

TPU 由以同步序列激励的 2D 脉动式 MAC 阵列组成，每个 MAC 执行操作 $ab + c$，其中 a、b 和 c 是存储在寄存器中的值。图 3.5 展示了由脉动式 MAC 阵列组成的 DNN 架构。在谷歌的 TPU 中，MAC 阵列通常被配置成：表示神经网络的一个网络层（或一个网络层的一块）的权重被加载到阵列中，并且矢量数据（图像等）按照时钟周期流过阵列。在计算矩阵－矩阵乘积时，需要将许多不同的数据矢量乘以相同的权重值。因此，将权重存储在 MAC 阵列中有很大的好处，不必从内存中重复加载它们。这被称为"权重固定"方案，并且通常被视为深度学习推理任务中的有效方法，因为存储器访问既缓慢又耗能——尤其是当存储器不含在该芯片内时。

为了让开发人员更方便地进行开发，使矩阵大小与存储器更加匹配，现在一些主流的芯片架构都把许多 MAC 先划出分区（Tile）。例如，一个边缘侧推理芯片的 MAC 计算阵列常由 $4 \sim 16$ 个分区组成，而云端用的 AI 芯片包含 64 个或更多的分区。

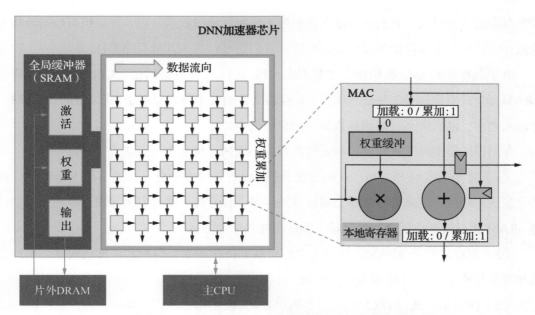

图 3.5　由脉动式 MAC 阵列（小方块表示 MAC）组成的 DNN 架构

3.1.2.2　存储系统

合理设计 DNN 中的存储系统也是一个关注重点，包括激活值存储器、权重存储器及所有可能的组合和层次结构。不同的网络具有截然不同的存储特征，其中一些是激活值约束的，一些是权重约束的。权重存储器或激活值存储器的需求可以变化 2 ～ 3 个数量级。同样，不同内存配置的峰值带宽需求可能相差几万倍。由于这种差异很大，想要让一种 AI 芯片在各种 DNN 基准测试中都得到良好的性能和能效，将会十分困难。

AI 芯片的存储架构需要满足下列要求：

（1）为神经网络模型提供存储权重的能力，用于存储执行神经网络模型的代码，并用于存储初始输入 / 图像和中间激活值；

（2）以足够大的带宽向 MAC 提供权重和中间激活值，以跟上 MAC 的执行速度；

（3）将中间激活输出写回到存储器，其带宽应足够大，不会在写入未完成时停止操作。

存储架构分 3 个层次：MAC 中的寄存器文件，用于存储 MAC 间移动或累加的数据；全局缓冲器，用于存储足够的值以供 MAC 使用；片外内存，通常是 DRAM（见图 3.5）。

片外 DRAM 通常保存当前层的所有网络权重和激活。这些数据的一部分会定期移到较低级别以靠近 MAC 处理单元。中间层即全局缓冲器，由 3 个 SRAM 缓冲区组成：一个用于输入激活，一个用于权重，一个用于输出激活。通常，激活缓冲区和权重缓冲区是分开的，因为可以使用几种不同的数值位宽。存储架构的最低级由位于 MAC 中的本地内存寄存器的单元组成，它们负责根据数据流策略所选择的数据重用，并组织与数据流相关的循环。此外，根据特定的设计和数据流，我们还可以插入其他存储器件。

由于利用了存储层次结构，加速器与 CPU 之间没有直接通信。CPU 将数据加载到 DRAM 中，并对寄存器文件进行编程。寄存器文件的每个位置对应于 DNN 层的特定参数，即输入大小、输出大小、卷积核数量、卷积核大小。

存储器的类型有 3 种选择，大多数芯片以不同的比例从中选取 2 ～ 3 种进行组合。

（1）分布式本地 SRAM：这种方法是把 MAC 分成多个分区，然后用本地化 SRAM 来分配这些分区。这是英特尔等公司经常采用的一种方法。这种方法面积效率稍低，但保持 SRAM 接近处理单元会减少时延、降低功耗并增加带宽。

（2）集中式单个 SRAM：这种方法有更高的面积效率，但跨芯片移动数据会增加功耗和时延并使单个 SRAM 成为性能瓶颈。

（3）DRAM：选用 DRAM，每比特的成本要便宜得多，但存储容量可能比实际所需要存储权重和代码的量大得多；功耗明显高于 SRAM 存取，并且以大带宽访问 DRAM 的控制器成本非常高。

理想的 AI 芯片能通过使用 1 片或 2 片 DRAM 和最少的片上 SRAM 实现高 MAC 利用率，从而在实现高吞吐量的同时降低成本和功耗。另外，一些新的深度学习 AI 芯片架构采用了近年来出现的新的 2.5D 和 3D 存储器作为存储单元，如混合存储立方体（Hybrid Memory Cube，HMC）和高带宽存储器（High Bandwidth Memory，HBM）等。

以上介绍的存储架构是基于冯·诺依曼计算模型的架构，这也是至今绝大多数商用 AI 芯片所采用的架构。然而，随着新型 NVM 的日益成熟，基于以存储器为中心的存内计算的 AI 芯片已经崭露头角（见第 7 章）。对存内计算来说，存储器本身就可以进行计算（存算一体化），存储架构要简单得多，从而可大大降低时延和功耗。除了采用新型 NVM 来实现存内计算外，有人还在 HMC 的基础上加了扩展功能，如意大利博洛尼亚大学设计了智能存储立方体（Smart Memory Cube，SMC），相当于一个多核存内计算芯片。每个 SMC 由存储器加上 16 个群集组成，每个群集包含了 8 个协处理器和 4 个 RSIC-V 处理单元。

DNN 的基本要求是训练和推理时间尽量短、模型参数尽量少、模型规模尽量小及 MAC 处理单元的数量尽可能少等，前提是保持相同的模型精度。这需要采用一些方法来压缩模型、降低数值位宽，以提高运算速度。

作为深度学习加速器的 AI 芯片，其性能取决于算法、架构和电路这 3 个方面的优化。下面将介绍这几年来所积累的一些较典型的设计及优化方法。

3.2　算法的设计和优化

如前所述,深度学习的成功是依靠大量深度神经网络层取得的(主要是达到了很高的准确度)。这些最先进的神经网络使用非常深的模型(主要是 CNN),在训练期间会达到几十亿次计算,模型和数据的存储量达到几十兆字节到几百兆字节。例如,ResNet50 的运行有 77 亿次计算,权重和激活的存储量分别为 25.5 MB 和 10.1 MB,数据格式为 int8。这种复杂性给 AI 的广泛部署带来了巨大挑战,特别是在资源受限的边缘侧环境中。这就需要压缩模型中的大量搜索计算,最大限度地减少内存占用和计算,同时尽可能地保持模型精度。

算法优化旨在通过采用数值的位宽缩减、模型压缩和增加稀疏性来降低计算成本。这方面的进展可以分为两个方面,其中一方面以二值网络为代表,以蒙特利尔大学的约书亚·本吉奥(Yoshua Bengio)教授为核心。2015 ~ 2017 年间,人们对二值(1 位)网络和三值(2 位)网络的研究取得了明显的进展。另一方面是研究如何把基于服务器的高精度模型引入移动和可穿戴设备。例如在 ImageNet 中,目标误差率的提高被抑制到小于 1%,功耗降至 100 mW 或 10 mW 甚至更低,以实现"永远开启"的操作。

现在研究人员已经提出了很多方法来降低 DNN 的能耗。大多数工作要么是设计更有效的算法,要么是设计优化的硬件。专用硬件平台针对典型数据流进行了优化,并利用了网络稀疏性及大多数神经网络的固有错误恢复能力。人们尽可能在硬件实现中利用 DNN 的高度并行性,使用群集训练和被训练了的修剪来缩减模型规模,并提出针对其压缩方案进行优化的硬件加速器[11]。其他最近的硬件实现提出了利用稀疏性的解决方案,要么在稀疏操作期间加速,要么提高能效。一些工作通过使用降低数值精度的算子来利用 DNN 对噪声和变化的原有容错度进行扩展,这降低了乘积累加之类算术运算的功耗并压缩了模型的内存占用,代价是可能损失输出精度。

设计高效的深度学习算法可以有很多种方法,这些方法有的已经作为成熟的产品被实现并得到了大量应用,有的还停留在实验室样片阶段。虽然这些方法在理论上减小了操作规模、减少了操作数量、降低了存储成本,但是通常需要专门的硬件来将这些理论上的好处转化为能效和处理速度方面可实测的改进。下面介绍一些这类方法。

3.2.1　降低数值精度的量化技术

用于存储和计算模型权重参数的数值精度(位宽)会影响网络训练和推理的性能和效率。通常,较高的数值精度表示(尤其是浮点表示)用于训练,而较低的数值精度表示

（包括整数表示）可用于推理。一些芯片实现已经可以有效地将数值位宽从 16 位降至 4 ～ 8 位，甚至 1 位，且可使用整数值，这同时节省了能耗并提高了处理速度。

事实上，深度学习的一个特征是它不需要很高的计算精度。许多软件使用以高精度表示的数字（如 32 ～ 64 位），而在深度学习中，8 ～ 16 位计算就足够了。位宽越小，参与运算的电路越少，就可以在同一芯片区域上集成更多电路以提高性能，或减小芯片面积以降低功耗和成本。

降低 CNN 关键数据（即权重和激活值）的位宽，可以显著降低存储要求和计算复杂性，因此受到越来越多的关注。权重量化技术 [12,13] 就是降低权重数值的位宽。还有研究人员提出将权重量化方案直接扩展到激活值量化，但是它在如 ImageNet 这样的大规模图像分类任务中引起了明显的精度降级 [14]，即最终牺牲了模型精度。

AI 在训练期间需要保持极高的输出精度。一般来说，对于一个 AI 推荐系统，需要有误差仅为 0.02% 的输出精度；而对于一个计算机视觉模型来说，也需要达到误差仅 0.5% 的精度。为了避免降低数值位宽之后出现 AI 系统输出精度损失，近年来已经有很多研究人员（包括 IBM 和高通的团队）对此作了大量研究，提出了许多改进方案 [15,16]。也有些研究人员提出使用"多种精度混合"的自适应方法，根据不同的需求对位宽进行灵活变换，这样既满足了减少计算量的要求，也能保持训练精度不变。

当 2012 年深度学习刚刚兴起的时候，大多数 AI 训练使用 32 位浮点（fp32）对训练过程中的权重进行更新，后来采用了 16 位浮点（fp16），把计算效率提高了一倍。谷歌发明的 16 位脑浮点（Brain Floating Point，bf16 或 bfloat16）格式与 fp16 相比增加了动态范围，与标准 fp32 相同。大多数情况下，用户在进行神经网络计算时，bf16 格式与 fp32 一样准确，但是能以一半的位宽完成任务。因此，与 fp32 相比，采用 bf16 可以使吞吐量翻倍、内存需求减半。

fp32 格式包括 1 个代表符号（＋或－）的符号位，其后依次为 8 个指数位及 23 个尾数位，共 32 位数字；fp16 包括 1 个符号位、5 个指数位和 10 个尾数位，共 16 位数字；而 bf16 格式将 fp32 数字的尾数缩减到 7 位，以稍降低精度。因此，bf16 格式依次包括 1 个符号位、8 个指数位和 7 个尾数位，共 16 位数字。

具有 M 个尾数位的浮点格式的乘法器电路，是一个（M+1）×（M+1）全加器阵列。这需要将两个输入数字的尾数部分相乘，从而构成了乘法器中的主要面积和功率成本（可以认为乘法器的实体尺寸会随着尾数长度的二次方而增加）。fp32、fp16 和 bf16 格式分别需要 576 个、121 个和 64 个全加器。因为 bf16 格式的乘法器需要的电路少得多，所以有可能在相同的芯片面积和功率预算中放置更多的乘法器，从而意味着采用这种格式的深度学习加速器可以具有更高的性能和更低的功耗和成本。

自 2015 年以来，bf16 格式一直是第二代和第三代 TPU 的主力浮点格式。目前，英特尔已把 bf16 整合到它的一些 AI 处理器中，ARM 及一些初创公司的产品也都采用了这种数据格式。

由于数据格式对数字电路实现的效率有直接影响，产业界和学术界都有人在研究新的格式。现已被英特尔收购的 Nervana 曾使用过一种新的数字格式——Flexpoint，它允许将神经网络推理的标量计算用整数乘法和加法来实现，从而在提高功效的同时实现并行性的更大提升。然而，目前这个格式至少在其产品中已经销声匿迹。另一种方法是学术界正在研究的，即使用 Posit Number 来替代标准浮点格式。Posit Number 的主要优点是能够从给定的位宽中获得更高的精度或动态范围。这个格式由约翰·古斯塔夫森（John L. Gustafson）提出，具有突破性意义，现在已经用到神经网络的训练和推理场景 [17]。

然而，还有一些 AI 推理采用了整数格式。对于同样的位宽来说，整数格式可以节省 50% 的功耗和面积。研究表明，在同样的输出精度下，8 位整数的能效可以达到 32 位浮点的 4 倍。

表 3.2 为不同数值精度对应的能耗（基于台积电 45 nm 工艺的 ASIC）[18]。

表 3.2　不同数值精度对应的能耗

数值精度	能耗（pJ）
int8 加法	0.03
int16 加法	0.05
int32 加法	0.1
float16 加法	0.4
float32 加法	0.9
int8 乘法	0.2
int32 乘法	3.1
float16 乘法	1.1
float32 乘法	3.7

将 32 位全精度（fp32）模型量化为 8 位整数（int8）会在权重和激活值上引入量化噪声，这通常会导致模型性能降低。这种性能下降可能非常微小，但也可能导致灾难性后果。为了最小化量化噪声以减轻其影响，研究人员已经公布了各种不同的方法。这些方法通常依赖量化感知的微调或从头开始的训练 [19,20]。实际量化方法的主要缺点是它们依赖数据和

微调，最好将 fp32 模型直接转换为 int8，而不需要运行传统量化方法所需的专有技术。

高通研究人员介绍了一种量化方法[16]，称为无数据量化（Data-Free Quantization，DFQ）技术。这种量化技术不需要数据、微调或超参数调整，从而改进了量化性能，提高了系统精度，在将 fp32 模型量化为 int8 时仍能实现接近原始的模型性能。这是通过调整预训练模型的权重张量使得它们更易于量化，并通过校正在量化模型时引入的误差的偏差来实现的。

比利时研究人员还提出了最小能量量化神经网络（Quantized Neural Network，QNN）[21]，通过量化训练提供对任意数量的位宽和任何网络拓扑的网络量化的明确控制，并将其链接到推理能量模型。这可以既优化所使用的算法，也优化硬件架构，适用于"永远在线""永远开启"的嵌入式 AI 应用。

具体地说，这是一种二值神经网络（+1，−1）的广义化。研究人员将二值网络训练从 1 位扩展到 Q 位（int$Q$），其中 Q 可以是任意值。然后通过将网络复杂性和大小与完整的系统能量模型联系起来，评估 QNN 推理的能量和精度，以计算精度权衡。最后得出结论，能耗取决于所需的精度、计算精度和可用的片上存储器。int4 实现通常被认为是最小能量解决方案。

这种方法通过引入 QNN 及用于网络拓扑选择的硬件能量模型来使嵌入式神经网络的能耗最小化。为此，二值训练设置可以为从 1 ～ Q 位的广义化。该方法允许找到最小能量并导出若干趋势。首先，能耗根据使用位宽有数量级的变化。对于所有基准测试，相等精度的最小能量点在 1 ～ 4 位之间变化，具体取决于可用的片上存储器和所需的精度。通常，int4 网络的性能优于 int8 最多可达 6 倍。这表明，在既支持低功耗始终开启，也支持高性能计算的应用中，传统的 fp32、fp16、int8 应该使用 int4 进行扩展，以实现最小能耗的推理。图 3.6 为基于 QNN 的 AI 芯片框图。

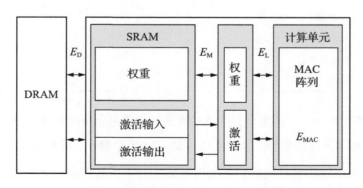

图 3.6　基于 QNN 的 AI 芯片框图[21]

上述 QNN 可以以低数值精度来训练，最低可以低至 1 位（单比特）。这样，可以把模型扩展至更多的权重和更多的操作，达到很高的能效。

除了上述量化方法外，近年来也在不断出现其他方法，如随机舍入、混合精度、缩短数据流及新的量化格式等。

很显然，不管对于神经网络的训练还是推理，1 位的数值精度可能是今后的发展目标（见图 3.7）。图 3.7 中的两条线分别表示训练和推理的系统精度不变时，功耗的下降趋势，有人把它称为一种"新摩尔定律"[22]。当前，用 ASIC 方式实现 AI 芯片成为热点时，已经可以把精度降到 4 位（推理）及以下，功耗也可降低至原来的 1/10 以内。最新的例子是初创公司 LeapMind 于 2020 年 4 月发布的边缘侧 CNN 加速器，权重和激活的乘法分别使用了 1 位和 2 位，从而大大提高了能效，达到了 27.7 TOPS/W，比其他类似加速器芯片的能效［如 ARM 的神经处理单元（Neural Processing Unit，NPU）核的最大单个能效为 5 TOPS/W，谷歌用于边缘推理的 Edge TPU 加速器为 2 TOPS/W］高得多。

而接下来几年中，一旦存内计算技术得到大量应用，可以进一步把功耗降低两个数量级。

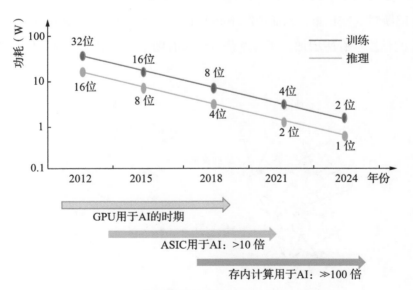

图 3.7　训练或推理准确度不变时，功耗的下降趋势

降低精度确实带来了很大的好处，它可以降低时延、节省存储空间、减少存储器带宽，以及降低存储器和处理单元的功耗。但是，降低精度的方法都要保证系统网络一定的输出精度。换句话说，这是一种与输出质量的折中，总要牺牲一些输出精度。对于图像识别、语音识别等应用，稍微有点误差，并不影响整体运算的质量；但是对于某些对精度要求极

高的应用，如自动驾驶汽车的 AI 芯片，往往仍旧采用 32 位整数作加法及 16 位整数作乘法。

一些商用芯片如英伟达的 Pascal（2016 年推出），谷歌的 TPUv1（2016 年推出）、TPUv2 及 TPUv3（2019 年推出），英特尔的 NNP-L（2019 年推出）等也都采用了量化技术：8 位整数用于推理，16 位浮点用于训练。一般来说，吞吐量与芯片面积成正比，而与数值精度的位数成反比。因此，云端 AI 芯片和边缘侧 AI 芯片都将会继续遵循量化"新摩尔定律"往前发展。

3.2.2　压缩网络规模、"修剪"网络

在 DNN 计算中，有许多值是 0、接近 0 的值或重复的值。将这些值输入一个 MAC 进行乘积累加运算没有意义，且浪费资源，这就需要用到压缩。有些芯片设计了某种功能，阻止 MAC 作这类没有意义的运算，因此可以节省能源。

类似的方法是"修剪"网络，在训练的最后阶段消除被认为不重要的神经元（称为剪枝，见图 3.8）。如果可以使用稀疏矩阵技术有效地存储矩阵并将其传递到加速器，则甚至可以去除不重要的单个权重。或者，可以将不能移除的不重要的权重设置为零，并且简单地指示电路跳过这些权重，从而消除不必要的计算。压缩技术可以减小片上带宽，但与解压缩相关的计算会有所增加。所有这些方法都有助于减少必须带到芯片上加载至 MAC 的数据量。

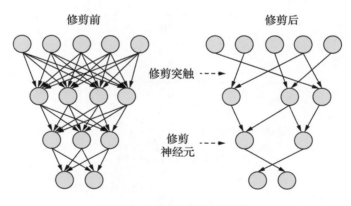

图 3.8　神经网络的"修剪"

修剪的类型包括：修剪层数（这通常带来最大的好处）、修剪连接数、修剪神经元的数量、修剪权重数量。

在数据量化之后往往还采用霍夫曼编码（Huffman Coding），以进一步降低网络存储量。霍夫曼编码通常用于无损数据压缩，最早由范·鲁文（Van Leeuwen）在 1976 年提

出。它使用可变长度码字来对源符号进行编码，从每个符号的发生概率中推导出一个表，常见的符号（如在神经网络中反复使用的相同的权重）用更少的比特表示。实验已经表明，对非均匀分布值进行霍夫曼编码可以节省 20% 的网络存储容量。经过算法和架构的优化，就可以根据这个优化的算法和架构设计芯片，最好在设计时把算法、网络架构与芯片的硬件架构一起考虑，形成协同设计（Co-Design），并采用比较成熟的电路来实现。

修剪神经网络的方法最早由 Yann LeCun 在 1990 年发表的文章里提出。2016 年，斯坦福大学的博士生韩松、清华大学毛慧子等人进行了一项关于深度压缩和修剪的简单研究，训练量化和霍夫曼编码，并给出了一些令人印象深刻的研究结论，说明如果调用适当的修剪和压缩方法，可能显著缩小神经网络，论文名为《深度压缩：用修剪压缩深度神经网络》[23]。

深度压缩可以大大减小存储器带宽，用片上 SRAM 就可以容纳所需的存储容量，并可把一个 1 GB 规模的网络缩减到只有 20 ~ 30 MB，从而可用于移动应用（移动应用 < 100 MB）。

除了使用霍夫曼编码来对神经网络进行压缩外，还可以使用更多的理论方法来解决这个问题，如使用 Vapnik Chervonenkis 维数 [24] 和 Kolmogorov 复杂度 [25] 之类的思想来分析神经网络，并定义出神经网络压缩的极限值。

3.2.3　二值和三值神经网络

把乘法精度降低，或通过丢弃连接而大大减少乘法量，可以大大降低计算成本 [26]。有些研究论文还介绍了二值神经网络（Binary Neural Network，BNN）和三值神经网络（Ternary Neural Network，TNN）。通常，通过实数值激活的实数值权重的相乘（在前向传播中）和梯度计算（在后向传播中）是 DNN 的主要操作。BNN 是通过将前向传播中使用的权重二值化来消除乘法运算的技术，即仅约束为两个值（0 和 1，或 -1 和 1）。结果，乘法运算可以通过简单的加法（和减法）来执行，这使得训练过程更快。有两种方法可以将实数值转换为相应的二值：确定方法和随机方法。确定方法是直接把阈值技术应用于权重，它可以用下式表示：

$$W = \begin{cases} +1, & W \geqslant 0 \\ -1, & W < 0 \end{cases} \tag{3.1}$$

而随机方法是基于使用硬 S 形函数的概率将矩阵转换为二值网络，因为它在计算上是简便的。实验结果表明它具有良好的分类准确度。BNN 有以下几个优点：

（1）GPU 上运行二值乘法比 CPU 上运行传统矩阵乘法快 7 倍；

（2）在前向传播中，BNN 大大减少了存储量和访问量，并且通过逐位操作取代了大多数算术运算，从而大大提高了能效；

（3）二值处理单元用于 CNN 时，可降低约 60% 的硬件复杂性；

（4）与算术运算相比，存储器访问通常消耗更多能量，并且存储器访问成本随着存储器容量的增加而提高，而 BNN 在两个方面都有改进。

过去几年中也有其他技术被提出[27-30]。最值得注意的是，如果将网络权重或权重和激活值两者都限制为 +1 和 −1，从硬件角度来看，这尤其令人感兴趣，因为这种二值网络拓扑结构允许用节能的同或门（XNOR）操作替换所有昂贵的乘法运算。在基于 XNOR 的 DNN 实现中，卷积核和卷积层的输入都是二值的，这使得卷积运算速度提高了 58 倍，存储量降至原来的 1/32。这样在 CPU 上就可以实现最先进 DNN 的实时使用，而无须用 GPU。二值神经网络在 ImageNet 数据集上进行了测试，与全精度 AlexNet 相比，分类精度仅降低了 2.9%，且功耗更小、计算时间更短。这使得专门的硬件实现加速 DNN 的训练过程成为可能[31,32]。研究人员最近成立了一家公司 XNOR.ai（已于 2020 年 1 月被苹果收购）来进一步探索这种算法和处理工具，旨在于边缘侧装置中部署 AI。

也有研究人员提出了三值网络[33]。这种方法可以将神经网络中的权重精度降低到三值（二位权重）。这种方法几乎没有降低精度，甚至可以提高 CIFAR-10 和 ImageNet 上 AlexNet 某些模型的准确性。这种三值网络也可以被视为稀疏型二值权重网络，可以通过定制电路加速。

3.2.4　可变精度和迁移精度

对于一个神经网络来说，所需的数值精度可能因应用的不同阶段而异，不是所有的应用都需要同样的精度。例如，有的通过使用较少的位宽在中间层实现 DNN 的最佳性能与输出精度之间的权衡，有的使用强化学习方法来发现一个具有每层不同量化的有效量化神经网络。

而每一层里面的数值精度要求也都会不同，矩阵相乘可能是 8 位和 8 位相乘，也可能是 2 位与 4 位相乘。同样，权重与激活值也可能具有不同的数值精度。因此，较好的解决方案是把芯片做成"可变精度"。

一般来说，硬件都是固定精度的结构，而软件的好处是可以做到可变精度。在芯片工作时，数值精度如果没有得到很好的匹配，会造成芯片面积浪费、性能下降及功耗提高。

虽然硬件是固化了的结构，但还是有办法来做到"可变"。图 3.9 展示了各种用硬件实现可变精度的方法：全覆盖架构是把各种精度的电路全部做在芯片里，通过选择器来选择所需精度的电路，这种架构利用率很低；动态重构架构可以动态地把电路改成所需精度的电路；第三种是"位串行（Bit-Serial）"架构。

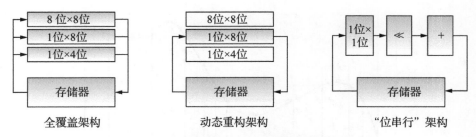

图 3.9　用硬件实现可变精度的方法

近年来，位串行架构受到了研究人员的重视，并已在一些先进的 AI 芯片（如 QUEST，见第 4 章）中得到应用。1951 年之前的几乎所有数字计算机，以及大多数早期的大规模并行处理机都使用位串行架构。人们在 20 世纪 60 ～ 80 年代开发了用于数字信号处理的位串行架构。位串行的好处是一次只处理一位数字，数值精度可以按需求实时调节。通常，N 个串行处理器将比单个 N 位并行处理器占用更小的面积，并具有更高的总体性能。

在使用位串行计算时，整数矩阵乘法表示为二值矩阵乘法的加权和 [34]。位串行方案提供了使用一个有效的二值矩阵乘法加速器来计算任何精度矩阵乘法的可能性。研究人员提出了一种由软件可编程加权二值矩阵乘法引擎和相关硬件组成的方案，用于获取数据和存储结果。

这个方案基于 FPGA 实现，硬件架构可配置，并带有成本模型，用于估计给定参数集的资源使用情况。它的软件可编程性使其能够以任何矩阵大小和任何定点（整数）精度运行。该方案还引入了一种新的并行到串行（Parallel-to-Serial，P2S）加速器，采用传统的位并行矩阵并产生等效的位串行矩阵。

如前所述，如果系统从头到尾以同样的精度运行，将是非常浪费资源的。迁移精度方法 [34] 可以根据需求对各种不同的精度进行自适应，即按需变化精度，从而降低功耗或提高性能。它从大自然中获得灵感，来定义计算架构。这些架构在处于较宽且平滑的范围内的精度与成本之间进行权衡，如图 3.10 所示。

近似计算已经在 AI 芯片的设计中得到应用（见第 8 章）。但是，传统近似计算的主要障碍是缺乏从应用到硬件来管理精度而不影响应用质量的框架。更准确地说，缺乏输出精度保证和严格的误差控制是主要的问题。使用迁移精度的计算框架中，可通过细粒度硬件对精度进行分布式控制，使用可扩展的、基于反馈的运行方式，并以一种可在线跟踪误差的编程模型来调整操作参数。这在满足应用级不同质量要求的同时，大大降低了功耗。

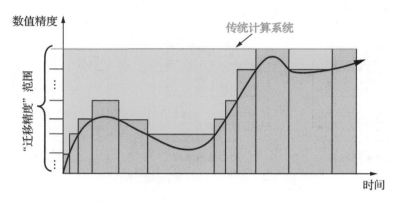

图 3.10　"迁移精度"计算与传统计算的比较 [35]

按照自适应迁移精度的思路，也有研究人员提出类似的精度混合方法，即根据运行需求，混合使用二值、三值、16 位浮点、8 位整数等各种精度。

然而，不管是可变精度、迁移精度还是精度混合的方法，硬件实现都需要增加不少额外电路来支持，这就需要在由其得到的好处与硬件成本之间作出权衡。

3.2.5　简化卷积层

对卷积层使用低维卷积核，可以减少网络结构的内部操作和参数 [36,37]。这种方法有很多好处：首先，改进的卷积操作使得运行过程更加清晰；其次，这种方法大大减少了计算参数的数量。例如，如果一个层具有 5×5 卷积核，可以用两个 3×3 卷积核替换（中间没有池化层）以便更好地进行特征学习；3 个 3×3 卷积核可用作 7×7 卷积核的替代等。使用低维卷积核的好处是假设当前的卷积层都具有 C 个通道，对于 3×3 卷积核的 3 个层，参数的总数等于权重，即 $3×(3×3×C×C)=27C^2$ 个权重；而在卷积核的尺寸为 7×7 时，参数总数为 $(7×7×C×C)=49C^2$，与 3 个 3×3 卷积核参数相比几乎多一倍。

3.2.6　增加和利用网络稀疏性

增加和利用网络稀疏性是一种重要设计方法。权重和激活矩阵中存在着大量的零，非零元素分散分布。任何数值与零相乘还是等于零，因此需要避免执行这类不必要的 MAC 运算。

稀疏性包括权重的稀疏性和激活值的稀疏性。要获得激活值的稀疏性，可以使用激活函数 ReLU 或者最大池化（用于反向传播）；而对于权重的稀疏性，则有各种各样的选择，可以省略整行、整列、卷积核、通道或内核等来得到，如图 3.11 所示。粒度越粗，稀疏性的结构越明显，也就越容易硬件实现。对于权重和激活矩阵来说，非零值的数量可以分别减少到 20% ～ 80% 和 50% ～ 70%。

稀疏性如果得到很好的利用，将会大大提高性能。不过，增加稀疏性会牺牲一定的输出精度，需要掌握平衡。另外，在硬件实现时，常常需要额外的逻辑电路来找出非零值并进行其他处理，这将会增加硬件成本。

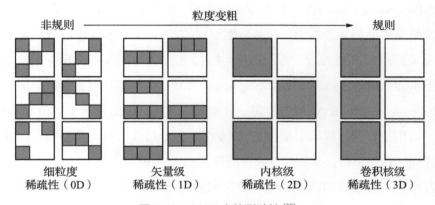

图 3.11　CNN 中的稀疏性 [38]

事实上，现代数据中心的工作负载很大且非常稀疏，其中大多数内容为零。因此，以大型稀疏矩阵为目标的矩阵乘法算法的关注度在不断提高。这种乘法称为稀疏矩阵 – 矩阵乘法（Sparse Matrix Multiplication，SpMM），是目前流行的多种算法的重要组成部分。朴东贤（Dong-Hyeon Park）等人专门为此设计了一种算法和架构 [39]，把矩阵 – 矩阵乘法最常见的内积实现方法，改成了外积算法来最大限度地减少冗余内存访问。这种 SpMM 加速器芯片由 48 个异质核组成，并与交叉开关和可重构内存紧密耦合在一起。

3.3　架构的设计和优化

架构级设计包括计算引擎设计和存储系统设计。设计专用 DNN 硬件的挑战包括设计一个灵活的体系结构，然后找到配置该体系结构的最佳方法，以便为不同的 DNN 层获得最佳的硬件性能和能效。找到最佳配置的机会取决于硬件的灵活性，但较高的灵活性通常意味着需要增加额外的硬件而降低效率。

因此，通常需要经过反复的精炼过程才能得到最佳的架构设计。这是一个找到最佳映射的过程，包含确认 MAC 操作在时间（即同一 PE 上的串行顺序）和空间上（即跨许多并行 PE 的顺序）的执行顺序；如何在不同级别的存储层次结构上分区（Tiling）和移动数据，以按照该执行顺序进行计算。对于给定的 DNN 层，通常存在大量可能的映射方案。因此，找到所需指标的最佳映射方案非常关键。

3.3.1　把数据流用图表示的架构设计

一些新的架构把数据流用图（Graph）来表示，如 Graphcore 的智能处理单元（Intelligent Processing Unit，IPU）就是非常创新的，这种架构优化了网络内部的运行成本，已用于云端数据中心的服务器中。几年前刚创立的 Wave Computing 的数据流处理芯片也是采用数据流图进行高速处理，但 2020 年 4 月，这家在 AI 芯片领域备受关注的独角兽公司却走上了破产倒闭之路。下面以 Graphcore 的 IPU 为例，介绍其设计架构。

Graphcore 是一家英国 AI 初创公司。这家公司认为，CPU 的专长是标量，GPU 的专长是矢量，而用于智能计算的图架构是 AI 专用芯片的最佳选择。该公司专门开发了一个处理器来处理这种图架构，并将其称为智能处理单元（IPU）。

IPU 芯片有一些独特的功能。例如：这家公司认为训练和推理无须分开，而应该同时支持（见图 3.12）；采用同构多核架构，超过 1000 个独立的处理器；支持 all-to-all 的核间无拥塞（Non-Blocking）通信，采用 20 世纪 80 年代提出的整体同步并行计算（Bulk Synchronous Parallel，BSP）模型，该模型是用在并行硬件和软件之间的一种桥接模型，成为冯·诺依曼串行模型的一种替代。BSP 把操作分为 3 个时间段来进行：计算、同步屏蔽及通信阶段（见图 3.13 和图 3.14）。

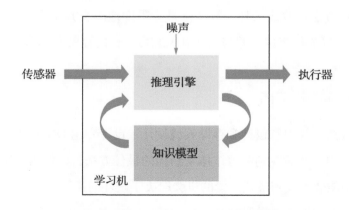

图 3.12　训练和推理合为一体的 IPU 系统[40]

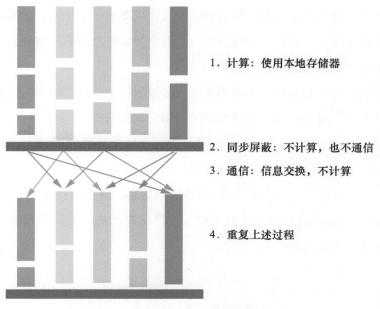

1. 计算：使用本地存储器

2. 同步屏蔽：不计算，也不通信

3. 通信：信息交换，不计算

4. 重复上述过程

图 3.13　BSP 工作原理

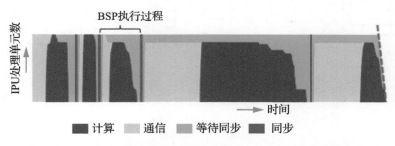

图 3.14　IPU 处理单元的 BSP 执行轨迹（来源：Graphcore）

BSP 放弃了程序局部性原理，从而简化了程序设计与实现。这一点有利于并行计算，因为大规模计算往往需要大量处理器，但实际上很难提供那么多处理器，于是一个处理器可能会被映射到多个虚拟进程。这种情况下，处理器对存储器的访问会受到附带的程序局部性原理的约束。为了防止拥塞，选路器使用对等（Peer-to-Peer，P2P）网络的方式进行通信。

另外，IPU 芯片上大量的面积被用于 SRAM，避免直接连接 DRAM，其目标是所有的模型都能够放在分布式的片上存储器中。IPU 中学习是模型结构和参数的推理过程；而所有的智能处理，也即推理，采用了概率优化。

IPU 架构的一个优点是它适用于当今的许多机器学习方法（如 CNN），也针对不同的机器学习方法进行了高度优化，如强化学习等。该架构重新考虑了传统的微处理器软件堆栈，把开发人员定义的关于矢量和标量的事务转化成图和张量形式，把算法过程和编程过程变成"从数据中学习"这样一种知识模型。整个知识模型的表示被分解为巨大的并行工作负载，在 IPU 处理器上进行调度和执行。

当 IPU 运行时，IPU 程序从一个或多个张量读取数据，并将其结果写回其他张量。张量可以由多个块处理，每个块都对本地存储的张量元素进行操作。

该计算可以表示为一个图，其中节点表示由一个块执行的代码，边是由节点操作的数据（见图 3.15）。如果数据在执行节点代码的块的内存中，则这些边表示对本地内存的读取和写入。如果存在另一个块上存储的变量，则边表示通过信息交换结构进行的通信。

由一个节点执行的功能可以是任何操作，包括从简单的算术运算到重塑或转置张量数据，或执行一个 N 维的卷积。

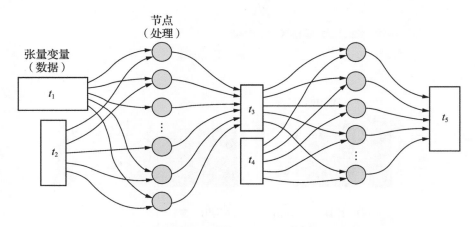

图 3.15　数据和处理用图表示：IPU 计算等于图计算[41]

IPU 集成了大量混合精度浮点单元，据称其推理和训练性能比其他公司的 AI 芯片高 10 ～ 1000 倍，但细节尚未披露。据说 IPU 具有如此高的性能，是为了在处理器中维持完整的机器学习模型。该芯片名为 Colossus-IPU，第一代采用 16 nm 工艺制造，并于 2017 年底开始交付。

第二代芯片 GC200 于 2020 年 7 月发布，采用台积电 7 nm 工艺技术，在 823 mm^2 的裸片上包含了超过 594 亿个晶体管。这比 2020 年 5 月英伟达最新发布的 GPU A100 的 540 亿个晶体管增加了约 10%。GC200 集成了 1472 个独立的 IPU 内核，可以执行 8832 个独立的并行计算线程（1 个 IPU 运行 6 个线程）。该芯片包含了新开发的被称为 AI-Float 的浮点 MAC 来执行性能达 1 PFLOPS 的计算。GC200 的实际性能据称比第一代提高了 8 倍。

Graphcore 在 2017 年底曾发布 IPU 的基准测试结果。根据这个结果，为了训练 ResNet50 的神经网络，单片 IPU 每秒可训练 2000 幅或更多图像（批量大小为 8）；使用配备 8 个 IPU 的加速卡，每秒可以学习 16,000 幅图像；性能可随着核的数量增加而线性提高。使用 LSTM 神经网络的推理要比英伟达的 P100 快 182 ～ 242 倍。

装载 Graphcore GC200 板卡的戴尔服务器，据说现在已经销售一空，如果一台服务器就能达到 2 PFLOPS 的性能，那当然会有很多开发 AI 的公司去买，也就会十分受欢迎。该产品的应用重点是数据中心和一些需要大量计算的边缘侧应用（如自动驾驶汽车），目前不针对手机等消费类边缘侧设备。

3.3.2　架构设计及优化的其他考虑

实验证明，最高的能耗来自访问片外 DRAM 存储器以进行数据移动，而不是乘积累加计算本身。换句话说，由于大量操作导致的额外存储器访问和数据移动的能耗成本经常超过计算的能耗成本。因此，深度学习加速器在架构设计上需要仔细考虑这一点，以便在运行时间和功耗方面实现高效的架构。

近年来，关于如何减少存储器数据来回移动的问题，已经有大量的研究成果被发表。例如，陈云霁等人创建了一个 64 芯片系统的架构，通过尽量靠近存储数据，最大限度地减少突触和神经元之间的数据移动。它减少了外部存储器带宽的负担，并且在能耗降低到 1/150 的情况下实现了 450 倍的加速 [42]。王世豪等人建议将相邻的 PE 分组为称为 Chain-NN 的双通道 PE，以减少大量的数据移动。他们在台积电 28 nm 工艺下进行了模拟，并在 AlexNet 中实现了 806.4 GOPS 的峰值吞吐量 [43]。Yann LeCun 的研究团队则把用于 32 位 CPU 上的 SIMD 处理器，用来设计针对 ASIC 综合的一个系统，以执行百万像素图像的实时检测、识别和分割。他们利用硬件中的可用并行性优化 CNN 中的操作。在处理帧率方面，这个 ASIC 实现优于 CPU 传统方法 [44]。

许多研究人员从数据并行性和流水线并行性两方面来提高神经网络架构的并行性，以提高整体吞吐量。除了上述数据流图架构之外，沈基永（Jaehyeong Sim）等人提出了一种相对复杂的神经元处理单元（Neuron Processing Element，NPE），它由 MAC 块、激活函数块和最大汇集块组成 [45]，这是数据并行和流水线并行的混合。在该设计中，在一个 NPE 中为不同的 MAC 计算共享相同的内核卷积核数据，并且将不同的内核应用于不同的 NPE 以利用输入图像数据。Hinton 等人则采用了基于数据流处理的简单 PE 的高度并行空间体系结构 [46]。每个 PE 都具有灵活的自主本地控制和本地缓冲，部分求和由空间数组中的 PE 计算，并存储在本地存储器中以进行最终求和，求和结果用于下一层计算。

在非常大的神经网络中，数据重用的方法尤其重要。需要合理地分解超大卷积并将其映射到有效电路，这也涉及存储系统的优化，主要技术是尽量减少代价较昂贵的存储器层级的访问。研究人员开发了诸如本地缓冲区、分区（Tiling）和数据重用之类的技术，以最大程度减少数据移动。分区和数据重用技术可以有效地减少存储器流量，但需要非常仔细地设计数据移动。PE 上的本地存储缓冲区是 PE 的专用缓冲区，旨在最大化数据重用，但在中间结果的存储量很大时变得不可行。片上存储器都有需要在容量和面积之间取得折中的问题，这需要通过仔细的数据移动和数据压缩技术来设计解决。孙广宇等人提出了一种分区的结构层，采用片上存储器并减少外部存储器访问 [47]；Yu-Hsin Chen 等人则采用了运行长度压缩技术来降低图像带宽要求 [48]。

尽管有很多方法可以应用这些数据重用的技术，但是我们可以总结出几种常用的数据流设计模式：行固定、权重固定、输出固定（Output Stationary）和输入固定（Input Stationary）。这些数据流设计模式可以在许多最新的深度学习 AI 芯片设计中看到。

行固定方法可以在卷积计算中防止往返 PE 阵列的重复数据流，从而消除由于数据传输而造成的功率浪费。它可对所有类型数据（权重、输入激活和部分和）在寄存器文件级别上最大限度地重用和累积，从而降低总的能耗。Eyeriss v1、Eyeriss v2 芯片（见本书 4.3.1 节）采用了行固定方法。除行固定方法外，典型的数据流方法包括权重固定方法，该方法适用于如 TPU 中所使用的批量处理。权重固定数据流旨在通过最大限度地重用每个 PE 的寄存器中的权重来使读取权重的能量消耗达到最小值。英伟达和谷歌的设计都采用了这种方法。

输出固定方法旨在最大限度地降低读写部分和的能量消耗，比较适用于一些使用稀疏压缩的 AI 芯片。另外，还有一种输入固定方法，其设计目的是为了使读取输入激活的能耗降到最低。

尽管创建新的数据流和优化这些数据流的硬件架构有无限种可能性，但是如何把数据流和芯片的架构匹配到在性能和能效上达到最佳，仍然是一个有待继续深入研究的问题。

3.4　电路的设计和优化

电路设计是 AI 芯片最后实现的关键阶段。如果把 AI 芯片设计分成架构级、算法级和电路级的话，电路级是最后测量这块芯片的关键性能指标（如 TOPS/W）的层级。目前，大部分 AI 芯片都基于数字电路，然后用一些创新思路来实现。例如，使用 XNOR 来实现 1 位数字 MAC、多精度（2 ～ 16 位）数字 MAC 等。另外，很多用于普通 ASIC 或 SoC 的低功耗设计技术（如电源门控、时钟门控等）在 AI 芯片设计中也得到了广泛应用。

3.4.1　用模数混合电路设计的 MAC

考虑边缘侧应用中苛刻的能效要求，如何进一步降低 AI 芯片的功耗，一直是研究人员探讨的问题。为此，研究人员提出不仅要从网络架构级设法提高能效，而且要从电路级改变思路。2019 年，斯坦福大学的丹尼尔·班克曼（Daniel Bankman）提出一种使用模拟电路的模数混合信号二值 CNN 处理器[49]，就是针对用于"永远在线"的 AI 推理的应用所开发的。这种处理器每次分类任务只消耗 3.8 μJ 的能量。

该设计针对中等复杂度的推理任务，如 CIFAR-10 图像分类数据集。一般来说，能量和可编程性之间，以及能量和分类精度之间往往不容易得到很好的权衡。而这项工作的设计目标是尽量降低能耗，允许牺牲一些可编程性和分类精度。尽管如此，这种设计仍然是半可编程的，并与其他最近的硬件实现相比具有更高的精度。这种"模拟 MAC"实现了每次分类的最低能耗，与数字 MAC 相比功耗要小得多，但缺点是芯片面积要比数字 MAC 大。

这个模拟 MAC 使用了二值神经网络，权重和激活值都约束为 +1 和 -1，把乘法简化为 XNOR，并允许在片上集成所有存储器。使用具有输入重用功能的权重固定、数据并行架构，可以在许多计算中分摊内存访问的能量成本。剩下的能量瓶颈是矢量求和，该设计采用高能效的开关电容（Switched Capacitor，SC）神经元来应对这一挑战，采用 1024 位温度计编码（即一元编码）的电容式数模转换器（Capacitive Digital-to-Analog Converter，CDAC）对 CNN 卷积核权重和激活值的逐个点积求和，并采用一个 9 位二值加权部分，用于添加卷积核偏置。SC 神经元通过重新分布充电电荷来执行矢量求和，通过一个比较决策电路产生 1 位神经元输出[49]，如图 3.16 所示。该设计是占用 6 mm² 的 28 nm CMOS，包含 328 KB 片上 SRAM，工作速率为每秒 237 帧（237 f/s），工作电压为 0.6 V/0.8 V，功率为 0.9 mW。相应的每个分类任务所需能量（3.8 μJ）约为之前 CIFAR-10 低能耗基准的 1/40，部分原因是牺牲了一些可编程性。SC 神经元阵列的能效比一个自动综合的数字神经元阵列实现高 12.9 倍，整体系统能效提高了 4 倍。

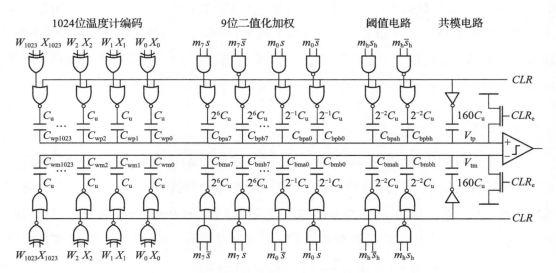

图 3.16　由 SC 神经元组成的模拟 MAC 部分电路[49]

3.4.2　FPGA 及其 Overlay 技术

硬件加速需要很仔细地探索如何达到高并行性。并行性水平可以分为粗粒度、中粒度、细粒度等。FPGA 在细粒度和粗粒度重构能力方面表现优异，其分级存储结构和调度机制可以灵活优化。灵活的分层存储架构可以支持 DNN 的复杂数据访问模式，它通常用于提高片上存储器的效率并降低能耗。

神经网络硬件架构和数值精度（位宽）必须在细粒度和粗粒度水平上可以重新配置，以实现更多功能和更高的能效。如果要做到精度随应用不同阶段的需要而不断变化，最好的选择还是 FPGA。FPGA 的可编程、可重构、自适应、可定制等高度灵活的特点，非常适合目前的 AI 算法发展阶段，因为 AI 算法现在还一直在改进和进化中，这些改进思路包括多种精度组合、多种网络拓扑组合、多个神经网络组合、多种应用组合等，以及正在受到研究人员关注的 FPGA Overlay 技术（见图 3.17），这是一种软件定义硬件技术。

Overlay 是在 FPGA 硬件层之上加设的一层虚拟层，连接到顶层应用。这种虚拟可编程架构，又称为 FPGA 虚拟化。顶层用户不必太多关心 FPGA 的硬件逻辑结构细节，就可以在 FPGA 的不同运行时间，对资源做出最佳的调度和利用。加载程序到 Overlay，只需微秒级的时间。这成为软件定义硬件（Software Defined Hardware，SDH）的一种方式，正成为工业界和学术界的研究热点（硬件重构时间的目标是 300 ～ 1000 ns）。EDA 厂商也在进行新的创新，研究如何让 FPGA 开发者轻松地利用 Overlay 进行软件编程。

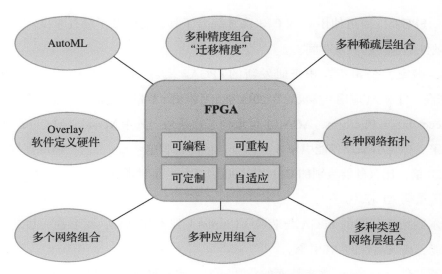

图 3.17　FPGA 用于 AI 的重要优势

另外，作为机器学习的一个子领域，在国际机器学习大会（International Conference on Machine Learning，ICML）上每年讨论的自动机器学习（AutoML），是指自动生成定制的神经网络，这样的机制也只有在 FPGA 上才可以得到灵活的实现和硬件验证。

与 GPU 相比，目前普通的 FPGA 吞吐量为每秒几十 GFLOPS，并且内存访问受限。另外，它本身不支持浮点数，但比 GPU 更有效（但如果与 ASIC 比较能效，FPGA 只能算是一种"低效率"的 ASIC）。由于其有限的存储器访问，许多方法集中于加速神经网络的推理时间，因为与训练过程相比，推理过程需要较少的存储器访问。

大型神经网络加速需要对外部存储器进行优化。不同的模型需要不同的硬件优化，即使对于相同的模型，不同设计加速性能也会有相当大的差别。FPGA 可以重新配置，更容易开发硬件、框架和软件。特别是对于各种神经网络模型，其灵活性缩短了设计周期，降低了成本。

埃里科·努维塔迪（Eriko Nurvitadhi）等最近在新一代 GPU（NVIDIA Titan X Pascal）和 FPGA（Intel Arria 10 GX 1150 和 Intel Stratix 10 2800）上评估了新的 DNN 算法[50]。实验结果表明，DNN 的当前趋势有利于 FPGA 平台，因为它们提供更高的能效。与基于 GPU 的加速器相比，FPGA 和 ASIC 硬件加速器具有相对有限的内存、I/O 带宽和计算资源，但它们可以以更低的功耗实现至少中等水平的性能。

通过定制存储器层次结构和分配专用资源，我们可以提高 ASIC 设计的吞吐量。然而，在开发周期、成本和灵活性方面，基于 ASIC 的深度学习 AI 芯片不太令人满意。作为替代方案，目前使用基于 FPGA 的加速器以合理的价格提供高吞吐量，具有低功耗和可重构性。FPGA 厂商可使用 C 或 C++ 高级综合工具，这降低了编程难度，缩短了基于 FPGA 的硬件加速器的开发时间。

因此，多家大公司正在积极研发新的 FPGA。赛灵思是 FPGA 的发明者和最大的 FPGA 生产商，针对 AI 应用，赛灵思在 2018 年 3 月推出了新的自适应计算加速平台（Adaptive Compute Acceleration Platform，ACAP）可重构芯片系列。其中 Versal "AI Core" 系列包含自适应引擎、标量引擎及智能引擎 3 大部分，使用台积电 7 nm 工艺，速度据称比最快的 FPGA 快 20 倍，比服务器级别的 CPU 快 100 倍以上，而时延低于 2 ms。ACAP 可以视为赛灵思的可重构 AI 芯片。

英特尔则把该公司的 FPGA 与芯粒（Chiplet）技术相结合，封装在一块芯片内，实现了高性能、高灵活性的 AI 引擎。

这类新器件及 Overlay 之类技术的成功开发，将有助于实现 SDH 的目标，即以极低的成本开发和运行数据密集型的 AI 算法，用非常快速的实时硬件重新配置速度和动态编译，同时在能效上也高于 ASIC，从而能够广泛适用于大数据解决方案。

3.5 其他设计方法

随着深度学习技术的深入发展，过去几年中业界出现了大量的改进算法，同时也已经提出了许多硬件架构[51]。

3.5.1 卷积分解方法

谷歌研究人员发表的 MobileNet 模型[52]基于深度可分离卷积，是一种分解卷积的形式，它将标准卷积分解为深度卷积和 1×1 卷积，称为逐点卷积。对于 MobileNet，深度卷积将单个卷积核应用于每个输入通道。然后，逐点卷积应用 1×1 卷积来组合输出深度卷积。标准卷积既进行过滤，也一步将输入组合到一组新的输出中。深度可分离的卷积将其分为两层，一层用于过滤，另一层用于组合。这种分解具有极大减少计算量和减小模型大小的效果。

MobileNet 后来又有了新的更新，现在已经有了 v3（第 3 版）。2019 年发表的这个新一代 MobileNet 中[53]，组合了互补搜索技术，即通过硬件感知的神经架构搜索（NAS）与 NetAdapt 算法相结合的方式，适应手机 CPU，然后通过新颖的架构进行改进。

3.5.2 提前终止方法

这种方法根据输入将结果输出到网络中间，而不再进行进一步处理（提前终止）。

它可以根据输入动态更改网络结构（动态计算图），大大减少了平均处理时间。

DNN 正在变得越来越深，中间网络层数的增加可以进一步提高精度，但却使得运行时延增加、功耗快速升高。在某些需要实时应用的场合（如移动通信），时延是一个重要因素。为了降低这些增加的成本，哈佛大学学者提出了 BranchyNet[54]。在这种神经网络架构中，边侧分支被添加到主神经网络分支，以允许某些测试样本提前退出。这种新颖的架构利用了这样的观察：通常情况下，在 DNN 的早期阶段学习的特征可以正确地推理出数据总体中的大部分，通过在早期阶段利用预测退出这些样本，避免对所有层进行逐层处理，BranchyNet 大大减少了大多数样本的推理运行时间和能耗。BranchyNet 可以与先前的工作结合使用，如网络修剪和网络压缩。

3.5.3　知识蒸馏方法

知识蒸馏方法是由 Hinton 及其团队最早提出的 [55]。复杂网络结构模型是由若干个单独模型组成的集合，或是在一些很强的约束条件下训练得到的很大的网络模型。因此，可以通过使用较大神经网络产生的输出预测来训练较小神经网络。一旦复杂网络模型训练完成，便可以用另一种训练方法——蒸馏（即精炼的意思），从功能强大的复杂模型中提取出需要配置在应用端的、缩小的模型。大型模型集合所获得的知识可以迁移到一个小型模型中。

蒸馏模型采用的是迁移学习，通过采用预先训练好的复杂模型（教师模型）的输出作为监督信号去训练另外一个简单的网络。这个简单的网络被称为学生模型。知识蒸馏方法能令更深的模型变浅从而显著降低计算成本，但也有一些缺点，如只能用于具有 Softmax 损失函数的分类任务，这阻碍了其应用。另一个缺点是模型的假设有时太严格，其性能有时比不上其他方法。

3.5.4　经验测量方法

2018 年，麻省理工学院和谷歌的研究人员提出了新的推理算法——NetAdapt[56]，它可以把一个预先训练过的 DNN 自动适应到一个移动终端平台，达到事先设定的功耗需求或时延需求。虽然许多算法通过减少 MAC 或权重的数量来简化网络，但这些度量还是间接的，有时不一定会直接降低功耗或减少时延。NetAdapt 使用所谓的经验测量方法，直接把功耗和时延指标的评估用于指导网络的优化过程，自动逐步简化预先训练的网络，直到满足资源预算，同时最大限度地提高准确性。

3.5.5　哈希算法取代矩阵乘法

美国莱斯大学的研究人员在 2020 年 3 月展示了被称为 SLIDE 的深度学习算法，可以在训练中不使用最耗时和耗能的矩阵乘法，而利用自适应稀疏性，改用哈希算法来完成[57]。在每次梯度更新过程中根据神经元的激活，选择性地稀疏大多数神经元，从而准确地训练神经网络，这就变成了一个搜索问题。哈希算法是 20 世纪 90 年代为互联网搜索发明的一种数据索引方法，一种近似最近邻的搜索技术，大大缩短了检索时间，也节约了内存占用空间。

由于不需要矩阵乘法，这种算法只需使用一般 CPU，而不需要专业级的加速硬件或GPU。演示结果表明，在 44 核 CPU 上运行直接用 C++ 编写的算法，对一个超过 1 亿个参数的神经网络进行训练，只用了 1 小时；而使用 TensorFlow，在 8 个 NVIDIA V100 GPU 上运行却需要 3.5 小时。但是，目前这个演示仅仅基于全连接网络，还没有涉及 CNN。

3.5.6　神经架构搜索

神经架构搜索（NAS）是近年来在 AI 算法和 AI 芯片开发者中被热烈讨论的新技术之一。DNN 是靠分层提取特征、以端到端用数据进行学习的方式来完成的。通过架构修改可以明显提高深度学习方法的性能，但搜索合适的架构本身就是一项耗时、艰难且容易出错的任务。对于复杂程度越来越高的网络架构，研发人员人工设计已经力不从心。2018年至今，研究人员一直在进行自动化搜索过程的研究工作。NAS 是一种把架构设计自动化的方法，因此被看作是深度学习技术的下一步发展方向。如果要把 NAS 归类，NAS 可以被视为 AutoML 的一个子类别，与超参数优化和元学习都有相当类似的地方，也许可以相互借鉴。

使用 NAS 设计的基准网络模型的一个最新例子是称为 EfficientNet 的模型系列，该模型系列与以前的 CNN 相比，参数要少几个数量级，具有更高的准确性和效率[58]。

总体来看，这种设计自动化被视为定义神经网络不同组件的一组决策的搜索问题。这些决策的一些可行解决方案隐含地定义了搜索空间，搜索算法由最优化工具来定义（见图 3.18）。但是，AI 芯片开发者还需要考虑最佳的硬件配置。如果要同时有效地找到最佳的神经网络架构和硬件配置，这样的搜索空间就会非常大。研究人员使

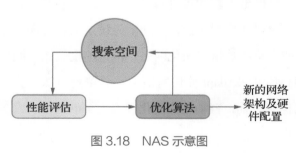

图 3.18　NAS 示意图

用了自然算法、仿生算法（尤其是进化算法）、强化学习算法等来发现优良的架构及硬件配置。但是，这些搜索方法需要很长的计算时间。因此，许多后续工作集中在寻找减少计算负担的方法上。自然算法和仿生算法对于 NAS 的应用，将在第 9 章里讲述。

3.6　AI 芯片性能的衡量和评价

现在，不管在产业界还是在学术界，都已经涌现出使用各种各样架构和算法的 AI 芯片。如何衡量和评价这些芯片的性能，已经成为一个亟待解决的问题。

如前所述，衡量一个 AI 芯片性能最基本的指标是芯片每秒的操作数（常用单位为 TOPS），表示完成任务的速度。这些芯片的性能也常常以 MAC/s 表示。MAC 算作两个运算：乘法和加法（尽管两者之间需要不同的时延和能量）。考虑到 MAC 由乘法和加法两个运算组成，OPS 与 MAC/s 之比为 2：1。如果要在边缘侧执行图像识别的话，需要大约 10 TOPS 的处理能力。

但是从这个指标还看不出能效，因此常使用单位功率下芯片的每秒操作数（常用单位为 TOPS/W）。例如，10^9 次运算 /10 ms/0.1 mW = 1000 TOPS/W。图 3.19 中的对角红线展示了各种不同的 AI 芯片的能效，箭头所指为发展方向。当前，微控制器和嵌入式 GPU 的能效仅限于几十至几百 GOPS/W，而如果要实现边缘侧设备"永远在线"推理，AI 芯片的系统级能效需要远超过 10 TOPS/W。

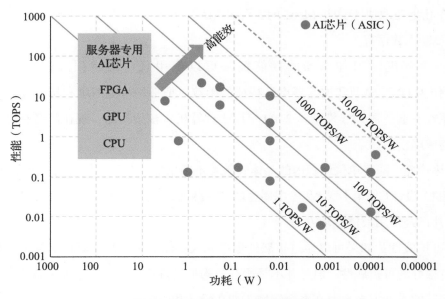

图 3.19　AI 芯片的性能、功耗和能效

一些论文常常使用每秒操作数或单位功率下的每秒操作数来描述芯片的性能。然而，如果仅仅用这两个指标来描述，并不能全面反映一个 AI 芯片真正的性能优势或劣势。

AI 芯片的性能衡量指标应该包含以下几个方面。

（1）时延：这个指标对于某些应用来说特别重要（见图 2.9）。有的初创公司设计了所谓的"实时 AI 芯片"，就是针对这个指标作了特别的努力。时延直接与所使用的批量的大小有关。

（2）功耗：不但包含了芯片中计算单元的功率消耗，也必须包括片上和片外存储器的功耗。

（3）芯片成本/面积：这个指标在边缘侧应用特别重要。裸片的面积（包含存储器面积）对成本有直接影响，它取决于所用的工艺技术节点（如 5 nm）及片上存储器的大小，也有的以 $TOPS/mm^2$ 为单位表示。大多数 AI 芯片面积的很大一部分被高速缓存、控制电路等占据，而 10% ~ 30% 被神经元和突触占据。

（4）精度：识别或分类精度，体现了这个 AI 芯片的输出质量。要对困难的任务或在某些效用不足的数据集上实现高精度，通常需要更复杂的 DNN 模型。

（5）吞吐量：表示单位时间能够有效处理的数据量，尤其在处理大量视频数据（25 f/s 或 30 f/s）时，大吞吐量可以保证画面的连续性。吞吐量除了用每秒操作数来定义外，也有的定义为每秒完成多少个完整的卷积，或者每秒完成多少个完整的推理。

提高 MAC 的时钟频率及增加处理单元的数量，是提高吞吐量的有效方法。另外，可达到的吞吐量还取决于这些 MAC 的实际利用率。对于推理来说，吞吐量还与所用的 DNN 模型及输入数据有关。

了解一个深度学习加速器的性能极限可以使用著名的屋顶线模型（Roofline Model），作为 DNN 模型和加速器设计特征的函数，把平均带宽需求和峰值计算能力与吞吐量联系在一起。屋顶线模型是 2009 年用于计算机多核架构的，现在已经有许多适用深度学习的扩展模型。

（6）热管理：随着单位面积内的晶体管数量不断增加，芯片工作时的温度急剧升高，需要有"暗硅"设计（见第 1 章）和考虑周全的芯片热管理方案。为了达到足够的散热效果，有的 AI 芯片已经使用液体冷却方法。

（7）可扩展性：如果可以通过扩展处理单元及存储器来提高计算性能的话，那么这种架构具有很好的可扩展性。但是并不是所有架构都具备这样的特性。可扩展性决定了是否可以用相同的设计方案部署在多个领域（如在云端和边缘侧），以及系统是否可以有效使用不同大小的 DNN 模型。

（8）灵活性 / 适用性：有的 AI 芯片所用的架构和算法可以适用于很多不同的深度学习模型及任务，而有的适用性则非常局限。

综合以上各项指标来看，要达到这些指标并在市场上保持竞争力的最关键条件是采用最先进的芯片制造工艺（当前是 5 nm）。具有领先工艺节点的 AI 芯片对于 AI 算法经济高效和快速的训练和推理越来越重要。这是因为它们显示出能效和速度上的明显提高。因此，AI 开发人员和用户必须拥有最先进的 AI 芯片才能在 AI 研发和部署中保持竞争力。

从 AI 芯片设计角度来看，目前还不可能在架构级、算法级、电路级，及各种工作负载时都能实现最佳的性能和能效。比较好的设计方法，是跨越这 3 个层级进行"跨层"设计，这样可以对各种参数和指标进行总体权衡。

收集大量带标签的训练数据对深度学习工作至关重要。开源数据集在语音识别、自然语言翻译和计算机视觉方面已经非常丰富。计算机视觉中的常用数据集包括 MNIST（发布于 1990 年）、CIFAR-10（发布于 2009 年）、ImageNet（发布于 2009 年）、AlexNet（发布于 2012 年）等。现在有不少论文介绍的实验结果仍然使用这些数据集作为测试标准。然而，MNIST 已经有 30 年的历史，最初是给大学生编程序用的；CIFAR-10 用于图像识别，因为太简单，早已被 ImageNet 代替；AlexNet 曾经红极一时，但现在早该更新了，因为该网络一共只有 8 层。另外，在语音处理和计算机视觉领域之外，到目前为止还无法收集足够的带标签数据。这是深度学习技术无法应用到其他常见领域的主要障碍。

对边缘侧 AI 来说，特别重要的是在各种边缘侧设备硬件上进行比较，包括简单设备，如树莓派（Raspberry Pi）、智能手机、可穿戴设备、家庭网关和边缘侧服务器等。当前的许多工作都集中在功能强大的服务器或智能手机上，但是随着深度学习和边缘侧计算的盛行，需要对异质硬件上的深度学习性能进行比较理解。由于缺乏对 AI 芯片特性方面一一对应的比较，因此难以选择正确的 DNN 模型，所比较的模型子集还是由研究人员自行决定的。此外，随着新的 DNN 模型的出现，单独的测量文件可能很快会过时。

为了能够对各种 AI 芯片的性能作出系统、全面的评价，近年来麻省理工学院及英伟达的研究人员开发了专门的软件评价工具，如 Accelergy[59]、Timeloop[60] 等。Accelergy 主要用于评估架构级的能耗，如基于处理单元的数量、存储器容量、片上连接网络的连接数量及长度等参数进行评估。而 Timeloop 是一个 DNN 的映射工具及性能仿真器，根据输入的架构描述，评估出这个 AI 芯片的运算执行情况。这样可以在不同架构之间进行公平的比较，并使 AI 芯片设计更加系统化。

对各种深度学习工作负载进行基准测试（Benchmarking），并根据合理的指标评估其性能是进行公平比较的前提。近年来一个新的联盟——MLPerf 已经形成，它提供了内容广泛的基准套件，用于衡量深度学习软件框架、AI 芯片（硬件加速器）和云平台的性能，主要贡献者包括谷歌、英伟达、英特尔、AMD 和其他公司，以及哈佛大学、斯坦福大学和加利福尼亚大学伯克利分校等大学。MLPerf 的初始版本 v0.5 仅包含用于 AI 训练的基准，2019 年 11 月又推出 AI 推理基准。这些基准提供了各领域的工作负载的实施参考，这些领域包括视觉、语言、产品推荐，以及深度学习模型已证明成功且数据集公开可用的其他关键领域。

目前，还没有成熟的通用评估系统来测试 AI 芯片性能，以便在不同层级上的不同方法之间进行比较。MLPerf 已经起到了领头作用，但还会遇到很多挑战。

3.7 小结

本章分别介绍了在架构、算法和电路方面提高深度学习 AI 芯片性能和能效的几种比较典型的方法。实际上，架构、算法和电路应该是协同设计的，即硬件架构需要贴近算法的思路，而算法更应该具备"硬件友好"的特点，这样才能组合成最佳的 AI 芯片解决方案。

通常，对于任何 DNN 硬件实现，在设计空间中有许多潜在的解决方案需要探索。设计一种可应用于每种 DNN 的通用硬件架构并非易事，尤其是在考虑对计算资源和存储器带宽的限制时。

对于 AI 芯片来说，相比网络压缩，可能模型加速更为重要，如何给 MAC 提速，值得关注。有不少研究人员从研究数学的角度出发，将矩阵乘法和加法变得更简洁和快速。例如，把乘法和加法转为逻辑和位移运算就是一种很好的思路。然而，网络的压缩率和加速率是高度相关的，较小的模型通常会导致训练和推理的计算速度更快。

现在的大多数 DNN 都由卷积层和全连接层组成。本章探讨的设计和优化方法大部分集中在卷积层，这是因为全连接层的计算要求明显低于卷积层。为了提高性能和最大化资源利用率，许多技术通过对不同的输入特征图进行分组组合来确定批量，然后在全连接层中一起处理它们。对于图像分类任务，浮点运算主要在最初的少量卷积层中进行，通常在开始时就有很大的卷积计算量。因此，网络的压缩和加速应针对不同的应用，集中在不同类型的层上。

有些方法看上去效果很好，但是需要大量训练，这种时间成本也不应该被忽视。值得注意的是，鉴于存储器访问的能耗成本远高于 MAC 操作的能耗成本，需要优先考虑如何把数据移动减到最少。如果通过扩展片上存储器容量来解决，将大幅增加芯片面积，从而增加芯片成本。但这个问题可能在未来几年会得到解决，因为届时大容量三维堆叠存储器芯片将趋于成熟。另外，未来深度学习加速芯片可能将会和多核 CPU 处理器集成在同一块芯片里。

现在，尽管深度学习的架构取得了巨大成功，但仍有许多领域需要进一步研究。这些方案在实际应用中还存在很大的挑战，不管在能效、性能、成本，还是在实时性方面，都还存在不少问题。好消息是新型半导体器件已经出现，将给深度学习的芯片实现开辟一条全新的道路。可以预计，随着新型存储器和相关产业的日益成熟，今后深度学习 AI 芯片架构的研究重心，将逐步转移到可以更加节省电能的模拟计算、存内计算、可逆计算等领域，这将在本书后面几章分别讨论。

模拟计算、存内计算等新方法的提出，可能会从根本上改变 AI 芯片的架构；而类脑芯片、自然计算芯片、量子启发芯片等的出现，又为 AI 芯片增添了全新的品种和应用。新型元器件和电路技术的出现，能够探索极大规模的集成系统来模拟复杂的生物神经元结构，从而可以有效地用于这些新型 AI 芯片，并将使现有的深度学习得到高出几个数量级的加速。

神经网络算法的进步不会停止，它将一代一代不断更新，将会出现更复杂的神经算法。随着脑科学和认知科学的不断发展，神经网络算法也将引入更复杂的认知功能，将会使 AI 算法的智能程度越来越接近人类。同时，新的算法也将带来网络架构和芯片架构的变革，要实现新架构又必须具备相适应的电路和元器件。算法进步带来的好处不亚于半导体工艺的进步带来的好处，甚至更大，但是它又很难像摩尔定律那样较准确地加以预测。这些算法的突破本质上是非确定性的，每次发生，都会让它们的市场地位重新洗牌。

本章讨论了深度学习算法和芯片设计优化的一些方法。这些方法都是靠专家凭经验完成的，在某个方面、某个指标上可能比其他人的成果更优越，但不能说一定达到了最优。第 9 章将介绍如何使用自然算法和仿生算法，挖掘搜索空间，找出更进一步的优化方案，确定最佳超参数（如最佳网络层数等），在专家经验的基础上，用人工智能来设计人工智能，向真正的最优解决方案靠近。

　　为边缘侧的深度学习 AI 芯片设计轻量级、实时且节能的体系结构是下一步的重要研究方向。当前，几乎所有的深度学习加速器架构都专注于加速器内部 DNN 推理的优化，较少有人考虑训练用的加速器的优化。随着训练数据集和神经网络的规模扩大，单个加速器不再能够支持大型 DNN 的训练，不可避免地需要部署多个加速器来训练 DNN。在训练用的深度学习 AI 芯片方面，英伟达的 GPU 仍然占了主导地位，但也有少数几家初创公司研发了针对训练的 AI 芯片，从而已经对英伟达构成了一定挑战。

　　第 4 章将介绍目前生产深度学习 AI 芯片的几家厂商的开发进展情况，以及几种比较典型的 AI 芯片，还将介绍近年来由学术界和初创公司推出的先进的 AI 芯片（包括云端用 AI 芯片和边缘侧 AI 芯片）。

第4章 近年研发的 AI 芯片及其背后的产业和创业特点

2010 年前后，"AI 芯片"这个概念最多出现在技术论文中，市场上还闻所未闻。在那时，哪怕是一位专门研究 AI 的专家，也不可能在一些商业化的公司里找到 AI 相关的职位。大约从 2014 年至今，随着市场对 AI 应用需求的爆发式增长，AI 芯片不但成为研究的焦点，也成为"淘金"的热点，已经有一些 AI 芯片供应商在这方面颇有建树。

深度学习 AI 芯片的发展大致可以分为两个阶段：第一个阶段是 2013 ~ 2015 年，属于基本检测阶段，探索如何实施网络模型，谷歌 TPU 的基本架构和基本设计都是在这个阶段完成的；第二个阶段是 2016 年至今，进入了实际应用研究阶段，这段时期的发展尤其针对移动应用和边缘侧应用，追求高性能、低功耗和低成本。所谓的"AI 产业"，也是在这个阶段形成，并正在高速发展之中。

目前主流的 AI 芯片，主要是深度学习加速器，用于云端（数据中心）和边缘侧（智能手机、自动驾驶汽车、无人机、物联网等）。在这个领域，英伟达持续占据领先地位，而谷歌、英特尔和微软这 3 家公司也都很强大。这样一种"1+3"的霸主格局，将会在未来较长一段时间内继续保持。但是这几家公司的各自地位可能会随着相互之间的激烈竞争，以及其他一些大公司（如高通、Facebook、亚马逊、特斯拉等）在 AI 芯片上的表现而发生变化。

另一方面，AI 芯片初创公司已经大量涌现，它们往往有少数非常优秀的人才、算法及芯片实现技术，但是这些公司很快会被大公司（如上述"1+3"霸主）看中而收编。大部分初创公司还在进行各自的研发工作，有的现在已经可以提供样片。但是，由于现在还缺乏业界广泛认可的测试比较 AI 性能的基准，这些新出现的 AI 芯片还很难评估。

4.1　对 AI 芯片巨大市场的期待

根据美国市场调研公司 Tractica 的预测，深度学习加速器的市场规模将在 2025 年达到 663 亿美元（见图 4.1），其中 GPU 市场规模将超过 140 亿美元。该研究机构表示，2016 年已经确定了 27 个不同的行业细分市场和 191 个 AI 用例。

人们对 AI 芯片有如此高的预期，是因为大家现在都有这样一个共识：AI 将成为人类社会下一个"大事件"，或它将在下一个"大事件"中发挥重要作用。半导体、云计算、互联网等产业近年来都对 AI 芯片充满期望，大公司正在支付数十亿美元收购初创公司，投入的研发费用甚至更多。此外，各国政府也正在向大学和研究机构投入巨资，以全球竞争的态势开发最佳 AI 架构和系统，以期处理大量对 AI 有价值的数据。

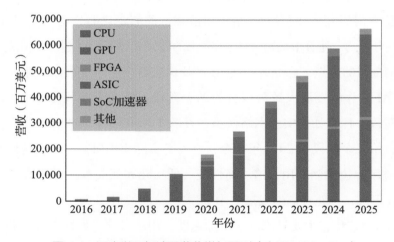

图 4.1　深度学习加速器营收增长预测（来源：Tractica）

从应用角度来看，AI 芯片主要应用在云端和边缘侧（边缘侧也包含终端设备），而云端（数据中心）的 AI 芯片占很大的比例（见图 4.2），主要用于加速深度学习训练和推理；而在边缘侧，则根据在智能手机、安防、汽车等领域应用场景的不同开发出了各类 AI 芯片。其中云端训练、云端推理、边缘推理大约各占 1/3（云端推理稍弱）。根据预测，从 2023 年开始，边缘侧训练将有一定需求，不过占的比例仍将很小。

云端 AI 芯片的市场规模预计将从 2019 年的 42 亿美元增长到 2024 年的 100 亿美元。目前这一领域的领导者英伟达和英特尔正受到 Graphcore、Groq 和寒武纪等公司的挑战。英特尔于 2019 年收购了 Habana Labs。英伟达仍然是这个市场中无可争议的领导者，这主要缘于其成熟的开发者生态系统及先发优势。至少在可预见的未来，英伟达仍将处于强势地位。

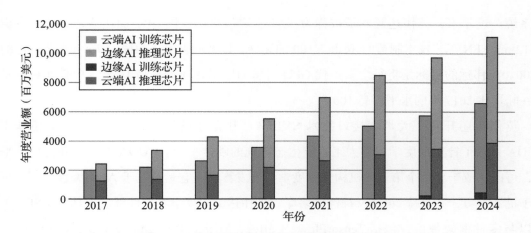

图 4.2　2017 ～ 2024 年推理和训练用 AI 芯片的市场规模预测（来源：ABI Research）

云端 AI 芯片市场分为 3 个部分：公有云，由云服务提供商托管，如 AWS、微软、谷歌、阿里巴巴、百度和腾讯等；企业数据中心，这些是私有云；另一个是新兴的细分市场——电信云，它指的是电信公司为其核心网络、IT 和边缘侧计算工作负载部署的云基础架构。英伟达最近一直在努力进入这个市场。

边缘侧 AI 芯片主要用于推理，也有一部分用于边缘侧的训练（包括网关和服务器），但这样的训练还远不能与云端的训练相比。

本章首先介绍由处于"1+3"霸主地位的 4 家大公司及另外几家著名公司开发的重要 AI 芯片的进展情况，然后回顾一下这几年涌现出的由 AI 芯片初创公司开发的一些 AI 芯片。

4.2　"1+3"大公司格局

处于"1+3"霸主地位的 4 家大公司，指持续领先的英伟达，以及谷歌、英特尔和微软这 3 家追赶的巨头公司。

4.2.1　英伟达

近 10 年来兴起的 AI 热潮，是由深度学习技术的出现和发展推动的。而正是有了 GPU 作为硬件基础，深度学习算法的优势才能得到展现。英伟达作为 GPU 的最早发明者和最大制造商，在 AI 芯片领域的霸主地位毋庸置疑。虽然英伟达也面临英特尔和高通等公司的竞争，但它仍在市场上领先一大截。

英伟达最早的产品是 GPU，主要用于 PC 视频游戏和 Sega、Xbox 及 PS3 等视频游戏系统。近年来，英伟达开发了被称为"AI 芯片"的新一代 GPU 加速器，如使用台积电 12 nm FFN 工艺技术制造的 Tesla V100 加速器，以及问世不久的使用 7 nm 工艺制造的 A100。英伟达的目标是将每个新一代 GPU 引擎的应用吞吐量提高 10 倍，中长期目标是使吞吐量比 2017 年的水平提高 100 倍。

英伟达还开发了大带宽接口技术 NVLink，其吞吐量为 300 GB/s。英伟达还基于 CUDA 开发了针对深度学习和人工智能生态系统的硬件平台。CUDA 是一个并行计算平台，可以让成千上万个第三方机构为深度学习开发算法，它具有基于 AI 的编程模型，可用于机器学习，并支持 cuDNN 神经网络库。英伟达的深度学习软件开发工具包（SDK）可以与多种框架替换，包括 TensorFlow、Caffe2、Microsoft Cognitive Toolkit、Theano、Chainer、DL4J、Keras、MatConvNet、Minerva、PaddlePaddle 等。

与 20 世纪 90 年代的微软 Windows 系统相似，NVIDIA GPU Cloud 是各种软件和硬件的互连接口，并支持各种云上的 AI 训练，包括亚马逊弹性云（Amazon Elastic Compute Cloud，Amazon EC2）P3 实例、阿里云、百度云、谷歌云平台、腾讯云、微软 Azure 等，使 AI 环境中的各种新应用变得可行。迄今为止，已有 1200 多家公司开始使用英伟达的推理平台，包括亚马逊、微软、Facebook、谷歌、阿里巴巴、百度、京东、科大讯飞、腾讯（为微信）等。

英伟达为边缘侧计算项目开发了处理器和应用解决方案，其中自动驾驶汽车是英伟达重点关注的领域之一。其他应用领域包括医疗和工业领域，其中医疗保健有很大的市场潜力。下面介绍英伟达的 3 款具有代表意义的 AI 芯片。

1. Volta 芯片

Volta 是由英伟达开发的新 GPU 微体系结构，用来代替 Pascal。它于 2013 年 3 月首次在英伟达的 GPU 芯片路线图中亮相。然而，Volta 的第一个产品直到 2017 年 5 月才公布。这是英伟达首款采用张量核（Tensor Core）的芯片，这种专门设计的内核具有优于常规 CUDA 内核的深度学习性能，进一步提升了专业化程度，从根本上加速了神经网络的训练和推理。Volta 主要用于云端服务器，性能达 125 TFLOPS（fp16），功率为 300 W。

Volta 的张量核专门进行神经网络计算，而传统的 GPU 内核用于图形计算。传统的 GPU 内核可以非常快速地执行常见的图形操作。而对于神经网络，基本模块是矩阵乘法和加法。英伟达的新张量核融合了乘法与加法，它将两个 4×4 fp16 矩阵相乘，然后将结果加到 4×4 fp16 或 fp32 矩阵中。因此，除了可以在并行运行的 V100 上获得 5120 个核的并行性之外，每个核本身也可以并行运行许多操作。结果是 Volta 与 Pascal 相比，训练的速度提高了 12 倍，推理的速度提高了 6 倍。

Volta 的推出显然是为了与谷歌的 TPU 芯片竞争。但是英伟达还宣布了 TensorRT、TensorFlow 和 Caffe 的编译器，旨在优化 GPU 运行时的性能。该编译器不仅可以提高效率，还可以大大减小时延。英伟达还通过将其深度学习加速器设计和代码开源来更直接地响应来自定制推理芯片的竞争。

Volta 架构含有 5120 个 CUDA 内核及 640 个新的张量核。张量核配有大容量（20 MB）寄存器文件，16 GB HBM2 RAM（900 GB/s）和 300 GB/s NVLink（I/O）。

英伟达希望 Volta 能够在汽车和机器人行业发挥重要作用，希望基于 Volta 的处理器和电路板成为需要训练或推理技术的设备的核心，具体包括机器人（尤其是使用英伟达 Isaac 机器人仿真工具包模拟的机器人）及各种形状和大小的自动驾驶汽车。Volta 应用的其中一个案例，是用于空中客车公司（Airbus）一种可以垂直起飞、可搭载两名乘客飞行长达 112.7 km 的小型自动驾驶飞机项目。

2. Xavier 芯片

英伟达还针对边缘侧的汽车应用推出了 Xavier 芯片。根据英伟达的公告，Xavier 已将 8 个 64 位 ARMv8-A 内核（可能是 Denver 的改进版本）和 512 核 Volta 架构 GPU 集成到一块芯片中。除了 CPU 内核外，还包含一个用于 AI 处理的 8 位整数矩阵运算电路，以及用于 AI 处理的专用深度学习加速器、全新计算机视觉加速器、全新 8K HDR 视频处理器、第 4 代双倍速率（DDR4）存储器等。使用台积电 12 nm FFN 工艺，裸片面积为 350 mm^2 的 Xavier 芯片版图如图 4.3 所示。

Xavier 拥有超过 90 亿个晶体管，凝聚着 2000 多名英伟达工程师 4 年时间的努力，研发投入高达 20 亿美元。Xavier 的技术细节非常复杂，但总体来说它可提供更高的处理能力，运行功率更低，每秒可运行 30 万亿次计算（30 TOPS），功耗却仅为 30 W，能效比上一代架构高出 15 倍。

Xavier 是 NVIDIA DRIVE Pegasus AI 计算平台的重要组成部分。2017 年 10 月，英伟达发布了 Pegasus——全球首款致力于推进 L5 级全自动驾驶出租车的 AI 车载超级计算机，它的外形只有车牌大小，性能却相当于满满一后备箱的个人计算机。Pegasus 配备了两块 Xavier 系统级芯片和两块下一代英伟达 GPU，每秒可运行 320 万亿次计算，功耗为 500 W。

目前，已有超过 25 家公司正在使用英伟达技术来开发全自动驾驶出租车，而 Pegasus 将为其量产提供支撑。

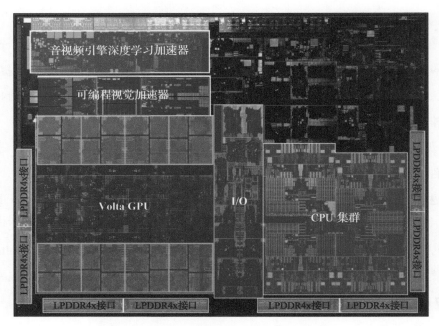

图 4.3　Xavier 芯片版图（来源：Wikichip）

3. A100 芯片

2020 年 5 月，英伟达推出了新一代的 GPU，架构以 Ampere（安培）命名。这款 A100 GPU 芯片包含了超过 540 亿个晶体管，成为世界上晶体管容量最大的 7 nm 处理器之一。由于采用了 7 nm 工艺及新的架构，并且集成了几项最新的技术，A100 芯片在性能和能效方面都有了新的飞跃。无论是在 AI 的训练还是推理上，它的总体性能都比前一代产品（Volta）提高了 20 倍。

为了满足其巨大的计算吞吐量，A100 GPU 拥有 40 GB 的高速 HBM2 内存及业界领先的 1.6 TB/s 的内存带宽，比 V100 快 1.7 倍。A100 上的 40 MB L2 缓存几乎是 Tesla V100 的 7 倍，并提供了 2 倍以上的 L2 缓存读取带宽。A100 中的流式处理器包含更大、更快的 L1 高速缓存和共享内存单元的组合，提供的容量是 Volta V100 GPU 的 1.5 倍。

A100 配备了专用的硬件单元，包括通用算术核 "CUDA 核" 和可以更快进行矩阵运算的第 3 代张量核，更多的视频解码器单元、JPEG 解码器和光流加速器。各种 CUDA 库都使用所有这些来加速 AI 应用。

A100 使用了一个新的技术，称为多实例 GPU（Multi-Instance GPU，MIG），可以把张量核安全地划分为多达 7 个用于 CUDA 应用程序的独立 GPU，从而为数据中心的多个用户提供独立的 GPU 资源，以满足不同的性能需求。A100 还引入了细粒度的稀疏结构，这是一种新颖的方法，对所允许的稀疏性模式施加了约束，可将 DNN 的计算吞吐量提高 1 倍。

A100 支持两种用于深度学习的浮点算术格式：tf32（tensor float32）和 bf16（bfloat16）。tf32 的动态范围相当于 fp32（单精度浮点），精度相当于 fp16（半精度浮点）。使用 int8 进行推理时，处理性能通过 tf32 训练可达到最大 312 TFLOPS，推理可达到最大 1248 TOPS。

此外，英伟达现在正在尝试模拟计算。数字计算将几乎所有信息（包括数字）存储为一系列 0 或 1；而模拟计算将允许直接编码各种值，如 0.2 或 0.7。这可以达成更高效的计算，因为数字可以被更简洁地表示。本书第 6 章将专门介绍模拟计算。

4.2.2　谷歌

谷歌一直在 AI 芯片方面紧跟英伟达，积极开发支持机器学习和 AI 的硬件功能。谷歌的 TensorFlow 已经成为深度学习的主流框架之一。

由于第三方供应商提供的 AI 处理器不能满足谷歌在性能及功耗方面的要求，这迫使谷歌设计自己的处理器——TPU。TPU 是谷歌耗费 5 年的开发成果，目的是开发一种新的处理器架构以优化机器学习、AI 技术，从而提高谷歌语音搜索性能。TPU 可以解决云端的训练和推理问题，被视为 CPU 和 GPU 技术的强大挑战者，也为其他云服务提供商提供了开发自己 AI 加速器 ASIC 的样板。

谷歌的第一代 AI 芯片 TPU 于 2016 年首次在"Google I/O"会议上发布。2017 年 4 月谷歌发表了一篇详细描述其性能和架构的论文。与使用通用 CPU 和 GPU 的神经网络计算相比，TPUv1 带来了 15 ～ 30 倍的性能提升（峰值运算速率为 92 TOPS）和 30 ～ 80 倍的能效提升。它以较低成本支持谷歌的许多服务。2016 年击败韩国顶级职业棋手李世石、2017 年击败围棋世界冠军柯洁的 AlphaGo，就采用了 TPUv1。图 4.4 是谷歌 TPUv1 的框图，图中百分比表示该模块占芯片总面积的比例。

图 4.4 中巨大的 MAC 阵列引人瞩目，它可在一个周期内执行 64k 个运算，是 TPUv1 的核心单元。它包含 256×256（64k）个乘积累加运算器，可以执行 8 位乘法和有符号或无符号整数的加法。16 位结果（8 位乘法结果）被累加到矩阵乘法单元下面的 4 MB 32 位累加器中。这是一个包含 256 个元素的 32 位累加器矩阵单元（或更确切地说是矢量单元）。

TPUv1 的每个时钟周期生成 256 个元素的一个部分和。由于时钟工作在 700 MHz，所以该芯片的性能为 2 次操作（乘积和累加）×65,536（64k）×700 MHz= 91,750 GOPS，即约 92 TOPS。

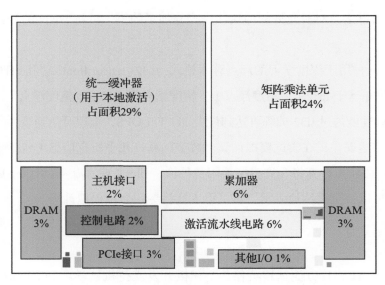

图 4.4 谷歌 TPUv1 的框图

谷歌在 MAC 中采用脉动阵列结构，通过数据流动、加载权重来计算乘积累加。最初的 TPUv1 芯片产品工作在 700 MHz，功耗为 40 W，采用 28 nm 工艺，用于推理。谷歌的第二代处理器（TPUv2）用在 Google Cloud 中，被称为"云 TPU"，用于加速大量的机器学习和人工智能工作负载，包括训练和推理。一个 TPUv2 内核具有 16 GB HBM，600 GB/s 内存带宽，可进行 32 位浮点运算（标量单元和混合乘法单元），性能达到 45 TFLOPS。

四核 TPUv2 配置有 64 GB HBM，2400 GB/s 内存带宽，性能高达 180 TFLOPS，可以支持 TensorFlow。一个 TPU 群集（称为 TPU pod）拥有 64 个 TPUv2 四核配置，可提供高达 11.5 PFLOPS 的性能和高达 4 TB 的 HBM。根据谷歌公布的数据，如果用 GPU 来训练用于大规模翻译的算法，需要用 32 块高性能 GPU 花一整天的时间，而完成同样的训练，只需要 1/8 个 TPU 群集（8 个 TPUv2 四核配置）运行一下午就可以了。

TPUv2 与 TPUv1 之间的主要区别在于矩阵乘积的计算从 8 位整数（int8）变为 16 位半精度浮点（fp16）运算。因此，TPUv2 不仅可用于推理，还可用于训练。int8 的准确性可用于推理，但训练需要 fp16 的准确性。TPUv1 在训练阶段使用 GPU。

自 2016 年首次发布 TPUv1、2017 年发布 TPUv2 之后，谷歌又在 2018 年 3 月的 Google I/O 大会上推出了 TPUv3。TPUv3 每个群集的机架数量是 TPUv2 的 2 倍；每个机架的云 TPU 数量是原来的 2 倍。据官方数据，TPUv3 群集的性能可达 TPUv2 的 8 倍，高达 100 PFLOPS。表 4.1 给出了 TPU 三个版本的指标对照。

表 4.1　TPU 三个版本的指标对照

芯片	TPUv1	TPUv2	TPUv3
宣布时间	2016 年	2017 年 5 月	2018 年 5 月
使用	仅供内部	对外销售	对外销售
论文发表	2015 年	2018 年 2 月	未公布
工艺	28 nm	20 nm（推定）	16 nm/12 nm（推定）
裸片尺寸	约 300 mm^2	未公布	未公布
性能	92 TFLOPS	180 TFLOPS	100 PFLOPS（群集）
矩阵输入	int8/int16	fp16	bf16
存储器	8 GB DDR3	16 GB HBM	32 GB HBM
CPU 接口	PCIe 3.0 × 16	PCIe 3.0 × 8	PCIe 3.0 × 8（推定）
功耗	40 W	200 W	250 W

解决功耗达到 200 W 的 AI 芯片的散热问题，一直是很大的挑战。引人瞩目的是，谷歌的 TPUv3 采用了最新的液体冷却技术（见图 4.5）。

图 4.5　TPUv3 采用的最新液体冷却技术

谷歌的第四代 TPU ASIC（TPUv4）提供的矩阵乘法 TFLOP 比 TPUv3 高 2.7 倍，显著增加了内存带宽，这受益于更先进的互连技术。TPUv4 是在最新举办的业界标准 MLPerf 基准测试竞赛中亮相的。MLPerf 是一个由 70 多家公司和学术机构组成的联盟，它提供的套件用于 AI 性能基准测试。

这次测试结果表明，谷歌打造了世界上最快的深度学习训练超级计算机。在使用

ImageNet 数据集对 ResNet50 v1.5 进行至少 75.90% 分类精度的训练中，256 个 TPUv4 在 1.82 分钟内就完成了训练任务。这几乎与将 768 个 NVIDIA A100 图形卡和 192 个 AMD Epyc 7742 CPU 核组合在一起的速度（用时为 1.06 分钟）一样快。这个结果显示，TPUv4 群集在目标检测、图像分类、自然语言处理、机器翻译和推荐基准方面超过了 TPUv3 的性能。

TensorFlow 也有专门用于移动设备的框架 TensorFlow Lite，支持开发者使用手机等移动设备的 GPU 来提高模型推理速度。2018 年夏天，谷歌也推出了相应的 ASIC 芯片 Edge TPU，专门用于在边缘侧运行 TensorFlow Lite 的深度学习模型。Edge TPU 是一块小型 ASIC，功耗非常低，适合在移动设备或 IoT 等设备中进行深度学习推理。Edge TPU 现已装载到谷歌的"Coral 开发板"上供开发者使用。

4.2.3 英特尔

在英特尔公布 2019 年后半年推出的产品——神经网络处理器（Neural Network Processor，NNP）细节的大约两年前，英伟达就已宣布推出 NVIDIA Tesla V100。尽管如此，英特尔一直紧追不舍。英特尔、Facebook 和英伟达这 3 家公司的总部虽然彼此距离不到 30 分钟车程，但它们之间一直在进行激烈的竞争。

英特尔曾获得了数据中心 CPU 设计大奖，它占有市场份额高的原因包括 Xeon 处理器系列的优势，再加上 x86 指令集在数据中心中得到了广泛使用。Xeon Phi 处理器采用英特尔的集成多核架构。最初，英特尔使用其 Xeon Phi 架构在 AI 芯片市场上与英伟达竞争，该架构使用数十个 Atom 核来加速深度学习任务。然而，英特尔意识到仅有 Xeon Phi 无法赶上英伟达，而英伟达似乎每年都会在性能方面取得重大飞跃。

因此，英特尔开始寻找其他选择，具体行动包括收购 Altera 将 FPGA 引入其产品阵容，收购 Movidius 用于其嵌入式视觉处理器，收购 Mobileye 用于其自动驾驶芯片，并在 2016 年以大约 4 亿美元的价格收购了 Nervana Systems 用于其专用神经网络处理器。2018 年 8 月，英特尔又收购了 Vertex.ai，这是一家开发平台无关 AI 模型套件的初创公司。2019 年 12 月，英特尔以 20 亿美元收购了以色列 AI 芯片初创公司 Habana Labs。此外，英特尔已经开始研发自己的专用 GPU，正在与 Facebook 合作开发高度优化的 AI 推理芯片。英特尔还开发了一种新的微架构，将取代 Xeon Phi 的 Exascale 计算应用，并增强了英特尔支持的特有 AI 芯片架构。英特尔同时还致力于研发基于神经形态计算的类脑芯片（研发了 Loihi，见第 5 章）和量子计算芯片。

英特尔将所有这些布局称为人工智能的"整体性方法"。然而，该公司可能还希望避免再次将所有选项押在单一架构上，以避免像 Xeon Phi 那样在 AI 芯片市场中落后于英伟达。另一方面，这种分散策略也可能使开发人员感到困惑，因为他们不会知道英特尔将长期支持哪种技术。

从 2018 年开始，英特尔相继推出了两个深度学习加速器专用芯片系列。在 2018 年 5 月第一次 AI 开发者大会上，英特尔发布了 Nervana NNP-T，用于云端训练，代号为 "Spring Crest"。这是英特尔收购 Nervana 之后推出的第一个 NNP。相比理论峰值性能，该芯片更优先考虑内存带宽和计算利用率。在 2019 年消费电子展（CES）上，英特尔又发布了 Nervana NNP-I（Spring Hill）用于 AI 推理。该芯片是使用硅中介层的 2.5D 芯片（见图 4.6）。

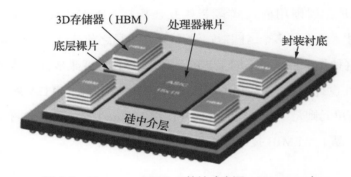

图 4.6　Nervana NNP-I 芯片（来源：Nervana）

英特尔推出的 Nervana 系列芯片针对图像识别进行了优化。它的架构与其他芯片截然不同：没有标准的缓存层次结构，而片上存储器则由软件直接管理。此外，由于其高速的片上和片外互连，它能够在多块芯片上分配神经网络参数，实现非常高的并行性。

然而，在收购了 Habana Labs 之后仅两个月，英特尔根据一些大客户的反馈意见，停止了其现有的 Nervana 神经网络处理器产品线的开发（将继续支持客户对 NNP-I 推理芯片的承诺，但 NNP-T 训练芯片将停产）。相反，从 2020 年开始，英特尔专注于 Habana Labs 的技术，其推理芯片（Goya）和训练芯片（Gaudi）已投放市场并获得了关注。Habana Labs 产品线为推理和训练提供了统一的、高度可编程的体系结构，具有强大的战略优势。

在 2017 年，英特尔收购了 Mobileye，开发专用于自动驾驶汽车的 AI 芯片，占领了 L1/L2 高级驾驶辅助系统（Advanced Driver Assistance System，ADAS）的主要市场。Mobileye 的 EyeQ4 已经量产，性能为 2 TOPS，功率为 6 W，而 2020 年量产的 EyeQ5 性能达 12 TOPS，功率为 5 W。汽车领域的竞争尤为激烈，许多初创公司都专注于这个领域。

Mobileye 采用基于道路体验管理（Road Experience Management，REM）和即时定位与地图构建（Simultaneous Localization And Mapping，SLAM）技术的数据分析能力，其商业模式可用于从数据中获取价值。然而，潜在的利益冲突在于谁控制由车辆产生的数据。汽车公司及 Uber、滴滴打车等车辆服务运营商都希望利用 AI 从数据中产生价值。这些公司对与英特尔、苹果、谷歌或其他数据聚合公司共享数据的兴趣很低。

英特尔也在 FPGA 方面做了很多创新工作，以更好地用于 AI。例如，FPGA 加上芯粒（Chiplet）后封装在一块芯片里，可以成为很多应用的 AI 引擎。英特尔现在热衷于研发芯粒技术（见第 15 章），这是因为英特尔自己已有很先进的工艺生产线可以研究、试验和实现。

图 4.7 为英特尔在 FPGA 方面创新工作的一个例子，其中的 FPGA 是 Intel Stratix 10 系列 FPGA 芯片，周围用嵌入式多芯片互连桥接（Embedded Multi-Die Interconnect Bridge，EMIB）技术组合了多个 AI 芯粒。英特尔在很早之前就已经开始布局"胶接封装"的 EMIB 技术，这种技术可以将不同工艺的芯片以 2.5D 方式集成并封装到一起，从而降低生产成本和芯片设计难度。例如，CPU、GPU 核、AI 芯片、FPGA 采用 10 nm 工艺，而 I/O 单元、通信单元则是 14 nm 工艺，内存使用 22 nm 工艺，英特尔可以将这 3 种不同工艺集成到一个产品上。EMIB 技术已在业界得到高度评价。

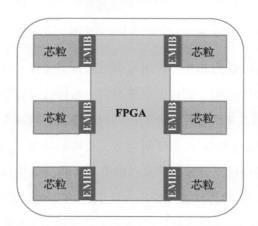

图 4.7　采用 EMIB 技术将 FPGA 和芯粒组合在一起

4.2.4　微软

微软有很强的研究团队，在 AI 方面有很多创新。微软的 Brainwave 平台项目通过云提供 AI 处理加速服务。该平台的硬件没有选用 ASIC，而是选用 FPGA 来实现灵活的

NPU，可以加速 DNN 推理。由于基于 FPGA，Brainwave 可以快速开发并在每次改进后重新映射到 FPGA，与新发现保持同步，并与快速变化的 AI 算法的要求保持同步。

Brainwave 通过使用可编程芯片组成的互连可配置计算层来增强 CPU，从而改变云计算。通过在大型循环神经网络（RNN）上应用最先进的 GPU，实现了时延和吞吐量超过一个数量级的改进。Brainwave 无须批量处理即可提供实时 AI 和超低时延，可降低软件开销和复杂性。

高性能、可对精度自适应的 FPGA 软处理器是该系统的核心，它可以实现高达39.5 TFLOPS 的有效性能。使用 FPGA 意味着它可以灵活地进行持续的创新和改进，使基础设施面向未来。Brainwave 项目在数据中心规模的计算结构上利用 FPGA，因此可以将单个 DNN 模型部署为可扩展的硬件微服务，利用多个 FPGA 创建可实时处理大量数据的Web 级服务。

作为旨在加速实时 AI 计算的硬件架构，Brainwave 能够部署在 Azure 云端及边缘侧设备上，帮助用户实现低成本的实时 AI 计算。

4.2.5　其他一些著名公司的 AI 芯片

1. 特斯拉

AI 芯片的一个重要应用领域是自动驾驶汽车。谷歌和 Waymo 已经于 2018 年 12 月开始在美国提供使用自动驾驶汽车的付费出租车服务。有许多厂商瞄准了这个领域，包括以其自动刹车图像处理芯片闻名的以色列 Mobileye（已被英特尔收购）。此外，AI 芯片还将广泛应用于内置监控摄像头和制造设备故障诊断等应用。

自动驾驶汽车是预计在几年内就能成为现实的最有前途、最具颠覆性的 AI 创新之一。特斯拉（Tesla）及许多其他市场参与者正在大力投资支持自动驾驶汽车的 AI 技术。特斯拉并不是一家专门做半导体芯片的公司，但是它后来自己建立了研发团队，决定自己开发高度专业化的芯片。

特斯拉的全自动驾驶计算机（Full Self-Driving Computer，FSD）芯片于 2019 年 4 月推出（见图 4.8），包括内部开发的两个神经网络加速器（Neural Network Accelerator，NNA），还集成了第三方 IP 核，包括 GPU 和基于 ARM 的处理器子系统。FSD 使用整数算术，加法为 32 位，乘法为 8 位。每个 FSD 芯片的 NNA 都包括 96×96 乘法和加法硬件单元的阵列，并且可以每秒执行 72 万亿次运算（72 TOPS），而不会耗尽汽车的电池电量。

图 4.8　特斯拉 FSD 芯片

　　特斯拉声称其基于包含 FSD 芯片的电路板，比之前基于英伟达 GPU 的解决方案快 21 倍，同时开发成本也降低了 20%。根据特斯拉的说法，一旦软件赶上，FSD 芯片将能够支持自动驾驶，安装进特斯拉生产线上的每一台电动车中。

　　特斯拉自动驾驶芯片的总设计师彼得·班农（Pete Bannon）曾参与领导了苹果从 A5 到 A9 的 iPhone 芯片的开发。他为特斯拉带来了软硬件深度结合的"苹果作风"。而在 2018 年 4 月之前，特斯拉的芯片开发由来自 AMD 的顶尖芯片架构师吉姆·凯勒（Jim Keller）领导。

　　这款自研芯片于 2017 年秋季前设计完成。从公布的一系列参数来看，无疑是相当强大的一款芯片：性能达 144 TOPS（完胜竞争对手英伟达目前最先进的 Xavier 芯片 21 TOPS 的表现）。另一个亮点是，其神经网络加速达到令人难以置信的 2300 f/s，即能够处理 8 个摄像头同时工作产生的每秒 2300 帧的图像输入，相当于每秒 25 亿像素，而之前采用英伟达的硬件只能处理 110 f/s，性能提升了 21 倍左右。FSD 芯片由三星代工生产，采用 14 nm FinFET（Fin Field-Effect Transistor，鳍式场效应晶体管）工艺，裸片面积为 260 mm^2，晶体管达 60 亿个。在不影响车辆能耗和续航的前提下，FSD 能将安全性和自动化水平提升到新的等级。总体来看，这款 14 nm 芯片的设计特别针对神经网络进行了架构优化以降低能耗和成本，尤其针对大量图像和视频的处理。

　　FSD 发布后，特斯拉陆续放弃了英伟达提供的图像处理解决方案。特斯拉 CEO 埃隆·马斯克（Elon Musk）表示，特斯拉的芯片是世界上最好的（自动驾驶）芯片，远超其他竞争对手。与此同时，特斯拉也已经将下一代芯片的工作进行了一半，并表示下一代芯片可能比现有版本性能提高 3 倍，且有望在两年内推出。

特斯拉非常看重在自动驾驶汽车中使用视觉传感器，而不看好目前很流行的激光雷达（Light Detection and Ranging，LiDar）技术。特斯拉的 AI 软件能够处理来自视觉传感器的车道线、交通信号、行人等信息，将收到的视觉信息进行 3D 渲染，将视频输入也纳入深度感知范围，将这些信号与已知的物体进行匹配再最终作出决策。然而，业界还是更多采用 LiDar 方案或 LiDar+ 计算机视觉的方案，因为目前的纯计算机视觉方案在安全性保障上仍有一定风险。

2. Facebook

Facebook 原来从多家半导体制造商那里采购用于推理的 AI 芯片，但现在正在推动专门用于 NLP 的 AI 芯片的内部开发。Facebook 的深度学习推理处理量非常大，每天执行超过 200 万亿次预测和 60 亿次语言翻译。如果 CPU 和 GPU 处理如此大量的推理工作，则功耗非常高。因此，Facebook 采用了一种能够以低功耗进行推理的 AI 芯片，这款芯片的能效超过 5 TOPS/W，仅支持 8 位整数运算和 fp16（半精度）浮点运算，类似于采用谷歌的 TPU 芯片进行推理。

Facebook 正与 4 家公司合作，即世界语科技（Esperanto Technologies）、英特尔、迈威科技集团（Marvell Technology Group）和高通，开发用于推理的 ASIC。

Facebook 研发了全景特征金字塔网络（Panoptic Feature Pyramid Network）视觉识别系统，可以通过多层路径提取图像特征，由多层路径特征生成输出图像，其中包含图像中的全部实例并输出分类结果。这些分类不仅是目标本身的分类，还包含背景、材质等分类，如草地、沙地、树林等。这种分类对自动驾驶会很有用。在翻译应用上，该系统采用了许多网络架构上的创新，如注意力机制、轻量卷积、动态卷积等，实现基于语境的动态卷积网络内核。Facebook 在 ICML2019 上展示了其最新卷积模型。

2019 年 7 月，Facebook 又发布了一个新的 AI 神经网络架构：在神经网络中加入一个结构化存储层，这个存储层能够处理超大规模的语言建模任务，在不增加计算成本的基础上，通过扩充网络容量、增加参数数量，有效提升了性能，特别适用于自然语言处理任务。这些新的网络架构思路与出任 Facebook 副总裁及 AI 首席科学家的 DNN 主要奠基人 Yann LeCun 分不开。他一定会给 Facebook 的自然语言处理 AI 芯片带来很多创新思路和新的功能。

3. 苹果

当前，边缘侧设备中嵌入式 AI 芯片的市场扩张已经全面展开。智能手机已经越来越多地使用 SoC，包括用于 AI 处理的专用电路。第一家切入该领域的公司可能就是苹果。2017 年秋季苹果发布的 iPhone X，其应用处理器 A11 Bionic 仿生芯片配备了 AI 芯片"神经引擎"（Neural Engine）。

A12 Bionic 芯片于 2018 年 9 月 13 日发布，是苹果公司设计的 64 位 SoC。它是全球第一款量产出货的 7 nm 工艺芯片，首先被搭载于 iPhone XS、iPhone XS Max 和 iPhone XR 中，其内部模块如图 4.9 所示。

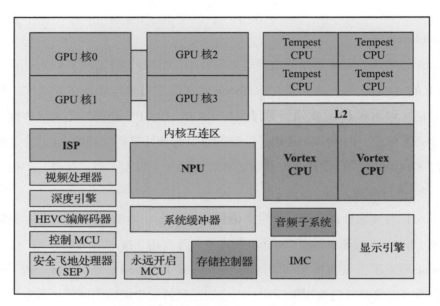

图 4.9　苹果 A12 芯片的内部模块（来源：WikiChip）

这款芯片采用了第二代八核 AI 神经引擎，采用 2 个高性能核 Vortex 与 4 个高能效核 Tempest 搭配的六核 CPU 设计。根据 Geekbench4 提供的数据，A12 Bionic 的 CPU 单核与多核性能较上一代（A11 Bionic）均提升了约 15%，与官方宣传数据相符，节能最高达 50%。此外，这款芯片除了神经引擎之外，还有单独的图像信号处理（Image Signal Processing，ISP）模块，这意味着可以使用 AI 来完成图像处理的一些功能。A12 芯片的神经引擎能够以每秒 5 万亿次（5 TOPS）的速度执行实时处理，以 8 位操作；其芯片面积为 83.27 mm²，与 A11 大致相同。

2019 年 9 月，苹果又发布了 A13 Bionic。这款芯片为 64 位架构，采用 7 nm 工艺，内含 85 亿个晶体管，面积为 98.5 mm²（比 A12 的面积约增加了 20%）；其神经引擎拥有 8 个核，速度最高提升 20%，能耗最多可降低 15%，为三摄系统、人脸 ID、增强现实类 App 和更多功能提供驱动力。这款芯片还新增了两个深度学习加速器，能以最高达过去 6

倍的速度执行矩阵运算，CPU 每秒可进行 1 万亿次运算。为发挥 A13 Bionic 的机器学习能力，开发者可以利用苹果的机器学习框架 Core ML3 与其机器学习控制器配合，自动为 CPU、GPU 或神经引擎分配任务。苹果当时宣称 A13 Bionic 芯片是智能手机上最快的芯片，远远领先安卓生态中的竞争对手。

苹果的下一代 AI 芯片 A14 Bionic 将采用台积电的 5 nm 工艺，将成为更快、更省电的芯片。

4.　亚马逊

2018 年 11 月，亚马逊旗下负责云业务的亚马逊网络服务公司发布了其 AI 芯片 AWS Inferentia。它是一个使用学习型 AI 的推理处理芯片，于 2019 年末在亚马逊的云服务上"服役"。与通常用于加速 AI 的 GPU 相比，其目标是将运营成本降低一个数量级。

亚马逊 AWS Inferentia 是针对 AWS 定制设计的深度学习推理芯片，旨在以极低成本提供高吞吐量、低时延推理性能。AWS Inferentia 支持 TensorFlow、Apache MXNet 和 PyTorch 深度学习框架及使用 ONNX 格式的模型。

AWS Inferentia 可以对复杂模型进行快速预测，可提供数百 TOPS 的推理吞吐量。如果组合多个该芯片，吞吐量则能达到数千 TOPS。AWS Inferentia 可以与 Amazon SageMaker、Amazon EC2 和 Amazon Elastic Inference 一起使用。

自 2015 年初以来，亚马逊已经拥有一个专注于 AWS 的定制 ASIC 团队，在此之前，亚马逊与合作伙伴一起构建了专门的解决方案。在 AWS re:Invent 2016 大会上，亚马逊展示了多年来已安装在所有 AWS 服务器上的 AWS 定制 ASIC。

AWS Inferentia 在 int8 数据类型上提供 32 ～ 512 TOPS 的可扩展性能，专注于成本敏感的机器学习推理部署中常见的大规模部署。它支持近线性横向扩展，基于 DRAM 等而不是 HBM 等高容量技术；采用 int8 以获得最佳性能，同时还支持混合精度 fp16 和 bf16 以实现兼容性，因此客户不必费力地量化他们在 fp16、fp32 或 bf16 中训练过的神经网络，也不需要费力决定使用哪种数据类型用于特定工作负载。与 Amazon Go、Alexa、Rekognition 和 SageMaker 等更广泛的亚马逊和 AWS 机器学习服务团队协同，AWS Inferetia 硬件和软件可以满足广泛的推理用例和先进的神经网络。

4.2.6　三位世界级 AI 科学家

这里我们需要提一下三位赫赫有名的世界级 AI 专家。2019 年 3 月 27 日，美国计算机学会（Association for Computing Machinery，ACM）宣布 Yoshua Bengio、Geoffrey

Hinton 和 Yann LeCun 获得当年度图灵奖，获奖理由是这三人推动了神经网络的关键突破。

图灵奖被誉为"计算机界的诺贝尔奖"，是计算机科学领域的最高奖，由 ACM 于 1966 年设置，设立目的之一是纪念著名的计算机科学先驱艾伦·图灵（Alan M. Turing）。历届获奖者均在计算机领域作出了持久、重大的先进技术贡献。

该届图灵奖的三位获奖者中，Bengio 是加拿大蒙特利尔大学教授、加拿大魁北克省人工智能研究所（Mila）的科学主任，并创立了 Element AI；Hinton 任谷歌副总裁、工程研究员，加拿大矢量学院首席科学顾问及多伦多大学名誉教授；Yann LeCun 则是纽约大学的教授，也是 Facebook 的副总裁兼 AI 首席科学家。

深度学习领域的一个关键性事件发生在 2012 年，当时在加拿大多伦多大学的 Hinton 和两名研究生首次参加 ImageNet 图像识别比赛，通过其 CNN（AlexNet）一举夺冠，准确率高达 85%，比第二名（SVM 分类方法）高了超过 10%，使得 CNN 受到众多研究者瞩目。2013 年，谷歌收购了 Hinton 和这两名研究生组成的初创公司。此后，Hinton 一直为谷歌工作，帮助谷歌设计 TPU 芯片。Hinton 和他的团队提出了胶囊网络（Capsule Network），以更好地制定物体的等级表示和关系。由于对图像有着更好的上下文理解，胶囊网络已经显示出在抵御对抗性攻击方面的能力。

Facebook 2013 年聘请 Yann LeCun 出任副总裁及 AI 研究部主管（后转任 AI 首席科学家）。Bengio 尚未加入任何科技巨头公司，不过他是微软的顾问，并与初创公司合作，将深度学习应用于药物发现等领域。也就是说，前面提到的三家巨头公司谷歌、微软和 Facebook，分别有这三位科学家的身影。这三位图灵奖得主走向了不同的方向，但仍然是合作者和朋友。

4.3　学术界和初创公司

全球各家半导体芯片供应商现在都对 AI 的芯片实现感兴趣，它们要么研发自己的 AI 芯片（单独的芯片或是集成到其他芯片上的 IP 核），要么收购那些较为成熟的初创 AI 芯片公司。

美国市场调查公司 CB Insights 在 2019 年曾发表"AI100"报告，从 3000 多家公司中选出了前 100 家最有前途的 AI 初创公司，这些公司提供 AI 硬件和数据基础设施、机器学习工作流程优化，以及各行业的应用。

上述 100 家公司中有 11 家公司是"独角兽"公司，也就是说，这些公司的估值均超过了 10 亿美元。从新兴初创公司到成熟的"独角兽"公司，各个不同阶段都需要不断的资金投入并进行产品商业化。募资资金充足，排名前 2 位的公司是中国的商汤（SenseTime）和旷视（Face++），专注于人脸识别技术；第 3 名是位于美国加利福尼亚州的 Zymergen，通过 AI 学习发现新材料，其重点领域之一是寻找塑料和石油产品的替代品。2019 年上榜的中国公司有 6 家：商汤、依图、第四范式、旷视、Momenta、地平线。以色列和英国各有 6 家公司上榜。

这些公司有很大一部分是研发 AI 芯片的，有的打算针对 AI 某个领域的应用做出自己独有的半导体芯片。成百上千家 AI 芯片公司正在涌现。公开数据显示，截至 2019 年底，国内芯片设计公司的规模已经发展到近 2000 家，虽然受经济影响，增速大不如前两年，但是仍然有不少人想要分一块"蛋糕"。AI 产业如同海啸般的巨大规模，令人惊叹。

此次 AI 热潮中涌现的 AI 芯片初创公司的数量，在半导体芯片行业中前所未有，也超过行业中任何其他领域。虽然它们现在大部分还在研发阶段，但仍然不时听到盈利的消息。第一批初创公司现在正在从架构创新向现实应用冲刺，以第一代芯片和工具链赢得客户。可以看出，尤其是在边缘侧应用上，初创公司的产品很有发展前景，那些芯片设计巨头的优势将会逐渐消失。

第一批初创公司主要围绕深度学习加速器架构，进行不同程度的算法和架构协同优化，以期达到最低的功耗和最高的性能。大多数芯片开发的目标是赶上或超过英伟达。然而，大多数处理器都是针对现今的 AI 算法进行设计。对后来者来说，如果还是沿用原来的冯·诺依曼体系结构及 CMOS 数字电路，在原来的 AI 算法和架构基础上作出惊人的突破已经变得越来越难。

2019 年以来，使用新兴技术（如模拟计算、量子启发计算、存内计算、光子计算、神经形态计算等）来实现 AI 芯片的初创公司已经浮出水面，而这些公司更容易获得关注并得到风险投资的青睐。但是，这些公司要真正实现产品化，还有很长的路要走。

大学和研究机构也积极投入 AI 芯片的研究，学术界的研究在很多方面都具有独创性和前瞻性，占有领先地位。由于 AI 受到人们前所未有的重视和关注，现在学术成果被引入商业和产业的速度也非常惊人。有的是大学和产业界直接进行项目合作，新技术可以很快进入产品阶段，研究人员可以更快地获得回报，这可以大大促进创新。学术界往往先做成芯片样片，要使芯片真正产品化，实现解决方案，还需要产业界的巨大努力。

4.3.1　大学和研究机构的 AI 芯片

本节先介绍几种由学术界研发的 AI 芯片（这里先只介绍深度学习加速器芯片，类脑芯片等在后面几章中介绍），这些芯片的设计目标主要是开发最节能的芯片，重点是在全球边缘侧移动设备上的应用。这些芯片受到了业内较大程度的关注和借鉴。然后介绍几家十分有特色的 AI 芯片初创公司及其 AI 芯片。

1. Eyeriss

Eyeriss（2016 年发布）和 Eyeriss v2（2018 年发布）[61] 都是麻省理工学院研究团队研发的新一代 AI 芯片，是主要针对移动设备上低功耗的需求而设计的图像识别芯片。它通过可重构架构，针对各种 CNN 形式优化整个系统（包括加速器芯片和片外 DRAM）的能效。

CNN 被广泛用于现代 AI 系统，但也为底层硬件带来了吞吐量和能效方面的挑战。这是因为其计算需要大量数据，片内、片外都有大量的数据移动，这比计算本身更耗能。因此，把任何数据移动能耗成本降到最低，是达到高吞吐量和能效的关键。而 CNN 中能耗最高的是卷积层，因而它是功耗降低的焦点所在。

Eyeriss 通过使用独创的行固定处理数据流架构来实现这些目标。它具有 168 个 MAC 处理单元的空间架构。行固定数据流可以重构给定形状的计算映射，通过在本地寄存器文件级别最大限度地重用数据（权重、像素、部分和）来优化能效，以减少昂贵的数据移动（如对 DRAM 的访问）。

压缩和数据门控也被用于进一步提高能效。Eyeriss 处理卷积层为每秒 35 帧，每次乘积累加约有 0.0029 次 DRAM 访问（对于 AlexNet），功率为 278 mW，不到移动 GPU 的 1/10。芯片测试结果是，内核电压为 0.82 V 时功率为 94 mW，内核电压为 1.17 V 时功率为 450 mW。此外，Eyeriss 采用台积电 65 nm 工艺，芯片面积也非常小（3.5 mm^2）。

Eyeriss v2 在 Eyeriss 的基础上有了新的改进。为了应对各种各样的层的形式和大小，它引入了高度灵活的片上网络（NoC），称为分层网格网络，可以适应不同数据类型的数据重用和带宽需求，从而提高计算的资源利用率。此外，Eyeriss v2 可以直接在压缩域中处理稀疏数据，以处理权重和激活，因此能够利用稀疏模型提高处理速度和能效。总体而言，在稀疏的 MobileNet 中，采用 65 nm CMOS 工艺的 Eyeriss v2 在批量大小为 1 时达到了 1470.6 推理 /s 和 2560.3 推理 /J 的吞吐量，比运行 MobileNet 的 Eyeriss 快 12.6 倍，耗能为 Eyeriss 的 1/4。

不少芯片实现已经证明了降低数值精度或使用二值网络等可以大大减小计算量。MIT 在这些方面也作了很多研究，但专注于一些外界较少探索的方法，特别是考虑了如何设计紧凑 DNN 的各种卷积核，以及如何对稀疏 DNN 的压缩域中数据进行处理的方法。虽然紧凑和稀疏的 DNN 具有较少的操作和权重，但它们也为 DNN 加速硬件设计带来了新的挑战，主要表现在数据重用率方面。

处理单元（PE）利用权重和激活的稀疏性来提高各种 DNN 层的吞吐量和能效。数据以压缩稀疏列（Compressed Sparse Column，CSC）格式保存，用于片上处理和片外访问，以降低存储和数据移动成本。总的来说，利用稀疏性可以在 MobileNet 上将吞吐量提高 1.2倍，能效提高 1.3 倍。

与运行 AlexNet（超过 724.4 亿个乘积累加操作）的 Eyeriss v1 相比，Eyeriss v2 的速度提高了 42.5 倍，并且使用稀疏 AlexNet 将能效提高了 11.3 倍。很明显，支持稀疏和紧凑的 DNN 对速度和能耗具有重要影响。

图 4.10 为 Eyeriss[62] 和 Eyeriss v2 架构的比较。与 Eyeriss 架构类似，Eyeriss v2 由一系列 PE 组成，每个 PE 包含用于计算乘积累加的逻辑和本地暂存区（Scratch Pad，SPad）内存逻辑，以利用数据重用及全局缓冲器（Global Buffer，GLB）。GLB 在 PE 和片外 DRAM 之间提供另一个级别的存储层。因此，Eyeriss 和 Eyeriss v2 都具有两级存储层，主要区别在于 Eyeriss v2 把 PE 和 GLB 合在一起分成多组，以支持以低成本将 GLB 连接到 PE 的灵活片上网络，而 Eyeriss 在 GLB 和 PE 之间使用了多播片上网络。

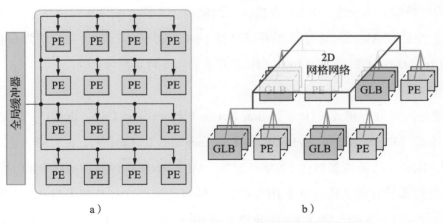

图 4.10　Eyeriss 和 Eyeriss v2 架构的比较[61]

a）原来的 Eyeriss　　b）Eyeriss v2

2. EIE

虽然利用稀疏性等可以提高运算速度，但从 DRAM 提取权重比 PE 操作耗时高两个数量级，并且导致了绝大部分的能耗。因此，斯坦福大学提出了"深度压缩"方法，使大型 DNN（如 AlexNet 和 VGG）可以完全适用于片上 SRAM。这个方法主要通过修剪冗余连接并使多个连接共享相同的权重来实现压缩。

斯坦福大学研发了"高能效推理引擎"（Efficient Inference Engine，EIE）[63]AI 芯片，它在图 4.11 所示的压缩网络模型上执行，并通过权重共享为稀疏矩阵矢量乘法加速。EIE 是可扩展的 PE 阵列，每个 PE 在 SRAM 中存储部分网络，并执行与该部分相关的计算。它利用了动态输入矢量稀疏性、静态权重稀疏性、相对索引、权重共享和位宽仅 4 位的权重。

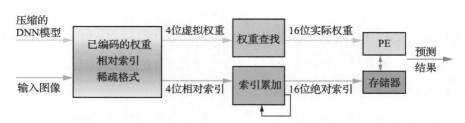

图 4.11 基于压缩 DNN 的高效推理引擎 [63]

EIE 把操作从原来的 DRAM 转到 SRAM，功耗降低为原来的 1/120，利用稀疏性可以在此基础上再降低 90%；权重共享可以再降低 7/8；而利用 ReLU 函数跳过零激活可进一步降低 2/3。根据 9 个 DNN 基准评估，在没有压缩的相同 DNN 情况下，EIE 比 CPU 快 189 倍，比 GPU 快 13 倍。

EIE 的处理能力为 102 GOPS，直接在压缩网络上工作（在未压缩网络上处理能力为 3 TOPS）。在处理 AlexNet 全连接层并以每秒 1.88×10^4 帧运行时，功率仅为 600 mW，是 CPU 的 1/24,000、GPU 的 1/3400。EIE 芯片主要用于自动翻译。

3. DNPU

深度神经网络处理单元（Deep Neural Network Processing Unit，DNPU）芯片是由韩国科学技术院（Korea Advanced Institute of Science and Technology，KAIST）在 2017 年发布的 [64]。DNPU 的异构架构由 CNN 处理器、MLP-RNN 处理器和高层 RISC 控制器组成。CNN 处理器旨在最大限度地利用卷积运算的可重用性，并具有大量 PE 以覆盖大规模 MAC 操作。另一方面，MLP-RNN 处理器的 PE 数量较少，但是它被优化以减少大量参数的片外访问。CNN 处理器由 16 个卷积核和一个聚合核组成。每 4 个卷积核串联连接，最后一个卷积核连接到聚合核。卷积运算的部分和结果被转移到下一个核并累加。

该芯片由一个 CNN 卷积层处理器、一个 CNN 全连接层及 RNN/LSTM 处理器核组合而成，即不但用 CNN，还加上了 RNN 的功能。CNN 一般用于图像特征提取和识别，而 RNN 则用于序列数据识别和生成。CNN 先提取特征值，再作为 RNN 的输入，然后让 RNN 进行信息识别、字幕生成等操作，扩大了这款芯片的应用范围。CNN 需要进行烦琐的计算，因此用了 768 个 MAC 单元，而 RNN 只用了 8 个 MAC 单元。该芯片采用了量化查找表（LUT）来作乘法，由于权重使用 4 位精度，降低了外部存储器的带宽要求，降低了功耗。

该芯片使用 65 nm 8 金属层 CMOS 工艺制造。CNN 处理器具有容量为 280 KB 的片上 SRAM，MLP-RNN 处理器具有容量为 10 KB 的片上 SRAM，占用 16 mm² 的芯片面积。该处理器可在 0.765 ～ 1.1 V 的电源电压下工作，时钟频率为 50 ～ 200 MHz；电源电压为 0.765 V 和 1.1 V 时的功耗分别为 34.6 mW 和 279 mW。这款芯片在 4 位位宽和 0.77 V 电源电压下，能效可达到 8.1 TOPS/W，主要用于移动图像识别及手势识别。

4. Envision

比利时天主教鲁汶大学的研究人员在 2016 年和 2017 年分别发布了 Envision 芯片的 v1 和 v2[65]。这两块芯片集中利用了当时所有可以优化的技术，如压缩网络、降低数值精度、利用网络稀疏性等。它采用了二维单指令多数据 MAC 阵列的处理器架构。Envision v1 采用了动态电压精度缩放（Dynamic Voltage Accuracy Scaling，DVAS）技术，2017 年发布的 Envision v2 中则采用了动态电压精度频率缩放（Dynamic Voltage Accuracy Frequency Scaling，DVAFS）的硬件电路。这些都是基于近似计算原理在系统架构上实现的技术，在改变数值精度（如从 16 位变到 8 位或 4 位）时，将会同时改变电源电压和开关频率，这样就实现了功耗的动态变化。

Envision 采用了 28 nm FDSOI 工艺技术，FDSOI 技术独有的特点是体偏压（Body-Bias）技术。通过调节体偏压，进一步提高了能效。这使得该设计在考虑计算精度的同时能够调整动态功耗与泄漏功耗的平衡。在高精度下，允许降低电源电压以降低动态功耗，同时保持速度，在有限的泄漏功耗代价下提高整体效率。而在低精度和开关频率降低时，提高晶体管阈值电压及电源电压以降低恒定速度下的泄漏能耗。这虽然增加了动态能耗，但降低了整体能耗。

Envision 的芯片面积为 1.87 mm²，与其他类似 AI 芯片相比，它的面积非常小，因此非常适合应用在物联网、带 AR 功能的微型可穿戴设备等场景。室温下，它在 1 V 电源电压下以 200 MHz 的频率运行。人脸识别的测试结果显示，在功耗平均为 6.5 mW 时每帧图像识别耗能为 6.2 μJ，而在 77 mW 时则为 23,100 μJ。通过一种能量可调节的分层处理，可以进行"永远在线"的人脸识别。Envision 能够最大限度地降低任何卷积层的能耗，在标称吞吐量下可节省 97.5% 的能耗，从而实现"永远在线"的人脸识别。这款芯片的性能达到了 76 GOPS。

5. QUEST

在过去几年中，封装技术的进步为 3D 异质集成解决方案带来了福音。目前正在研究的裸片到裸片层间连线方案都涉及使用硅通孔（Through Silicon Via，TSV）。虽然 TSV 一直是直接在逻辑层上堆叠存储器的首选方法，但它并不是唯一的解决方案。TSV 的一种替代技术是 ThruChip 接口（ThruChip Interface，TCI），它是一种两层裸片之间的近场电感耦合无线通信技术，非常具有创意。目前，TCI 总体仍然处于研究阶段，尽管至少有一家公司正在商业产品中采用这种技术。

在 2018 年的 IEEE 国际固态电路会议（IEEE International Solid-State Circuits Conference，ISSCC）上，日本北海道大学和庆应义塾大学的研究人员展示了 QUEST 神经处理器[66]。QUEST 是一种推理引擎，它使用堆叠式 SRAM 和 TCI 来集成大量 SRAM 缓存，拥有足够大的带宽以维持峰值性能。该芯片是日本北海道大学和庆应义塾大学的合作产品，而庆应义塾大学也是 TCI 的原创开发者。

QUEST 是由 9 个裸片（即 8 个 SRAM 和一个逻辑裸片）组成的 3D 模块，采用台积电的 40 nm CMOS 低功耗工艺制造，所有裸片的面积均为 121.55 mm²（14.3 mm × 8.5 mm）。由于散热原因，实际的 QUEST 逻辑芯片包含 24 个内核，位于 SRAM 堆叠的顶部，如图 4.12 所示。

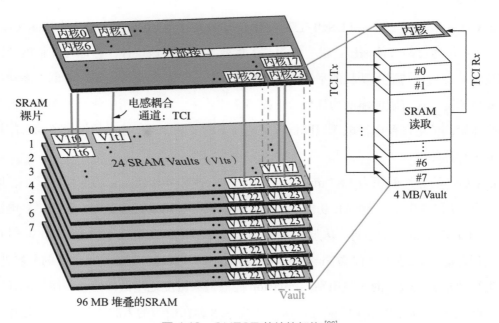

图 4.12　QUEST 芯片的架构[66]

QUEST 使用 TCI 来通信，不需要对基本 CMOS 工艺进行特殊改动。此外，TCI 可以通过磁场渗透金属层和有源器件，这意味着线圈可以放置在顶层上。对于电源连接，QUEST 则使用硅通孔，由于存在多个并联连接，因此可以在很大程度上消除开路接触故障之类的问题。值得注意的是，理想情况下，TCI 旨在配合高掺杂硅通孔（Highly Doped Silicon Via，HDSV），这是一种没有连线、通过电感耦合的功率传输技术。HDSV 使用深度杂质阱而不是实际的 TSV 或电线来跨越芯片。然而，该技术正处于早期研究阶段，尚未在任何实际的 TCI 原型芯片中得到展示（它还依赖最近晶圆减薄技术的进展）。

QUEST 的逻辑芯片包含 24 个内核，每个内核都以 300 MHz 频率运行，并与一个位宽为 32 位的 4 MB SRAM 堆叠存储区（Vault）关联（见图 4.12）。Vault 由直接位于逻辑芯片下方的每个 SRAM 裸片的 512 KB 小块组成。各个 TCI 通道以 3.6 GHz 频率运行。每个内核有并行通道，由 7 个发送线圈和 5 个接收线圈组成，以便访问各个独立的堆叠 SRAM。读 / 写时延始终为 3 个时钟周期，这包括 TCI 断开时间，并且在所有 8 个堆叠 SRAM 裸片上保持一致。每个 Vault 的读写速度可达 9.6 GB/s，组合后的数据带宽达 28.8 GB/s。

QUEST 芯片还有几个重要的特色（见图 4.13）：QUEST 使用相对简单的位串行架构，由 16 列和 32 行组成 32×16 PE 位串行架构阵列；PE 在单个周期内进行二值计算，并在 N 个周期（$N<5$）内进行 N 位对数式量化计算。对数量化方法在两个方面优于线性量化：允许更密集、更精细的方法来更好地表示权重和激活分布；通过对数位串行加法和线性累加在 PE 中计算点积，把消耗更多资源的乘法运算转换为加法。

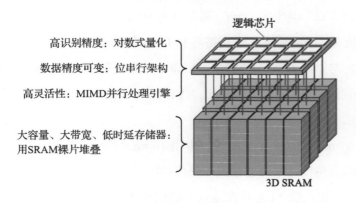

图 4.13　QUEST 的几个重要特色[66]

该芯片的另一个特色是 24 个内核都采用 MIMD 并行处理引擎。每个核都以网格拓扑结构连接到其 4 个 "邻居" ——北、南、东和西，以及树状结构的全局网络。此外，每个核都通过 TCI 连接到相应的 SRAM 区。直接存储器访问由专用 DMAC 单元完成，该单元处理存储区 SRAM 存储器访问及 7.68 MB 的片上（内核）共享存储器。

QUEST 支持 1 ～ 4 位精度，在 1.1 V 额定电压下功率为 3.3 W（包括堆叠的 SRAM），并且在位宽为 4 位时实现 1.96 TOPS 的峰值性能，位宽为 1 位（二值网络）时可达 7.49 TOPS 的峰值性能。

6. LNPU

韩国 KAIST 在 2019 年公布了一个节能的片上学习加速器[67]，称为 LNPU。它对数值精度加以优化，同时通过 fp8-fp16 的细粒度混合精度保持训练的准确性；部分使用较窄的位宽可减少外部存储器访问并提高吞吐量；此外，通道内及通道间累加都充分利用了稀疏性，使其具有更高的吞吐量及能效。此外，LNPU 集成了一个输入内部负载均衡器（ILB），用于在面对由不规则稀疏性引起的工作负载不平衡时提高 PE 的利用率。

这个称为 LNPU 的深度学习 NPU 由 16 个稀疏深度学习核、1 个中心核（CC）、1 个 SIMD 核和 1 个高层 RISC 控制器组成。每个稀疏深度学习核都有一个 ILB 和 4 条 PE 线路，每条 PE 线路有 48 个 PE，每个 PE 都有 1 个 fp8-fp16 可配置 MAC 和一个 4×16 位本地寄存器文件。CC 在前馈（FF）和反向传播（BP）期间聚合每个核的部分和，并在权重梯度生成期间将激活梯度馈送到每个核。CC 将 fp8 数据转换为 fp16，反之亦然，并执行零压缩和解压缩。SIMD 核计算非线性函数和批量归一化。

LNPU 可以在 0.78 ～ 1.1 V 电源电压下工作，最大时钟频率为 200 MHz。电源电压为 0.78 V 和 1.1 V 时的功率分别为 43.1 mW 和 367 mW，能效分别为 3.48 TFLOPS/W（fp8，稀疏度为 0）及 25.3 TFLOPS/W（fp8，稀疏度为 90%）。

LNPU 不仅支持 DNN 推理，还支持各种 DNN 结构的训练。由于使用了混合精度和稀疏深度学习核，与密集 fp16 操作相比，LNPU 的能效提高了 2.08 倍，而对 ResNet18 的学习精度没有任何降低。LNPU 的能效比 NVIDIA V100 GPU 高 4.4 倍，峰值性能比之前的 DNPU 高 2.4 倍。

LNPU 采用 65 nm CMOS 工艺制造，占用 16 mm^2 的芯片面积，可处理稀疏性并提供用于学习的精细混合精度，并有着很高的峰值性能。

表 4.2 列出了上述几款 AI 芯片在能效上的比较。

表 4.2　近年一些 AI 芯片的能效比较

AI 芯片	能效（TOPS/W）
Eyeriss	0.246
EIE	5

AI 芯片	能效（TOPS/W）
DNPU	8.1
Envision	10
QUEST	2.27
LNPU	25.3
Bankman	532

表 4.2 中的 Bankman 是指丹尼尔·班克曼在 2019 年发布的由模数混合电路组成的 AI 芯片。这款芯片在本书 3.4.1 节已经作了介绍，它与其他绝大部分用数字电路实现的 AI 芯片不同，采用了由开关电容神经元组成的模拟 MAC。从表 4.2 可以看出，相对于其他芯片，含模拟 MAC 的芯片达到了最高的能效，而且它在可编程性方面也比较灵活。然而，采用模拟电路实现 MAC，会占用较大的芯片面积。

4.3.2　四家初创"独角兽"公司的芯片

2019 年，有 4 家"独角兽"公司分别展示了它们高度创新的深度学习 AI 芯片，引起了业界人士的高度关注。本节介绍这 4 款独特的芯片。

1. 世界上最大的 AI 芯片

2016 年在美国硅谷成立的初创公司 Cerebras，于 2019 年 8 月发布了一个晶圆级 AI 芯片。

现代半导体芯片包含的晶体管数量巨大：目前英伟达最大的 GPU A100 的芯片面积为 826 mm^2，包含了 540 亿个晶体管；2019 年 8 月 AMD 发布的 7 nm 霄龙（Epyc）系列 CPU（代号为"罗马"），包含多达 320 亿个晶体管；Graphcore 的 GC200 的芯片面积为 823 mm^2，包含了超过 594 亿个晶体管；而专注于 AI 的 Cerebras 设计了它的晶圆级引擎（Wafer Scale Engine，WSE），这是一个尺寸大约为 8 英寸 ×9 英寸（1 英寸 =2.54 厘米）的正方形硅片，包含大约 1.2 万亿个晶体管。Cerebras 发布了一张放在键盘旁边的 WSE 裸片照片（见图 4.14）。

一家初创公司能将这种晶圆级产品迅速推向市场，非常令人印象深刻。晶圆级处理的想法最近引起关注，是因为它可以作为性能扩展问题的潜在解决方案。研究人员评估了在大部分或整个晶圆上构建巨大 GPU 的想法。他们发现该技术可以生产高性能处理器，还可以有效地扩展到更先进的节点尺寸。Cerebras WSE 绝对有资格被称为"世界上最大的 AI 芯片"。尽管它还不是完整尺寸的 300 mm 晶圆，但面积比 200 mm 晶圆要大。

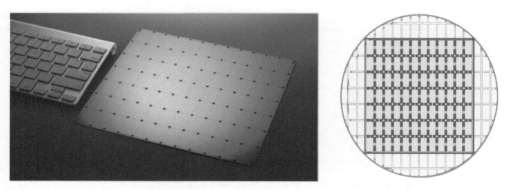

图 4.14　Cerebras 的晶圆级大芯片[68]

Cerebras WSE 包含 40 万个根据 AI 需求优化了的处理单元，称为稀疏线性代数处理核（Sparse Linear Algebra，SLA），分布在一个晶圆上（见图 4.15）。它是一个灵活、可编程的计算核，针对支持所有神经网络计算的稀疏线性代数进行了优化。SLA 的可编程性确保内核可以在不断变化的深度学习领域中运行所有神经网络算法。

SLA 配有 18GB 的超高速片上 SRAM 存储器，并具有前所未有的 9 PB/s 的存储器带宽。这些内核通过细粒度、全硬件的片上网格结构把通信网络连接在一起，可提供 100 Pbit/s 的互连速率。大量的处理核、大量本地内存和低时延大带宽结构共同构成了加速 AI 工作的最佳架构。

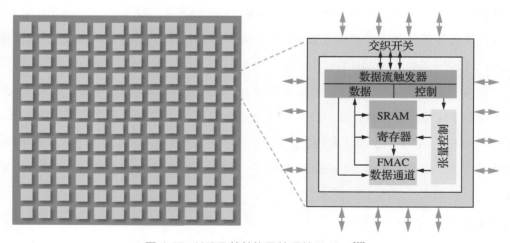

图 4.15　WSE 的结构及处理单元 SLA[68]

SLA 中包含了一个乘积和运算单元，称为融合乘法累加（Fused Multiple ACcumulate，FMAC）单元，它不仅可用于一维（标量）、二维和三维张量的乘积和运算，还具有算术逻辑运算、加载 / 存储、分路等一般 CPU 的功能。

整块芯片基于台积电的 16 nm FinFET 工艺制造。由于该芯片是由单个晶圆构建的，因此该公司已经实现了在片上坏核周围进行布线的方法，即使晶圆的一部分中具有坏核，也可以保持其阵列连接。该公司称它在芯片上实现了冗余内核，但尚未讨论具体细节。另外一个关键挑战是散热问题。WSE 使用位于硅片上方的大型冷板冷却，垂直安装水管直接冷却。由于没有足够大的传统封装适合该芯片，Cerebras 设计了自己的封装：将电路板和晶圆、连接两者的连接器和冷板结合在一起。

这种芯片虽然不大可能被用于消费类设备，但人们一直有兴趣使用晶圆级处理器来改善云端的性能和功耗，有朝一日可能会看到 GPU 制造商利用晶圆级处理器来构建大型的云端 AI 系统。

芯片尺寸对 AI 芯片来说非常重要，因为大芯片可以更快地处理信息，在更短的时间内产生结果；可以缩短学习（训练）时间，使研究人员能够测试更多想法、使用更多数据并解决新问题。今天 AI 的基本限制是模型训练需要很长时间。因此，缩短训练时间将消除整个行业进步的主要瓶颈。

当然，芯片制造商通常不会制造这么大的芯片。在单个晶圆上制造芯片的过程通常会产生一些杂质。杂质会导致芯片发生故障，造成良率下降。如果晶圆上只有一块芯片，它有杂质的概率是 100%，会使芯片失效。但 Cerebras 设计的芯片是冗余的，因此一些杂质不会使整块芯片失效。

WSE 专为 AI 功能设计，也引入了很多基础创新。通过解决数十年来限制芯片尺寸的技术挑战，如交叉掩膜连接、良率、电源输送、冷却、封装等，Cerebras 推动了最先进技术的发展，它的每个架构决策都是为了优化 AI 工作性能。努力的结果是，这家公司的 WSE 提供了比现有方案高出数百或数千倍的性能，而只需很小的功耗和空间，实现了巨大的技术飞跃。通过将各种学科的顶级工程师聚集在一起，该公司在短短几年时间内开发出了新技术并交付出了产品。

由于处理单元针对神经网络计算进行了优化，因此 WSE 的性能据称可以超过 1000 个最高端的 GPU 所能达到的性能。此外，WSE 处理单元包含 Cerebras 发明的稀疏采集技术（Sparsity Harvesting Technology），以加速稀疏工作负载（包含零的工作负载）的计算性能，如深度学习。当 50% ～ 98% 的数据为零时（如深度学习中的情况），大多数乘法运算都被浪费了。由于 Cerebras 稀疏线性代数核不会乘以零，所有零数据都会被滤除，并且可以在硬件中跳过，从而可以在其位置上完成有用的工作。另外，WSE 的片上内存比当时最先进的 GPU 大 3000 倍，内存带宽比后者大 10,000 倍。

WSE 提供更多内核进行计算，有更多内存靠近内核，因此内核可以高效运行。由于大量内核和内存位于单个芯片上，因此所有通信都保留在芯片上。Cerebras 与台积电合作开发了一种跨划片线（晶圆通常沿着这些划片线切成芯片）建立互连的方法，以便每个小功能模块中的内核都可以通信。Swarm 通信结构是 WSE 上使用的处理器间通信结构，它仅以传统通信技术功耗的一小部分就实现了突破性的大带宽和低时延。Swarm 提供的低时延、大带宽 2D 网格，可连接 WSE 上所有的 400,000 个核，速率为 100 Pbit/s。该架构中的通信能耗成本远低于 1 J/bit，比 GPU 低近两个数量级。通过结合大带宽和极低的时延，Swarm 通信结构使 Cerebras WSE 能够比任何当前可用的解决方案更快地学习。

2. **软件定义的 AI 芯片**

位于美国硅谷的初创企业 Groq 的成长速度非常快。2019 年 11 月，Groq 发布了张量流式处理器（Tensor Streaming Processor，TSP）架构和新的计算范式。Groq 采用全新的架构方法来加速神经网络，它没有创建一个小型的可编程内核，然后将其复制成数十个或数百个核，而是设计了一个具有数百个功能单元的巨大处理器。这种方法大大减少了指令解码的开销，使一块 TSP 芯片可以嵌入 220 MB 的 SRAM，可以在每个时钟周期进行超过 40 万个整数乘积累加运算。

TSP 架构在单芯片实现中能够达到 POPS（即 1000 TOPS）级别的性能，相当于每秒执行 1000 万亿次运算。TSP 架构是世界上第一个达到此性能水平的架构，比英伟达当时最好的 GPU 快 4 倍。Groq 的体系结构还能够每秒进行多达 250 万亿次浮点运算（FLOPS），从而既可执行推理，也可执行训练。Groq 已成为第二家所发布深度学习芯片被应用于云端的初创公司（2019 年下半年，Graphcore 成为第一家所开发 AI 芯片被微软的 Azure 用于云端的初创公司）。

就低时延和每秒推理速度而言，TSP 架构比其他任何架构都快。受软件优先思想的启发，TSP 架构提供了可实现计算灵活性和大规模并行性的新范例，无须传统 GPU 和 CPU 架构的同步开销。该体系结构既可以支持传统的机器学习模型，也可以支持新的机器学习模型，并且目前已在 x86 和非 x86 系统的客户站点上运行。

Groq 的新体系结构比此前的体系结构更简单，是专门为满足计算机视觉、深度学习推理和其他 AI 相关工作负载的性能要求而设计的。该设计中执行计划放在软件中进行，从而释放了宝贵的硅片面积，而这些面积原本专用于动态指令执行。该体系结构提供的严格控制机制可以满足确定性处理的需求，这对于安全性和准确性需求极高的应用特别有价值。

Groq 新架构的特色是先构建编译器原型（而不是硬件原型），然后围绕该编译器构建硬件体系结构。最终的 TSP 具有简化的硬件设计，所有执行计划都在软件中进行，即软件定义硬件（见图 4.16）。软件从本质上协调所有所需的数据流和时序，以确保计算不会发生停顿，从而使时延和性能可预测。编译器可以控制执行和电源配置文件，因此可以在编译时准确预测运行每个模型的代价，可以静态和动态地完全控制芯片。这样就省去了原来需用硬件设计的控制器、缓冲器等电路元素，释放了不少硅片面积。最主要的功能是消除了大多数体系结构所需的计算和结果传递之间的同步步骤。无开销的同步意味着可以大规模部署模型而不会产生时延，而这种时延是数据中心的主要问题。

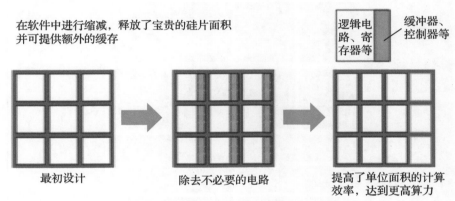

图 4.16　软件定义硬件（来源：Groq）

尽管软件定义硬件的概念类似于 FPGA，但 Groq 强调其 TSP 不是 FPGA，它没有查找表，但可以每个时钟周期更改（重构）芯片的功能。

3. 速度极快的 AI 芯片

在过去几年 AI 芯片初创公司涌现的大潮中，以色列初创公司 Habana Labs 脱颖而出。这家成立于 2016 年的公司在以色列特拉维夫和美国加利福尼亚州圣何塞市等地设有办事处，在全球拥有 120 多名员工。2019 年 12 月中旬，英特尔正式宣布以约 20 亿美元的价格收购了这家公司。

Habana Labs 于 2018 年秋发布了 Goya HL-1000 芯片，用于处理推理，并以低功率达到了创纪录的性能，令许多人印象深刻。基于其 Goya HL-1000 处理器的 Habana PCIe 卡在 ResNet50 推理基准测试中达到每秒 15,000 帧图像的吞吐量，时延为 1.3 ms，而功率仅为 100 W。当时，该公司声称要推出第二款名为 Gaudi 的用于训练的芯片，宣称将是"世界上最快的 AI 芯片"，可以挑战英伟达在训练用 AI 芯片市场的独占地位。2019 年 7 月，该公司兑现了这一承诺，宣布了一款速度非常快的芯片。

该公司的第一款芯片 Goya HL-1000 针对的是数据中心中相对简单的推理任务，而新的 Gaudi 芯片主要针对人工神经网络训练，这一市场现在由英伟达主导。Gaudi 使用 8 个张量处理器核，每个都有专用的片上存储器、通用矩阵乘法（General Matrix Multiply，GEMM）数学引擎、PCIe4.0 和 32 GB 大带宽存储器，如图 4.17 所示。此外，它还具有业界首个在 AI 芯片上实现以太网远程直接存储器访问（RDMA 和 RoCE）的片上实现，可提供 10×100 Gbit/s 或 20×50 Gbit/s 通信链路，可扩展到数千个加速器。

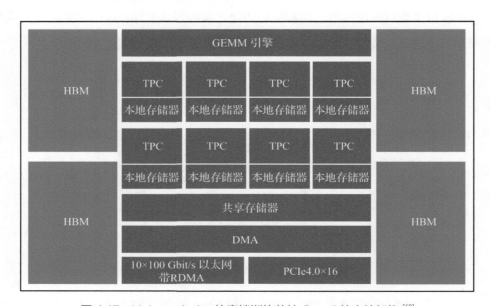

图 4.17　Habana Labs 的高端训练芯片 Gaudi 的内核架构[69]

上述方法体现了系统级思维：除了芯片的海量片上互连带宽、一系列系统构建模块，Habana Labs 还有称为 SynapseAI 的 AI 软件套件，其开发和执行平台还包括多串流执行环境、AI 库和 JIT 编译器，它们提供层融合和编译，以提高硬件利用率和效率。这款芯片基于行业标准，如 RoCE、PCIe 4.0 和开放式计算加速器模块，以及对流行的 AI 框架的支持，都旨在简化大规模生产环境中的采用和部署。

Gaudi 芯片以相对小的批量（大小为 64）使用 ResNet50 基准来训练图像网络，可达到每秒 1650 帧图像的速度，功率为 140 W，大约是英伟达高性能 GPU 功率的 1/2。也许更重要的是，Gaudi 片上 RoCE 结构的可扩展性非常好，理论上可以容纳数千个节点，是英伟达 V100 芯片的 3 ～ 4 倍。

作为第一家宣布推出高端训练芯片的半导体初创公司，Habana Labs 设计了令人印象深刻的平台、强大的 AI 软件套件和系统构建模块，所有这些都基于行业标准。

4. 第一个采用存内计算的商用 AI 芯片

数据在存储器和 CPU 之间来回移动需要功耗，现已证明从存储器调用数据可能比实际对其进行计算的功耗要高几百倍。这就是设置缓存的原因，但缓存也需要耗费 CPU 内大量管理操作。对于简单的操作，如位移或 AND 操作，可以将计算能力迁移到 DRAM 内，这样数据就不必来回穿梭了。这是一种存内计算（PIM）技术（见第 7 章）。

半导体初创公司 UPMEM 在 2019 年 8 月宣布推出了存内计算加速解决方案，该解决方案能够将大数据和 AI 应用运行速度提高 20 倍，将时延降至原来的 1/100，能耗降至原来的 1/10。通过允许计算直接发生在存有数据的存储器芯片中，UPMEM 基于存储器的技术可以大大加速数据密集型应用。同时，UPMEM 也利用现有服务器架构和内存技术减少了数据移动。

存内计算的思路是，当数据仍存储在 DRAM 中时，应该就近完成许多简单的整数或浮点运算，而无须将其推送到 CPU 操作再返回。如果数据可以保留在存储器并进行更新，则可以节省时间、降低功耗，而不会影响结果。或者，如果结果被发送回主存储器并且最终将 XOR 应用于存储器中的数据，则可以减少 CPU 上的计算，以释放主 CPU 核来执行其他与计算相关的操作。

UPMEM 所做的是在 DRAM 工艺节点上开发内置于 DRAM 芯片的数据流处理单元（Dataflow Processing Unit，DPU）。每个 DPU 都在 64 MB 的 DRAM 中，这样 8 GB 的存储器模块中就有 128 个 DPU。它们在制造的时候内置于 DRAM 中，其逻辑并不像常规 ASIC 逻辑那样密集，因此制造良率很高。DPU 以 32 位指令集架构构建，具有大量优化功能，如基本逻辑指令、移位和旋转指令。编程模型基于 C 语言的库来处理所有常见问题，UPMEM 的预期是大多数应用程序只需要几百行代码，几个人的小团队也只需要 2 ～ 4 周就可以更新软件。

最终的 DRAM 芯片主体仍然是 DRAM，相比之下 DPU 尺寸可以忽略不计。为此，UPMEM 创建了一个与 ASIC 类似的逻辑单元框架，包含 SRAM IP 核和实现流程。UPMEM 的最终目标是将这些 DPU 添加到其他未经修改的 DRAM 设计中。

DPU 是一个 14 级交错流水线处理器，它使用 24 个硬件线程来实现更好的可扩展性。对于多线程代码，DPU 产生的指令吞吐量是每个时钟周期 1 条指令。每个 DPU 内部有 88 KB 的 SRAM，分为 64 KB 的 WRAM（数据缓存）和 24 KB 的 IRAM（指令缓存），用 DMA 指令在 DRAM 和 WRAM/IRAM 之间移动数据。这些 DMA 引擎是自治的，UPMEM 状态对流水线性能几乎没有影响。这里没有实际的硬件"缓存"，该公司声称实际缓存的线程太多，因此依靠高效的 DRAM 引擎和紧密耦合的 SRAM 组来完成这项工作。

UPMEM 提出的是一种标准的 DDR4 RDIMM 模块产品，每 64 MB 的内存可以访问其中一个 DPU，DPU 内置于 DRAM 本身，使用内存工艺节点来制造。DIMM 模块上的 PIM-DRAM 采用了标准 DRAM 封装，实物形态如图 4.18 所示。UPMEM 声称正在制造 4 GB DDR4-2400 芯片，每 512 MB 嵌入 8 个 DPU，DPU 以 500 MHz 运行。UPMEM 计划把 16 块这种 4 GB 芯片放入 DDR4 模块中，这个模块就可提供 8 GB 内存，内置 128 个 DPU。该公司的目标是最终生产 128 GB 的模块，总共嵌入 2048 个 DPU。DPU 与其 64 MB 内存之间的有效带宽为 1 GB/s，这意味着 DPU 与内存之间有效带宽为 2 TB/s。

图 4.18　DIMM 模块上的 PIM-DRAM 采用标准 DRAM 封装（来源：UPMEM）

UPMEM 已获得 PIM 处理器和技术的专利，正在与 20 nm 工艺的内存供应商合作。基于该技术添加 DPU 内核只增加非常小的裸片面积，并且可以在 2 ～ 3 个金属层内启用。与当时领先的 CPU 实现相比，DPU 可以实现 10 倍的总能效和可扩展性提升。表 4.3 是 UPMEM 发布的 PIM-DRAM 和普通 DRAM 的性能比较。

表 4.3　PIM-DRAM 和普通 DRAM 的性能比较[70]

对比项目	单位	服务器 + PIM-DRAM	服务器 + 普通 DRAM
DRAM 至处理器能耗（64 位操作数）	pJ	≈ 150	≈ 3000
操作能耗	pJ	≈ 20	≈ 10
服务器功耗	W	≈ 700	≈ 300
速度	—	约为普通 DRAM 的 20 倍	—
能效	—	约为普通 DRAM 的 10 倍	—
成本	—	约为普通 DRAM 的 1/10	—

UPMEM 为客户提供软件模拟和硬件 FPGA 验证模拟器。实际的 PIM-DRAM 模块在 2020 年批量发货，该公司目标是用 PIM-DRAM 模块替换服务器中的 DRAM 模块。

4.4　小结

本章介绍了近年来处于"1+3"霸主地位的英伟达、谷歌、英特尔和微软，以及学术界和初创公司所开发的一些标志性 AI 芯片。

AI 芯片的开发已经扩展到那些从来没有设计过芯片的公司。现在，几乎所有的半导体公司、互联网公司、IT 公司都对开发 AI 芯片感兴趣。

非传统芯片制造商设计自己的 AI 芯片已经成为一种常见的做法，并且在越来越多的情况下显示出它们的特殊能力。例如，特斯拉的 FSD 芯片可以根据自己的算法进行深入定制，这种算法通过数百万辆汽车的体验不断发展，并在特斯拉强大的硬件 / 软件系统团队的帮助下实现成芯片。

谷歌、亚马逊、Facebook、苹果、微软的工作方式类似，它们掌握了现实世界的需求、对应用场景的最佳理解、强大的系统工程能力并有着深厚的财务基础。而传统芯片制造商在芯片开发方面积累了大量经验，有大量优秀的芯片设计工程师，其芯片也不会太落后于谷歌、苹果等公司。问题是近年来出现的这么多芯片初创公司，如何与这些大公司竞争？这将成为塑造产业未来的关键问题。

新开发的芯片中，尤其值得关注的是近年多家"独角兽"公司及一些大学和研究机构发布的 AI 芯片。这些芯片包含了晶圆级集成、含处理单元的存储器、不用连线的三维堆叠等高度创新的技术。这其中无论是算法上的创新，还是在芯片实现的电路、工艺上的创新，都推动了 AI 不断向前发展。从发展趋势来看，还有不少初创公司如 Hailo、Horizon Robotics 和 Rockchip 等发展非常迅速。此外，大量的初创公司还在 AI 芯片研发的路上，大部分独创的技术还有待后续发布。

AI 芯片的设计还面临很多艰巨的挑战，很多算法本身效率还很低。例如，训练深度学习模型所花费的时间太长，训练效率还比较低，限制了人工智能的整体使用，阻碍了整个产业的发展。许多初创公司看到了机会，在新颖的硬件架构上实现高能效的网络推理，更多集中在用于边缘侧的 AI 芯片的开发上。为了达到低功耗，有的公司直接采用了新的计算范式，如模拟计算、存内计算等。

很多这几年初创的公司已经在芯片性能方面取得进展，尽管有些公司宣称推出的产品产量太小，还无法对 AI 芯片市场产生影响。但近年来 AI 芯片市场发展势头迅猛，2021～2022 年必将是 AI 芯片产业格局重新洗牌的开始，许多公司计划发布新产品。在未来，各家初创公司将呈现百家争鸣的态势，而走在产业前列的巨头则会更加完善其平台建设。AI 芯片产业生态将进一步完善，并将进入应用爆发的新阶段。

AI 芯片是否能得到广泛应用，还取决于软件支持，尤其是对一些流行的软件框架（如 TensorFlow 等）的支持。各家开发深度学习 AI 芯片的公司都考虑到这一点，否则即使自己的 AI 芯片性能做得再好，也无法真正推广应用。

围绕芯片产业的工具链是最令人头疼的问题，也具有很高的价值。软件需要进一步优化，用于神经网络的编译器或库、软件框架等都需要进一步走向成熟，然后在一个统一的基准下进行测试和比较。在 AI 芯片的基准测试中，目前比较可靠的是国际基准 MLPerf，AI 芯片领域大多数重要参与者都加入了该基准，但只有少数大公司提交了训练结果。人们期待 MLPerf 在未来几年中取得更多成果。

目前，无论是初创公司还是芯片设计巨头，都想抢先在市场上取得一席之地。对于 AI 芯片这一新兴市场而言，在市场上真正立足，还是需要提高竞争力和差异性。但要保有竞争力并做到差异化很不容易，这不但需要 AI 算法、架构等方面的创新，还需要从物理学、材料学等基础理论方面研究发掘。如果能有新发掘的基础理论来带动创新（见第 16 章，如基于信息论的深度学习 AI 芯片），或用新的半导体器件从根本上改变芯片的运行原理（见第 15 章），那就不是"修补式"的改进，而将会是颠覆性的突破了。

第 5 章 神经形态计算和类脑芯片

本书前面几章提到的深度学习加速器是当今 AI 芯片的主流。尽管近年来 DNN 取得了令人瞩目的进步，但与人脑相比，它们在效率（速度和功耗）方面的表现仍然不够好，因为在信息编码方面与人脑相去甚远。在生物大脑中，信息以连续的方式及时处理，而不仅仅是 DNN 系统所处理的一幅幅静态图像帧。此外，在传统的 DNN 中，计算不同神经层的输出以顺序方式进行，每层都必须等待，直到计算出上一层的输出后才能执行该层计算，从而在网络中引入了明显的时延。

相反，在生物大脑中，生物神经元以脉冲的形式将信息传递到下一个神经元层。每当神经元发出脉冲信号时，脉冲信号就会传输到所连接的神经元进行处理，这时仅有突触连接时延，信息编码极其高效。大脑高度非线性地工作。在大约 870 亿个神经元中，每个神经元在外部和内部都与其他神经细胞有多达 10,000 个连接，在内部承载着数十万个协调的并行过程（由数百万个蛋白质和核酸分子介导）。

与当今最先进的系统相比，模仿大脑结构的芯片具有更高的效率和更低的功耗。模仿这类大脑行为的神经网络常被称为神经形态网络，其代表则为脉冲神经网络（SNN）。这种被称为第三代神经网络的出现，就是为了弥合神经科学与机器学习之间的鸿沟，使用生物学上逼真的神经元模型进行信息编码和计算，以充分利用神经网络的效率。

与基于深度学习的 AI 使用的模型相比，深度学习所基于的大脑模型，是极度简化了的大脑神经元及其连接电路，而神经形态的特征是使用更忠实地模仿大脑行为的模型。虽然"人工神经网络"一词最初是指涵盖上述两种类型内容的广义概念，但是现在一般分成了深度学习（深度神经网络，DNN）和神经形态计算（脉冲神经网络，SNN）两大类，对应的 AI 芯片分为深度学习 AI 芯片（深度学习加速器）和类脑芯片。

5.1 脉冲神经网络的基本原理

脉冲神经网络使用脉冲的方式与生物神经元类似。除了神经元的状态和突触权重之外，SNN 还将时间概念纳入到它的操作模型中。在这些神经元中，没有固定的传播周期，因此每个神经元仅在其状态达到特定阈值时才发出输出峰值。因此，这些网络中的信息流是脉冲序列，在神经元之间异步传播，并且脉冲之间的时间相关性至关重要。

让我们先来看一下生物大脑的机制。生物神经细胞（神经元）的细胞膜在没有受到刺激的时候，细胞膜内外两侧存在外正内负的电位差，形成一定的电位。当诸如钾和钠之类的离子通过通道进入或离开时，神经元会改变细胞膜电位。膜电位与离子电流的关系具有非线性特性，当超过一定的阈值时，输出是非常窄的脉冲，启动这种脉冲常被称为激发（Fire）。神经元通过被称为突触的连接进行连接，当从另一个神经元输入脉冲信号时，会在神经元内部产生与突触的连接权重相对应的效应（突触后电位），并且将被添加时间印记。

神经元内部和包括离子通道在内的突触具有非常明显的非线性特征，但是，在 SNN 中，这些细节被简化成一个简单明了的模型，如图 5.1 所示。一个神经元有许多输入脉冲，并在超过触发阈值时输出一个脉冲。从图上可以看到突触电位随着时间会有一定衰减，这是考虑了电路里 RC 时间常数的漏电效应，因此这个模型被称为漏电整合－激发（Leaky Integrate-and-Fire，LIF）模型，是目前使用最多的一种基本模型。根据对生物保真度的模仿程度，现在研究人员已经又提出了一些新模型，本书不再赘述，有兴趣的读者可自行查阅。

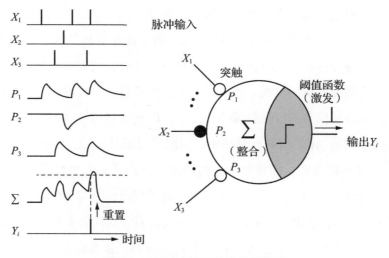

图 5.1 SNN 中的脉冲神经元模型

典型 LIF 神经元的膜电位随时间的变化如图 5.2 所示。当脉冲输入神经元，即 $x_i(t_1)$ =1 时，与该脉冲相关的突触权重 w_i 将在膜上整合。当膜电位 V_m 超过阈值 V_t 时，神经元激发（即 y_i=1）并重置其膜电位。对应于生物神经元，这里还特地设计了一个"不应期"（即没有任何反应的时间段），如果未达到不应时间 T_r（即自最后一个输出峰值以来的时间量小于 T_r），则即使其膜电位高于阈值，神经元也不会给予反应（激发）。另外，由于漏电，在两个输入脉冲之间的膜电位会根据漏电率连续降低。

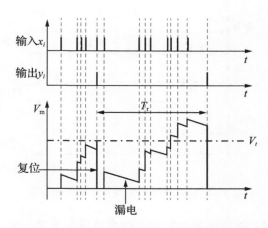

图 5.2　典型 LIF 神经元的膜电位随时间的变化

从图 5.2 可以看到，神经元异步接收到多个脉冲，复位将电位重置为零。在不应期时间段内会禁止神经元脉冲，直到两个脉冲之间经过了足够的时间。

LIF 神经元的基本参数是膜阈值电压、复位电压、不应期和漏电率[71]。在每个时间点 t，第 l 层的神经元 j 的膜电位 V_m 可以描述为

$$V_{mj}^l(t) = V_{mj}^l(t-1) + \sum w_{i,j} \times x_i^{l-1}(t-1) - \lambda \tag{5.1}$$

式中，参数 λ 对应于泄漏，w_{ij} 是突触增强。注意，可以使用包括复杂内部机制的模型来定义这些参数，而不是恒定的标量值。

将给定时间步长的所有输入脉冲整合后，将电位与阈值进行比较，并通过以下方式定义输出：

$$\begin{cases} x_j^l(t) = 1 & , \quad V_{mj}^l(t) > V_t \text{ 且 } t - t_{\text{spike}} > T_r \\ x_j^l(t) = 0 & , \text{ 其他情况} \end{cases} \tag{5.2}$$

式中，t_{spike} 是第 l 层神经元 j 发送信号的最后时间点。可以按照不同的方案执行重置：将电位重置为恒定值 V_t 或从当前膜电位中减去重置值。

就生物动力学而言，LIF 神经元模型已经是一个简单的模型，但并不是最简单的模型。如果不是一定要与生物机制一一对应起来，设计人员可以使用抽象模型来减少硬件资源。例如，IF 神经元就是 LIF 的简化版，它把原来的不应期和漏电机制都消除了。在芯片实现时，必要的电路模块仅是用于整合的加法器、用于阈值检测的比较器和用于膜电位存储的存储器[72]。

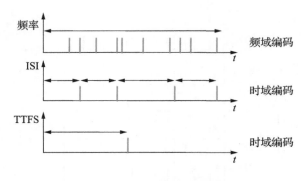

图 5.3　用脉冲表示信息的不同方法

在 SNN 中，脉冲用单比特（0 或 1）来表示。带有二值脉冲的信息表示允许使用模拟或数字硬件忠实地实现这些系统。为了对神经网络的输入进行编码并读出其输出，需要了解如何使用脉冲来表示复杂信息。然而，SNN 中的信息表示仍在讨论中。图 5.3 描述了用脉冲表示信息的不同方法。大多数 SNN 使用通常称为频率编码的方法，神经元之间传输的信息使用在一定周期内发出的脉冲平均激发频率来表示，是一种频域编码方式，通常使用泊松脉冲序列，在这种情况下，连续脉冲之间的精确时间是随机的，但脉冲的总频率是固定的。

这种频率编码不能从 SNN 处理所具有的脉冲稀疏性中受益，因此，它无法实现脉冲编码的稀疏性相对应的低功耗通信和计算；常被期望的 SNN 快速计算能力也很难达到，因为这种编码在输出激发频率的计算中引入了时延。也有人用实验证明了这种编码方式在生物学上的不合理性。

然而，还有许多其他生物学上可行且更有效的编码策略。一些神经科学家提出大脑中的部分信息是以时间方式编码的。时域编码可以几种形式实现：有人使用首次脉冲时间（Time To First Spike，TTFS）[73]，其中激活强度与神经元的激发时延成反比，即具有最高膜电位的神经先"激发"；有人提议使用脉冲间间隔（Interspike Interval，ISI），即连续脉冲之间的精确时延来对激活强度进行编码[74]。还有人提议只按照脉冲的顺序对相关值进行编码，称为等级编码[75]。

自 20 世纪 80 年代以来，研究大脑机制的人员已经意识到使用脉冲模式进行信息表示的重要性。后来，许多研究人员认识到每个脉冲都是有意义的，总结了脉冲时序依赖可塑性（Spike Timing Dependent Plasticity，STDP）。突触强度根据脉冲时序发生变化的发现是一个重大研究成果。

STDP 是一种机制，当连续的脉冲信号之间的时间间隔较短时，突触连接被增强，而在时间间隔较长时，连接强度会被减弱。当信号紧密对齐时，连接变得更强，但过一会儿就会"忘记"。因此，可以提取时间相关性。

如图 5.4 所示，前级神经元 j 和后级神经元 i 之间的突触连接权重变化 Δw_{ij} 取决于每个输出脉冲的时间差 Δt。在非对称类型中，当前级神经元脉冲在后级神经元脉冲之前到达突触部分时，连接权重（连接强度）增大，而在之后到达突触时，连接权重减小，并且可能是负值。突触强度的这些变化被认为在人脑的学习和记忆中起着重要作用，称为学习因果关系。那种使连接权重减小的非因果信号会加以抑制和消除，以节省功耗。另一方面，对称类型取决于脉冲时间差的绝对值。

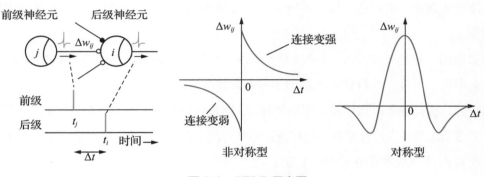

图 5.4　STDP 示意图

脉冲信号会根据信号之间的时序削弱与神经元的连接强度。在脑神经学领域，发送此类信号的突触被称为抑制性突触，反之，加强连接的突触被称为兴奋性突触。这是现有 DNN 所没有的功能。

5.2　类脑芯片的实现

SNN 的硬件实现可以或多或少地模拟类似生物的神经元和突触模型，这可能有助于获得更多关于大脑运作的知识。用 SNN 也可以完成深度学习应用，但是由于 SNN 的时间离散性，如在传统计算机上进行模拟将会花费大量时间。为此，把 SNN 用 ASIC 芯片或 FPGA 来实现是一个比较可行的方法，可以利用 SNN 的属性来降低功耗并提高推理速度，尤其是把神经元和突触做成硬件较友好的模型（如简单的 IF 神经元和恒定权重）。

类脑芯片是由一个或几个神经核组成的芯片。神经核集成了处理神经元膜电位的处理单元、存储突触值和神经元状态的存储器、用于接收和发送脉冲的输入和输出接口及控制电路。针对超大规模应用的设计通常会实现大量的神经核，以在芯片级实现最大程度的并行化。

SNN 实现的主要特点在于将操作简化为加法器和比较器，也就是说，如果是数字实现，只需要加法器，而不需要深度学习 AI 芯片中最主要的核心——MAC 运算（见第 3 章），因此可以大大降低计算成本。由于脉冲是二进制的，并且不需要在神经元之间传输模拟值，因此可以使用低功耗的比较器电路代替放大器。因此，电路构造能够变得简单并且使低功耗成为可能。但是，由于信号时间是 SNN 计算中最基本的机制考虑，因此必须存储定时信息（用于片上学习、漏电和不应期机制）和神经元状态变量（膜电位和阈值），这就需要辅助存储器。由于可能有大量的处理单元和连接，类脑芯片在一些网络架构中会使权重访问迅速成为瓶颈。解决这一瓶颈的方法之一是采用存内计算（见第 7 章）及新型非易失性存储器。

如果使用一般基于 SRAM 的神经形态器件，在关闭电源后，存储在 SRAM 中的突触权重就会消失。另外，执行任务之前的学习常常是在脱机系统中使用与器件分开的普通计算机执行的，执行任务时仅仅将学习结果加载到 SRAM 中。为了克服这些挑战，很多研究人员正考虑采用非易失性存储器，把相变存储器和阻变存储器之类的存储器件作为突触。

目前存内计算技术正在受到人们的广泛重视。存内计算的总体思想就是尽可能把存储器和处理器放在一起，以降低每次到存储器进行数据存取所消耗的能量。这其实也是生物神经系统除了高度互连和脉冲特性之外的另一个特征。类脑芯片架构也越来越多地引入了这种方法，即每个处理器都配置很小的本地存储容量。这种配置类似于人脑的组织，其中神经元同时进行数据存储和处理。研究人员认为，类脑芯片架构的这一元素可以更好地复制人类的学习和记忆。

如第 3 章所述，为了达到较高的计算稀疏性，深度学习 AI 芯片需要辅助硬件来检查数据的无效性（为零的元素）。但是，类脑芯片本身是事件驱动硬件，稀疏性非常高，大大减少了切换次数。由于使用阈值操作，激活程度较小的神经元就不会被激发。

类脑芯片可以使用模拟电路设计来实现 PE 和存储器，这可以根据不同的目标应用和所需的性能指标来选择。神经形态计算的目标是仿真精确的生物启发式神经元计算，达到比深度学习 AI 芯片更低的成本、更低的功率或更高的精度。如果使用集成模拟电路，一些神经元功能实现起来就会非常简单。例如，要实现数字相加，如果用模拟电路算出电流求和的树枝状输入信号的总和是相当方便的，比普通数字累加器要简便得多；或者用两象限乘法器实现数字相乘，仅需要 5 个晶体管；利用器件的非线性或寄生效应，还能够实现复杂的函数功能，如指数函数或平方根函数等。但是，模拟电路一般很难达到高集成度，因为一般要求晶体管有较大面积，以确保可接受的精度并提供成对晶体管的良好匹配，如电流镜或差分级中所使用的晶体管对。

虽然 SNN 有上述固有的好处，但是也有一些方面比不上深度学习算法。例如，SNN 需要许多时间步骤算法来处理输出，在此期间需要连续发送输入信号。因此，脉冲网络的前馈操作必须实现多次，而 DNN 仅被处理一次。在这些条件下，数据集越复杂，相对于 DNN 来说，SNN 的每个分类所消耗的能量就越大。而对于网络运行的分类准确性而言，根据目前的测试情况，有的情况下 DNN 分类准确度高，有的时候 SNN 更高。一般来说，可能还需要根据输入数据的特点来加以区分，如果是事件驱动数据集，那么 SNN 就会占优势。

另外，当前实际使用 SNN 的一个主要问题是训练。创建新的学习规则和机制对于神经形态系统适应特定应用的能力至关重要。通常，学习算法的目标是修改神经元之间突触连接的权重，以改善网络对某种刺激的响应。在 DNN 中，通常由误差反向传播来进行训练，但在 SNN 中，由于脉冲时间的不连续性，作为反向学习算法基本功能的梯度下降已经无法实现。

尽管脉冲网络具有不连续性，但是已经有不少研究人员设法克服了这个缺点，仍能使脉冲神经元使用梯度下降法，在较长的时间序列上执行复杂的任务。这为训练 SNN 打开了大门[76]。还有些研究人员则使用了 DNN 来训练，然后直接映射到 SNN，并把输入激励转换成脉冲；另外，也有研究人员利用进化算法来训练 SNN。

还有一些研究人员正在研究将时间进程包括在反向传播方法中的解决方案，从而可以在事件驱动的数据集上训练网络而无须任何转换。因此，为 SNN 找到一种很好的训练方法，最终发挥出全部潜力可能只是时间问题。

5.2.1　忆阻器实现

CMOS 实现神经形态并行架构的主要瓶颈之一，是神经元之间大规模突触互连的物理实现及突触的自适应性。为了实现自适应突触连接，CMOS 技术要求将大量电路用于模拟存储器或数字存储器模块，这要占去很大的芯片面积，而且在功耗上也很难达到需求指标。此外，还必须实施用于更新这些突触存储器件的学习规则。

忆阻器的出现，正好解决了上述瓶颈，在神经形态架构的功率和速度方面具有优势。一些研究机构和公司已经根据忆阻器的工作机制研制了具有不同电导切换机制的器件，如相变存储器（PCM）、导电桥存储器（CBRAM）、铁电存储器（Ferroelectric Random Access Memory，FeRAM）、基于氧化还原的电阻切换存储器（RRAM）及有机忆阻器件（Organic Memristive Device，OMD）等。它们各自在紧凑性、可靠性、耐用性、存储器保留期限、可编程状态和能效方面表现出不同的特性。这些器件具有一些特别有价值的特性，可作为电子突触器件，例如：

（1）忆阻器的特征尺寸可以缩小到 10 nm 以下；

（2）它们的存储状态可以保留几年；

（3）它们可以以纳秒级的时标切换；

（4）它们的电导率有类似于 STDP 的响应特性，可以进行基于脉冲的实时学习；

（5）它们的结构与基于脑神经元的神经形态结构十分吻合；

（6）忆阻器层可以 3D 堆叠。假设间距为比较接近实际的 30 nm，理论上 10 个忆阻器层的叠加可以提供 1×10^{11} 个 /cm^2 非易失性模拟单元的存储密度。原则上讲，这种方法可以在单块电路板上达到人脑的神经元和突触密度，包括学习能力[77]。

尽管这些新颖的忆阻器件为电子技术提供了非常有前途的替代方案，但它们与CMOS 器件在过去几十年中所达到的成熟度相比差距还很大。但是，如果将 CMOS 的 3D集成与忆阻器技术合在一起，就可以提供紧密靠近 PE 的高密度存储器，从而克服冯·诺依曼架构的局限性。目前已经有非常密集的架构被提出，用于将 CMOS 处理单元与半导体 / 纳米线 / 分子集成电路（CMOS/nanowire/MOLecular，CMOL）[78]等纳米器件的交叉阵列进行 3D 集成。

使用新型忆阻器件来实现类脑芯片，是学术界和产业界都在积极推进的工作。在2019 年的 IEEE 第 11 届国际存储器论坛（IEEE 11th International Memory Workshop，IMW）上，日本松下的研究人员发布了一种电阻式模拟神经形态器件（Resistive Analog Neuromorphic Device，RAND）的存储器[79]，并嵌入逻辑电路中。该存储器主要是RRAM，由上电极、下电极及夹在其间的 Ta_2O_5 和 TaO_x 层形成。当在该器件的上电极和下电极之间施加电压时，Ta_2O_5 层中会形成导电细丝。细丝的尺寸根据电压而变化，这使得可以以模拟方式改变读取电流值。利用这种模拟功能，他们的目标是通过模块集成实现深度学习功能，并形成一个类脑计算机。

日本 DENSO 和美国加利福尼亚大学圣塔芭芭拉分校（UCSB）展示的类脑芯片[80]具有 240 万个面积为 0.04 μm^2 的 Al_2O_3 / TiO_{2-x} 忆阻器。忆阻器无源集成在 CMOS 晶圆的顶部，集成到 48×48 交叉开关电路中。芯片上总共有 1032 个交叉开关，并通过执行矢量矩阵乘法及模拟域中的忆阻交叉电路来实现各种神经网络。

除 RRAM 之外，其他类型的新型器件如 PCM、FeRAM 等也已用于神经形态计算，但是至今还没有阵列级的实验展示。

目前采用的 SNN 训练方法还包括无监督 SNN 训练，这种方法主要基于脉冲时序依赖可塑性（STDP）学习规则[81]。在 SNN 中，可以使用依赖脉冲时序的可塑性作为基本算法，目的是在整块芯片上实现 STDP。这种学习特性可以在忆阻器件中得到很好的实现[82]。

通过将 PCM 放置在前后两级神经元电路之间，并改变两个神经元的脉冲施加时间，可以将器件的电导率改变为类似于 STDP 的响应特性[83]。脉冲训练提供了利用现实世界的感官数据中所包含的丰富的时间信息。这使得 SNN 可以比当前非脉冲深度学习系统更自然地解决任务，如视觉手势识别或语音识别。当处理动态信息（如视频序列）时，深度学习系统使用在恒定的周期性时间（在图像识别情况下为摄影时间）采样的静态图像序列执行计算，这些计算非常密集。但是，使用 SNN 会有利得多，在 SNN 中，计算会以连续的时间方式进行驱动，并且仅通过检测特定时空相关的脉冲来驱动。

5.2.2　自旋电子器件实现

近年来，已经出现了可以模拟神经元和突触功能的自旋电子器件。可以使用相同的材料将自旋电子器件设计为不同的特性，包括不易失性、可塑性及振荡和随机行为，这允许创建一系列模仿生物突触和神经元关键特征的组件。自旋电子器件还可以通过自旋电流、微波信号、电磁波和绝缘的磁纹理在较远处传送信息。这些功能意味着，基于自旋电子器件的类脑芯片可能比传统方法更紧凑和节能。自旋电子器件不但可以做成人工突触，也可以做成神经元。

磁隧道结（MTJ）就是一种自旋电子器件，它组合了其他技术无法比拟的多个功能，包括非易失性、出色的读写耐久力、高速电压操作和高可扩展性等。MTJ 的工作原理如图 5.5 所示，它由两个铁磁层（图中灰色）组成，两个铁磁层之间由绝缘层（图中蓝色）隔开，其中一层的磁化强度固定，另一层的磁化强度并行（低电阻）或反并行（高电阻），称为自由层。标注"1"和"0"代表每个值的配置。MTJ 器件中的多个电阻状态可以通过在其自由层中合并畴壁来实现。畴壁将两个相反极化的磁畴分开。可以通过使用自旋转移力矩（Spin Transfer Torque，STT）现象移动该畴壁来调节器件电导，该现象通过从自旋极化的刺激电流转移自旋力矩来改变自由层中并行和反并行畴的相对比例。

目前，已经有芯片代工厂把这种器件纳入到 CMOS 工艺流程，主要为了开发非易失性存储器 STT-MRAM。使用自旋电子器件增强神经形态计算的一种方法是将 MTJ 嵌入CMOS 电路里，使高速非易失性存储模块非常靠近 PE（见图 5.5 右图，M1 ～ M6 表示金属层）。MTJ 存储单元最近已用于存储神经网络的突触权重，称为关联存储器。类似于大脑中的突触，神经网络中的突触权重通常是实数值而不是二进制值，因此需要许多二进制 MTJ 来存储单个突触权重，这需要大面积和读写能量。

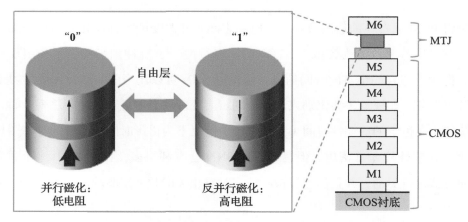

图 5.5 MTJ 的工作原理

磁性器件可以通过将模拟信息存储在磁性纹理中来做成忆阻器件[84]。例如，陈怡然等人提出了一种自旋电子忆阻器[85]，基于自旋阀中磁畴壁的位移，根据畴壁位置产生较低或较高的电阻状态。自旋电子忆阻器具有很多优势，如可以将学习和记忆结合在一起，使其可能成为使用人工突触进行神经形态计算的独特的基本模块。已经有人将这样的人工突触组成了简单的神经网络，并应用于模式分类[86]。

也有研究人员研究了反铁磁体/铁磁体异质结构中自旋轨道转矩切换的动力学，展示了该材料系统形成人工神经元和突触的异步 SNN 的能力。由单个电流脉冲或一系列脉冲驱动的磁性开关根据脉冲宽度（1 ns～1 s）、幅度、数量和脉冲间的间隔进行编码。它可以再现突触（STDP）和神经元（LTF）的主要功能。实验结果为基于自旋电子学的神经形态硬件打开了一条途径[87]。

实现大量神经元的高度互连是一个很有挑战的问题，而自旋电子器件带来了新的机会。自旋电子系统由多层系统组成，这些系统自然可以在 3 个方向上堆叠。可以设想利用畴壁实现垂直和水平通信的三维自旋电子神经形态系统。通过光波或自旋力矩纳米振荡器发出的微波信号可以实现通信，但是可能需要通过外部电路进行放大才能实现高扇出。

自旋电子忆阻器最大的问题之一是可扩展性，即如何在减小器件尺寸的情况下保持模拟性能。为了解决这个问题，需要找到能够在纳米级器件中容纳更多磁畴的工程材料。另外，与其他存储技术相比，MTJ 的一个缺点是电阻变化小，难以快速读取。尽管到目前为止，人们已经在该方向上进行了单个器件级别的演示，但是对于使用自旋器件的神经形态系统的阵列级别实现，仍然存在许多问题需要解决。

5.3　基于 DNN 和 SNN 的 AI 芯片比较及未来可能的融合

表 5.1 列出了 DNN（深度学习 AI 芯片）和 SNN（类脑芯片）之间主要特征的区别。如前所述，DNN 中每个计算阶段的等待时间都很长，因为必须在输入图像上完成每个阶段的整个计算才能生成相应的输出。相反，在 SNN 处理中，计算是逐个脉冲执行的，因此，一旦收集到足以证明某个特征存在的脉冲，就会在计算层中生成输出脉冲。这样，输出就是一个脉冲流，它几乎与输入脉冲流同步。因此，在 SNN 中，每个输入脉冲都会用处理硬件几乎实时地进行处理，只要有足够的输入事件允许系统作出决定，就执行分类或识别。另外，就功耗而言，DNN 的功耗取决于处理器的功耗及存储器的读写操作，但 SNN 的功耗很大程度上取决于激发和编码策略的统计信息，如果使用有效的编码策略，由于脉冲的稀疏性，整个系统的功耗会相对低得多。

与 DNN 相比，SNN 有诸多优势。例如，由于 SNN 中的信号强度不是由脉冲幅度来表示的，而是以恒定幅度的信号的时间宽度或时间间隔表示，幅度小、功耗低。此外，即使信号序列的一部分被噪声破坏，也可以从其余部分解码信息，因此 SNN 具有强大的抗噪能力。SNN 还可以通过少量数据进行学习，并可以进行在线学习和终身学习，以及强大的预测等。

表 5.1　DNN 和 SNN 之间主要特征的区别

	DNN（深度学习 AI 芯片）	SNN（类脑芯片）
训练方法	反向传播，需要大量数据	不需要反向传播，只需要单个数据样本
学习方式	监督学习	无监督学习
输入类型	图像帧或数据阵列	脉冲
网络规模	大型（许多网络层，每层许多神经元和突触）	小型（少量神经元及稀疏突触连接）
处理能力	空间域	时间域
处理单元	MAC	不需要 MAC
硬件多路复用	可行	不可行
时延	高	低（几乎接近实时）
处理时间	取样	连续
神经元模型复杂度	低	高
功耗	由处理器及存储器存取决定	由每个事件所处理的功耗决定
分类精度	较高	较低
分类速度	低	高
性能	研究已较成熟	很多方面尚未得到充分探索

此外，由于典型的 SNN 不会将 MAC 或反向传播作为其功能的一部分，因此它可以在常规 CPU 上完美运行，但在更昂贵且耗电量大的 GPU 上运行则得不到任何好处。由于基于 SNN 的 ASIC 更轻便、功耗更低，因此对于边缘侧应用更具吸引力。现在，DNN 中使用的反向传播方法已被扩展并用于 SNN，但精度不是很高。

鲁克鲍尔·博多（Rueckauer Bodo）等人讨论了 SNN 和 DNN 对最终分类精度的影响[88]。在分类精度方面，一般来说，SNN 要比 DNN 低，但是也有报道把分类精度做得很高的例子。具体来说，用 SNN 来处理时间序列数据的 RNN 和 LSTM 已经能够获得与 DNN 相当的高精度。SNN 的可扩展性不是很好，目前只能做到较小规模的网络，但是可以高效处理一些简单的任务，如 30 像素 × 30 像素的图像识别。

尽管神经形态模型由于与大脑的紧密联系而在理论上具有吸引力，但相应的 SNN 类脑芯片目前尚无法与基于深度学习模型的硬件加速器在所有特性（面积、时延、功耗、性能、精度等）上竞争。

通常，与深度学习加速器相比，类脑芯片具有较低的运算能力。很多类脑芯片被设计成以生物学上可行的很低的激发频率（几十赫兹）来运行，而有的为了加快速度，把频率提高至几万赫兹。尽管如此，它们的时钟频率仍然比深度学习加速器中使用的数百兆赫兹低得多。也就是说，由激发频率所确定的频率比由时钟频率确定的频率要低得多。因此，类脑芯片中每次推理的能量（与操作时延和功率的乘积成比例）被证明更高。

根据目前的开发情况，只有当很大规模的 SNN 在芯片上实现时，SNN 才可能变得比 DNN 更具吸引力，但精度仍然需要提高。

如前所述，由于 SNN 的时间不连续性，直接使用输入脉冲事件来训练深度 SNN 仍然是一个难题。为了解决这个难题，有人想到将脱机训练的 DNN 转换为 SNN[89]。方法是将 LIF 脉冲神经元替换为 DNN（ReLU）神经元，并根据突触权重调整神经元阈值。重要的是，需要将神经元激发阈值设置得足够高，以使每个脉冲神经元都可以非常类似于 DNN 的激活而不会丢失信息。

充分利用 SNN 和 DNN 各自的优点，把这两种网络结合起来，近年已经有了不少新的研究思路和成果。例如，在处理稀疏信号时 SNN 有更高的能效，因此 SNN 可以用作处理庞大且高度稀疏的输入信号的前端，而 DNN 可以用作后端，以利用其在处理密集和高精度数据方面的优势。SNN 的一些特点也被 DNN 所借鉴，如本书第 3 章介绍的二值网络，在某种意义上类似于 SNN，因为它使用二进制数来携带信息，可以显著提高芯片的能效。

位于美国硅谷的初创公司 GrAI Matter Labs（GML）最新推出的 GrAL One 芯片，就是把

SNN 和 DNN 这两种网络相结合的最好例子 [90]。普通的 DNN 要在每一层上处理所有像素或神经元，而这款芯片采用了事件驱动的架构，仅在卷积层上受到事件影响的像素才需要被计算。这种基于事件的卷积计算，大大降低了计算复杂性。如果使用普通的 DNN 来推理，计算每帧图像需要 28.2 MOPS，而用这款芯片进行推理的话，平均只需 1.7 MOPS 就可以完成了，因此功耗非常低。该芯片包含约 20 万个神经元，使用台积电 28 nm 工艺，裸片面积为 20 mm^2。

在未来，SNN 和 DNN 这两种类型的网络将继续相互融合，将各自的优势组合在一起，催生出更快、更节能的 AI 芯片。

5.4　类脑芯片的例子及最新发展

DNN 型和 SNN 型类脑芯片，可以实现目前只有大型超级计算机才能实现的数百万个并行计算流。但是在类脑芯片上有效地实现神经突触，仍然是一个很大的挑战。

在过去 10 年中，美国和欧洲的神经形态芯片研发项目有不少属于大型政府资助计划，这些芯片依照以生物学为基础的原理运行，以提高性能并提高能效。例如，其中一些项目直接硬连接到单个电子神经元的许多输入上，一些项目使用诸如生物神经元之类的短异步电压脉冲进行通信。不过，大部分类脑芯片仍在使用传统的数字电路。

本节将介绍一些最早开发的类脑芯片：动态视觉传感器（Dynamic Vision Sensor，DVS），著名的大型架构 TrueNorth、Neurogrid、BrainScaleS、Loihi 和 SpiNNaker 芯片及 2019 年刚发布的 DYNAP-CNN 芯片。这些芯片采用了不同的特性来模拟 SNN，有的使用数字电路，有的采用了模拟电路。最后，还将介绍使用新的半导体器件和新的神经元模型来实现类脑芯片的新思路。

（1）动态视觉传感器（DVS）。神经形态工程的研究一开始，就开发出了基于 CMOS 脉冲的视觉传感器。瑞士苏黎世大学神经信息学研究所的托比亚斯·德布吕克（Tobias Delbrück）于 2008 年开发了一种非常成功的脉冲视网膜芯片，称为动态视觉传感器（DVS）。这种脉冲摄像头可以微秒级的精度跟踪运动点，是第一款基于脉冲和脉冲定时的新型图像传感器，不用图像"帧"的概念，而是微秒级"事件驱动"的像素处理。它在改善包括自动驾驶汽车在内的许多应用的性能方面具有巨大潜力。这款芯片现已纳入瑞士 iniVation 的产品线。

DVS 在很大程度上简化了任务，它把产生异步事件流作为输出，其中每个像素对像素上照明的时间变化进行编码。图 5.6 为用 DVS 追踪网球运动员动态的效果。可以看出，DVS 跟踪运动员的动态"事件"部分，身体运动的精细轨迹细节清晰可见 [91]，显示出

DVS 在跟踪人体运动方面相较于传统视频技术的优势。DVS 的优点之一是，它以压缩方式对信息进行编码，仅在照明发生相关变化时才发送脉冲信号，从而从移动物体上消除了场景的静态背景特征；另一个优点是，该对象的所有精确时空信息都可以在 10 微秒级的脉冲时间内以一定精度保存。这些优点让 DVS 成为高速处理和识别系统的理想候选方案。如今，多家公司正在努力开发高分辨率 DVS 相机的商业原型。

图 5.6　用 DVS 追踪网球运动员动态的效果

表 5.2 列举了 DVS 技术的诸多优点。

表 5.2　DVS 技术的优点

传统高速视觉系统	DVS	DVS 优点
需要高速计算机	简单计算功能	低成本、低功耗
大量数据存储（TB）	极低存储需求	可穿戴
离线处理	实时处理，极低时延（VR）	连续工作
低动态范围（50 dB）	高灵敏度，极高动态范围（120 dB）	与真实世界更相符

（2）IBM 于 2014 年在《科学》杂志上发表了用一种新的"类脑"方法设计的芯片[92]，开始的时候称为 SyNAPSE 类脑芯片，使用基于 SRAM 的 CMOS 电路代替了神经元、轴突和突触的功能。SyNAPSE 具有 256 个神经元和大约 260,000 个突触。输入以并行脉冲信号的形式提供，并且在神经元电路中基于已作为权重加载的突触连接计算出电位，并事先获得了学习的结果。在神经元电路中，当电位超过阈值时，输出脉冲信号会通过轴突连线传输到下一级。此时，以事件驱动的异步方式以极低的功耗执行该芯片中的脉冲信号处理。

后来，IBM 将 4096 个 SyNAPSE 这样的类脑芯片作为内核并行集成在一个芯片中，制成了被称为 TrueNorth 的第二代数字芯片，目标是实现极低功耗的大型网络处理。它用交叉开关阵列实现，并用时分多路复用对神经元更新。图 5.7 为 TrueNorth 的内核布局和一个内核中脉冲信号路径的概念图。TrueNorth 包含 54 亿个晶体管，相当于 100 万个神经元和 2.56 亿个突触，每个脉冲仅消耗 26 pJ。它能够以低功耗对大规模并行输入执行信号处理，并且达到了仅以 63 mW 的功耗执行 400 像素 ×240 像素、30 f/s 图像处理的效果。

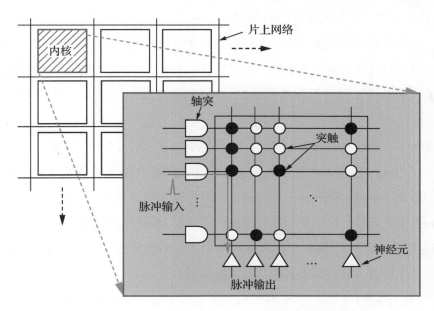

图 5.7　TrueNorth 的内核布局和一个内核中的脉冲信号路径 [92]

TrueNorth 类脑芯片标志着芯片设计思路的彻底改变，超越了其他大量模式识别应用中基于神经网络的处理芯片，有望更好地处理一些传统芯片难以胜任的图像和语音识别复杂任务。

（3）英特尔于 2017 年 9 月宣布了一种专门为 AI 设计的神经形态芯片 [93]，在类脑芯片开发方面迈出了重要的一步。这款被称为 Loihi 的芯片具有 1024 个人工神经元或 130,000 个模拟神经元，具有 1.3 亿个可能的突触连接，并结合了脉冲时序相关的突触可塑性模型，是一种针对大规模 SNN 评估的、操作灵活的数字处理器。就功能而言，Loihi 芯片处于用 SNN 模仿生物大脑和深度学习之间的前沿。它将片上学习与各种可实施的学习规则、复杂的神经元模型及多种信息编码协议等集成在一起。如果将这些芯片集成到一个 AI 系统中，它们还可以自己学习新事物（自学习）[94]。

Loihi 具有一个多核网格，包括 128 个神经形态内核、3 个嵌入式 x86 处理器内核及片外通信接口，这些接口在 4 个平面方向上将网格分层扩展到其他芯片。异步片上网络以打包消息的形式在内核之间传输所有通信。片上网络支持用于内核管理和 x86 到 x86 消息传递的写入、读取请求和读取响应消息，用于 SNN 计算的脉冲消息等。

Loihi 的所有消息类型都可以由主机 CPU 外部提供，也可以由 x86 内核在片上提供，并且这些消息类型可以定向到任何片上内核。可以对消息进行分层封装，以通过二级网络进行片外通信。网格协议支持扩展到 4096 个片上内核，并通过分层寻址支持多达 16,384 块芯片。

Loihi 的每个神经形态核都实现 1024 个脉冲神经元，这些神经元被分组为构成神经元的树状集。在每个算法时间步长中，它们的状态变量以时分复用和流水线方式进行更新。当神经元的激活超过某个阈值水平时，它将生成一个脉冲消息，该消息将被路由到包含在一定数量的目标核中。英特尔宣称 Loihi 处理器的速度是传统处理器的 1000 倍，能效达 10,000 倍。

2019 年 6 月，英特尔宣布向研究社区提供一个包含 800 万个神经元的神经形态系统，其中包括 64 个 Loihi 芯片，代号为 Pohoiki Beach。2020 年 3 月，英特尔宣布已完成最新的神经形态系统 Pohoiki Springs，可提供 1 亿个神经元的计算能力。Pohoiki Springs 是一个数据中心机架式系统，是英特尔迄今为止开发的最大的神经形态计算系统。它将 768 个 Loihi 类脑芯片集成到一个具有 5 台标准服务器大小的机箱中。Pohoiki Springs 可以处理某些苛刻的工作负载，具有解决各种计算难题的潜力。

（4）其他著名的类脑芯片有美国斯坦福大学推出的 NeuroGrid，它使用亚阈值模拟神经电路[95]，可以实时运行，并模拟了一些生物现实机制。2019 年，它已实现为 Braindrop 芯片原型[96]，该芯片将用作 100 万个神经元的 Brain Storm 系统[97] 的内核。还有德国海德堡大学推出的 BrainScaleS 系统，使用晶圆级的阈值模拟神经电路[98]，其运行速度比生物实时速度快 10,000 倍。它的目标是对具有精确生物学神经行为的大脑规模的神经网络进行仿真。目前它正在升级到 BrainScaleS2。

英国曼彻斯特大学推出的 SpiNNaker 也是世界著名的类脑芯片，它是一个实时的数字多核系统，于 2011 年完成，负责人是 ARM 处理器的发明人史蒂夫·佛伯（Steve Furber）。该系统在运行于小型嵌入式处理器上的软件中实现神经和突触模型，有较强的可重构性，但它不像其他方法那样节能或快速[99]。此后，研究团队一直在尝试将芯片组装到尺寸更大的机器中，于 2018 年底最终实现了使用 100 万块芯片（200 MHz 的 32 位 ARM968）的机器。SpiNNaker2 由德国德累斯顿工业大学和英国曼彻斯特大学开发。它延续了第一代 SpiNNaker 专用于大脑模拟的数字类脑芯片系列，由 1000 万个 ARM 核组成，这些核分布在 10 个服务器机架中的 70,000 块芯片上。芯片使用 22 nm FDSOI 工艺。该团队预期 SpiNNaker2 应该能够实时模拟老鼠大脑中的 1 亿个神经元，比传统超级计算机的速度快 1000 倍。

（5）瑞士苏黎世 aiCTX 的 DYNAP-CNN 芯片是在 2019 年 4 月发布的，或为世界上首款用于实时视觉处理的类脑芯片。DYNAP-CNN 采用 22 nm 技术制造，芯片面积为 12 mm^2，容纳超过 100 万个脉冲神经元和 400 万个可编程参数，其可扩展架构最适合实现 CNN。它将深度学习的功能和事件驱动的神经形态计算的效率整合到一块芯片中。DYNAP-CNN 是处理基于事件和 DVS 生成的数据的最节能的方式，适用于超低功耗、永远在线的电池供电便携式设备上的实时应用。DYNAP-CNN 的连续计算可实现低于 5 ms 的超低时延，与目前市场上用于实时视觉处理的深度学习解决方案相比，这至少意味着 10 倍的改进。

（6）总部在澳大利亚悉尼的 Brainchip 于 2019 年 10 月发布了 AkidaNSoC 类脑芯片。这款芯片基于 SNN，用神经元功能和前馈训练方法代替了 CNN 的数学密集型卷积和反向传播训练方法，专门用于低功耗边缘侧 AI 设备。每个 AkidaNSoC 芯片具有 120 万个神经元和 100 亿个突触，其效率是英特尔和 IBM 的类脑芯片的 100 倍。AkidaNSoC 与领先的 CNN 加速器芯片的比较显示出类似的性能提升，并且具有相当的精度。该芯片使用台积电的 28 nm 技术，围绕 80 个 NPU 的网格连接阵列构建，但该芯片还集成了脉冲转换器，从而使其能够运行流行的 CNN（如 MobileNet）。转换器可以根据音频、图像、激光雷达、压力、温度和其他传感器数据，以及互联网数据包和多元时间序列数据生成脉冲信号。

（7）对应于 SNN，也有人提出一种振荡器神经网络（Oscillator Neural Network，ONN），可以通过振荡器同步产生的模拟输出来近似卷积。根据分析，这种网络的运算速度比 DNN 和 SNN 都要快 [100]。在 ONN 中实现卷积运算的方式是将振荡器耦合到一个公共节点，然后将信号的包络线标识为卷积的度量。在这种方法中，振荡器起着突触的作用，而包络检波器起着平均器的作用，即神经元的作用。不过，振荡器的面积通常较大，因为它包含多个简单门，如 CMOS 环形振荡器中的多个反相器，而平均器和峰值检测器的面积必然更大。

将来，有可能在这种网络的基础上创建带有纳米级振荡器（压电、磁电等新型器件）的紧凑型神经网络 AI 芯片。这将是一种全新的信息处理系统，可以使用包括磁和电振荡器在内的多种物理振荡器来创建神经网络，不再需要 PE，而是作为独立的神经有机体运行。

（8）使用光子器件来实现类脑芯片。激光振荡器和放大器中使用的光学增益介质本质上是非线性的，研究人员已经利用这种非线性来实现神经形态计算所需的功能。他们使用半导体光放大器作为整合器，并使用非线性光纤环形镜作为阈值器，开发出光子 LIF 神经元 [101-103]。类似的方法被用来完成了一个简单的神经形态处理器 [104]。

（9）使用电化学器件来实现类脑芯片。基于电化学的器件由于其高精度、线性和对称的电导响应，低开关能量，高可扩展性及适用于 SNN 的内置定时机制，成为有前途的类脑芯片的候选者。在用电化学器件实现的人工突触中，突触权重（通过器件的沟道电导表达）可以通过栅极端进行调节，这决定了沟道中的离子浓度，从而决定了突触权重。该过程通常涉及通过电解质的电化学反应，而通道材料包括二氧化钴锂（$LiCoO_2$）及有机聚合物等。

（10）使用二维材料来实现类脑芯片。这类材料包含过渡金属二硫族化合物、石墨烯等，它们具有独特且吸引人的光、电、热性能（见第 15 章）。由于这类材料具有丰富的物理机制，如电荷捕获、电阻切换、焦耳加热等，研究人员正在开发基于二维材料的人工突触，利用可调的电子特性来模拟突触可塑性。

（11）用新的器件建立新的神经元模型。美国麻省理工学院的研究人员首次把约瑟夫森结作为神经元模型的基础，依靠两条耦合的纳米线的固有非线性来产生脉冲行为，并用电路仿真证明了这种新的纳米线神经元可再现生物神经元的多种特征[105]。通过利用超导纳米线电感的非线性，研究人员开发了一种可变电感性突触的设计，该设计既可以进行兴奋性控制，又可以进行抑制性控制。当电流流过纳米线超过一个阈值时，纳米线的超导性会突然消失而变成电阻，而电阻的出现就会形成一个瞬时的电压降，即产生脉冲，并且还有不应期的特征。这种突触设计可以支持直接扇出，这是其他超导架构难以实现的功能。演示结果显示，纳米线神经元的性能与功耗都大大优于其他类脑芯片，因此很可能成为低功耗 AI 芯片发展的有希望的候选者。

5.5 小结

神经形态计算是一个相对较年轻的多学科研究领域，它旨在通过利用分布式处理、自适应学习和单个处理单元的神经功能来模仿生物信息处理。它可以提供不少优势，如降低每次计算的功耗、可以分布式处理和具备固有的容错操作。如果用可重构硬件做成类脑芯片的话，它会具有很高的通用性。

既然被称为"类脑"芯片，那这类芯片就应该更进一步地接近于真实生物大脑的机制和功能。技术的进步已经相继提高了人们快速和准确地模拟神经网络的能力。与此同时，对大脑神经元的理解也大大增加，成像和微探针对神经生理学的理解有了重要贡献。技术和神经科学的这些进步刺激了国际研究项目，其最终目标是模仿整个人类大脑。

众所周知，人脑包含约 1×10^{11} 个神经元，这些神经元通过 1×10^{15} 个突触相互连接，平均激发频率为 10 Hz，具有 10 mW/cm^2 的极低功率密度（当代处理器的工作频率在千兆赫兹范围内，功率密度为 100 W/cm^2 ）。大脑的总体积为 2 L，质量为 1.5 kg，功耗为 20 W，很难用传统的计算架构进行模拟。大脑能够执行复杂的传感和认知处理，复杂的运动控制、学习和抽象，并且可以动态适应及应对不断变化的环境和不可预测的条件。

在模仿生物大脑方面，目前的 SNN 还只是朝着这一方向迈出了第一步。像 TrueNorth 这样很先进的芯片，它所实现的神经元数量（100 万个）实际上仅与蜜蜂的大脑相仿（见图 5.8 ）。而哺乳动物的大脑，如猫的神经元约为 1 亿个，是蜜蜂的 100 倍，而人类的神经元约为 1000 亿个，是猫的 1000 倍。

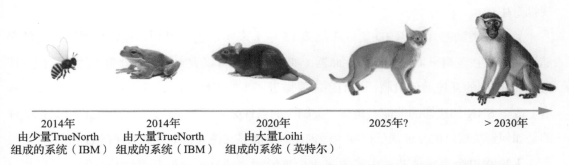

2014年	2014年	2020年	2025年？	> 2030年
由少量TrueNorth	由大量TrueNorth	由大量Loihi		
组成的系统（IBM）	组成的系统（IBM）	组成的系统（英特尔）		

图 5.8　类脑芯片中的神经元和突触的数量已经与一些动物的神经元和突触数量相似

为了对大脑的机制和功能有更充分、深入的理解，一些研究类脑芯片的公司及研究机构，吸引了不少研究生物大脑的科学家，专门开辟了相关项目的研究，以得到新的类脑模型，解决神经形态计算及类脑芯片所面临的挑战。

除了脑科学之外，这些挑战包含发现专门适用于类脑计算的新材料、研发新类脑器件、存内计算（见第 7 章）的架构和电路，及用于类脑计算的编程语言、算法等方面，也需要找到类脑芯片的"杀手锏"应用，即只能用类脑芯片来实现的某种应用场合的 AI 功能，而在这种应用场合中，用深度学习及其他 AI 芯片无法完成或达不到良好效果。

类脑芯片的实现也从基于传统的数字 CMOS 电路，走向了基于忆阻器的新型非易失性存储器件（如 RRAM 及 PCM）的道路。如何利用这类器件，达到与生物突触和神经元的内在相似性，是研究人员正在积极探索的工作。对于神经形态计算，不同类型的器件通常具有各自的优缺点。最近，基于新材料（如有机电子材料及纳米颗粒复合物）的许多神经形态组件和系统已经研制成功。有机器件具有原型制作速度快、制造成本较低、可折叠可弯曲和大面积制造等优点（见第 15 章）。有机和纳米复合电子产品的生物相容性，加上神经形态架构，也提供了植入式脑机接口的可能性。

虽然因为技术和制造上的各种原因，目前忆阻器尚未得到大批量商用，但是现在已有越来越多的人参与研究。最明显的是论文数量，关于用在类脑芯片的 RRAM 的论文近年来正在急剧增加。从过去 FinFET 的发展过程来看，当论文数量迅速增加并在大约 10 年内达到峰值时，该技术将能够被用于大规模生产。英特尔于 2018 年 3 月启动了基于 Loihi 的 SNN 研究联盟"英特尔神经形态研究社区"，并增加了参与成员的数量。其他积极开发 SNN 和类脑芯片的公司有 IBM 和美光科技（Micron Technology）。IBM 正在使用 PCM 和 RRAM 等非易失性存储技术来促进 SNN 的高度集成。看来，目前已成为主流的 DNN 即将逐步切换到 SNN，而基于 NVM 器件的类脑芯片很有可能在接下来的 5 年内实现批量生产。

另外，类脑芯片使用 3D 集成（见第 15 章）来实现也已提到日程，相对于传统的存储器实现，在逻辑平面之上堆叠存储器（如 RRAM）可以大大提高吞吐量。然而，因为涉及 SNN 内部的互连通信机制，人们还需要做进一步的工作才能了解 3D 技术可以在多大程度上改善 SNN 加速器的性能。构建"类脑"的器件必须面对多个问题，但也许最具挑战性的是如何解决艰巨的互连通信机制，即创建一个能够支持大脑中万亿次连接的系统。

无论在单个半导体芯片中实现多少个神经元、建立创新的互连通信机制、可以执行多少并行处理，都必须以实现超低功耗为前提。类脑芯片的这种事件驱动型工作方式将极大地提高能效，使芯片在极低的功耗下就可以工作。例如，有的类脑芯片只需几微瓦功率，就可以实现实时监测和分析振动。"振动"（如桥梁振动、建筑物振动等）作为一个事件，只有在事件发生时或当技术人员需要采取行动时，使用类脑芯片的 AI 设备才起动。由于只消耗极低功率，很多类脑芯片利用能量采集器就可以进行自供电（见第 14 章）。

其实，半导体芯片和生物大脑的构建模块在纳米尺度上是相同的，即包括电子、原子和分子，但它们的演变完全不同：一个是"干"的，另一个是"湿"的；一个只是硬件，另一个是软硬件组合的生物组织（大脑从来不分软件和硬件）。高可靠性、低功耗、可重构性及异步性是生物大脑的特征。随着芯片技术的持续发展，尤其是具有生物相容性的有机材料的应用，仿制人类大脑的可行性正在不断提高（本书第 17 章将介绍类脑芯片新的"变种"和未来发展方向）。但是，由于存在上述挑战，未来 20 年内全面组装 10^{14} 个突触将仍然是悬而未决的大问题。这可能需要来自多个学科的协调研究工作，不但包括材料、器件、电路、架构和算法等领域，还包括许多创新的计算范式。本书的后面几章将讨论这些范式。

第三篇

用于 AI 芯片的创新计算范式

第 6 章 模拟计算

计算机的世界是由 0 和 1 组成的数字世界，而真实的大自然是模拟（Analog）世界。人类生活的这个模拟世界中，声音、光照、压力、温度等都是连续变量，如果要用 AI 系统对此进行分析，需要使用大量的传感器。在一些科学家的未来愿景中，人类居住的房间里可能会放置大量传感器，以便由 AI 来控制房间的清洁度、温度、光照、湿度、空气质量等指标，甚至每一个人的身体上都会安装大量传感器，以便控制和量化人体的各项健康指标。

传统的模拟架构将模拟信号转换成信噪比尽可能高的数字表示形式（见图 6.1），以便使用计算机进行计算和处理。传统的模拟系统设计都是按这个思路展开的，无论是温度、湿度、亮度等从自然界所感知的模拟信号，还是麦克风、图像传感器或用于无线通信的天线接收到的模拟信号，都经过低噪声放大器（Low Noise Amplifier，LNA）的处理和放大，再通过模数转换器（Analog-to-Digital Converter，ADC）转换成数字信号，然后进入数字信号处理，如进行 DNN 运算。

图 6.1　传统的模拟架构及数字转换

模数转换器和数模转换器（Digital-to-Analog Converter，DAC）的加入，带来了信息损耗、功率消耗及时延问题（见图 6.2）。不管是物联网还是大数据分析应用中，都会出现这些问题。

图 6.2　模拟世界与数字世界之间的转换

智能时代需要能够快速处理大量传感器数据的 AI 处理系统：它的速度将远远超过当今的数字计算机，功耗也将远远低于数字计算机。为了使这样的愿景成为现实，很可能需要重启许多在当今数字计算时代已被淘汰的模拟计算技术，尤其是在 AI 芯片中使用模拟计算技术。这样的计算一般不需要 ADC、DAC 或把 ADC 往电路后级推移，而是把深度学习算法运算放在模拟域完成，只有一小部分信号需要进行数字处理，如图 6.3 所示。这样的架构也往往被传感器内计算（In Sensor Computing）采用。与图 6.1 比较可以看到，深度学习 AI 处理移到了 ADC 模块的前面。深度学习采用模拟计算，可以大大提高能效。初创公司 Aspinity 就是按照这种架构实现了"以神经系统来感知"的超低功耗 AI 芯片。

图 6.3　深度学习放在模拟域处理可大大提高能效

模拟计算系统可以分为以下两种：

（1）全部用 MOS 模拟电路来实现的模拟计算系统；

（2）使用新型 NVM 器件（如 RRAM）的模拟性能来实现深度学习 AI 芯片或类脑芯片。

第一种是全模拟计算芯片，有少数大学研究人员正在研究，也已有了一定成果，但挑战仍然很大。第二种已经有了不少令人鼓舞的成果，在产业界也受到了高度重视。模拟计算在近几年已经逐渐成为产业界和学术界，包括 AI 初创公司的一个研发热点。

6.1　模拟计算芯片

模拟计算系统被用于求解数学方程式已经超过半个世纪。二十世纪五六十年代，电子模拟计算机被用来设计桥梁、涡轮叶片等机械系统，并为飞机机翼和河流的行为建立模型。

这种模拟计算机是一个冰箱大小的柜子，其中装有数百个被称为运算放大器的电子电路。盒子的前部是一个插板，类似于老式的电话总机，用于配置模拟计算机以解决不同的问题。模拟计算机不像数字计算机那样可以用代码编程序，每次解决新问题时都要重新布线。

因为模拟计算机精度有限且难以重新配置，到了 20 世纪 70 年代初，它被数字计算机所取代。数字计算机使用 1 和 0 表示周围的世界。即使处理很简单的数据（如计算机屏幕上的颜色），数字计算机也必须使用很多位的 1 和 0。数字计算机使用程序来处理这些数据，如果对图像进行动画处理，可能需要数字计算机每秒执行数百万个步骤。而当今 AI 系统的主要应用之一就是图像识别和分类。现在几乎所有的深度学习 AI 算法都是基于数字计算的，由于数字电路本身的特点，这类算法的可扩展性也存在问题。

数字电路需要一个时钟来控制，时钟频率是每秒可以执行的步骤数。数字计算机受到时钟频率的限制，而时钟频率无法任意提高。从物理学的角度来看，想要任意提高时钟频率，最终 1 和 0 将必须比光速更快地在计算机中运行。电子产品的性质也限制了数字计算机。由于数字芯片是由数以千万计的晶体管构成的，随着性能的提升，它们消耗的功率越来越大，芯片损坏的概率也增加了。

采用数字计算的机器通过算法进行编程。基本上，这是一系列指令，每个处理器通过从内存子系统读取指令、解码指令、获取操作数、执行所请求的操作、存储结果等来执行这些指令。所有这些存储请求都需要大量能量，并且会大大降低速度。成千上万个单独的内核还需要复杂的互连结构，以根据需要在内核之间交换数据，这也增加了执行计算所需的时间和功能。

从组成芯片的基本器件——晶体管来看，数字计算只用到了晶体管的两个状态：导通和截止，即二进制的 1 和 0。但是从模拟的角度来看，晶体管具有无限量的状态，原则上可以表示无限范围的数值。数字计算使晶体管大部分的信息表达能力无法发挥作用。

另一方面，生物大脑则以完全不同的方式工作。它的工作没有任何程序参与，只是通过其活动元件（通常是所谓的神经元）之间的互连进行"编程"。生物大脑不需要从任何存储器中获取指令或数据，也无须对指令进行解码等操作。神经元从其他神经元获取输入数据，对这些数据进行操作并生成输出数据，以馈送到接收神经元。

模拟计算机的运行方式与生物大脑类似。模拟计算机建立特定问题的模型，然后通过模拟来解决该问题。在模拟计算机中，没有算法，没有循环，没有中央或分布式存储器可以访问和等待。数字计算机里很多的概念和组件，模拟计算机中都没有。取而代之的是，模拟计算机在问题和计算之间进行映射，建立一些数学可描述问题的电子模拟，巧妙地互连几个基本但功能强大的计算元件，如运算放大器、积分器、比较器之类的模拟电子电路。所有计算元件都完全并行运行。

所有模拟计算机都使用直接类比来执行数学功能。最简单的是实现加法运算：把多根电流线连到一个求和线上，所得到的总电流就是多根线上电流的总和；或是使用电压，例如要计算 5 加 2，模拟计算机会把与这些数字相对应的电压相加，立即得出 7，即实现了加法。

模拟计算机没有存储程序来控制这种计算机的操作，相反，可以通过更改其计算元件之间的互连来进行编程，这种控制方式也类似大脑。但是，计算元件的互连要靠人工来进行编程，这就很不方便，规模很难扩大，因此很难达到商业应用的目的。值得庆幸的是，利用当今的芯片技术，可以构建不仅包含基本计算元件，而且包含可以通过所连接电路进行编程的交叉开关集成电路，从而解决了规模难以扩大的问题。

美国哥伦比亚大学的研究人员在 2006 年发布了基于模拟计算的芯片 [106]。它包含 80 个积分器、336 个其他线性和非线性模拟功能块，用于互连的开关，以及用于实现系统编程和控制的电路。该芯片由计算机通过数据采集卡控制、编程和测量，被用来模拟普通微分方程、偏微分方程和随机微分方程，其精度为中等，比当时的工作站快 10 倍以上。该芯片面积为 1 cm^2，功耗为 300 mW。分析表明，当求解相同的微分方程时，模拟计算芯片的耗能为通用数字微处理器的 0.02% ～ 1%。对于某些类别的微分方程，该芯片的输出功率高达 21 GFLOPS/W，这已经是非常好的结果了。2016 年，该大学又开发了第二代单芯片模拟计算机。与早期的模拟计算机一样，该芯片中的所有模块都同时运行，处理信号的方式与数字领域高度并行的架构类似。这款芯片是针对科学计算的应用 [107] 的数模混合式加速器芯片。

在数字电路中，只需增加位宽就可以提高数值精度。但是，要提高模拟计算机的精度，就必须占用更大的芯片面积。因此，对于模拟计算来说，甚至可以考虑晶圆级规模的集成，即将整个硅晶圆作为一块巨大的芯片。对于面积为 300 mm^2 的晶圆，这意味着能在芯片上放置超过 100,000 个积分器，从而使它可以模拟 100,000 个耦合的一阶非线性方程或 50,000 个二阶非线性方程的系统，解决时间仍为毫秒级，功耗为数十瓦。它如果能奏效，将远远超出当今数字计算机的能力范围。

由于这类计算机的核心是基于模拟电路的，因此如果需要，它可以直接与传感器和执行器连接。另外，它也可以与数字计算机连接组成数模混合的计算机。表 6.1 为数字计算与模拟计算在应用、架构和设置这 3 个层面上的对比。

表 6.1　数字计算与模拟计算的对比

对比层面	数字计算	模拟计算
应用	结果精确	结果不精确
	追求精度	可接受较低精度
	并行计算困难	容易并行计算
	时延相对高	运算极快
	伪随机算法	随机算法
架构	I/O 瓶颈不可避免	本身不具备瓶颈
	串行处理器	并行处理器
	代码纠错	结构纠错
	内部确定精度	外部确定精度
设置	使用算法	使用类比
	许多简单的指令	几乎没有复杂指令
	模块化编程（时序）	整体化设置（空间）
	按照语法（符号）	直观（整个系统）

模拟计算的主要优点有：

（1）成本和功耗很低，只需很少元器件，不需要数字电路、ADC、DAC 等；

（2）可靠性高，没有时钟、RAM、ROM、代码等；

（3）速度快，计算可达到实时，可连续、高度并行处理；

（4）受干扰、老化等影响不大。

模拟计算的主要缺点有：

（1）信号改变时容易引入噪声；

（2）电路耦合、连接等造成损耗，从而容易引起数据出错。

这类用模拟 MOS 电路组成的模拟计算芯片主要用于解方程式、模拟大型科学问题，但是有人正在打算将其用于神经网络的计算、语音识别等 AI 应用，在一块芯片上实现模拟计算。这位研究人员是德国法兰克福一所大学计算机系的贝恩德·乌尔曼（Bernd Ulmann）博士，他痴迷模拟计算，已经有了很多发明。2019 年 11 月，他的模拟计算项目已经得到德国一家"跃迁式创新"投资机构的青睐。这家机构专门投资"改变世界的发明"（指青霉素、汽车或智能手机等这类对人类社会有巨大影响的发明），其任务是帮助此类创新将来在经济上取得成功。

2020 年，美国加利福尼亚大学洛杉矶分校的博士生万哲提出了把一种传统的 CMOS 晶体管——电荷陷阱晶体管（Charge-Trap Transistor，CTT）作为神经网络的模拟存内计算单元[108]。为了适应模拟器件和电路的噪声、漂移等变化，他开发了新颖的方法来表征和提高部署在模拟计算系统上的神经网络的错误恢复弹性，而且把这种模拟计算硬件做成了一种可扩展的非冯·诺依曼架构。

模拟计算有其局限性，在很多方面比不过数字计算。例如，数字计算芯片的通用性比模拟计算芯片要强得多，而在技术领域不断迅速更新的今天，具有高度通用性十分重要。另外，对于数模混合电路来说，仍需要用到 ADC 和 DAC，这些 ADC、DAC 不但成本很高（需要较高的精度），而且消耗了能量、增加了时延。因此，模拟计算往往适用于非常专门的应用，或为专门的神经网络所设计。而一些新型器件（如忆阻器）的出现，为模拟计算带来了新的生命力。

6.2　新型非易失性存储器推动了模拟计算

从 20 世纪 90 年代起，也有一些大学的研究人员以模拟计算的形式，使用交叉开关阵列（即用晶体管组成纵横交叉棒的结构）来完成矢量矩阵乘法（Vector-Matrix-Multiply，VMM），而 VMM 正是 DNN 的关键运算之一。但是这些工作只是在实验室里作为小规模的电路试验进行的，用芯片实现需要很大的面积，也不具备很好的可扩展性。因此，不能用于规模较大的神经网络中的有效的乘积累加运算。

随着基于忆阻器的 RRAM 异军突起，一种基于交叉开关阵列的新型模拟计算器件出现了。RRAM 的模拟行为证明了它是模拟计算最好的基本器件之一。RRAM 的出现也是模拟计算这个被人遗忘的技术近年来又重新受到重视的主要原因之一。在新型非易失性存储器（NVM）中，除 RRAM 之外，其他类型的存储器如相变存储器（PCM）、磁性存储器（Magnetic Random Access Memory，MRAM）和铁电存储器（FeRAM）等，都可以通过施加电脉冲，显示出多级可编程性。此功能非常适合基于模拟计算的深度学习加速器的基本需求。

6.2.1　用阻变存储器实现模拟计算

RRAM 是新型 NVM 器件中相对较为成熟的候选技术之一，一些厂家已经可以提供用 CMOS 技术制造的存储阵列（使用小于 10 nm 的工艺节点，高密度，开关速度可以达到小于 10 ns）。丝状 RRAM 具有很有潜质的特性，如非常低的编程功耗、纳秒级的快速开关及相对较强的耐久性。不过，RRAM 的电阻值范围通常不大于最低值的 50 倍，这与其固有不一致性一起，对在低编程电流下实现大量中间电平构成了限制。在交叉开关阵列中，交叉开关通常位于字线（Word Line，WL）和位线（Bit Line，BL）之间的交点处。

当存储器件与选择器件（如二极管、选择器或晶体管）串联时，交叉开关处于有源状态；否则，交叉开关是无源的。图 6.4 为使用忆阻器执行点积计算的原理。它将一个二维矩阵映射到具有与抽象数学对象相同的行数和列数的物理阵列。每条位线通过一个 RRAM 交叉开关连接到每条字线。

$$\begin{pmatrix} I_1 \\ I_2 \\ \vdots \\ I_m \end{pmatrix} = \begin{pmatrix} G_{11} & G_{12} & \cdots & G_{1m} \\ G_{21} & G_{22} & \cdots & G_{2m} \\ \vdots & \vdots & & \vdots \\ G_{n1} & G_{n2} & \cdots & G_{nm} \end{pmatrix} \begin{pmatrix} V_1 \\ V_2 \\ \vdots \\ V_n \end{pmatrix} \tag{6.1}$$

$$I_j = \sum G_{ij} V_i$$

令 R 和 G 分别是一个交叉开关的电阻值和电导值，其中 $G = 1/R$。

如果将一列中的交叉开关编程，使其电导值为 $G_1, G_2, \cdots, G_n$，再把电压 $V_1, V_2, \cdots, V_n$ 分别施加到这 n 个行时，根据欧姆定律，从交叉开关流到位线的电流值为 $I_i = V_i G_i$。一旦按照欧姆定律执行了乘法运算，按照基尔霍夫电流定律沿着列线求和就可以实现累加运算：根据基尔霍夫定律，来自位线的总电流值是流过每一列的电流值之和，如图 6.4 所示。总电流值 I 是每一行输入电压值 V 和一列中交叉开关电导值 G 的点积，即 $I = V \cdot G$。就神经网络而言，神经元的突触权重就是 RRAM 交叉开关的电导值，表示该行与列之间的连接强度（即权重）；总电流值就是一个神经网络中神经元的输出。如果现在进一步假设可以同时改变连接强度 G，则权重更新操作也可以映射到单个操作中。

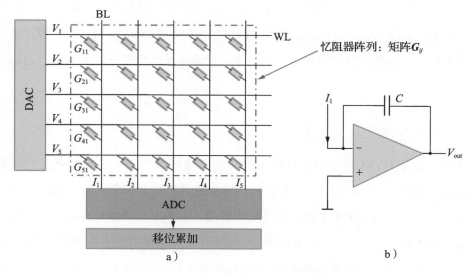

图 6.4　使用忆阻器执行点积计算的原理

a）将交叉开关阵列用于矢量矩阵乘积　b）积分器

对于反向传播，可以使用转置矩阵进行矩阵乘法，简单地交换行和列，包括外围电路的功能。而对于无法在单个交叉开关阵列中拟合的大型矩阵，输入和输出将被划分并分组为多个阵列。每个阵列的输出是部分和，将其通过水平字线（WL）采集并通过垂直位线（BL）求和，以生成实际结果。

数字信号输入通过 DAC 将长度为 n 的矢量转换为应用于行的时间或电压编码信号，也有的使用"位串行"编码或概率编码。在输出端，通过对馈入到一个放大器电路的电容器 C 充电，在每列上对得到的列电流进行积分（见图 6.4b）。该电路产生适合进一步处理的输出电压 V_{out}。下一步是计算激活函数，这可以直接在模拟域中完成。

由于交叉开关是以模拟信号来执行其计算，因此要求将 VMM 输出转换为数字形式，然后将其传输到神经网络的下一层或 CPU。在保持激活值适中至高精度的同时，ADC 可以轻松控制电路的能耗、面积和等待时间。因此，必须谨慎选择 ADC 架构及其分辨率，以保持使用交叉开关进行模拟计算的固有优势。由于处理每个神经元层时需要高度并行化，ADC 的运行速度必须非常快，从而需要大量功耗和芯片面积。

为了减少在 ADC 和 DAC 上花费的能耗，最近有研究人员开发了一种新的基于 RRAM 的模拟计算 AI 芯片，称为 TIMELY[109]。它在 RRAM 的交叉棒里包含了很多个模拟本地缓冲器，并使用一种时域接口，从而大大减少了每个 DAC 和 ADC 转换的能量及转换次数。另外，TIMELY 还采用了一次性输入读取映射方法，以进一步减少输入访问的能量和 DAC 转换的次数。

6.2.2　用相变存储器实现模拟计算

相变存储器（PCM）通过将硫化物层（如锗锑碲合金，$Ge_2Sb_2Te_5$）的材料特性从低电导率的非晶态转变为高电导率的结晶相，创建不同的电导水平。PCM 中相变材料被顶部和底部电极夹在中间，目前存在不同的架构，但是它们都依赖硫化物材料的受控加热。从低电导状态（非晶态）到高电导状态（结晶相）的转变是由 SET 脉冲引起的，该 SET 脉冲会产生足够的焦耳热，使硫化物材料结晶，同时温度保持在熔点以下。SET 过渡是渐进的，因为结晶意味着原子晶格的局部重排。另一方面，RESET 为低电导状态，需要熔化硫化物材料，并且该过程是突然的。这是因为需要熔化整个区域，然后将其淬灭为非晶态。SET 和 RESET 过程都可以由电脉冲驱动，从而可以为神经网络训练实现模拟加速。

使用 PCM 的挑战是实现和保持分类精度。由于 PCM 技术本质上是模拟技术，因此器件的可变性及读写电导噪声会限制其计算精度。为了解决这个问题，需要找到一种训练神经网络的方法，以便将经过数字训练的权重转移到 PCM 上而不会导致精度的明显降低。维奈·乔希（Vinay Joshi）等人找到了一种开创性的方法[110]：在 DNN 训练过程中，向突触权重注入与器件噪声相当的噪声来提高模拟计算硬件的可靠性和鲁棒性。训练过程中注入的噪声是从一次性的全面硬件特征中粗略估计的，组合了读取和写入噪声。使用这种方法，PCM 的分类精度保持率有了显著提高。

6.2.3 权重更新的挑战

在基于 NVM 的神经网络计算中，权重更新过程要复杂得多，它面临的挑战是在所有单独的交叉开关单元上更改本地执行权重。这需要交叉开关的电阻响应因激励而改变。NVM 的非易失性意味着交叉开关单元的电导（即权重值）在相当长的时间内持续存在，而不出现漂移（见图 6.5a）。因此，可用这样的方式存储少量数据，从而可以针对每个单元单独地恢复所存储的信息。对于神经网络应用，必须可访问每个器件的更多状态，以便在训练期间实现增量式权重更改。一般来说，实现神经网络的训练对器件的要求非常高，所以非常困难；而对于推理来说，要求则放低了很多——不需要对称切换，并且可以大大减少电导状态数。

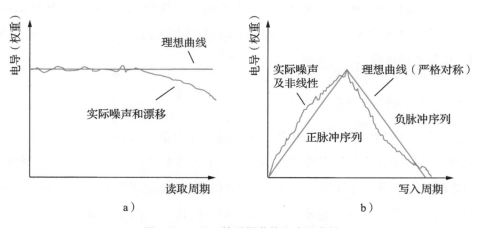

图 6.5 NVM 的理想曲线和实际曲线

a）读取周期 b）写入周期

NVM 一般用作数字存储器件。这时，高电导或 SET 状态可以表示为数字"1"，而低电导或 RESET 状态则可以表示为"0"。在此类存储单元的交叉开关阵列中，访问器件可用以下方式对单个存储单元（即交叉开关）进行寻址：激活字线和位线，用以读取器件电导来检索出存储的数据，以及用于对器件电导编程以更新存储的数值。

但是，与作为存储的应用不同，NVM 在应用于神经网络时，不会一次仅激活一行，通过每条列线末端的电流来检测出数据，而是同时激活所有行，并允许这些电流在整个列线上聚合。这也是模拟计算的最大好处之一。如果小心地将每个上游神经元激活，编码为施加到它所在行的电压，根据欧姆定律，每个存储的电导就是神经元激活 x 与权重 w 的乘积。理想情况下，响应是线性的（与权重值无关）和对称的（与激活值的正负无关）[111]。

权重值可能是正，也可能是负，在网络训练时一会儿是正，一会儿是负。但是电导总是正的。为了能够使用仅为正的电导 G 对带正负符号的权重 w 进行编码，通常在一个交叉开关上采用一对电导之间的差，即 $w = G^+ - G^-$。在某些情况下，可以使用专门的参考电流代替 G^-。

如果使用这种电导差来配置，要求开关切换时有很高的线性度，以确保对称的差分信号。器件电导应随着某个极性的电压脉冲而上升，并随着相反极性的电压脉冲而下降相同的幅度（见图 6.5b）。通常，NVM 并不表现出这种对称切换行为，而表现出电导的高度非线性演变，该变化是连续施加的脉冲数的函数。这会导致权重更新时出现重大错误。此外，这种非线性电导变化使信号和噪声的分离变得相当困难。

神经元激活输入可以用电压值大小来表示，也可以使用电压持续时间的长短来表示。前者对于 NVM 的 $I\text{-}V$ 特性的线性度有非常高的要求，并且如果同时激活所有行线，可能会出现过大的瞬时功率，而后者可以消除这些缺点。这种方法也不需要任何 DAC，并且 NVM 可以是非阻性的，因为将仅使用一个读取电压值。

6.2.4　NVM 器件的材料研究和创新

利用模拟器件还是存在一定风险，如器件材料较难保证模拟计算的精度。因此，为了挖掘模拟计算的性能潜力，需要进一步的创新，必须找到更理想的材料。还有，模拟计算本质上是带噪声的，电脉冲的不断输入也会造成噪声或电压、电流的波动。只有在 AI 模型中引入近似计算方法（见第 8 章），把精度适当降低，使系统具有一定的容错性，才能使模拟计算成为可能。如果可以容忍噪声，则可以在 NVM 的阵列上以恒定的时间并行执行用于神经网络的矩阵运算，权重不需要在存储器和处理单元之间来回移动。

NVM 把交叉开关阵列当作突触，同时用于存储神经网络权重。但是，当今的 NVM 主要用于存储器应用，并不具有开关对称性或类似电阻器的模拟多态状态，无法很好地满足 AI 模拟计算的潜力。因此，IBM 的研究人员应用了一种称为高斯过程回归（Gauss Process Regression，GPR）的机器学习算法来提取 NVM 处理单元的关键器件参数，进行模拟计算[112,113]。具体来说，他们通过基于 HfO_2 的阻变存储器和基于 GeSbTe 的相变存储器的非线性电导变化，从模拟存储器件中精确分离出信号和噪声。与传统的存储器应用不同，他们利用开关介质的连续变化（如 RRAM 的丝状配置、PCM 的结晶区体积）来实现电导增量变化。控制和调节电导是 AI 模拟加速器的关键要求之一。

RRAM 的基本结构是夹在金属电极之间的金属氧化物膜。顶部触点控制氧空位的注入，形成由氧化物组成的导电丝。RRAM 的电导率取决于导电丝与底部触点的接近程度。细丝的形成（SET）和熔解（RESET）是可逆的，增大细丝尺寸就可提高电导率，而缩小就可降低电导率，从而可以在两个方向上改变电导。这种增量切换由纳秒级的电脉冲控制，如图 6.6 所示。通过利用 RRAM 丝状配置的受控变化（见图 6.6a），或者 PCM 材料响应电脉冲所产生的结晶增量（见图 6.6b），可以将多个状态（神经网络权重）存储在基于 NVM 的交叉开关中。

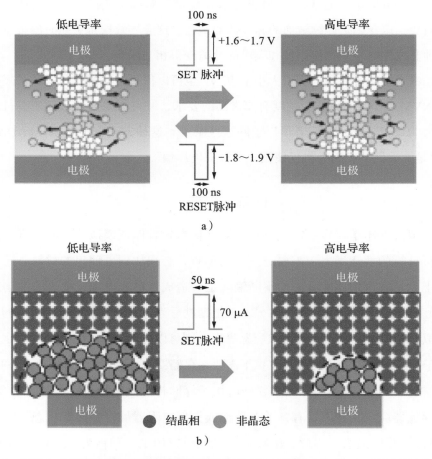

图 6.6　用于在交叉开关阵列中存储神经网络权重的 NVM 材料（SET=1，RESET=0）[114]

尽管细丝尺寸的增大或减小都可以显示出电导率的逐渐变化，但是外界观察到的变化并不对称。这种电导漂移造成的不对称性和不一致性将直接影响所存储权重的准确性和稳定性。大多数 RRAM 需要一个导电丝的形成过程。该形成过程将确定 RRAM 的基本电阻值，而在一个交叉开关上的电导状态数可以达到大约 1000 个。

电导的变化取决于原子级的结构变化，因此本质上是随机的。控制细丝的形成和溶解及做到对称的 SET 和 RESET 行为，是 RRAM 的主要挑战。目前，仍缺乏理想的可用于深度学习训练的 RRAM。如果能够找到一种材料组合，具有可控的细丝结构，并且不需要当前器件所需的有源电流限制，则可以提高 RRAM 的稳定性。

在模拟 NVM 的开发过程中，材料研究是最基本的根基。计算能力与器件的物理属性绑定在一起，成为一门新的学科，称为"AI 物理学"或"AI 材料学"，这是推动人工智能硬件创新的必要条件。我们一方面需要研究材料的物理属性如何与神经网络的芯片实现最佳匹配，另一方面需要研究如何使用 AI 来找到和筛选出能在 AI 芯片中使用的最佳材料。

6.3　模拟计算的应用范围及其他实现方法

CNN 对图像处理等应用非常有用，但对其他应用如机器翻译、字幕和其他自然语言处理则不太理想。此类应用使用 LSTM 和门控循环单元（Gated Recurrent Unit，GRU）网络之类的 RNN，并且可以依赖 DNN 的 FC 层来完成。幸运的是，就像数字加速器似乎特别适合于卷积层（CONV 层）一样，基于模拟计算的加速器似乎也特别适合于 FC 层。

在使用 NVM 进行模拟计算时，每个 FC 层每次计算整个 VMM，每个权重仅使用一次，效率相当高。相比之下，用基于数字计算的加速器来计算 FC 层是有问题的，因为要计算的权重数量庞大，但很少有机会巧妙地重复使用数据。CONV 层的情况恰好相反。由于许多激活都需要乘以相同的权重，因此基于模拟计算的加速器要么将花费时间来实现这一点，要么花费面积。任一种选择都会降低以单位面积、单位时间的操作数（TOPS/mm²）衡量的计算效率。

因此，数字深度学习加速器十分适用于每个权重分到大量神经元的层（如 CONV 层）。同样，如果加速器的有效精度合适，并且数据路由不会牺牲基于交叉开关的矩阵乘法的固有效率，那么模拟加速器对于每个神经元具有很多权重的层（如 FC 层）就十分理想。这就是说，混合式的模拟数字加速器可能将是这些互补特性的理想融合，从而为 DNN 带来两全其美的优势，DNN 可以受益于各种类型层的混合。

除了新型 NVM 之外，新颖的基于电容器的 CMOS 器件，是一种比较奇特的思路，也被试验用于模拟计算。

考虑到现有 NVM 固有的非线性和不对称性使芯片训练变得困难，金世荣（Seyong Kim）等人[115]提出了一种基于电容器的模拟突触。突触的权重与电容器的电压值成正比，并把电容器的电压直接连到一个读取晶体管的栅极，从而控制该晶体管的沟道电阻值。这个电容器和几个晶体管组成了一个基于 CMOS 的模拟阻性处理单元（Resistive Processing Unit，RPU）。这些单元组成了一个基于 CMOS 的交叉开关阵列（而不是前面讲述的基于 RRAM、PCM 等 NVM 的交叉开关阵列）来进行深度学习的模拟计算。

金世荣等人建议在每个单元中使用逻辑电路来确定权重更新期间是否需要触发向上或向下的脉冲，并设计成每个单元 1000 个状态，这意味着电容器将占据单元的大部分面积。另外，尽管突触状态会持续衰减，但可以证明，在高学习率的情况下，只要 RC 时间常数（控制电荷衰减）与每个训练数据时间实例之间的比例极大（$\gg 1 \times 10^{4}$，也就是电容值要足够大），网络就可以维持该状态。

为了减小面积，该单元使用了用于嵌入式 DRAM 技术的高密度深沟槽电容器。但是如果采用其他工艺，设计较小面积的单元并使每个裸片包含大量突触仍是一个挑战。此外，即使取消了某些逻辑器件，要管理上拉和下拉 FET 之间由随机变化引起的不对称性，仍然需要非常大的器件或其他电路技术。

6.4 模拟计算的未来趋势

在 AI 时代继续追求更先进的硬件芯片的过程中，IBM 走在了前面。2019 年 2 月，IBM 宣布了一项建立下一代 AI 硬件研究中心的计划，该计划与一些芯片设计公司和芯片制造厂家合作，采用全新的模拟计算 AI 方法，将对系统和计算设计的基础进行重大改变。IBM 公布的 AI 路线图（见图 6.7）已经清楚地列出了从数字 AI 核发展到模拟 AI 核的进程，目标是在未来 10 年内将 AI 计算性能的效率提高 1000 倍。

材料、器件的开发必须在集成系统的环境中进行，因为在集成系统中，不同的算法、架构和电路方案可能会对底层器件提出不同的要求。例如，如果从算法、架构上作出一定改进，可能使得系统对于器件电导状态的数量、线性度、对称性等不需要太高的要求，从而使这些问题不那么具有挑战性。IBM 的研究人员对此作了尝试，对神经网络的卷积层作了一定的改动，使其能够与模拟计算中的交叉开关阵列架构相匹配[116]。

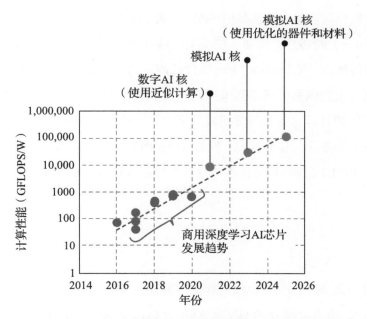

图 6.7　IBM 研究院 AI 硬件中心制定的路线图（来源：IBM 官网）

在模拟计算方面，不但有 IBM、英伟达等大公司在积极研发，也涌现出了一些主导模拟计算的 AI 芯片的初创公司，如 Mythic、Aspinity、Syntiant 等。这些公司或多或少应用了"存储器内模拟计算"的思想，通过使用模拟设计而不是数字设计来构建神经元和突触。有的处理数字信号输入，有的处理模拟信号输入。例如，Mythic 使用闪存单元（一种浮栅晶体管）作为电流可变的电导器件来代替数字 MAC。这是把神经网络权重值映射到可变电导值来进行计算。而 Aspinity 使用了各种参数化模拟电路，如放大器、滤波器、加法器 / 减法器等。本书第 3 章也已经介绍了一种利用开关电容器来实现的模拟 MAC，该芯片达到了非常高的能效。

模拟 MAC 设计有很多方法可以选择，这些方法主要面向能量、速度、精度等不同的需求。一些方法，如电流模式[117]和基于时间的方法[118]允许模拟计算在低电源电压下满足较大的动态范围。但是，对于较小的单位电流源来说，这些方法容易受到工艺、电压和温度变化的影响。而电压域方法使用开关电容器来执行 MAC 操作，电容值的大小决定了矩阵中的乘法因子，通过电荷再分配（有源或无源）执行累加运算。开关电容器方法非常适合于纳米 CMOS 工艺。

基于模拟计算的产品可以在电池供电、永远在线的设备中发挥关键作用，适用于消费类电子产品、智能家居、物联网和工业等市场。

由于模拟电路比较容易与传感器相匹配，因此也有初创公司开发了称为"传感器上的AI"（AI-on-Sensor）的芯片。例如，位于美国硅谷的初创公司 AIStorm 声称在模拟域中对传感器信号进行推理，其 7 mm × 7 mm 器件性能达到 2.5 TOPS，能效达到 11.1 TOPS/W。该公司最初是通过生物识别传感器和模拟处理技术进入 AI 领域的。数字电路在计算中提供的精度要高于模拟计算，并且与常用的数字设计流程和 CMOS 技术兼容。从最新发表的一些研究成果报告来看，基于 NVM 系统的神经网络准确性显然无法达到相同网络规模的基于 GPU 或 CPU 的系统所期望的准确性。电导不对称性的增加和减小都会对准确性产生显著影响[119]。

6.5　小结

模拟计算曾经是 20 世纪 70 年代高性能计算的主要形式，后来被数字计算机取代，所有的 CPU、GPU 和绝大部分 FPGA 及 ASIC，也都是执行数字计算，使用数字电路来实现。但是，改变这种情况的时机已经成熟。

这是因为数字计算已经无法以更低的能耗水平提供更强大的计算能力。在 AI 应用中，越来越多的边缘侧计算设备正在出现，这些设备往往是永远在线的，并使用能源十分有限的电池供电，但却要有较强的计算能力。解决这个问题的一种办法就是使用模拟计算。

一般来说，模拟计算需要用模拟电路（运算放大器、比较器、滤波器等）来实现。在构建神经网络时，有一种办法是以神经元为中心，即创建一个模拟电路，忠实地模仿神经元细胞的行为。不少研究人员作过这方面的尝试，他们再现生物突触或神经元行为的尝试需要 10 个以上晶体管的 CMOS 电路。这样的整合虽然能够忠实再现神经元行为，但受到每个单元需要大量晶体管的限制。然而，使用这种方案，可以用有限数量的神经元开发新的支持 AI 的功能。

现在，模拟计算已经不再需要由各种模拟电路来实现，而是可用简单的器件代替电路——直接使用新型的模拟器件 NVM。而作为 NVM 中的一种，RRAM 里面的每一个NVM 单元（交叉开关）已经可以区分出将近 1000 个不同的状态（而数字计算只有 1 和0 两种状态）。这些状态可以与神经网络的权重值很好地对应，因此可以直接存储各种权重值。通过使 NVM 的电导双向变化，可以实现反向传播算法。NVM 交叉阵列有望大大加速 DNN 训练，并显著降低功耗和面积。对于基于神经形态的类脑芯片来说，SNN 通常使用某些局部更新规则（如 STDP）进行训练，而 NVM 最近已作为 SNN 的突触和神经元器件得到了应用。

虽然现在已有很多研究团队开发出了第一代含有忆阻器交叉开关阵列的 DNN 芯片及 SNN 芯片，但是目前还处在实验室进行小批量试用的阶段，大规模生产和商用还需要克服许多技术难点。另外，这些 AI 芯片的操作基本上都属于数模混合式，即交叉开关阵列的外围电路仍使用数字电路，这样就需要 ADC 和 DAC，从而增加大量面积、时延和能耗，不但没有充分体现出模拟计算的全部潜力，有时甚至把交叉开关模拟计算的固有好处给淹没了。

分析表明，在 NVM 应用中，目前所使用的材料会带来很大偏差。发现和设计属性与 AI 算法需求相匹配的新材料，成为使深度学习芯片和类脑芯片获得最佳性能、脱颖而出的关键。

从目前的研究进展来看，利用基于忆阻器的模拟计算实现神经网络的训练仍有较大难度，但是可以很好地完成推理。虽然模拟计算的推理实现与 GPU 相比，每单位面积的效率要低一些，但是，基于模拟计算的 AI 芯片能够提供低得多的功耗，而这种超低功耗正好可以满足移动终端、物联网、可穿戴设备等的基本需求。因此，这样的芯片即使吞吐量相对较小，也是可以接受的。

第7章 存内计算

在当今的计算系统中，传统的存储器层次结构比较简单。一般将 SRAM 集成到处理器芯片中进行缓存，从而使处理器可以快速访问常用程序；作为内存的 DRAM 是独立的，位于双列直插式内存模块（Dual In-line Memory Module，DIMM）中；磁盘驱动器和基于 NAND 的固态硬盘（Solid State Drive，SSD）则用于内存之外较大容量的存储。

这样的计算系统正面临着网络上数据爆炸式增长的挑战，而且增长速度还越来越快。在进入 5G 网络时代之后，需要处理的数据将会更多，尤其是视频数据。视频的数据量随着视频编码技术的进步及越来越高的屏幕分辨率而大大增加。对于移动设备（如手机）来说，使用带有人脸识别和身份验证功能的某些 AI 应用程序，给内存的规模和速度提出了更高的要求。

7.1 冯·诺依曼架构与存内计算架构

目前的计算系统，包括智能手机在内，都是基于冯·诺依曼架构，即处理单元与存储器是物理上分开的，面临着大量数据在处理单元和存储器之间来回移动所产生的能耗和时延问题，这有时被称为"内存墙"。这个问题在一些由 AI 加速器芯片组成的 AI 系统中已经成为一个严重的计算效率瓶颈。根据在 AI 推理芯片上的测试[120]，单个整数 MAC 操作可能仅需要约 3.2 pJ 的能量，但如果将权重值存储在片外 DRAM 中并送至处理器进行计算，则仅获取卷积核值就需要约 640 pJ 的能量。这个问题在深度学习算法的训练阶段更加普遍，在这个阶段，必须学习或频繁更新数亿个权重值。存储器访问的能量消耗将使整体的计算不堪重负。

如图 7.1 所示，当前的数字计算机由执行操作的处理器和将数据及程序存储在单独芯片中的主存储器组成。这些芯片通过数据总线连接，形成了冯·诺依曼架构的基本配置。

随着处理器和存储器变得速度更快并且功耗降低，由总线中充电和放电的布线容量引起的对通信带宽的限制和功耗增加已经变得突出，这就是所谓的冯·诺依曼瓶颈。

为了缓解这种情况，如图 7.1 中右图所示，大量的小型处理单元和本地存储器并行连接到 GPU 或专用 AI 处理器中的芯片上，这种直接在存储器上执行操作的方法称为存内计算。在由交叉开关阵列组成的 NVM 中，模拟权重值被本地存储在交叉开关器件中，以最大限度地减少训练过程中的数据移动。一些实验结果表明，使用合适的存内计算，可以将训练速度提高 4 个数量级以上。存内计算也使得一些边缘侧设备可以启用更复杂的推理算法。

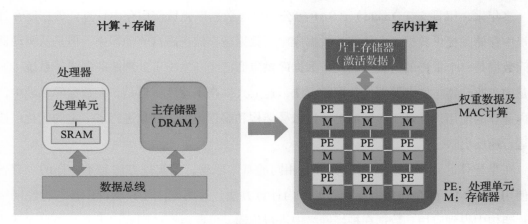

图 7.1 从冯·诺依曼架构（左）到存内计算架构（右）

虽然存内计算这个想法已经提出至少 40 年了，但是这种方法过去没有被大规模商业应用，而是在近 10 年才越来越得到产业界的重视，其主要原因有以下几个方面。

（1）存储技术没有像今天这样面临着严峻的扩展挑战，数据的爆炸式增长也是最近几年遇到的严重问题，数据移动瓶颈对系统成本、能源和性能的影响也不如今天这么大。

（2）以前虽然有不少学术研究，但并没有厂商真正想把这个想法落实到产品。在 2010 年左右，惠普成为提出"以存储器为中心"和"以数据为中心"的大公司之一，试图把之前传统的以处理器为中心的产品思路扭转过来。惠普在当时计划的"The Machine"新项目中，提出了"近内存计算"和"存内计算"的方案（惠普也是第一家做出忆阻器原型的公司）。

（3）在过去，很难将处理单元与 DRAM 集成在一起。在单个芯片上合并 DRAM 和逻辑电路，意味着 DRAM 的设计需采用更昂贵的逻辑电路工艺，或逻辑电路设计采用针对 DRAM 优化的工艺。存储器行业对成本非常敏感，存内计算模式下每比特成本将不可避免地增加。此外，要真的利用好存内计算，需要程序员用新的编程模型来解决问题。

（4）近年来，随着新型 NVM 的发展，存内计算有了合适的核心器件。由于现代内存架构的不断进步，研究人员在近期探索了一系列用于多种不同目的的存内计算架构，如以 3D 堆叠方式集成逻辑和内存。

现在大部分存内计算应用还是在使用现有的存储器技术，为专门应用而构建。这些应用包括两大类：

（1）数据库领域将存内计算用于缓存和其他应用；

（2）在芯片中使用存内计算技术，以处理神经网络和其他应用在内存中的计算任务。

多年来，甲骨文（Oracle）、SAP 等公司已在数据库领域使用存内计算。数据库在计算机中存储并提供数据。在传统的数据库中，数据被存储在磁盘驱动器中，但是从驱动器访问数据是一个很慢的过程。因此，数据库供应商已经开发出了处理服务器或子系统（而不是磁盘驱动器）主存储器中数据的方法，这大大提高了速度。但是，在数据库领域中，存内计算的使用仍然基于传统的冯·诺依曼架构和编程模型，只是进行了一定的优化，使其运行速度更快。

在半导体芯片领域，存内计算具有相同的基本原理，但实现方法是不一样的。有各种使用 DRAM、闪存和新型存储器的存内计算方法，这些方法尤其在许多新的神经网络芯片架构中得到应用。数据在神经网络中进行传递，可能需要访问数以十兆甚至百兆计的权重，但是基本上每个网络层都只能访问一次，然后必须舍弃该权重，并在网络的后续阶段为内存分配不同的权重。这种方式对于存储器的访问量是惊人的。因此，神经网络不同于传统计算系统，它更需要存内计算。

在基于 GPU 传统芯片架构的 AI 系统中，GPU 需要访问寄存器或共享内存，以读取和存储中间计算结果。如果能把这些内存和处理单元做在一起，就可以大大降低功耗；同样，如果把深度学习加速器 AI 芯片中的 MAC 阵列直接用存储器来实现，就不需要进行矩阵乘积 MAC 与存储器之间的频繁来回访问。

当前，对逻辑和存储器合并达成"存算一体化"并没有严格定义，关键思想是开发一种新的"以数据为中心"的计算机架构。它的名称有很多种，如称为存内计算（PIM、IMC 或 CIM）、存内逻辑（Logic-in-Memory，LiM）、近内存计算（Near-Memory Computing，NMC）、近数据处理（NDP）等。NMC、NDP 通常指将存储器和逻辑电路合并，放在先进的芯片封装中，而存内计算是将处理单元放在数据存储的内部或附近（即在存储芯片内部、3D 堆叠 DRAM 的逻辑层中、存储控制器中或大型高速缓存内部），以便减少或消除处理单元与存储器之间的数据移动。存储器不再被看作是一种被动的"笨"

器件，而是一种即可存储又可进行智能处理的器件。

　　一般来说，存内计算可以用于系统中各个层级的存储器里，如片上存储器（SRAM）、片外的 DRAM 或固态硬盘（SSD）等，具体应用到哪一级，则与应用有密切关系。

7.2　基于存内计算的 AI 芯片

　　最近几年来，存内计算已经被用于 AI 芯片的设计，其中包括作为深度学习加速器的 AI 芯片及类脑芯片。存内计算的研究大致可以分成 3 个方向。

　　（1）对现有的存储器（如 DRAM）作一些电路改变，如加入一些可以进行逻辑计算的简单电路，执行大规模并行的批量操作。这种方法可以快速设计实施并投入商业应用。初创公司 UPMEM（见第 4 章）已用这种方法做成了产品。

　　（2）在 3D 堆叠的存储器中加入逻辑电路，使其能进行存内计算。3D 堆叠存储器现在已经比较成熟，可以利用 3D 堆叠存储技术中的逻辑层来加速重要的数据密集型运算。

　　（3）直接使用新型 NVM，一边计算一边存储。这种方法还处于研究的起步阶段，实际使用还有不少挑战。

7.2.1　改进现有存储芯片来完成存内计算

　　本节分别介绍在现代计算系统中改进现有存储芯片来启用存内计算的几种新方法。这些方法仅需最小限度地更改存储芯片即可执行简单而强大的通用操作，这些芯片本身的效率很高。

1. 基于 SRAM 的存内计算方法

　　图 7.2 为一种基于 SRAM 的存内计算方法 [121]，用于完成 VMM 运算 $c = A \times b$。这种架构基于由 6 个晶体管组成的静态随机存取存储器（6T-SRAM）位单元的阵列，并且包括用于两种工作模式的外围电路。在 SRAM 模式下，通过字线（WL）的数字激活，一次访问一行以读取 / 写入数据；而在存内计算模式下，使用输入数据激活 WL，一次可以同时访问多行或所有行。这里每个字线数模转换器（WLDAC）施加一个与输入矢量元素相对应的模拟电压值，从而调制位单元电流值。如果将位线（BL、BLB）用作差分信号，那么存储的数据具有将输入矢量元素乘以 +1 或 −1 的作用，并且一列中来自所有位单元的电流会累加，产生 BL/BLB 的模拟放电，从而产生矩阵乘法所需的乘积累加操作。这就是说，存内计算并不逐行访问原始位，而是一次访问许多或所有位的计算结果，从而分摊了数据访问的成本。存内计算可以应用于以这种结构集成的任何存储技术和工艺 [122]。

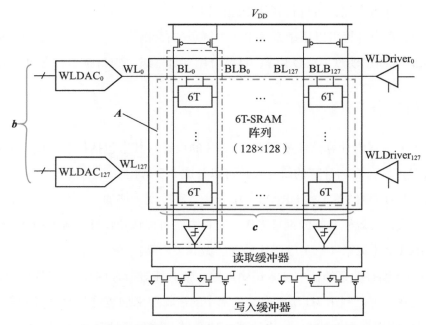

图 7.2　用 6 个晶体管组成的 SRAM 阵列完成矢量矩阵乘积累加任务 [121]

2. 基于 DRAM 的存内计算方法

上述解决方案同样可对 DRAM 来执行批量操作（即对整行 DRAM 单元进行操作），如批量复制、数据初始化和逐位操作。

对现有存储芯片的最小改动可以调动芯片内部简单而强大的计算能力。这些修改利用了常规存储芯片（如 DRAM）中的现有互连和模拟操作行为，不需要逻辑层，并且通常不需要逻辑处理单元。这样，存储芯片上需要的开销很小，存储单元阵列中的高内部带宽可以被利用。

在过去的 20 年中，作为主存储器的 DRAM 的存储容量和访问带宽飞速增加，分别扩大了 128 倍和 20 倍，这些改进主要归功于 DRAM 的持续技术进步。与容量和带宽形成鲜明对比的是，DRAM 的时延几乎保持不变，在同一时间范围内仅降低了约 33%。因此，DRAM 的时延仍然是现代计算系统中的关键性能瓶颈。内核数量的增加及数据密集、时延敏感的应用的出现，进一步说明了提供低时延内存访问的重要性。

2017 年，美国卡耐基梅隆大学的张凯崴（Kevin K. Chang）提出了一种新的 DRAM 设计，称为低成本互连子阵列（Low-Cost Inter-Linked Subarray，LISA）[123]，它可以在 DRAM 芯片中的子阵列之间提供快速且节能的大容量数据移动。它有效地采用了多种新的机制，包括低时延数据复制、减少频繁访问数据的 DRAM 访问时延，以及减少后续访问 DRAM

的时延。

　　LISA 技术也包括了对 DRAM 刷新机制的并行化改进，使其性能接近不需要刷新的理想系统。针对 DRAM 制造过程中的不规则性造成的访问速度不一致性，研究人员提出了"可变时延的 DRAM"。这是一种通过将 DRAM 单元分为快慢区域来降低 DRAM 时延的机制，并以低时延访问快速区域，从而大大提高了系统性能。另外，由于电源电压会显著影响 DRAM 的性能、能耗和可靠性，研究人员还提出了一种基于性能模型，动态调整 DRAM 电源电压来提高系统能效的新机制。

　　瑞士苏黎世联邦理工学院、美国卡耐基梅隆大学及一些公司的研究人员提出了一种新的存内计算加速器（称为 Ambit），用于加速批量逐位运算[124]。批量逐位运算常常应用于图形处理、网络连接、算法加密、网页搜索等领域。

　　与现有方法不同，Ambit 使用现有 DRAM 技术的模拟操作来执行批量逐位操作。Ambit 有两个组成部分，第一个组件是 Ambit-AND-OR，它实现了被称为三行激活的新操作，其中存储器控制器同时激活 3 行。三行激活使用电荷共享原理，该原理通过控制第 3 行的初始值来控制 DRAM 阵列的操作，以对两行数据执行逐位与或运算。第二个组件是 Ambit-NOT，它利用了连接到 DRAM 子阵列中每个读出放大器的两个反相器，其中一个反相器的电平代表该单元的逻辑值的反相值，Ambit 在 DRAM 阵列上专门添加了一行以捕获此反相值。这一行的可能实现方式是一排双触点单元（2 个晶体管 +1 个电容器单元），每个单元都连接到读出放大器内的两个反相器（见图 7.3）。

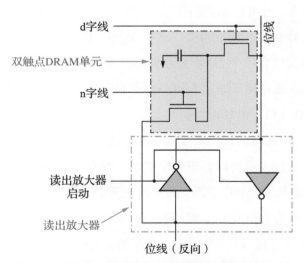

图 7.3　连接到一个读出放大器两端的双触点单元[124]

即使存在工艺制造的不一致性，Ambit 仍可以完全使用 DRAM 技术可靠地执行 AND、OR 和 NOT 运算，从而使其功能（即布尔逻辑）完整。

Ambit 可以实现快速而节能的 DRAM 内数据移动，带来了可观的性能和能耗改进。能进行 7 种常用批量逐位运算（NOT、AND、OR、NAND、NOR、XOR、XNOR）的 Ambit（带 8 个 DRAM 组），与 Intel Skylake 处理器相比，批量逐位运算速度提高了 44 倍；与 DDR3 DRAM 相比，能耗平均可降低到原来的 1/35。相似的基础电路可以在 SRAM 中执行简单的算术运算，而在忆阻器中执行算术和逻辑运算。

3. 用 NOR 闪存技术实现存内计算

初创公司 Mythic 最近推出了矩阵乘法存储架构，使用 40 nm 嵌入式 NOR 闪存技术在内存中执行计算。

与使用处理器和内存的传统计算不同。Mythic 通过直接在内存阵列中进行处理来尽可能减少数据移动，采用了一种激进的方法，即根本不移动数据，更不用说将数据从 DRAM 移到芯片上了。

通常，NOR 将数据存储在存储单元阵列中。Mythic 使用 NOR 位单元，但是用模拟电路代替了数字外围电路，在阵列内部进行模拟计算，而阵列具有数字接口。Mythic 后续将会把此架构升级到 28 nm 工艺。

7.2.2 用 3D 堆叠存储技术来完成存内计算

完成存内计算的第二种方法是利用新兴的 3D 堆叠存储技术。在 3D 堆叠存储器中，多层存储器（通常是 DRAM）彼此堆叠，这些层使用垂直硅通孔（TSV）连接到一起。当前的制造工艺技术支持在单个 3D 堆叠存储芯片中放置数千个 TSV。TSV 提供的内部存储器带宽比狭窄的普通存储器通道大得多。商业上可用的 3D 堆叠 DRAM 的例子包括 HBM、Wide I/O、Wide I/O 2 和 HMC 等。

3D 堆叠的内存芯片都在内部集成了逻辑层。逻辑层通常是芯片的最底层，同样用 TSV 与存储层连接。设计人员可以在逻辑层添加一些存内计算的处理逻辑（如加速器、简单内核、可重构逻辑等），前提是添加的逻辑能满足面积、能量和散热等约束条件。这种处理逻辑也可以被称为 PIM 内核，可以执行部分应用（从单个指令到函数）或整个线程和应用程序，具体取决于体系结构的设计。这种相对简单的 PIM 内核可以避免数据移动，并为各种应用领域带来显著的性能和能效改进 [125]。

大规模图形处理和分析正在得到人们越来越多的关注，在从社交网络到机器学习、从数据分析到生物信息学的许多领域中都得到了应用。Tesseract[121] 是一个把 PIM 内核用于大规模图形处理和分析的例子。它是一种可编程 PIM 加速器，由简单的 PIM 内核组成，这些内核利用 3D 堆叠存储器逻辑层中可用的大内存带宽，每个内核仅在分配给其控制的内存分区上处理数据。另外，有效的通信接口允许 PIM 内核请求对驻留在另一个内核控制的内存分区中的数据进行计算。

Tesseract 将处理功能移至数据，而不是将数据移至不同的内存分区和内核。经过使用 5 个包含大型图形的最新图形处理工作负载进行综合评估后的结果表明，与传统系统相比，Tesseract 将平均系统性能提高了 13.8 倍，并将平均系统能耗降低了 87%。

对于 AI 边缘侧的设备来说，能效是头等大事。由于内存结构中的数据移动占了系统所消耗总能量的一大半，因此将处理单元工作负载的关键功能卸载到 PIM 逻辑上可以大大减少数据移动，也就大大降低了功耗。但是，边缘侧的 AI 芯片不但在能效方面敏感，对所需要的芯片面积也极为严格。因此，重要的是要确定哪种 PIM 逻辑既可以最大化能效，又能够以最小的可能面积和成本来实现。

除了 PIM 技术外，还可以将内存和逻辑芯片集成到先进的芯片封装中，如 2.5D、3D 和扇出，有些人将其称为近内存计算。像 PIM 一样，该想法是使内存和逻辑在系统中更紧密。在 2.5D 中，裸片堆叠在中介层的顶部。中介层包含硅通孔，它充当了芯片和电路板之间的桥梁，可提供更多的 I/O 和带宽。

如果使用 FPGA 作为 AI 芯片，可以结合使用 HBM。HBM DRAM 裸片彼此堆叠起来，可以实现更多 I/O。例如，三星最新的 HBM2 技术由 8 个 8 GB DRAM 裸片堆叠组成，使用了 5000 个 TSV 进行连接，这样可以实现 307 GB/s 的数据带宽，而传统 DDR4 DRAM 的最大带宽仅为 85.2 GB/s。下一个 HBM 版本称为 HBM3，可实现 512 GB/s 的带宽。重要的是，HMC 等新接口已经包含了初步的存内计算支持，如智能刷新。通过利用这些基本服务，可以进一步开发更复杂的存内计算协议。

7.2.3　用新型非易失性存储器来完成存内计算

产业界正在研究几种下一代存储器技术，如 FeFET、MRAM、PCM 和 RRAM。所有这些技术都很吸引人，因为它们集 SRAM 的速度、闪存的非易失性及耐用性于一身。所有这几种 NVM 都有望提供能与 DRAM 竞争或接近于 DRAM 的内存访问时延和能耗，使主存储器具有非易失性，同时使每块芯片的存储容量更大。

但是，由于使用比较新颖的材料来存储信息，新的存储器需要花费更长的开发时间。

另外，新型存储技术（如 RRAM 和 MRAM）的跨导或开关比与传统 SRAM 相比要低得多，因此会增加读取电路的功耗和面积。

由于其非易失性、高存储密度和低功耗，RRAM 被视为比较有前途的 DNN 加速解决方案之一。它的架构模仿神经网络，可以同时进行权重存储和模拟计算（见第 6 章）。利用交叉开关阵列实现神经网络的矩阵运算，就相当于在 NVM 内进行计算。因此，这类新型 NVM 本身就已具备了存内计算的特质。在本地存储和更新权重值，就避免了存储器和处理器之间的数据传输瓶颈。同时，可以通过一次操作替换矩阵乘法和累加两个浮点运算。计算效率和通信都同时得到显著改善。

使用 NVM 的优点是器件容量大得多，并且通常可以降低单位比特成本，从而降低系统成本。对于数据集大小固定的系统来说，NVM 容量大的另一个好处是可以使系统规模变小。这是一个优点，因为较小的系统具有较低的故障率并能减少软件并行化的障碍。

RRAM 可以成为从传感、计算、通信、可穿戴电子设备到物联网等应用的数据存储和处理的重要组成部分。与现有的 MAC 运算电路相比，该电路组成所谓的"1T1R"（单晶体管单电阻器）的阵列。在 DNN 中，RRAM 具有执行 MAC 运算的功能，该运算将输入信号与权重相乘并累加，大大减少了对主存储区的访问，同时大大简化了电路。

利用 RRAM 来完成存内计算还包括算术和逻辑运算、搜索运算和图形处理运算等。在用得最多的算术和逻辑运算方面，也已经涌现出了大量的创新技术，其中一种实现了 XNOR/XOR 逻辑门，能够在忆阻交叉开关阵列中执行 XNOR/XOR 功能[126]，以用于存内计算。这很适合用于许多需要执行算术和信号处理操作的 AI 芯片。

这个方案使用两个双极性忆阻器（Bipolar Memristor，BM）来存储输入，一个单极性忆阻器（Unipolar Memristor，UM）来存储输出，在 RRAM 的交叉开关阵列中实现 XNOR/XOR 门的设计。为了把门级联起来，将 UM 的值放在 BM 中缓冲，并利用一个忆阻器的功能提供不同的复位（OFF）和设置（ON）阈值电压值。先将 UM 和 BM 分别初始化为 R_{ON} 和 R_{OFF}；然后为输入忆阻器提供执行电压，仅需这两步即可进行 XNOR 计算。

而且这种双输入的 XNOR 电路很容易改成三输入的 XOR 电路（见图 7.4），以表现出更好的性能。这个设计减小了面积（忆阻器的数量）、缩短了等待时间（计算步骤数量）并降低了能耗，其局限性在于它既需要 BM 又需要 UM，并且需要使用多个电压。

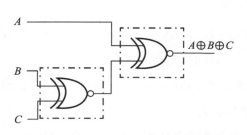

图 7.4 基于双输入 XNOR 的三输入 XOR[126]

常规的二进制 RRAM 不能有效地表示二值神经网络（BNN）中的正负权重值（+1 和 -1），因为二进制 RRAM 器件的高阻态和低阻态值均为正。为此，对 BNN 的实现常使用 XNOR-RRAM 位单元设计。

1. 世界上第一个通用存内计算芯片

2019 年 6 月，美国威斯康星大学麦迪逊分校和法国原子能委员会电子与信息技术实验室（CEA-Leti）的研究人员发布了一种名为液态硅（Liquid Silicon）的非易失性可编程的存内计算处理器，该处理器既有通用计算芯片（如 FPGA）的出色可编程性，也有高性能加速器的能效[127]。除了一般的计算应用外，它还特别适用于对计算和内存有很高要求的深度学习和大数据应用。

这种阻变 NVM 芯片不仅可以进行简单的乘积累加运算，而且有许多附加功能。"液态硅"表示这是一种具有高度可编程性的半导体芯片（见图 7.5），其功能可以像液体一样自由变化。

液态硅器件是通过在商用 130 nm 工艺硅 CMOS 上部单片集成 $HfO_2/Ti/TiN$ RRAM 制成的，可以在 650 mV 的低电压下可靠运行。在 1.2 V 的额定电压下，它执行神经网络推理时的能效达到 60.9 TOPS/W，执行基于内容的相似性搜索（一种关键的大数据应用）时达到 480 GOPS/W，能效比最新的 CMOS 高 3 倍，比最新的 RRAM 深度学习加速器高约 100 倍。

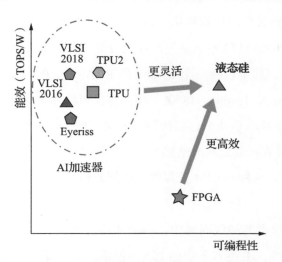

图 7.5　液态硅的能效和可编程性同时提高[127]

具体来说，液态硅是一个由相同分区（Tile）组成的 2D 阵列（见图 7.6）。每个分区均由基于 RRAM 的存储阵列和一组连接节点（图中以圆圈表示）构成。1T1R 单元结构用于构建阵列，单元中的晶体管可以有效抑制路径泄漏以降低功耗，而 RRAM 堆叠在其顶部。

连接节点连接相邻的分区，并包含几个关键的模块。

分区可以灵活配置为 4 种模式，即逻辑运算、搜索、存储和 BNN。它通过使用 RRAM 作为存储器件来更改 1T1R 单元的组合和用法，并更改读出放大器 SA 的角色。由于这些模式的功能分配给了芯片中的所有区域，因此这块芯片可以任意组合各种用于计算、存储、搜索、神经网络的模块，就像提供任何这些功能的 SoC 一样工作。研究人员认为他们开发了"世界上第一个通用存内计算处理器"。

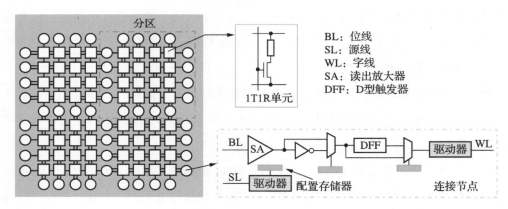

BL：位线
SL：源线
WL：字线
SA：读出放大器
DFF：D型触发器

图 7.6 液态硅示意图 [127]

基于 RRAM 的 PIM 是现今十分热门的研究课题。除了上述的液态硅芯片，还有不少研究人员对这种类型的存内计算提出了改进方案。其中美国杜克大学提出的一个方案是一种混合的 CMOS-RRAM 脉冲非易失性存内计算（Nonvlatile Computing-In-Memory，nvCIM）处理单元 [128]，其中包括一个 64 kbit 的 RRAM 宏单元和一个新颖的原位非线性激活（In Situ Nonlinear Activation，ISNA）模块。这里将片上的计算控制器与非线性激活函数集成在一起，以计算卷积或全连接的神经网络。ISNA 通过利用其非线性工作区把模数转换和激活计算合并在一起，从而消除了实现非线性的额外电路的需求，并大大减小了电路面积（见图 7.7）。这种 nvCIM 处理单元的能效达到了 16.9 TOPS/W，最大脉冲频率为 99.24 MHz。

在许多具有二值权重的神经网络中，需要 4 位或更高的激活精度才能获得高精度。为了实现多位模数转换，上述方案中的 ISNA 包括一个电流放大器（Current Amplifier，CA）和一个整合激发电路（Integrate & Fire Circuit，IFC），如图 7.8 所示。IFC 会以最大频率（99.24 MHz）产生脉冲。这样，ISNA 将 MAC 的结果重新转为时域中的脉冲数字。CA 中的跨导运算放大器 OTA 在 $0.3 \sim 60 \text{ k}\Omega$ 的负载范围内（根据 RRAM 特性确定）可以在（300 ± 1.0）mV 处保持稳定的 BL 电压。

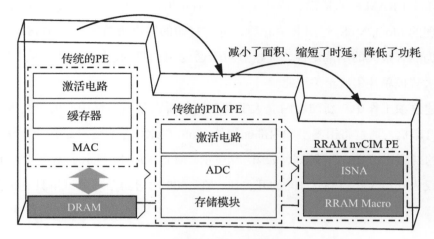

图 7.7 在 PE 里把激活电路和 ADC 合并在一起 [128]

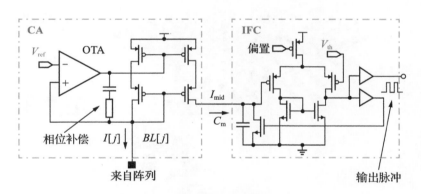

图 7.8 ISNA 框图 [128]

2. 世界上第一个在二维材料柔性基板上制成的 RRAM

在基于 RRAM 实现的 PIM 和模拟计算的研究热潮中，也有研究人员考虑使用二维材料（详见第 15 章）来制作 RRAM。使用二维材料有很多特殊的优点，如可打印、可弯曲。来自新加坡国立大学和英国剑桥大学石墨烯中心的研究人员最近展示了世界上第一个在使用二维材料的柔性聚酰亚胺基板上做成的可打印 RRAM[129]。这种器件可用由多层二硫化钼（MoS_2）制成的 3D 打印墨水打印。通过改变电流，可在单个器件内实现易失性电阻切换，也可实现非易失性电阻切换，从而能够实现具有神经形态功能的电子突触，包括短期可塑性和长期可塑性。

3D 打印可以提供一种非常有吸引力的途径，使器件能够集成到柔性基板上，以进行大规模和低温制造。但是，由于缺少稳定的可打印开关电路介质和可靠的打印过程，因此完全打印的 RRAM 一直还没有成功实现。在前几年，虽然已有报道称在 PET 聚酯上经过溶液处理的 MoO_x/MoS_2 忆阻开关介质，可与打印的银电极兼容，但 MoS_2 墨水配方方面的进展仍然有很大的不确定性，而这点对于通过 3D 打印技术在柔性基板上实现 MoS_2 RRAM 的大规模单片集成至关重要。

在上述这项工作中，新加坡国立大学和英国剑桥大学石墨烯中心的研究人员使用气溶胶喷射打印机，通过将银墨水和内部配制的 MoS_2 墨水以垂直堆叠结构交替使用来实现完全打印的二硫化钼 RRAM 阵列，如图 7.9 所示。MoS_2 RRAM 显示了无变形的开关特性，开关电压仅为 0.18 V，有高达 10^7 的开关比，在 1000 次弯曲循环测试下具有很强的挠曲耐久性。

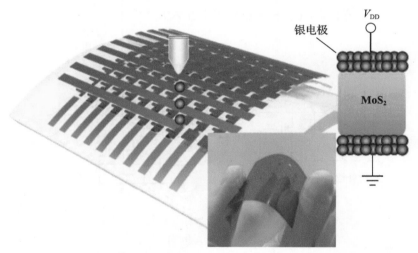

图 7.9　在柔性基板上完整打印的 MoS_2 RRAM 交叉开关阵列的示意图和照片[129]

在使用 PIM 方法的新型 NVM 里，虽然 RRAM 相对比较成熟，但是在可重写次数、芯片容量和单位比特价格方面不如 PCM。但是，PCM 存在"怕热"的弱点，因为 PCM 的相变直接受热量影响。

由于新型 NVM 日益成熟，PIM 的研究对象已经慢慢转变为使用高密度 NVM 作为其主要内容，称为 nvCIM。而如何把 nvCIM 更好地应用于 AI 芯片，尤其是边缘侧 AI 芯片，是一个很火热的研究课题。

可以通过以下方式增强边缘侧 AI 处理器的 DNN 操作，并有效使用 NVM[130]：通过将大多数或所有权重存储在 nvCIM 中，来避免多层内存数据访问（NVM-DRAM-SRAM）而导致的时延；减少中间数据访问；将多个 MAC 操作的时延缩短到一个 CIM 周期。

电路设计和 NVM 器件的许多挑战和限制阻碍了 nvCIM 的实现。到目前为止，仅有一个具有高电阻比的 32×32 CIM RRAM 宏模块[131]问世。此外，由于高电阻和低电阻状态下的 1T1R 单元读取电流具有相同的极性，这就使 nvCIM 不能在同一条位线（BL）上同时实现正权重和负权重，而这正是一些 DNN 结构（如 XNOR 网络）所要求的。

为了降低能耗和硬件成本，陈韦豪等研究人员提出了一种二值输入、三值加权（Binary-Input Ternary-Weighted，BITW）的 DNN 网络结构，如图 7.10 所示[130]，这种结构使用"伪二值"nvCIM 宏模块：nvCIM-P 宏模块存储正权重，而 nvCIM-N 宏模块存储负权重。BITW 网络将三值权重（+1、0 和 -1）和改进的二值输入（1 和 0）组合在一起，用于减法（S）、激活（A）和最大池化（MP）。通过引入一些电路，这个 65 nm 工艺 nvCIM RRAM 宏模块能够存储 512k 个权重值，并在一个 CIM 周期内执行多达 8k 个 MAC 操作，用于 CNN 和全连接神经网络（FCNN）。

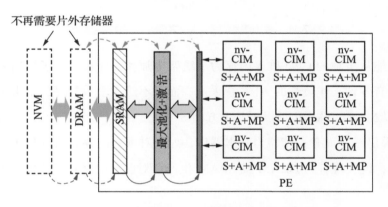

图 7.10　用于边缘侧 AI 芯片的 nvCIM 框图[130]

7.3　小结

新兴的以存储器为中心的芯片技术有望解决当今系统中的带宽瓶颈问题，并提高运行速度和降低功耗。存内计算技术背后的想法是使存储器更接近处理单元，以加快系统速度。

一些新型器件表现出了适用于新型 AI 架构或计算范式的独特特性，如逻辑器件的非易失性、可重构性、高计算密度等。存内计算中逻辑计算和内存合并的结构（包括数字和模拟）代表了一种前景光明的 AI 芯片架构方法。

图 7.11 为逻辑电路（处理单元）与存储器之间距离的发展趋势。在没有使用存内计算之前，只能依靠尽量把存储器靠近处理单元来缩短它们之间的距离。而存内计算把逻辑电路直接嵌入存储器中，这样就把它们之间的距离降到了 10 nm 以下。

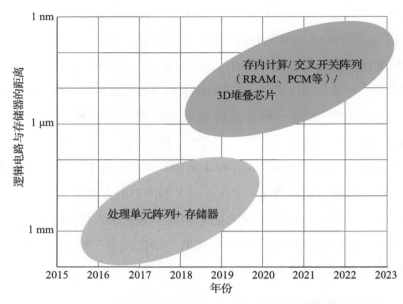

图 7.11　逻辑电路与存储器之间距离的发展趋势

　　将计算功能从单独的 CPU 推入内存为系统架构师和程序员带来了新的挑战。为了使存内计算被带有各种工作负载的 AI 系统采用，而又不给大多数程序员带来沉重负担，必须解决许多挑战。这些挑战包括以下几个方面。

　　（1）如果仍然以现有存储器为基本器件，如何对现有的存储器件只作最小程度的改变。一般来说，说服现有的 DRAM 或 SRAM 生产商对已有电路和工艺作出太大变动是非常困难的。

　　（2）如何能够轻松地对存内计算系统编程，做出良好的编程模型，还有库、编译器和工具支持[132]。

　　（3）如何设计利用存内计算的系统和系统软件（如存内计算逻辑代码的运行时调度、数据映射等）。

　　（4）如何为存内计算设计高性能数据结构，其性能要优于多核计算机上的并发数据结构。

　　（5）如何克服器件本身的不确定性和不一致性（如对工艺、温度和电压的依赖性），以及存内计算所需要的模拟计算特征（如噪声问题），解决封装和热约束问题等。如果使用新型 NVM，需要配合适当且灵活的接口设计。

　　所有这些挑战都需要用跨层设计的思路来解决，在应用层、架构层、电路层和器件层等都需要结合在一起考虑和设计。

从以处理器为中心，转到以存储器为中心的芯片技术，将从根本上解决数据移动问题。实现这种模式转变的研究对于未来 AI 芯片的创新和发展，都将非常有用。存内计算不仅是提高效率、降低成本和时延的一种手段，它还是一个设计具有全新能力的 AI 系统的机会。

对于新型 NVM 来说，在电路级操纵存储单元，以便使用存储单元本身来执行逻辑操作，是一个新的发展方向。最近的许多工作表明，NVM 单元可用于执行完整的布尔逻辑运算系列，类似于可以在 DRAM 单元中执行的此类运算。忆阻器在逻辑运算中已经可以达到 8 个值以上（而布尔逻辑为 0 和 1 的二值运算），因此利用忆阻器的新功能，超越布尔运算的多值逻辑有可能会得到实现（详见本书 16.3 节）。

尽管已经有不少研究人员在努力探索使用存内计算来运行 DNN 的方法，但其中大多数仅针对小型 DNN（通常是 2 层或 3 层的感知器），解决数据集上数字分类的简单问题。运行 DNN 网络的性能、功耗、预测精度等还未得到明确的实验结果。不同的工作负载、处于不同存储层级的逻辑计算，以及启动软硬件协同设计的能力，都对存内计算有很大影响。

一些研究成果表明，在 DNN 的层数较少，但是每一层的网络较大的情况下，使用存内计算可能不会导致分类精度下降。另外，存内计算并不是在所有场合都能发挥优势，只有在需要处理和存储大量数据组的情况下才有意义。

虽然基于硅材料的 CMOS 工艺仍将是今后较长一段时间的主流，但是二维材料的研发工作不但在学术界，而且在产业界也已经开始，基于二维材料的可打印、可弯曲的 RRAM 的最初原型也已出现。在未来，可能会有更多基于二维材料的存内计算范式展示出优异特性。

存内计算除了在构建用于深度学习的理想存储器件的材料、器件和工艺集成方面需继续完善之外，另一个重要的研究方向是实现大型 AI 系统。这种 AI 系统可以将存内计算的本来优势转化为实际应用中的切实改进。存内计算的一些芯片原型展示了在能效和面积等方面的优势，但是它们在实际计算系统所需的异质架构中，受到了系统规模和集成度的限制。最近的研发工作已开始解决这些限制问题，正在开发复杂和可编程的体系结构，并将软件库集成到高级应用设计框架中。由此看来，基于存内计算技术的大型 AI 系统的出现，已经为时不远。

第 **8** 章　近似计算、随机计算和可逆计算

需要 AI 芯片处理的数据量正在呈指数级增长，芯片速度的提高正随着摩尔定律可能的终结而渐趋缓慢。随着越来越多的计算系统向嵌入式和移动设备发展，降低能耗成为 AI 芯片设计的头等大事。模拟计算和存内计算都是提高芯片能效的有效方法。然而，还有一些可以提高芯片能效的重要领域可以发掘，那就是近似计算、随机计算和可逆计算。

如今计算机的应用已经发生了巨大变化，计算机不再像过去仅用于精确的科学计算，而是可以为人们导航、找到朋友、推荐歌曲或商品，甚至监测人们的健康。计算任务包括越来越多涉及多媒体（音频、视频、图形和图像）处理、识别和数据挖掘的应用。这些应用的共同特征是，通常不需要完美的结果，近似或稍差于最佳结果就足够了。小的偏差很少会影响用户的满意度。

在 AI 系统实现的所有层级（如算法级、电路级、器件级等）中采用近似值，可能得到很大的好处，即可以大大提高能效。根据一些实验结果，如果把系统分类精度降低 5%，就可以把功耗降低 98%，优点是显而易见的。允许有选择地近似或偶尔违反规范，可以大大提高能效。

8.1　近似计算

近似计算（Approximate Computing，AC）不是新的概念。自从引入浮点变量和模数转换器以来，这已成为计算领域的一个"古老"概念。物理世界是连续不断的，但计算机却是数字的，它将物理信息转换为离散的有限位数据，这本身就是近似。长期以来，我们已经接受了近似的需求，但几乎没有发挥其潜力。如今，程序员和架构师比以往任何时候都更趋向于采用近似计算来压缩计算规模，并缓解由于 CMOS 工艺达到极限而导致的可

靠性问题。同时，随机计算、可逆计算和量子计算之类的姐妹计算范式也引起了人们的极大兴趣，这进一步表明，也许是时候抛弃我们的精确计算范式并在考虑近似值的前提下重建计算机了。

现在，除了计算范式局限于精确计算之外，对于执行计算的半导体芯片，也一直执行十分苛刻的质量筛选，以保证不出任何差错。另外，对于输入的大数据，更不容许有半点差错。这种不容出错的苛刻条件带来的后果就是高功耗和高昂的费用。而生物大脑的运作并不强调精确计算，而是有非常好的容错机制，因此生物大脑的能耗非常低。这样就出现了一种想法：是否可以从逻辑电路、存储器到算法，重新设计和定义计算范式，使计算从"精确"变成可以接受的"近似"，并且带入"容错"功能？除了计算之外，如果再把数据的误差、芯片参数的偏差这两个维度考虑进去，就组成了一个如图 8.1 所示的三维容错模型。

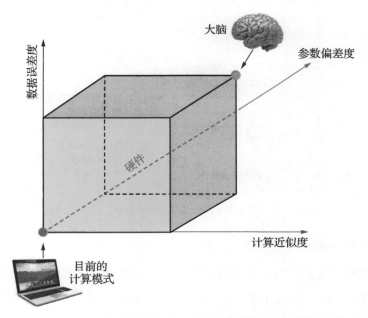

图 8.1　计算、芯片参数和数据（3 个维度）组成的三维容错模型

为了在应用中达到高精度，深度神经网络（DNN）使用大数据量和非常大的模型，这些模型需要大量的数据存储空间、极强的计算能力和大带宽的数据移动。尽管计算能力取得了很大进步，但是在大型数据集上训练最先进的 DNN 仍需要很长时间，这直接限制了应用推广的速度。

因此，在 DNN 技术中，目前已越来越多地使用近似计算来解决上述问题。近似计算可以在 AI 计算的不同层级上实现：在软件编程语言上可以实现近似计算，在算法级、电路级，甚至器件级，都可以实现近似计算及后面要讲到的随机计算（见图 8.2）。本书第 3 章已经介绍了算法级运用近似计算的一些方法，如量化方法（降低数值位宽）、二值化或三值化、网络剪枝、减少卷积层等，目的都是减少计算量及数据存储量，同时提高能效。

很多研究表明，DNN 可以抵抗近似计算带来的数值误差，如果近似计算使用恰当，网络的识别或分类精度并没有太多损失，不影响实际使用效果，但是计算量却会大大减小。从另一个角度来看，使用了近似计算，也会提高在系统各个层级的容错性，这对器件来说非常重要，因为半导体芯片工艺很容易出现各种缺陷，如果系统可以把这些缺陷忽略不计，那就大大提高了稳定性和可靠性。

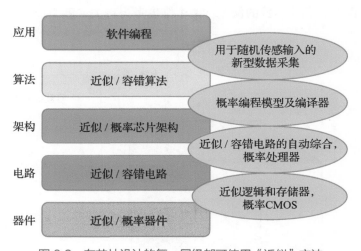

图 8.2　在芯片设计的每一层级都可使用"近似"方法

神经网络显示出很高的容错能力。近似计算范式通过在计算过程中故意引入可接受的错误来换取这种容错，以换取能效的显著提高。近年来，在 AI 研究领域中，已经出现了大量适用于神经网络的近似计算方法，可能有一二百种之多。除了算法层的近似计算（见第 3 章），本章的介绍涉及编程、电路和器件，分成两方面的用途：一是在功能齐全的芯片上使用近似计算来达到降低功耗的目标，其精度虽然降低，但仍在可接受的范围；二是芯片电路本身有缺陷、故障或误差，使用近似计算可以容忍这些问题，并对精度没有太大影响。

8.1.1　减少循环迭代次数的近似计算

这种方法是在应用层使用近似值的例子。在软件编程语句中有大量循环语句，为了节省计算量，有时可以把每次迭代次数减少，如下列 C 语言类的语句：

```
for(int i=0;i < N;i++ ) {
  //do things
  i=i+skip_factor;
}
```

这里面加了一个省略因子（skip_factor），表示每次跳过的迭代次数。这个方法称为循环穿孔方法，已经和蒙特卡洛模拟、迭代优化和搜索空间枚举等算法配合使用，取得了很好的效果，一般可以达到 1 倍以上的运算速度提升。对于如何选取最优化的省略因子，以及使用循环穿孔方法达到系统容错效果等，也有不少研究人员进行了研究[133,134]。

8.1.2　近似加法器和近似乘法器

在深度学习加速器里用得最多的是加法器和乘法器，而近似加法器和近似乘法器电路可以说是近似计算研究中最活跃的领域。在电路级简化加法器和乘法器等算术模块，会使它们在某些情况下不精确，但却可以使它们变得更小、更快，因此更加节能。这些电路都已经在近年来的一些芯片中实现。下面分别介绍两种近似全加器和近似乘法器。

在几种近似实现中，多位加法器分为两个模块：较高有效位的（精确）上部和较低有效位的（近似）下部。对于每个低位，一个单比特的近似加法器执行一个修改过的不精确的加法功能。这通常是通过在电路级简化全加器设计来完成的，等效于在功能级上修改全加器真值表中的某些条目。

近似加法器有多种设计。一种为近似镜像加法器（Approximate Mirror Adder，AMA）[135]。镜像加法器（Mirror Adder，MA）是常见而有效的加法器设计。从晶体管级减少一个逻辑运算，即通过移除一些晶体管以获得较低的功耗和电路复杂性，可以获得 5 个 AMA。AMA 中节点电容更快速的充放电也将导致更短的时延。因此，AMA 用降低精度换来了能效、性能方面的提高，并节省了面积。

另外一种近似加法器是基于 XOR/XNOR 设计的。这种近似加法器基于使用带有多路复用器（MUX）的 XOR/XNOR 门和晶体管实现了的 8 个晶体管组成的加法器[136]，其中 4 个晶体管用于 XNOR 门，如图 8.3 所示。图中，*Sum* 对所有 8 种输入组合中的 6 种都是准确的，而 *Cout* 对所有可能的配置都是准确的。它的操作特性显示出在功耗、性能方面的一定优势，同时它具有很高的精度。尽管使用传输晶体管会降低噪声容限，但是当可以容忍较低的精度时，近似加法器很有用，其他设计指标也有显著提高。

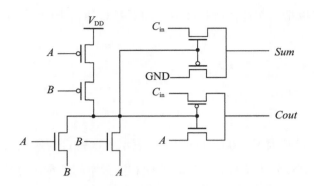

图 8.3　带有 8 个晶体管的基于 XNOR 的近似加法器[136]

与对近似加法器的研究相比，近似乘法器的设计较少受到关注。有人提议通过使用近似加法器来计算部分乘积之和，从而实现一种近似乘法器[137]。然而，就牺牲精度来节省能量和面积而言，直接应用近似加法器来设计近似乘法器可能没有效率。对于一个近似乘法器来说，一个关键的设计是减少添加部分乘积的关键路径。由于乘法通常是由级联的加法器阵列实现的，因此省略部分乘积中的一些次有效位、在阵列中删除一些加法器，可以实现更快的操作。还有人提议在浮点乘法期间舍弃尾数，以及在累加时使用近似加法器来实现近似乘法器。

除了更改加法器之外，也有研究人员通过减少存储器使用的位宽，或设计近似的MAC 单元等来实现近似。另外一种在电路级实施近似计算的方法是在处理神经网络时先找出一些对精度影响不大的权重，然后把这些权重用近似电路来处理[138]。具体来说，是用一种方法来确定一组对输出误差影响很小的权重，这是通过检查在训练过程中反向传播期间计算的灵敏度因子来完成的，然后再通过降低位宽精度和近似乘法器技术来处理这些确定的权重。仿真结果显示，在采用这种方法后，DNN 系统功耗降低了 38%，而 MNIST数据集的分类精度只降低了 0.4%。

由于乘法运算在神经网络的硬件实现中占了能耗的很大一部分，为了降低乘法能耗，有研究人员提出了一种近似的字母集乘法器[139]，它利用计算共享的概念来实现数字神经网络。在这种电路中，传统的乘法被简化的字母移位和加法运算取代（因此称为没有乘法器的神经元）。其中字母是 4 位值，可用于表示任何数字的二进制数，可使用字母将乘法运算分解为较小的分量。

8.1.3　降低电源电压的近似计算

近似电路的另外一个比较简单的实现方法是降低电源电压，这将以少量瞬态错误为代价来降低功耗[140,141]。当电压值降低到安全值以下时，它会降低功耗，但也会由于电路中对时间敏感的路径发生故障而导致发生错误。该策略可以应用于处理单元和存储器，并且可以与其他建议的硬件近似策略一起使用。

美国哈佛大学的研究人员在 2017 年的 ISSCC 上展示了一个全连接 DNN 加速器芯片[142]。它在电源电压大幅度降低时，把间歇性发生的时序违规做得十分有规律，这是通过算法和电路级容差技术的结合来实现的。对权重存储器和数据路径的操作都证明了可以对算法误差容错，而数据通路表现出相对较差的容错度。因此，研究人员使用了最初为 DSP 加速器开发的电路技术[143]，可以进一步改进数据通路的容错性。这个 28 nm 工艺芯片原型的测量结果表明，大幅度降低电源电压可以降低 30% 的功耗。另一方面，他们又使用数字电路的超频来提高吞吐量，可以实现 80% 的吞吐量提升。

一般来说，降低电源电压可以大大降低功耗，因为电源电压和功耗两者之间是二次方关系。但是需要通过近似电路来弥补电路的不稳定性并尽量减小电压值降低所造成的误差。传统的芯片设计方法保证了每条电路路径都必须满足时序要求，无论如何激励，当电源电压降低得太多时，就会出现较大的时序误差，并迅速降低输出信号的质量。近似计算技术都在设法将电压值降低，但不会低于电路的安全电压，而在保证所有路径上的时序正确性这方面采用了不同方法。

降低电源电压的方法也可以用到 DRAM 存储器上。瑞士联邦理工学院在 2019 年提出了"近似 DRAM"的概念[144]。为了降低深度学习神经网络的能耗及时延，他们降低了 DRAM 的电源电压，并且调整其时序参数，由此产生了一定的错误率，需要用一个特殊的 DRAM 分配机制来与神经网络本身的容错度相匹配，以达到所需的系统精度。根据测试结果，在 CPU、GPU、ASIC 加速器上用了这种"近似 DRAM"之后，可以降低20% ~ 30% 的能耗，并可提高约 8% 的 CPU 速度。

在有些使用近似计算的设计中，不直接接受时序误差影响产生的结果，并完全忽略这类中间结果。从门电路设计的角度来看，这种方法仍可保证所有数字操作的时序正确性。另外一些设计方法直接接受错误计算的结果，当然前提是要严格控制误差的大小[145]。这种时序错误接受策略是通过使用操作统计信息，动态地对累加重新排序来减少错误，以减少早期时序错误的发生，防止全局信号质量严重下降。

图 8.4 为反离散余弦变换（Inverse Discrete Cosine Transform，IDCT）电路计算的两个测试图像，对比了使用这种近似计算前后的技术的结果。图 8.4a 中的左图为传统 IDCT计算在降低电源电压前的结果，右图为降低电源电压后的结果；图 8.4b 中左、右两个图

分别显示了采用近似计算降低电源电压前后的结果。可以看出，采用近似计算的情形中，电源电压降低后的图像质量得到了明显改善[145]。近似计算中任何技术的输出质量都应该是动态且可调的，以便仅在应用允许的情况下才能降低精度。

图 8.4 IDCT 电路计算中使用近似计算前后的两个测试图像

a）传统 IDCT 计算降低电源电压前后的结果　　b）使用近似计算的情况下，降低电源电压前后的结果[145]

然而，上述近似电路技术都是基于传统 CMOS 工艺的。近年来，器件领域的创新已经为设计全新的电路架构带来了极好的机会，这些新型器件将大大提高计算系统的性能和能效。

对于新型 NVM 来说，通过降低电源电压来降低功耗是一个不错的选择。例如，对于 STT-MRAM，可以通过降低元器件两端的电压或减少访问时间来节省 STT-MRAM 消耗的能量[146]，虽然降低电源电压和减少访问时间都会导致偶尔的错误，但使用视频解码的测试显示出了良好的结果，质量没有明显下降。

8.1.4　基于 RRAM 的近似计算

在新型 NVM 器件中，用来设计高效可重构近似计算框架非常有前景的是 RRAM。

RRAM 器件能够在较小的空间内支持大量的信号连接。更重要的是，RRAM 器件可用于构建阻变交叉开关阵列（详见第 7 章），可以自然地对输入信号的加权组合进行传输并产生输出电压，以很巧妙的方式实现矩阵 - 矢量乘积累加。

RRAM 器件是基于 TiO_x、WO_x、HfO_x 或其他具有可变电阻状态材料的无源二端器件。目前最成熟的是基于 HfO_x 的 RRAM。

图 8.5 为一种基于 RRAM 的模拟近似计算硬件实现的框图 [147]，其中框架由 RRAM 处理单元（RRAM PE）组成。每个 RRAM PE 都包含多个 RRAM 近似计算单元（Approximate Computing Unit，ACU），以完成代数运算。每个 RRAM PE 还配备有自己的数模转换器（DAC），以生成用于处理的模拟信号。另外，RRAM PE 还可以具有几个本地存储器来存储数据，如以 RRAM 器件电阻状态形式存储的模拟数据，或存储在 DRAM 或 SRAM 中的数字数据。本地存储器的使用和类型都取决于应用的要求。所有 RRAM PE 均由两个采用循环算法的多路复用器组成。基于 RRAM 的框架构建了基于神经网络的近似加速器，可应用于很多领域。

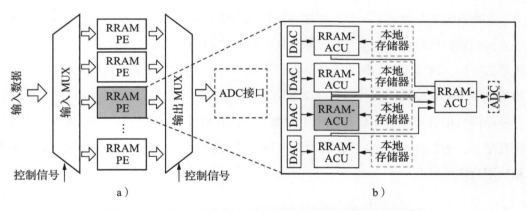

图 8.5 一种基于 RRAM 的模拟近似计算硬件实现的框图 [147]

a）基于 RRAM 的模拟近似计算的硬件架构　b）RRAM 近似计算框架

基于 RRAM 的近似计算方法虽然具有巨大的潜力，但是要做成 DNN 这样的规模、成为独立的深度学习 AI 芯片，还面临许多挑战。一个主要问题是由互连电阻引起的 *IR* 电压降下降会影响 RRAM 的计算质量，并严重限制交叉开关系统的规模。实现深度学习需要很大的交叉开关规模，这就需要降低 *IR* 电压降或采用补偿技术。此外，因为 RRAM 的研发还属于很初级的阶段，许多 RRAM 特有的问题，如温度对电阻开关行为和 *I-V* 关系的影响等，还需要作大量的进一步研究。

8.1.5　应对电路故障的近似计算

近似计算的另一个重要目的是容忍不精确的电路或带有缺陷的芯片。在最先进的半导体集成电路中，晶体管性能的变化非常明显，并且概率物理参数占主导地位。设计、制造和测试包含数十亿个晶体管的硅芯片是非常具有挑战性的，半导体芯片的良率和可靠性直接关系到成本和用户体验，任何可以放宽这种精确性要求的方法都是非常有意义的。

为了用常规的芯片设计方法来补偿晶体管和电路可能发生的误操作，必须确保较大的设计裕量，这是基于确定性算术处理的常规芯片设计方法的本质缺陷。为了解决这个问题，如果算术处理本身是在近似和概率行为的假设下构建的，则它就可以克服一般芯片设计技术的弱点，而与前沿的半导体芯片具有良好的兼容性。

模仿生物大脑的人工神经网络具有容错性，本身就可以放宽这种精确性要求。很多实验证明，神经网络模型中少数节点的故障通常对分类精度几乎没有影响。奥利维尔·特马姆（Olivier Temam）的研究调查了 AI 芯片的逻辑门中注入晶体管级故障对简单全连接 DNN 的影响 [148]，证明了神经网络算法的容错能力可以转化为硬件神经网络加速器的容错能力。这个研究实验强调了一点：增加并行性也会增加容错性。当采用时分复用将较大的网络连接到较少的硬件处理单元时，单个硬件故障会影响网络中的多个节点，因此，空间扩展是必要的。这项工作的结果表明，即便深度学习所考虑的网络规模不大，也可以容忍大量的故障，而且分类精度的损失可以忽略不计。

神经网络的容错能力不仅是理论上的概念，而且将变成 AI 芯片的实际属性。上述这些研究结果，为深度学习 AI 芯片提供了一种本质上能够解决硬件故障的方式，而不必识别和禁用故障部件。

8.2　随机计算

随机计算（Stochastic Computing）是一种使用随机二进制比特流进行计算的范式，这与 8.1 节中介绍的近似计算的出发点及应用场合比较接近，因为随机本身就是一种近似计算。

随机计算最早是在 20 世纪 60 年代引入的，用于逻辑电路设计，但是其起源可以追溯到冯·诺依曼关于随机逻辑的开创性工作。在随机计算中，实数由通常按时序实现的随机二进制比特流表示，信息承载在二进制比特流的统计信息上。近年来随着量子计算的兴起，人们对于如何采用随机概率来进行计算有了很大的兴趣，因为量子计算就是一种基于概率的计算，它被认为是随机算术处理的一个典型例子。

随机计算有着硬件简单性和容错性之类的优势，这在多种应用的数据处理中得到了证明，如图像处理、频谱变换、可靠性分析等。近年来它也出现在深度学习加速器 AI 芯片的应用中。随机计算的概念已扩展到系统、架构和应用级别的错误恢复设计机制中。

随机计算的电路以比特流的形式串行处理数据。图 8.6 为二进制数转换成随机数的方式，即把给定的二进制数 B 转换为随机比特流形式。由一个随机数生成器生成随机二进制数 R，然后与 B 进行比较后采样，以每个时钟周期 1 比特的速率输出概率为 $B/2^k$ 的随机数。在 N 个时钟周期后，它产生了一个 N 比特长的随机流 X，它的概率 $P(X)$ 约等于 $B/2^k$。P 值是出现 1 的频率或速率，因此一个 $P(X)$ 的估计值可以简单地通过计算 X 中的 1 来估算，估计的准确性取决于 X 的位数的随机性及 N 的长度[149]。随机数生成器通常不是真随机源，而是采用逻辑电路，例如线性反馈移位寄存器（Linear Feedback Shift Register，LFSR），其输出是可重复的。

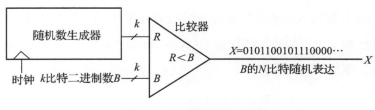

图 8.6　二进制数的随机表达

在随机计算中，一个随机数是通过对比特流中的 1 进行计数来表示一个实数。在单极格式（区间为 [0,1]）中，实数 x 由随机流 X 表示，满足 $P(X=1)=P(X)=x$。例如，比特流 1100101110 在 10 比特流中包含 6 个 1，因此它表示数字 $P(X=1)=6/10=0.6$。在双极格式（区间为 [-1,1]）中，可以用下式把单极格式转换成双极格式：

$$P_{双极}=2P_{单极}-1 \qquad\qquad (8.1)$$

从式（8.1）可以看出，实数可以由满足 $2P(X=1)-1=2P(X)-1=x$ 的随机比特流 X 表示，因此 11011011111 可以表示 0.6。与传统的二进制逻辑相比，随机计算可以实现具有更小芯片面积、更低功耗和更短关键路径时延的电路，它还在容错方面具有优势。

考虑到 DNN 的大多数运算是乘法，因此随机计算在实现 DNN 方面具有很大优势，因为随机计算中的单个与门即可以执行图 8.7 中单极部分所示的乘法。深度学习架构的应用中常采用双极格式，因为输入信号和权重可以为正数也可以为负数。双极格式的乘法用一个 XNOR 就可以实现，非常简单。双极格式中随机计算的乘法和加法实现方式如下。

1. 随机计算的乘法

对于双极格式，可通过一个 XNOR 门轻松实现乘法。图 8.7 中双极部分展示了使用 XNOR 门的 $C = AB$ 的双极乘法过程[150]，即

$$c = 2P(C=1)-1$$
$$= 2[P(A=1)P(B=1)+P(A=0)P(B=0)]-1$$
$$= [2P(A=1)-1][2P(B=1)-1] = ab$$

单极　11011110（6/8）A ⊓ C 10010010（3/8）
　　　10110010（4/8）B

双极　11010010（0/8）A ⊐o C 10010011（0/8）
　　　10111110（4/8）B

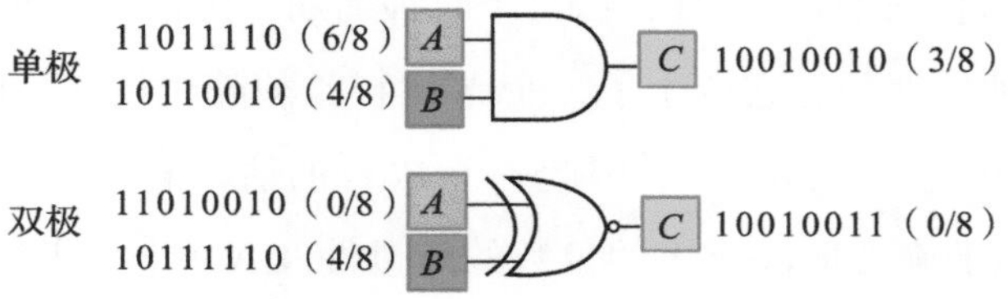

图 8.7　在随机计算中，一个与门或一个 XNOR 即可作为乘法器

2. 随机计算的加法

加法的目的是计算输入随机比特流中 1 的总和。常用的加法硬件实现有两种：基于多路复用器的加法和基于近似并行计数器（Approximate Parallel Counter，APC）的加法。对于前一种结构，双极加法计算为

$$c = 2P(C=1)-1$$
$$= 2\left[\frac{1}{2}P(A=1)+\frac{1}{2}P(B=1)\right]-1$$
$$= \frac{1}{2}[2P(A=1)-1]+\frac{1}{2}[2P(B=1)-1]$$
$$= \frac{1}{2}(a+b)$$

另一种方法是 APC 使用并行计数器对所有输入比特流中的 1 进行计数，并输出一个二进制数[151]。基于多路复用器的设计具有简单的结构，适用于少量输入的加法运算，但是当输入数量变大时，会表现出不准确性。基于 APC 的设计非常精确，适合大量输入，但电路结构更加复杂。

随机计算已经被广泛用于设计深度学习 AI 芯片[150,152,153]。CNN 计算的一些关键部分，如乘法和加法、池化器及激活函数等，都可以使用随机计算的电路。研究人员选择了基于 APC 的加法（与基于 XNOR 的乘法器相结合）来实现内积运算，如图 8.8a 所示。当输入数量很大时，这种方法的精度很高；而针对最大池化操作有一种面向硬件的随机近似方法，它具有较低的硬件成本，并且不会产生任何额外的时延。

更具体地，长度为 n 的输入比特流（内积）被划分为多个长度为 k 的比特段，因此在每个比特流中存在 n/k 个分段。然后为每个输入部署一个分段计数器及比较器，以对一个分段中的 1 进行计数，如图 8.8b 所示。使用分段计数器和比较器从输入 i 中找到当前分段所代表的最大数字，然后预测 i 为下一个分段中的最大值。

这种以硬件为导向的设计通过计算所有输入比特流中的 1 的数量，以一种直接的方式来执行最大池操作，从而成功避免了额外的时延。另外，在基于随机计算的 DNN 设计中采用了 tanh 激活函数，因为它的实现比较简单并且具有相对较高的性能 [154]。因为 APC 的输出是一个二进制数，所以这里采用了二进制 tanh 设计，它可以基于二进制输入来生成随机输出 [151]。

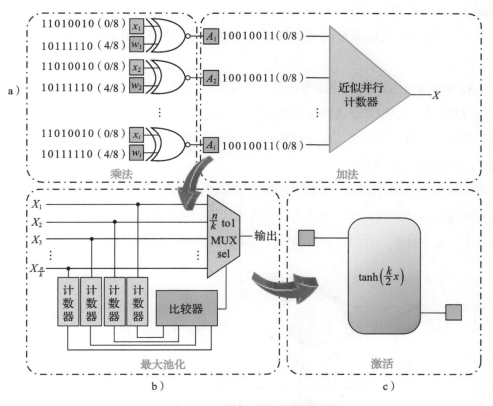

图 8.8　DNN 中基于随机计算的操作

a）基于 APC 加法的内积运算　b）基于随机计算的最大池化器　c）二进制 tanh 激活函数 [150]

随机计算的一个特点是无须修改硬件即可调整计算精度，这在其他计算系统中是无法实现的。例如，随机计算系统可以将 32 位和 1024 位（或任何位长）分别用于 1/32 和 1/1024 精度，而 10 位定点系统只能固定为 1/1024 精度。通过将随机计算的这一特点用于低精度操作，就可以大大降低能耗^[153]。随机计算的优点还包括以下几个方面。

（1）所需的逻辑资源非常小。例如，两数之间的乘法运算可简单地用一个二输入与门或 XNOR 运算来实现，具体取决于所采用的随机数格式；而加法器只需要一个多路复用器。这两种操作都可以用比它们的普通二进制运算电路少得多的硬件来实现，这对于 DNN 的硬件实现尤其重要。

（2）固有的容错能力。由于采用随机数作为运算数据，其运算过程中的输入噪声或数据错误不会导致最终结果完全偏离。随机数的每个比特具有相同的重要性，而二进制数中比特的重要性则有很大的不同。此属性使随机计算通常可以非常好地避免"软错误"，因为比特翻转只会导致随机数数值的微小变化，而在普通二进制运算中，一个高有效位的比特翻转会导致重大错误。

（3）随机计算的运算精度与比特流的长度相关，更长的比特流可产生更高的数值精度。

也有研究人员直接在半导体器件级来实现随机计算，这些方法建议利用底层电路结构的固有概率行为，如最直观的是利用热噪声影响下的二进制开关的概率行为。基于这一原理，苏雷什·奇马拉瓦古（Sureh Cheemalavagu）等人提出了概率 CMOS（Probabilistic CMOS，PCMOS）系列电路^[155]。

由于随机计算采用的是一种随机方法，由随机电路执行的计算通常不精确，需要分析和管理这些不精确性。这还需要提高对随机计算的基本数学模型的理解。图 8.9 比较形象地表示了精确计算、近似计算、随机计算及计算出错之间的区别。

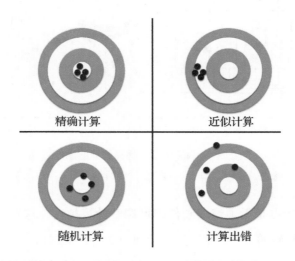

图 8.9 精确计算、近似计算、随机计算及计算出错的比较

8.3　可逆计算

可逆计算（Reverse Computing，RC）的历史始于 IBM 的物理学家鲁尔夫·兰道尔（Rolf Landauer）在 1961 年发表的一篇题为《计算过程中的不可逆性和热量产生》的论文。在这篇论文中，兰道尔认为传统计算操作的逻辑不可逆性直接影响了正在执行这些操作的器件的热力学行为。

最基本的物理学定律是可逆的。物理的可逆性意味着我们永远无法真正消除计算机中的信息。每当我们用新值覆盖某些信息时，先前的信息可能出于实际目的而丢失，但实际上并没有真正被破坏。相反，它已被推入机器的热环境中，在该环境中，它变成熵（本质上是随机信息）并表现为热量。

当今的计算机一直都在抹除信息，以致传统设计中的每个有源逻辑门在每个时钟周期都会破坏性地覆盖其先前的输出，从而浪费了相关能量。从本质上讲，一台传统的计算机是一台昂贵的电加热器，它会执行少量的计算，但计算只是一个副产品。

根据兰道尔的证明，在室温下，抹去每一个比特必须耗散至少 0.017 eV 的能量。虽然看上去这非常少，但是计算机中发生的所有操作加在一起，就是一个很大的数字。如今的 CMOS 技术消耗的能量实际上比兰道尔计算的要大得多，它擦除每一个比特消耗的能量在 5000 eV 左右。标准 CMOS 设计可以在这方面作些改进，但每擦除一次，仍有不低于 500 eV 的能量损失。

在兰道尔之后，很多研究人员对这个课题进行了大量研究，目的是研发出一种可逆计算机，但是因为难度太大都没有取得明显成果。直到 20 世纪 80 年代初，爱德华·弗雷德金（Edward Fredkin）和他的同事托马索·托佛利（Tommaso Toffoli）在麻省理工学院的信息力学研究小组中进行了首次有效的可逆计算物理机制的尝试。他们提出，原则上可逆操作可以通过理想化的电子电路来实现，该电路使用电感器在电容器之间来回运送电荷。由于没有电阻抑制能量流，因此这些电路理论上是无损耗的。这种理想化的系统虽然无法在实践中构建，但是这些研究推动了现在称为弗雷德金门和托佛利门的两个抽象计算元件的发展，它们成为可逆计算中许多后续理论工作的基础。这些门可以对 3 个输入位进行运算，将它们转换为 3 个输出位的唯一最终配置，从而可以执行任何计算。

传统计算芯片是由门电路等基本电路构建的，如 AND、NAND、OR、NOR 和 XOR 门。这些门在逻辑上是不可逆的，这意味着如果忘记输入值（A，B），输出 P 的信息不足以逆向计算并恢复（A，B）。根据 Landauer 理论，当使用一个逻辑上不可逆的门电路时，就已经把能量耗散在环境中。他同时指出，可逆门是不耗散能量的必要条件，但不是充分条件。一个消耗能量为零的计算机，不能用传统的门电路来设计，而只能用逻辑上可逆的电路来设计。

1. 托佛利（Toffoli）可逆逻辑门

在这种门电路中，输入和输出由输入 $[P, Q, R]$ 和输出 $[L, M, N]$ 给出，其中 $L=P$，$M=Q$，$N=PQ \oplus R$，如图 8.10 所示。

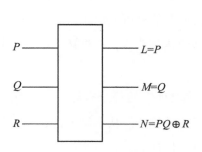

P	Q	R	PQ	L	M	N
0	0	0	0	0	0	0
0	0	1	0	0	0	1
0	1	0	0	0	1	0
0	1	1	0	0	1	1
1	0	0	0	1	0	0
1	0	1	0	1	0	1
1	1	0	1	1	1	1
1	1	1	1	1	1	0

图 8.10　托佛利可逆逻辑门

2. 弗雷德金（Fredkin）可逆逻辑门

在此门电路中，输入和输出分别由输入 $[P, Q, R]$ 和输出 $[L, M, N]$ 给出。输出响应为 $L=P$，$M=P'Q \oplus PR$，$N=P'R \oplus PQ$，如图 8.11 所示。

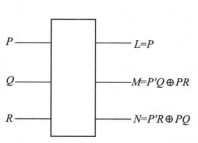

P	P'	Q	PQ	P'Q	R	PR	P'R	L	M	N
0	1	0	0	0	0	0	0	0	0	0
0	1	0	0	0	1	0	1	0	0	1
0	1	1	0	1	0	0	0	0	1	0
0	1	1	0	1	1	0	1	0	1	1
1	0	0	0	0	0	0	0	1	0	0
1	0	0	0	0	1	1	0	1	1	0
1	0	1	1	0	0	0	0	1	0	1
1	0	1	1	0	1	1	0	1	1	1

图 8.11　弗雷德金可逆逻辑门

计算中所需的操作可用可逆的方式执行，因此不会散发热量。任何电路可逆的条件之一是，其输入和输出可以唯一地相互检索或一对一映射。另一个条件是，如果器件实际上可以逆向运行，则称为物理可逆。可逆逻辑电路具有以下规则：输出数量等于输入数量（$n \times n$）；独特的输入到输出模式；不允许使用反馈电路或回路。

近年来已经有人提出了可以执行正向和反向计算的可逆逻辑[156]（如正向模式中的乘

法和反向模式中的因式分解），并可使用纳米磁性模型和玻尔兹曼机配置实现此独特功能，或在硬件中通过二进制计算或随机计算来达到近似。

图 8.12 为使用玻尔兹曼机和随机计算（p 位长）[156] 实现的可逆逻辑示意图。可逆逻辑电路在正向或反向模式下运行，使用具有输入 $[x_i \in \{0,1\}$（$1 \leqslant i \leqslant p$）] 和输出 $[y_i \in \{0,1\}$（$1 \leqslant i \leqslant q$）] 的哈密顿函数。例如，一个可逆乘法器展示了与固定输入相乘的能力（正向模式）和与固定输出进行因数分解的能力（反向模式）。如果固定了部分输入和输出，则可逆乘法器将作为除法运算。

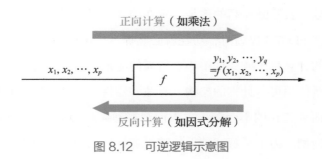

图 8.12　可逆逻辑示意图

野泽直也（Naoya Onizawa）等人展示了一种使用 CMOS 可逆逻辑和随机计算的低功耗 AI 训练芯片[157]。一般来说，可逆逻辑的应用仅限于简单的功能，如可逆乘法器及因式分解器，但他们将其扩展到了深度学习。这种可逆计算结构的一个明显好处是，其具备的可逆性允许以推理所用的低位宽精度从输入 / 输出训练数据中直接计算权重值，而在一般 AI 训练中都需要使用高位宽精度。因此，基于这种可逆计算方法，可以使用相同的推理和训练硬件，实现更低复杂度、更低功耗的深度学习 AI 芯片。这款带有 CMOS 可逆逻辑的 AI 训练芯片使用 TSMC 65 nm 工艺，可以执行正向和反向计算，功耗为 32.8 mW，电源电压为 1.0 V，时钟频率为 100 MHz。

很多研究人员继续探索可能的可逆计算电子实现方式。他们称理想化的热力学状态下的电路为“绝热的”。在该状态下，能量被禁止以热量形式离开系统。原则上，使用足够好的绝热机制，几乎不会产生熵，并且几乎不需要消耗任何自由能（当然，实际上还有其他产生熵的来源，如泄漏、摩擦效应等）。这些想法后来在麻省理工学院得到了实现。在 1993 年，汤姆·奈特（Tom Knight）小组中一位名叫赛义德·尤尼斯（Saed Younis）的研究生首次证明了绝热电路可用于实现完全可逆的逻辑。这为设计和构建 CMOS 中各种类型的完全可逆处理器铺平了道路。也有研究人员一直在开发可逆的超导电子器件，如参量量子器（Parametric Quantron）和量子通量参变器（Quantum Flux Parametron）等。

近年来，为了实现高能效的深度学习 AI 芯片，研究人员使用了可逆的超导电子器件——绝热量子通量参变器（Adiabatic Quantum-Flux-Parametron，AQFP）[158]。这款芯片同时也应用了随机计算技术。实验结果表明，他们提出的基于 AQFP 的 DNN 与基于 CMOS 的电路相比，可以实现高达 6.9×10^4 倍的能效，同时在 MNIST 数据集上保持 96% 的准确性。

随着芯片的速度成倍提升，更快、更密集的封装和更高的晶体管密度会引起热力学问题。可逆计算的思想来自热力学和信息论核心理论，实际上，这是物理学定律中唯一可能把计算性能和能效一直不断提高的途径。现在的计算机（包括超级计算机）都是非可逆计算，因此每次要把 FLOPS 提高时，功耗就必然提高。可以想象，再过十多年到几十年，具有超级计算能力的计算机（或数据中心）所需的能量，将会超过一个核电站的发电量。只有可逆计算（包括使用可逆计算的架构、算法和器件）可以避免这样的现象出现。

随着深度学习研究工作的不断深入，人们观察到某些 DNN 是可逆的，如生成模型只是前馈网络的逆向模型。为了了解这种近似的可逆性现象及如何更有效地利用它，有研究人员专注于理论解释并建立了稀疏信号恢复的数学模型，该模型与具有随机权重的 CNN 一致。

研究人员试图把基于模型的压缩感知及其恢复算法和随机权重的 CNN 的特定模型联系在一起[159]。假设可以找到一个稀疏信号表达域，则有可能对信号进行欠采样，即不工作在奈奎斯特频率。通过近似信号形状，可以保留相关信息并发送它，而不用发送整个 ADC 读数，甚至可以直接处理在模拟域中压缩的信号，就像在模拟－信息转换器（Analog-to-Information Converter，AIC）[160] 中那样。

压缩感知曾经被成功地用于成像处理，把单个像素恢复成一幅可以识别的图像，现在也被用于无线通信、生物医学、模式识别、音视频处理等领域。而把压缩感知用于深度学习，利用了 CNN 的可逆性，可能会在降低功耗、减小中间层的存储量等方面提供很多好处。但是，这方面的工作还只是刚刚开始。

可逆计算的一个例子是量子计算的应用。量子计算机是可逆的，因此理论上没有净能源消耗（实际运行时，由于大多数量子计算机在超低温下工作，冷却开销增加了能源的有效成本）。量子可逆性意味着量子计算机以无穷小（可逆）的步骤推动自己向前操作，就像香水分子从香水瓶中扩散出来一样。量子计算机程序不是"运行"的，而是随着输入到输出处理程序，因而被称为是"进化的"。顺便提一句，可逆性还意味着输出中隐含量子计算机的输入，该程序可以逆向运行以获取输入。

可逆计算绝非易事，尤其在工程上实现的挑战是巨大的。使用上述任何一种技术来实现高效的可逆计算，都可能需要对我们整块芯片设计基础架构进行彻底的改变[161]，并需要与基于新材料的新器件联合起来，才能有望实现持久性的新颖应用。也就是说，没有10～20 年或更长时间的努力，可逆计算还不可能走向商业应用。但是，可逆计算是一条将对未来的芯片、AI 和计算机科学起到极其重要作用的康庄大道，只有它可以谈得上是计算领域真正意义上的一种颠覆性创新，因为所有其他的新兴计算范式（近似计算、随机计算、模拟计算、神经形态计算、储备池计算等）都不是可逆计算，而且在未来的某个时刻都会达到极限。

8.4　小结

简而言之，近似计算和随机计算利用了应用所要求的精度水平与计算系统所提供的精度之间的差距，来实现各种优化，主要是满足省电的需求。因此，它们本质上是一种"绿色"技术。同时，它们的容错特性在神经网络架构和芯片设计中，都有很大的用处。因此，它们在 AI 芯片设计领域有着很大的优势和发展潜力。几家大公司已在几种基于 AI 的应用和服务中使用了近似计算技术，而 EDA 和软件工程界也越来越倾向于支持近似计算和随机计算设计。

然而，尽管近似计算和随机计算前景光明，但并非万能药。有效使用这些方法需要明智地选择近似的代码、数据、电路和近似策略，因为均匀近似会产生不可接受的质量损失，更糟糕的是，控制流或存储器访问操作中的近似值可能会导致灾难性的结果[149]。过高的精度损耗会使输出结果不可接受或需要使用精确的参数重复执行。这些问题正成为下一步需要解决的课题。

对于 AI 的训练和推理来说，如果使用近似计算或随机计算，都需要考虑计算精度和节能之间的权衡，要把云端和边缘侧的 AI 计算性能及两者之间的数据传输性能合并在一起，作为一个"近似"整体来考虑。

基于可逆计算的 AI 芯片已经问世，虽然它们还只是芯片原型，但是展示的结果令人鼓舞。可逆计算涉及物理学最基本的定律，即抹去信息就等于耗散能量。把这部分能量节省下来，将是未来计算的终极目标之一。在摩尔定律即将走向终点，处在新的工业革命重要节点上的今天，可逆计算正是最需要人们投入精力研究的时刻。

第**9**章 自然计算和仿生计算

前面讨论的 AI 芯片主要是指深度学习加速器，深度学习也是目前最流行的 AI 算法。深度学习的"起家本事"同时也是它最"得心应手"的应用是图像或语音识别，这方面有大量的研究，也有大量成功的应用例子，并正在形成一个很大的产业。然而，要让 AI 取代人类执行更多的任务，还有许多应用领域需要覆盖，其中一个非常关键的领域是解决组合优化或多目标优化问题。这个问题涉及人类生活、工作的方方面面。解决这个问题并不是深度学习算法本身的特长。

另一方面，随着摩尔定律走向终结，传统冯·诺依曼计算架构的性能增长已经放缓，而对于 AI 系统高性能、低功耗、低时延、低成本等方面的要求越来越高。这些问题也不是深度学习所能解决的，恰恰相反，正是深度学习的不断发展和扩展造成了这些问题。说到底，这些问题大部分也是组合优化问题。因此，如果能把优化算法与深度学习算法组合在一起，就可以形成一个比较完美的解决方案。

为了解决组合优化问题，从二十世纪八九十年代开始，就已经有科学家提出了一种新的计算模式，称为自然计算。自然计算是指从自然界所蕴含的丰富的信息处理机制中，提取出相应的计算模型，再设计成相应的算法应用于相关的领域。自然计算涉及的面非常广，涵盖多个学科，包含几百种算法和计算框架，可以分成物理、化学、生物、人文社会等多个层面。基于神经网络的 AI 芯片也是自然计算的一种，属于生物层面（仿生），蚁群算法、自组织算法、灰狼算法、狮子算法也属于生物层面；模拟退火、光子计算、量子计算、黑洞算法等属于物理层面；而模糊计算、文化算法、足球世界杯算法等属于人文社会层面。本书第 10 章将要介绍的伊辛计算使用超导体也是自然计算的一个例子。

自然计算首先将问题映射到以内在收敛特性为特征的自然现象，然后使系统达到收敛，观察结果，并得到原始问题的解。自然计算不是逐步解决问题，因此它不会受到运行速度停滞的阻碍。

本章将重点介绍属于自然计算的自组织算法、群体算法（包含烟花算法）及其与 DNN 的结合和应用。进化算法及遗传编程属于自然仿生的重要算法，将在第 12 章里作较详细的讨论。

9.1　组合优化问题

最优化问题自然地分成两类：一类是连续变量的问题，另一类是离散变量的问题。在连续变量的问题里，一般是求一组实数，或者一个函数。离散变量的最优化问题被称为组合优化的问题，是从一个无限集或可数无限集里寻找一个对象，典型对象如一个整数、一个集合、一个排列或一个图。

生活中许多问题都是由相互冲突和影响的多个目标组成的。人们会经常遇到使多个目标在给定区域同时尽可能最佳的优化问题。组合优化问题在工程应用等现实生活中非常普遍，并且处于非常重要的地位，这些实际问题通常非常复杂、困难。自 20 世纪 60 年代早期以来，组合优化问题吸引了越来越多不同背景的研究人员的注意力。因此，解决组合优化问题具有非常重要的科研价值和实际意义，尤其是当今 AI 算法和模型的研究中，也有大量优化问题需要解决。

一般情况下，多目标优化问题的各个子目标之间是矛盾的，一个子目标的改善有可能会引起另一个或另几个子目标的性能降低。也就是说，要同时使多个子目标一起达到最优值是不可能的，而只能在它们中间进行协调和折中处理，使各个子目标都尽可能地达到最优化。如果用 f_i 代表子目标 i 的成本函数，$f=y$ 代表总成本函数，多目标优化问题的解就是使总成本函数最小。这可以表达为

$$\min y = f(x) = [f_1(x), f_2(x), \cdots, f_n(x)], \quad n = 1, 2, \cdots, N \tag{9.1}$$

典型的多目标组合优化问题求解思路是对问题进行数学建模，将其抽象为数值函数，选择最佳组合的优化问题。当该函数在连续、可求导、低阶的简单情况下可解析地求出其最优解，但因为各种因素影响复杂，大部分情况下只能进行近似优化计算。尤其当问题规模较大时，优化计算的搜索空间也随之急剧扩大，要求出真正的最优解几乎不可能。使用自然计算算法能够在可接受的时间和精度范围内，求出一种近似最优解。

当人们出行时，可以使用地图搜索连接出发点和目的地的最佳路线。根据不同的目的，可以选择什么是最佳路线，例如可以选择在最短的时间内到达，或交通费用更便宜，

以得出最佳组合。

这类问题一个比较著名的例子是旅行商问题（Traveling Salesman Problem，TSP）：一名推销员要访问多个地点时，每个地点不能重复，如何找到在访问每个地点一次后再回到起点的最短路径。这有点像日常的"一笔画"问题。TSP 是 NP 难度问题（Non-determinisitic Polynomial Hard Problem），通常不能通过传统的数学方程式来解决。它也是最著名的计算机科学问题之一。TSP 有几种变体，其中一些允许多次访问一个城市或为不同的城市分配不同的值。

对于正常的迭代程序来说，找到最短路径似乎是一件容易的事。但是，随着城市数量的增加，可能的组合数量就会急剧增加。例如，如果有一个或两个城市，则只能有一条路线。如果有 3 个城市，可能的路线就已增加到 6 个。表 9.1 列出了路径数量增长的速度，城市数 n 是使用阶乘算子"！"计算得出的，某个任意值 n 的阶乘由 $n \times (n-1) \times (n-2) \times \cdots \times 3 \times 2 \times 1$ 给出。当旅行商要去推销的地点非常多时，可能的路径数量变得非常大，几乎大到天文数字。以 50 个地点为例，如果要列举所有路径后再确定最佳行程，那么总路径数量达到了 3.041×10^{64} 条，用传统计算机已经无法计算。例如，如果使用一部主频率为 3.6 GHz 的计算机，则需要大约 13 亿年才能找到 25 个城市的旅行商问题的解决方案。

表 9.1　随着城市数的增加飞速增长的可能路径数

城市数（个）	可能的路径数量（条）
1	1
2	1
3	6
4	24
5	120
6	720
7	5040
8	40,320
9	362,880
10	3,628,800
11	39,916,800
12	479,001,600
13	6,227,020,800
…	…
50	3.041×10^{64}

9.2 组合优化问题的最优化算法

对于 TSP 这个难题，使用模拟退火（Simulated Annealing，SA）方法就可以很好地应对。模拟退火算法可在几分钟内找到解决 50 个城市问题的方法。当然，这样的解并不是真正的最优解（除非以极慢速度退火），而是次优解，或称近似最优解。不过它的精度已经能够满足绝大部分实际需要。

图 9.1 为使用计算机来解决 TSP 的一个迭代过程，在标出各个要访问的城市（用点表示）的一幅地图上，先用一个任意形状的环来初始化，随着迭代计算的进行，在几分钟内就形成了一条（近似）最佳的推销路径。

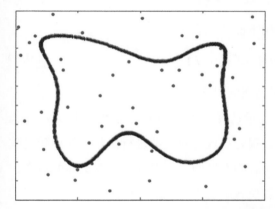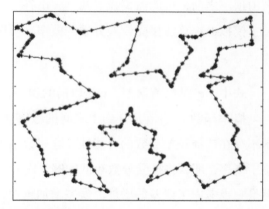

图 9.1 用计算机解决 TSP 的迭代过程

除了模拟退火，组合优化问题的最优化算法还包括自组织映射、群体算法等。

9.2.1 模拟退火

贝尔实验室的研究人员斯柯特·柯克帕特里克（Scott Kirkpatrick）等人在 20 世纪 80 年代中期开发了模拟退火算法。它最初是为了通过模拟退火过程来更好地优化集成电路芯片的设计而开发的。

退火是加热固体然后缓慢冷却直至结晶的冶金过程。加热使能量升高，这些材料的原子会离开原来的位置，随机地在其他位置中移动。高温下原子具有高能量值。随着温度降低，原子的能级降低。材料中的原子原来会停留在使内能有局部最小值的位置。理想情况下，应缓慢降低温度，使原子有较多可能找到能级比原先更低的位置，即找到能量最低的位置，以形成更一致、稳定的晶体结构，从而提高金属的耐久性。如果冷却过程进行得太快（称为快速淬火），晶体结构中会出现许多不规则和缺陷。

"模拟退火"试图模拟金属退火的过程。举一个芯片模块布局的例子：整个优化过程开始于非常高的温度，在该温度下，需要布局的模块位置初始值可以采用较大范围的随机值。随着模拟的进行，允许温度下降，从而限制允许模块位置变化的程度。最后会收敛于一个接近最优的模块布局方案，就像金属通过退火工艺实现最优的晶体结构一样。

模拟退火算法类似于爬山法，因为它考虑了从当前位置可以做出的移动选项。这些移动是随机评估的。如果随机选择的移动具有比当前位置更好的分数，则算法移动到新位置。然而对模拟退火来说，它可以取用具有更差分数的移动，这是一个重要的区别。如果新位置分数较差，将以随机概率接受新位置。如果温度较高，这种随机概率会更高。模拟退火并不像贪婪随机算法那样"贪婪"，有时会向后退一步，然后再前进两步，因此在找到"最高山顶"之前，可能需要经过几个"山谷"。

模拟退火算法接受较差分数的概率，可以用下面公式表达：

$$P(e, e', T) = \exp(-(e' - e) / T) \qquad (9.2)$$

式中，e' 是当前误差，e 是以前的误差，T 是当前温度。

概率函数 P 的值是 0 到 1 之间的数字。1 表示选择较差分数的可能性为 100%，0 表示不存在选择较差分数的可能性。这些数字可以很容易地与随机数进行比较。如果随机数小于概率，那么将接受分数较低的解。式（9.2）表明在返回更高温度时具有更高的概率，但是它也考虑了误差的增加。误差增加越大，新位置就越不可能被接受。

假设从随机初始状态开始，逐渐改变状态来找到最佳状态，也就是使成本函数 f 达到最小。如果 f 的值随着状态的微小变化而减小，则接受新状态作为下一步的状态，如果 f 增加则拒绝新状态，最后达到一个最佳状态，如图 9.2a 所示。这种思路称为梯度下降法。

然而，如果存在如图 9.2b 所示的非真实最小值的局部最小值，在某些初始条件下，系统将被锁定在局部最小值。这时，引入由热波动引起的转变是有用的，因为它们允许过程以一定的概率增加 f 值。因此，模拟退火引入温度 T 的概念作为外部可控参数。如果 f 因状态的微小变化而减小，那么就像在简单梯度下降法中一样接受新状态；如果 f 增加，则接受概率为 $e^{-\Delta f/T}$ 的新状态，该概率由成本函数 $\Delta f\ (>0)$ 和温度 T 的增加确定。在模拟退火的初始阶段，会将温度保持在高水平，这会刺激转换，从而以相对较高的概率增加成本函数，因为 $e^{-\Delta f/T}$ 接近于 1。系统通过这样的过程搜索状态空间的全局结构。然后，温度的逐渐降低迫使系统具有更高的概率以接近具有低 f 值的最佳状态，这意味着考虑越来越多的局部结构。最终，让 $T \to 0$ 停止状态变化，如果成功，将达到最佳状态。

在 TSP 中，成本函数 f 相当于推销员必须行进的总距离，这也相当于机器学习算法的误差计算或评价函数。

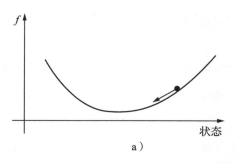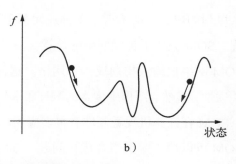

图9.2 简单、复杂两种状态空间的对比

a）结构简单的状态空间 b）结构复杂的状态空间

9.2.2 自组织映射

自组织映射（SOM）是芬兰教授托伊沃·科霍宁（Teuvo Kohonen）提出的一种神经网络模型，可以对数据进行无监督学习聚类。它是一种比较简单的神经网络，只包含输入层和输出层，由于没有中间的隐藏层，所以 SOM 映射之后的输出保持了输入数据原有的拓扑结构。正因为这个优点，SOM 被广泛应用于多个领域。

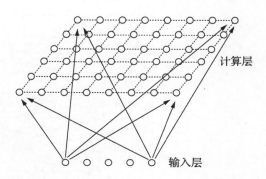

图9.3 SOM 由输入层和输出层（计算层）组成

SOM 的输出层又称计算层，由一系列神经元组成的节点构成，可以是一维结构，也可以是二维结构（见图9.3）。可以看出，SOM 起到了降维的作用，即将高维的输入数据映射到一维或者二维空间中。

SOM 将输入数据转换为离散的低维数据，然后表示成局部区域或网络中的活动点。其学习过程包含 4 个重要步骤：随机数据输入（初始化过程）、竞争过程、协作过程、自适应过程。

SOM 采用了竞争学习的方式，每个输入的样例在计算层中找到一个和它最匹配的节点，称为它的激活节点，又称获胜神经元，即只有胜者才有输出，只有胜者才能够更新权重。然后，与激活节点临近的点也根据它们离开激活节点的距离而适当地更新参数，也就是进行相互"协作"。判别函数可以是欧几里得空间中的简单距离矢量，如式（9.3）所示。

$$d_j(\boldsymbol{x}) = \sum_{i=1}^{D}(x_i - w_{ji})^2 \tag{9.3}$$

式中，$\boldsymbol{x}$ 是输入矢量，d_j 是第 j 个神经元的鉴别函数，D 是输入序列的维数，i 是 D

维输入序列的成员，w_{ji} 是第 j 个神经元关于输入矢量第 i 个元素的权重。最后，通过自适应过程，SOM 完成了神经网络的计算。

SOM 网络把输入排列成一个网格。这种布置适用于图像，因为彼此更接近的像素之间有关联性。显然，图像中像素的顺序很关键。SOM 网络以同样的方式遵循像素的顺序。因此，SOM 在计算机视觉领域有很多应用。

SOM 可以用于解决组合优化问题，如解决 TSP。它也已经被应用于芯片的布局布线设计中 [162]。在经过自组织的学习过程之后，原来处于随机位置的模块，被安排到芯片中的最佳位置上，不但可以达到模块之间总连线长度最短的目标，同时也考虑了模块本身的面积（见图 9.4）。模块面积通过较小的子网络表示，经过最后的几何修正，这些环状子网络都恢复成矩形，从而完成了一个完整的芯片模块布局图。

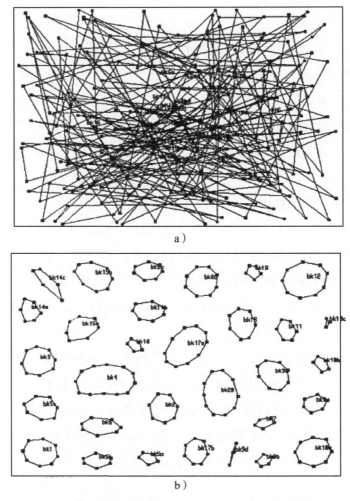

a）

b）

图 9.4　基于 SOM 的芯片布局设计：从无序到有序的学习过程 [162]

9.2.3　群体算法

群体智能（Swarm Intelligence）是大量个体交互形成的集体智能。在群体中，没有主管或中央控制来发出关于如何行为的命令。尽管这些群体中每个个体的单独能力较弱，但大量个体组成的群体所表现出的集体行为却可以产生一种不同形式的智能全局行为。基于群体智能的算法受到自然仿生的启发，能够以低成本生成高质量的输出，快速解决被认为复杂且难以解决的问题。正因为如此，群体智能正在成为 AI 领域中的一个重要类别，它反映了环境中社交群体的生活方式和行为模式，如蚁群、鸟群、蜂群、鱼群、蜘蛛、萤火虫、细菌等。鸟群整队而飞（见图 9.5）、蚁群寻觅食物、鱼群在水中游荡、蜘蛛的爬行等群体的行为，都是群体智能的研究对象。

图 9.5　鸟群整队而飞

即使这些个体都经验不足，但它们共同努力实现共同的生存目标。这不是知识问题，这种相互作用的主要机制称为共识主动性（Stigmergy），是生物群体中的一个核心概念，指生物个体自治的信息协调机制。

共识主动性是一种定义明确的自组织形式。它产生了复杂的类似智能的结构，无须在各个个体之间进行任何控制、计划或任何直接沟通。

基于群体智能，詹姆斯·肯尼迪（James Kennedy）和拉塞尔·埃伯哈特（Russell Eberhart）于 1995 年开发了一个简单的数学模型，主要目的是描述和讨论鱼类和鸟类的社会行为，该模型被称为粒子群优化（Particle Swarm Optimization，PSO）。PSO 是当今最著名和最有用的元启发式计算之一。该模型的基本原理是描述复杂系统动力学的自组织。PSO 使用极其简化的社会行为模型，在合作和智能的框架中处理优化问题。

在过去的几十年中，为解决复杂的优化问题，已经有许多不同的群体智能算法被精心开发出来。而过去 30 年来，群体智能在工程、医学和工业的几乎每个领域都引起了人们极大的兴趣。其中 PSO 算法最令人瞩目，并在模糊逻辑系统、神经网络、最优化、模式识别、机器人技术、信号处理等领域得到了应用。许多很新颖的群体智能算法思路也在不断出现，如基于蜜蜂觅食行为的算法、萤火虫算法、布谷鸟搜索算法、烟花算法、细菌觅食算法、灰狼算法、水波算法、狮子算法、鲸鱼算法和 2019 年提出的松鼠搜索算法（模仿小型哺乳动物用于长途旅行的滑翔机制）、原子搜索算法（受基本分子动力学的启发，基于自然界中的原子运动模型）等。作为群体智能的一个例子，下面简单介绍一下烟花算法。

烟花算法是受现实中的烟花在空中爆炸这一现象启发而提出的一种具有爆炸搜索机制的全局优化求解新型群体智能算法。它在求解复杂优化问题时表现出了优良的性能和很高的效率，已经获得了业界的高度关注和跟踪研究 [163]。

烟花算法的基本组成框架如图 9.6 中的框图所示，主要由爆炸算子、变异操作、映射规则和选择策略 4 大部分组成。爆炸算子包括爆炸强度、爆炸幅度、位移变异等操作，变异操作主要包括高斯变异操作等，映射规则包括模运算规则、镜面反射规则和随机映射规则等，选择策略包括基于距离的选择和随机选择等。

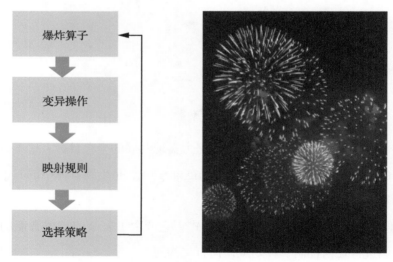

图 9.6　烟花算法的基本组成框架 [163]

烟花算法的工作过程与一般群体智能优化算法相似，首先随机选择 N 个烟花初始化群体，然后让群体中的每个烟花经历爆炸操作和变异操作，并应用映射规则保证变异后的个体仍处于可行域内，最后在保留最优个体（所谓精英策略）的前提下，应用选择策略从生成的所有个体（烟花和火花）中选择余下的 $N-1$ 个个体共同组成下一代的群体。这样周而复始，迭代下去。通过这种交互传递信息（直接或间接地）使群体对环境的适应性逐代变得越来越好，从而求得问题的全局最优解。

9.3　超参数及神经架构搜索

深度学习模型的设计是一项具有挑战性的任务，需要在输出的分类精度与运行时间、能量消耗情况之间进行不同的权衡。虽然使用更简单的 DNN 设计可以缩短整体运行时间，但在给定的底层硬件平台的情况下，这可能会显著降低利用率。

发现高性能神经网络架构需要通过反复试验，并进行多年的广泛研究。就图像分类任务而言，最先进的 CNN 超越了深度链式结构布局，变成了越来越复杂的图拓扑结构，设计空间的这种组合爆炸使得架构的人工设计不仅费时，而且性能也可能不是最理想的。

近年来，人们越来越关注使用算法来进行超参数优化，使架构设计过程自动化。目标可以描述为在给定搜索空间中找到最佳架构，以便在给定任务上最大化验证其精度。例如，最初致力于基于三维存储器设计的硬件加速器 [164]，已经利用以最小功耗为目标的 Eyeriss 模型进行设计空间探索。超参数优化工作可以针对多个设计目标进行优化，因此这是一个组合优化问题。

超参数定义神经网络的架构。在大多数支持 CNN 的 DNN 框架中，需要为卷积层指定的超参数有卷积核数量，卷积核大小，激活函数的类型，隐藏层的数量，卷积层、池化层和正则化的顺序，隐藏神经元的数量，卷积层和池化层的结构等。

在网络训练过程中，正则化可以帮助防止过度拟合，如使用 Dropout 的方法，按一定的概率将一部分中间层的单元暂时丢弃。与训练有关的超参数包含学习率、迭代次数等。

上述这些超参数在哪种情况下到底取哪个值，这没有简单的答案。如果存在确定这些设置的简单方法，程序员就会构建神经网络框架，自动设置这些超参数。但神经网络的训练和成功仍然受到对超参数经验选择的敏感性（如模型架构、损失函数和优化算法等）的影响。在没有扎实的数学理论支撑的情况下，最常见的是把这些超参数通过在不同数据集上反复试验来进行调整。

构建神经网络需要经历模型选择过程。模型的选择是非常耗时的，可能需要几分钟、几小时甚至几天来训练神经网络，并确定给定的一组超参数训练神经网络所能达到的程度。通常，建模的成功与在模型选择上花费的时间密切相关。模型选择是一个非常活跃的研究领域，涌现出了许多创新方法。如果将超参数视为一系列值组合的一个矢量，并将那些超参数的最佳神经网络得分作为目标函数，就可以考虑使用自然仿生算法来解决这些超参数的优化问题。

在构建神经网络时，学习率可能是最重要的超参数。在每次模型权重更新时，学习率都会根据估计的误差来控制模型更改的程度。学习率的选择很具挑战性，因为学习率的值太小可能会导致很长的训练过程而陷入类似死机的状态；而值太大可能会导致学习的权重太快进入次优值，或导致训练过程不稳定。

迄今为止，已经有不少研究人员应用自然仿生算法解决 DNN 中的参数优化、最佳神经架构搜索及网络架构进化等问题，使其通过不断"进化"而最终收敛到给定应用的最佳超参数集，从而使 DNN 的架构、算法和模型进一步完善，提高性能，而无须人工干预。这些自然仿生算法包括粒子群优化（PSO）、遗传编程、进化算法、模拟退火、蚁群优化、布谷鸟优化及强化学习方法等。下面介绍近年来的几个应用例子。

9.3.1　粒子群优化的应用

Fei Ye 研究了 PSO 全局和局部探索能力的优势，以找到 DNN 的最佳网络结构，即无须人工干预，并且具有更好的超参数配置，可用于网络的最终训练[165]。Fei Ye 提出了一种新的自动超参数选择方法，使用 PSO 结合最陡梯度下降算法来确定 DNN 的最优网络配置（网络结构和超参数）。在他所提出的方法中，网络配置被编码为一组实数 m 维矢量，作为搜索过程中 PSO 算法的个体。在搜索过程中，PSO 算法用于通过在有限搜索空间中移动的粒子，搜索最佳网络配置，并且在 PSO 的群体评估期间，使用最陡梯度下降算法来训练 DNN 分类器（以找到局部最优解决方案）。在优化方案之后，使用更多时段和 PSO 算法的最终解来执行最陡梯度下降算法，以分别训练最终的集合模型和各个 DNN 分类器。利用最陡梯度下降算法的局部搜索能力和 PSO 算法的全局搜索能力来确定接近全局最优的最优解。研究人员构建了手写字符和生物活动预测数据集，进行了一些实验，证明由 PSO 算法最终完成的网络配置所训练的 DNN 分类器，在总体性能上优于随机方法。因此，他所提出的方法可以被视为一种用于 DNN 的神经架构和参数选择的工具。

9.3.2　强化学习方法的应用

在强化学习方法中，智能体像人类一样，会为自己学习成功的策略，从而带来最大的长期回报。而深度强化学习（Deep Reinforcement Learning，DRL）又更进了一步，智能体直接从原始输入（如视觉）中构建和学习自己的知识，而无须任何人工设计的功能或启发式方法。这是通过 DNN 的组合来实现的。深度强化学习是几年前由 DeepMind 最早提出的，开始的时候学习并不稳定，但其研究人员通过大量实验解决了这个问题，以在许多具有挑战性的领域实现人类水平的效能。

强化学习在开始的时候主要应用于下棋和一些计算机游戏上。然而，深度强化学习的应用范围已经大大扩展了，不但已有效应用于金融领域的股票交易和股价预测，而且也应用于自然语言处理、聊天机器人等领域。基于深度强化学习的 AI 芯片也已开发出来（见第 12 章）。

DeepMind 的研究人员在 2017 年提出了基于群体的训练（Population Based Training，PBT）[166]，这是一种简单的异步优化算法，它有效地利用既定的计算资源，对一组模型和超参数（一个群体）进行优化，以达到性能最大化。重要的是，PBT 可以发现超参数设置的时间进度（学习率延伸曲线），而不是遵循通常的优化策略，后者只是找到用于整个训练过程的单个固定的数据集。通过对典型的分布式超参数训练框架进行小规模修改，这种方法可以对模型进行稳健可靠的训练。这种方法结合了深度强化学习技术来优化超参数。

相同的方法可以应用于机器翻译的监督学习，并且还可用于生成对抗网络（Generative Adversarial Network，GAN）的训练，可使生成图像的评价指标达到最高。在所有情况下，PBT 都会自动发现超参数时间进度和选择模型，从而实现稳定的训练和更好的最终性能。

9.3.3　进化算法的应用

进化算法已经有 50 多年的历史，其背后的基本思想是：问题的候选解决方案可以通过突变（随机改变一种解决方案）和交叉（混合两种解决方案以形成一个新的解决方案）的组合来逐渐使其变得更优，从而随着进化的发展而不断改善。

尽管进化算法已经被反复应用于神经网络架构，但由此建立的图像分类器仍然不够理想，不能优于人工设计。直到谷歌的"谷歌大脑"项目组开发了一个图像分类器 AmoebaNet-A[167]，它首次超越了人工设计。AmoebaNet-A 与使用更复杂的架构搜索方法发现的先进的 ImageNet 模型具有相当的精度。这种分类器基于改进了的进化算法，加入了新的"老化演变"及变异规则。在与强化学习算法的对照比较中，证明了进化可以使用相同的硬件更快地获得结果，尤其是在搜索的早期阶段，当因计算资源限制而无法长时间运行实验时非常重要。因此，进化是一种有效发现高质量架构的简单方法。

DeepMind 的研究人员探索了有效的神经架构搜索方法[168]，揭示出一个简单而强大的进化算法可以发现具有出色性能的新架构。他们的方法结合了一种新颖的分层遗传表示方案，它模仿了人工方法通常采用的模块化设计模式，以及一个支持复杂拓扑的富有表现力的搜索空间。这种基于进化算法的方法有效地发现了性能超出大量人工设计的图像分类模型架构，与现有的最佳神经架构搜索方法相比具有明显竞争力。

洛伦佐（Pablo Ribalta Lorenzo）和雅各布·纳莱帕（Jakub Nalepa）使用模因算法（Memetic Algorithm）以数据驱动的方式进化 DNN 的拓扑结构[169]，以便根据所提供的输入数据进行调整。他们使用了从高斯过程回归得到的变异方案。进化的 DNN 主要用于脑 MRI 图像中的肿瘤分割。在模因算法中，DNN 架构以有向非循环图的形式，通过使用相关的邻接矩阵来编码。

美国得克萨斯大学奥斯汀分校的研究人员将用于深度学习的自动机器学习（AutoML）系统又向前推进了一步[170]。他们设计了一个名为 LEAF 的进化 AutoML 框架，不仅可以优化超参数，还可以优化网络架构和网络规模。LEAF 使用进化算法和分布式计算框架。医学图像分类和自然语言分析的实验结果表明，该框架可实现最先进的性能。LEAF 表明架构优化可以使超参数优化效果得以明显提升，并且可以同时缩小网络规模，而性能几乎没有下降。

9.3.4　其他自然仿生算法的应用

普里扬卡·辛格（Priyanka Singh）和布拉格·德维韦迪（Pragya Dwivedi）提出了一种新的领头羊算法[171]，该算法基于羊群内移动行为的概念，称为跟随领导者（Follow The Leader，FTL）。为了评估该算法的性能，该项研究工作使用了 24 个基准函数。实验结果表明，与其他传统方法相比，该方法提出模型所产生的预测误差最小。

安格斯·肯尼（Angus Kenny）和李晓东提出了一种称为半非相交扩展网络（Semi-disjoint Expanded Network，SdEN）的网络架构[172]，以使 PSO 能够通过克服可扩展性约束来优化权重。哈桑·巴德姆（Hasan Badem）等人将人工蜂群（Artificial Bee Colony，ABC）算法与限制记忆算法相结合[173]，以对由级联到 Softmax 分类层的自动编码器层组成的 DNN 结构进行优化。阿南·班哈恩斯库恩（Anan Banharnsakun）试图通过基于 ABC 算法生成的解决方案来初始化 CNN 分类器的权重，从而使错误分类降到最低[174]。科林斯·莱凯（Collins Leke）等人使用布谷鸟搜索优化的 DNN 模型来估计高维数据集中的缺失特征[175]。2020 年，为了弥补 NAS 计算成本太高的问题，王斌等人提出了一种有效的粒子群优化方法，以开发基于迁移学习思想的 CNN 架构。这种方法通过将搜索空间最小化到单个块，并在进化过程中利用训练数据的一小部分子集来评估 CNN，从而降低了计算成本[176]。

深度学习方法可以从自然仿生算法获得帮助和优化，但这类算法太多，大部分仍然未被探索。例如，进化算法在深度学习中似乎很有用处，因为在 20 世纪 90 年代就已有人将其应用于人工神经网络并取得良好成果，但迄今为止只进行了有限的探索。而其他算法，如烟花算法,还没有人将其应用于深度学习领域。

深度学习技术主要被认为是大数据分析的有效技术。也就是说,深度学习技术是通过大量未标记的训练数据才取得了巨大成功。然而,如果只有有限数量的训练数据可用,需要更强大的神经网络模型以实现增强的学习能力。因此,重要的是在未来考虑深层模型的设计,以便利用少量训练数据集中学习。这时可能就会需要使用自然仿生算法。

到目前为止,基于自然仿生算法的超参数优化及神经架构搜索方法得到的架构,在某些任务中的表现已经优于人工设计,如在图像分类、物体检测或语义分割等领域。研究人员现在正在将其应用于改进 DNN 架构,如权重分享、修剪搜索、分类精度测量等,并应用到前人较少探索的领域,如图像恢复、语义分割、迁移学习、机器翻译、GAN、循环神经网络等。

更有意义的研究工作或许是如何利用自然仿生算法来开发与 GAN 相关的、更前沿和更具挑战性的深层架构。自然仿生算法在这类架构上的应用,将会改善这类架构的学习机制,改善学习算法的性能,并使每个数据源形成根据所需运算进行优化的表述,进而减少训练时间。而这方面的工作目前几乎尚未开展。

下一代的深度学习技术将更倾向于半监督和无监督学习,从而可以降低对大量标记数据的需求。由于自然仿生算法在模式聚类方面有很长的成功历史,未来的研究可能会寻求将基于深度学习的特征与进化聚类技术相结合。

尽管学术界已经开展了不少研究工作,试图把自然仿生算法与深度学习技术集成在一起,但产业界在这方面的研究还不是很多。在接下来的几年中,随着研究工作的开展,预计自然仿生算法与深度学习的集成将会完善深度学习的架构、提高其性能并加快训练过程。为了做到这点,开发相应的 AI 芯片是非常重要的一个前提。因为要使用自然仿生算法来进行神经架构搜索和超参数优化,需要非常强的硬件处理能力。

9.4 基于自然仿生算法的 AI 芯片

以上介绍的自然仿生算法在 DNN 的应用,大部分还是在 CPU 上进行模拟运算,很少使用专门的芯片。如果把自然仿生算法在专用芯片上实现,将可以达到高得多的效率和性能。事实上,近年来已经有很多在芯片上实现自然仿生算法的例子[177,178]。2019 年,方言等人已经基于铁电脉冲神经网络(F-SNN)实现了一种群体优化器[179]。本节介绍一些 PSO 和模拟退火芯片实现方面的探索。

9.4.1　粒子群优化的芯片实现

粒子群优化（PSO）算法的芯片实现难度较高。PSO 算法源于鱼类和鸟类群落的社会行为 [180]。群体中的每个粒子（个体）都具有位置矢量，代表该问题的潜在解决方案。算法在整个搜索空间和每次迭代中将粒子初始化为随机位置，再算出速度矢量并用于更新每个粒子的位置。每个粒子的速度都受到粒子自身经验及邻居经验的影响。

基于 FPGA 来实现 PSO 算法相对比较容易 [177]。图 9.7 为一种 PSO 芯片的实现框图。假设群体由 N 个粒子组成，每次迭代使用成本函数 f 来测量群体中每个粒子 i 的拟合度（Fitness）。然后更新每个粒子 i 的位置，这受 3 个因素的影响：最后一次迭代的粒子速度、已知最佳位置的粒子和当前位置粒子之间的差异，以及已知最佳位置的群体与当前位置粒子之间的差异。后两项各自乘以 [0,1] 中的一个均匀随机数来随机改变每一项的影响，并乘以一个加速系数以扩展和平衡每一项的影响。每个粒子获得的最佳位置存储在矢量 p_i 中（图 9.7 中的 PBest），而群体中任何粒子获得的最佳位置存储在矢量 p_g 中（图中的 GBest）。然后更新每个粒子的速度矢量 v_i。

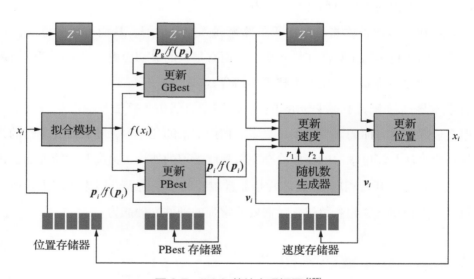

图 9.7　PSO 芯片实现框图 [177]

PSO 的算法实现通常使用浮点值。但是，相对于类似的定点操作，浮点运算通常需要数倍的逻辑资源。FPGA 通常包括许多嵌入式乘法器，可用于执行整数乘法，而无须使用任何 FPGA 可编程逻辑。为了硬件实现，PSO 算法被分解为在每个粒子上执行的 5 个操作：评估稳健性、更新粒子的最佳位置、更新全局最佳位置、更新速度和更新位置。这 5 个操作中的每一个都在单独的硬件模块中实现。

由于可以并行执行 PBest 和 GBest 的更新，因而可以在 6 阶段流水线中组织这 5 个操作，包括初始提取和最终写入阶段。这款芯片使用了赛灵思的 FPGA，工作频率在 25 ～ 100 MHz 之间。

9.4.2　用忆阻器实现模拟退火算法

通过适当选择权重矩阵，可以使用 Hopfield 神经网络（Hopfield Neural Network，HNN）对任意优化问题进行编码和求解，最终将收敛到固定点。但是，如果仅采用 HNN 的架构来进行优化计算，它往往会陷入局部最小值，因为它没有实现系统能量状态提升来摆脱局部最小值的机制。

如前所述，模拟退火算法是解决大型组合优化问题的有效技术。其中使用了随机或不相关的过程来扰动系统的状态，从而使其能够实现足以摆脱局部最小值的能量上升。当系统接近全局最小值时，噪声的大小会被调低，以使系统落到一个最佳值，即得到一个最优解决方案。

为了实现可控的伪随机数生成以实现模拟退火，通常需要复杂的数字电路，这些电路一般具有较大的面积、较高的功耗和较长的时延。近年来，随着一些新型器件的不断开发和进步，有研究人员利用忆阻器的特性来实现 HNN[181]。忆阻器的交叉开关电路计算本身具有固有的模拟噪声，如果再加额外的忆阻器行列，可以注入可调电平的随机电报噪声（Random Telegraph Noise，RTN），在每一列中生成所需的独立噪声，如图 9.8 所示。这导致了一个类似于玻尔兹曼机的网络模型。氧化物忆阻器（如使用 TaO$_x$ 的忆阻器）已表现出能够在某些偏置区域中产生可控的随机电报噪声，从而可以被用来摆脱局部最小值。

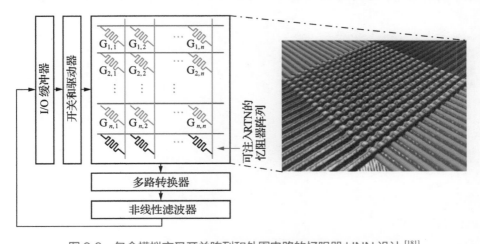

图 9.8　包含模拟交叉开关阵列和外围电路的忆阻器 HNN 设计 [181]

这款用忆阻器实现的芯片，使用模拟退火算法，直接在模拟交叉开关阵列中解决了一个 60 个节点的最大割（Max-Cut）问题。

9.5 小结

大自然经过亿万年物竞天择、优胜劣汰的演化，形成了复杂多元的生命现象，其中蕴含着丰富的信息处理机制，这些机制就是自然计算的基础；而人类对于自然智能最初的学习和利用，产生了仿生学及仿生计算。现在我们讨论的基于神经网络的 AI，属于自然计算和仿生计算范式中一个很小的部分。

这就是说，所谓的 AI 不但可以模仿生物大脑的神经网络机制，还可以模仿大自然里各种各样生物的信息处理机制。大自然是极为广阔的天地，自然智能现象带给人类无尽的智慧启迪，将会进一步优化和辅助目前正在兴起的 AI 技术。同时相关的新 AI 分支领域也一定会被开辟出来。

本章讨论了模拟退火、群体算法、自组织映射、领头羊算法等，介绍了它们在深度学习的超参数优化及神经架构搜索中的应用，以及粒子群优化和模拟退火的芯片实现例子。自然计算和仿生计算中的一个重要方法——进化算法，将在本书第 12 章进一步介绍。

自然计算和仿生计算型的 AI 芯片可以进行最优化计算，往往可以达到比较好的结果，但是基于这些智能算法的芯片还没有得到很好的商业化应用，这是因为这些算法和芯片能解决的优化问题的规模都不大，应用范围受到了限制。最近几年来，随着量子力学和量子计算研究的不断升温，受量子原理启发的 AI 芯片也已经崭露头角，为解决大型组合优化问题带来了新的曙光。本书第 10 章将专门介绍这类 AI 芯片的最新发展及它们的应用。

第四篇

下一代 AI 芯片

第 **10** 章 受量子原理启发的 AI 芯片
——解决组合优化问题的突破

2007 年，加拿大 D-Wave 首创了量子退火机，用量子技术来解决组合优化问题，取得了很大成功。但是量子退火机需要在超低温的环境下工作，很不方便。最近几年，受到 D-Wave 量子退火机制的鼓舞和启发，研究人员按照量子退火的基本模型和思路，成功地用现有的 CMOS 芯片工艺实现了这种类型的半导体芯片，称为量子启发 AI 芯片，用于解决大型组合优化问题。这也为 AI 芯片的范畴增添了新的特殊类型。

组合优化问题属于 NP 难度问题。许多此类问题目前都没有算法能在多项式时间内找到其解决方案。因此，使用传统计算模式解决优化问题是一个巨大的挑战。自从 20 世纪 80 年代模拟退火算法（详见第 9 章）发明以来，组合优化问题有了一个很好的应对方法，在许多领域得到了广泛的应用。可以证明，模拟退火算法按照概率可以收敛得到全局最优解。

10.1 量子退火机

量子力学于 20 世纪 30 年代诞生。当时科学家试图解释某些实验的观测结果所隐含的问题，而动摇了一直让人坚信不疑的牛顿和麦克斯韦所提出的物理定律。于是，一种新的物理学理论框架逐渐被搭建了起来。

在 1980 年 5 月于 MIT 举行的第一届计算物理会议上，保罗·贝尼奥夫（Paul Benioff）和理查德·费曼（Richard Feynman）分别进行了关于量子计算的演讲，证明了计算机可以在量子力学定律下运行，并提出了量子计算机的基本模型。从那以后，量子计算有了比较完善的理论基础。量子计算的许多概念，如驻波、量子比特（量子位）、相干性、纠缠、干涉和状态叠加等，都来自量子力学。而在这种量子框架中重新制定信息论之后，量子信息学等新兴的学科也已经建立起来，并被证明可以有效解决许多 NP 难度问题。量子计算利用量子物理学（如量子并行性和量子干涉）来以指数并行方式执行计算，在解决诸如因式分解之类的问题时实现了对传统计算机的指数级加速。

但是，如何有效地在物理（硬件）层面实现量子计算，还一直在探索中。最近几年中，这方面有了引人瞩目的进展。除了微软、谷歌和 IBM 之外，也出现了不少初创公司，它们都在积极开发量子计算系统及芯片。这些开发项目，都是基于传统或者说"正统"的方法，即想办法把一个或多个量子（粒子）束缚起来，让它处于稳定的状态，以对它进行操控。一般情况下，要让量子处于稳定状态，就需要在极低温的环境下工作（指低温超导技术路线），需要大型冷却系统。

"正统"的量子计算算法就是基于量子门方法，由结合量子比特的量子门线路计算，其中 0 和 1 同时存在。传统计算机中 1 个比特的数值只有 0 和 1 两种，但在基于量子门的量子计算机中，1 个量子比特可以存储大得多的数值（包含 1 和 0 之间的无穷多个数值，甚至负值），这让量子计算机只要调用几个量子比特进行计算，就可处理非常复杂的数学问题。

加拿大 D-Wave 已经开始商业销售的量子计算机没有使用量子门方法，而采用了量子退火方法。它可以模仿量子计算中单一比特存储大量数值的效果。在机器学习中，基于量子力学原理的量子退火作为解决各种优化问题的方法引起了人们的注意。量子退火方法通过使用叠加状态搜索各种可能性来有效地解决优化问题。

当时，这家公司的产品引起了很大争议，有人认为这不是真的量子计算机。然而，十多年过后的结果表明，这样的量子退火方法确实可以解决那些用传统计算机无法计算的大型问题，主要是大型组合优化问题。使用量子退火，已经证实可以改善通用计算性能。

与在传统计算机上运行的模拟退火算法不同，量子退火基于伊辛模型（Ising Model）。基于伊辛模型的算法以高度并行的方式进行计算，并且被广泛认为对于大型问题具有更好的可扩展性。模拟退火运行时间的长短在很大程度上取决于组合优化问题的规模。但在基于伊辛模型进行计算的情况下，计算时间基本保持不变，硬件大小根据问题呈线性或二次方增长。

图 10.1 列出了量子启发计算和基于量子门的量子计算的各种类别（其中的数字退火方式等将在第 10.3 节介绍）。基于伊辛模型的算法之所以被认为属于量子启发计算，是因为它们引入了量子模型，其二维拓扑图中的每个节点表示一个量子态，相当于一个量子比特。它们通过常规计算实现，并使用常规数据集，而不是使用量子计算范式来表示叠加状态。

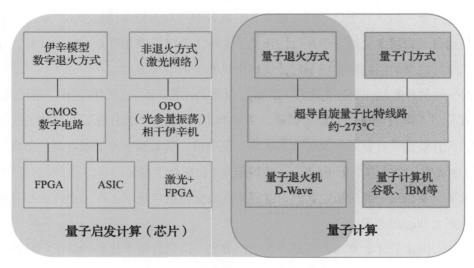

图 10.1　量子启发计算与量子计算

10.2　伊辛模型的基本原理

由于摩尔定律即将面临极限，因此无法期望传统计算能力的显著提高。伊辛模型则开辟了一条新的道路。伊辛模型及基于这个模型所实现的伊辛机 [182] 可以极快地搜索优化问题中的潜在候选者。

伊辛模型是一种将问题的参数映射到相互作用的磁力的模型，可以通过这个模型搜索解决方案，从而找到一个最优解。找寻最优方案是 AI 的一个重要应用。因此，基于这种原理和算法所设计的芯片是一种重要的 AI 芯片。伊辛计算可以获得比具有相同成本的传统近似算法更好的解决方案，或以更低的成本获得相同精度的解决方案。

伊辛模型由德国物理学家威廉·楞次（Wilhelm Lenz）于 1920 年提出，以描述铁磁性物质内部的原子自旋状态及其与宏观磁矩的关系。1924 年，楞次的学生恩斯特·伊辛（Ernst Ising）求解了其不包含相变的一维模型。伊辛模型（Ising Model）就是以他命名的数学模型，用于描述物质的铁磁性。它由 n 个二进制自旋 $\{\sigma_1, \sigma_2, \cdots, \sigma_n\}$、自旋之间的相互作用 J 和外部磁场 h 组成。用来描述单个原子磁矩的参数 σ_i 的值只能为 +1 或 -1，分别代表自旋向上或向下，这些磁矩通常会按照某种规则排列，形成晶格，并且在模型中会引入某个相互作用的参数（即互动系数），使得相邻的自旋互相影响，如图 10.2 所示。虽然该模型相对于物理现实是一个相当简化的模型，但它却和铁磁性物质一样会产生相变。

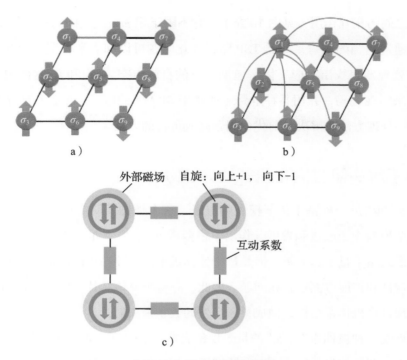

图 10.2　伊辛模型示意图

a）邻近连接（实现容易，解特定问题）　b）全连接（实现难，应用广）　c）自旋之间的相互作用

伊辛模型在最近的相邻自旋点之间具有相互作用（见图 10.2a），或把所有自旋点全连接而产生相互作用（见图 10.2b），通过映射到伊辛模型并获得其最小能量值，可以解决目标优化和识别问题。该模型不同于解决这些问题的冯·诺依曼架构。

一个二维伊辛模型的总能量 E（又称哈密顿量）表示如下：

$$E = -\sum_{<i,j>} J_{ij}\sigma_i\sigma_j - \sum_i h_i\sigma_i \tag{10.1}$$

式中，σ_i 是自旋方向，如果旋转向上则为 +1，如果旋转向下则为 -1；J_{ij} 是相互作用的互动系数；h_i 是外部磁场；$<i, j>$ 是相邻自旋之间的一个自旋组合。各个自旋方向将作出改变以使能量最小化。

使用此功能可以解决最优化问题。问题的评价函数可以基于式（10.1），其基态（最小能量状态）给出了问题的解决方案。对于不同的优化问题，评估函数还需要作出一定的修改。例如，TSP 是典型的最优化问题之一，其评估函数可以表示如下：

$$E = -\sum_{i=1}^{n}\sum_{j=1}^{n}\sum_{k=A_N}^{A_N}\sum_{l=A_1}^{A_N} J_{ki,lj}\sigma_{ki}\sigma_{lj} - \sum_{k=A_1}^{A_N}\sum_{l=1}^{m} h_{ki}\sigma_{ki} + C \tag{10.2}$$

式中，k、l 和 i、j 分别是城市的位置和行进顺序，它们给出自旋集；$J_{ki,lj}$ 是交互系数，h_{ki} 是外部磁场，C 是外加系数，对应于城市距离和限制条件的评估。式（10.2）还必须考虑所有自旋之间的相互作用（见图 10.2c），它不限于相邻自旋之间的相互作用。

这样，通过适当的映射，此类 TSP 路径优化问题可以和伊辛模型对应起来，然后用伊辛机特殊处理器来找出对应于伊辛模型基态的自旋组态。$J_{ki,lj}$ 和 h_{ki} 这两项可以用一个控制处理器来实现编码，并用某种电路（如基于 SRAM 的电路）来执行伊辛模型的低能态搜索。这一处理方法是解决目前优化问题高效可行的方案。

10.3 用于解决组合优化问题的 AI 芯片

量子退火方法是一种基于伊辛模型的方法。这个模型发明之后，有不少学者和教授进一步对这个模型作了改进和发展，作出了很多贡献[183, 184]。虽然伊辛模型已经作为量子计算机的新模式用于量子退火机，但是量子计算机不但需要昂贵的超低温冷却设备，在量子比特的稳定性和扩展方面也存在问题。因此，一些半导体芯片开发厂商想到以量子现象的思想来实现计算机体系结构，做成量子启发的数字退火芯片。

数字退火受一种被称为"叠加"的量子现象启发，其中 0 和 1 两种不同的状态同时出现。通过使用基于该现象的量子比特机制，数字退火的操作速度得到显著提高。数字退火可以基于现今的半导体工艺高速解决组合优化问题。例如，数字退火在 CMOS 数字电路上再现这种量子比特机制，操作速度快，使用非常简单，不需要像传统计算机那样进行编程，可以简单地通过设置参数来执行计算。

近年来日本一些公司采用量子启发的思路，基于伊辛模型，已经用 FPGA 或 ASIC 实现了 CMOS 数字退火芯片。日本日立（Hitachi）在 2016 年就发布了 CMOS 退火芯片；日本国立情报学研究所（National Institute of Informatics，NII）则一直在研发基于光学参量振荡器（Optical Parametric Oscillator，OPO）的激光网络加 FPGA 的退火解决方案；日本富士通（Fujitsu）成功实现了 DAU 芯片，该芯片成为世界上第一款在常温下工作的商用数字退火芯片，2018 年富士通声称准备在 2020 年批量生产 DAU。这款芯片将被置入服务器里，放在传统机架和服务器机房里都不成问题，因为这些芯片和普通芯片一样可以在常温下工作。

如果使用 CMOS 电路实现伊辛计算，芯片就易于制造、使用和扩展。伊辛计算还可使用随机化方法来防止陷入局部最小值，因此通常会找到问题的全局最小值。

10.3.1 基于 FPGA 的可编程数字退火芯片

由于 FPGA 具有高度灵活性，因此很适合用于那些有不同应用需求的数字退火芯片。

电路拓扑和动态范围的要求因应用而异，因此每个应用都需要开发一个合适的架构。下面介绍的是一个基于 FPGA 的可编程数字退火芯片原型。

这个架构的基本思想是使用电子电路模拟伊辛模型，如图 10.3 所示。自旋和伴随系数（即图 10.3 中左下的"系数"）组成一个自旋单元。每个自旋单元都有一个存储单元阵列来表示自旋和系数。自旋的下一个状态由数字或模拟运算电路决定。自旋单元根据所需伊辛模型的拓扑连接在一起。

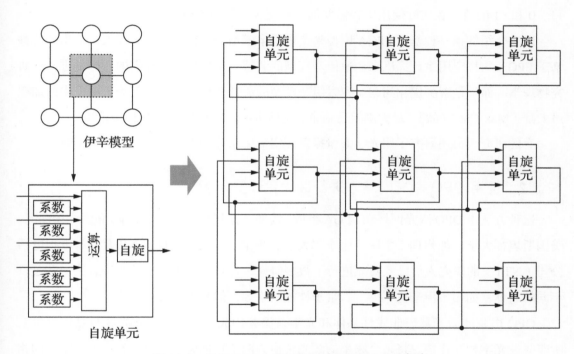

图 10.3　基于 FPGA 实现的伊辛模型基本架构[185]

基于上述架构实现的处理器被用作解决组合优化问题的加速器。首先把表示优化问题的系数值写入存储器单元。然后，通过更新自旋值重复执行自旋单元之间的相互作用。运算电路通过相邻的自旋值和相应的系数来确定下一个自旋状态，以找到能量局部最小值。更新意味着运算电路的最新输出，存储在表示自旋的存储器单元中，然后相邻自旋单元可以观察输出。如与更新冲突，这意味着自旋单元使用同时更新的自旋值，则必须加以避免。

为了防止发生这种冲突，可在交互期间控制更新顺序。自旋单元可以组合成一个棋盘图案并按顺序更新，通过更新自旋实现的相互作用达到局部最佳状态。这样可以找到能量低于当前值的状态。然而，一旦状态陷入局部最优，就不可能再改进解决方案。因此，需要向运算电路添加随机行为以使计算能够从局部最优点逃逸出来，这需要加入伪随机数生成器来实现随机行为。

在这种 FPGA 的架构实现中，还可以加入很多方法来改进解决方案的准确性和拓扑的复杂性。例如，架构可以实现为基于具有多个自旋单元，并且自旋共享一个运算符以降低资源消耗。此外，产生用于退火的随机脉冲序列的伪随机数发生器也在所有单元之间共享。这样，又可以把逻辑器件的数量减少到小于原来的 1/10，并且解决方案精度与在传统计算机上运行的模拟退火相当。另外，架构中系数的动态范围一般是 2 位宽，它代表 +1、0 和 -1 的值。在实际使用中，需要加宽到至少 4 位或 5 位。

以上介绍的是一种基于 FPGA 原型来实现伊辛模型的架构。也有研究人员提出了几种基于 FPGA 的特定用途计算机来加速伊辛模型的蒙特卡洛模拟，但他们的目标是进一步研究物理学，而不是解决优化问题。搜索伊辛模型的最低能量状态基本上等于图论中的加权最大割（Max-Cut）问题。最大割问题是非确定性多项式时间 NP 难度类型的问题。

有的研究人员还研究了用光学参量振荡器组成的激光网络来解决组合优化问题。

10.3.2　使用 OPO 激光网络来进行最优化计算

这种方法由 OPO 激光网络和 FPGA 组成，需要全连接（由 FPGA 处理）和激光振荡器。美国斯坦福大学、加州理工学院、康奈尔大学、哥伦比亚大学，日本 NII 及日本电报电话公司（NTT）的研究人员已经对此进行了很多研究，各自采用了不同的改进方法，并冠以不同的名称，如相干伊辛机[186, 187]、量子神经网络等，但基本原理是一样的。

OPO 由泵浦激光器、非线性晶体和光学谐振腔构成。强大的泵浦光场与晶体发生二阶非线性光学相互作用，将某个频率的激光转换为两个较低频率（信号和空闲频率）的相干输出波，并形成与泵浦光相当的功率输出。例如，利用 OPO 转换频率的特性，可将近红外 1 μm 激光转换成 1.5 ～ 5 μm 相干光。

OPO 的特殊情况是简并 OPO。在这种情况下，输出波频率为泵浦频率的 1/2，即信号波和空闲频率波具有相同的极化。对于某些参考光来说，OPO 产生的光可以是完全同相或完全异相，这正好可以用来代表二进制的上下自旋状态，即可以将自旋表示为来自 OPO 的光与参考光同相的条件。相反，如果是异相的，则进行了一次自旋。

简并 OPO 的这种非常规操作机制适用于解决伊辛问题，并且可以通过扩展来解决许多其他组合优化问题。形式上，N 个自旋的伊辛问题需要找到自旋的配置 $\sigma_i \in \{-1, +1\}$（$i=1$, $2, \cdots, N$），达到能量函数 H 最小化，其中要解决的特定问题实例由 $N \times N$ 矩阵 J（含元素 J_{ij}）和 N 维矢量 h 指定（含元素 h_i）。在简并 OPO 伊辛机中，向上旋转和向下旋转由正、

负同相幅度表示，即 $\sigma_i = X_i / |X_i|$。然后，通过在两个 OPO 之间实现与 J_{ij} 成比例的互耦并将与 h_i 成比例的 DC 场注入到单个 OPO，将能量函数 H 映射到 OPO 网络的有效损耗和光子衰减率。

伊辛模型的基态对应于具有最小网络损耗的振荡模式。在低于振荡阈值的泵速下，每个 OPO 处于压缩真空状态，其被解释为 $\sigma_i = +1$（正振幅或向上旋转）和 $\sigma_i = -1$（负振幅或向下旋转）的线性叠加，因此 2^N 个自旋配置的概率幅度都是相同的。在阈值泵浦速率下，当 OPO 网络增益增加并达到基态的最小损耗率时，在基态发生单模振荡[187]，这将触发光子的受激发射和其他所有模式的交叉增益饱和。这就是相干伊辛机的基本原理，如图 10.4 所示。因此，通过简单地检测单个振荡模式可以找到组合优化问题的解决方案。

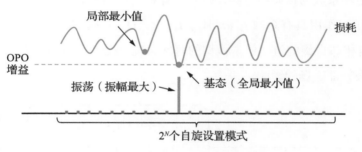

图 10.4　相干伊辛机的基本原理[187]

所有 OPO 的输入状态都是真空状态。基本量子操作是在 OPO 阈值处的集体（非个体）对称性变动，以相关方式将所有 OPO 转换为正幅度或负幅度相干态。最后，通过光学零差检测器读出计算结果并把结果输入 FPGA。FPGA 计算出基于自旋的估计值，并通过光调制器把光脉冲反馈到 OPO。这种基于测量反馈的伊辛机允许任何自旋和任何其他自旋间的连接，并且是完全可编程的。

通过 FPGA 可以实质上耦合所有的光脉冲，目前耦合的最大数量为 400,000。运行开始时，通过把待解决问题的约束信号添加到正负值重叠的 FPGA 的特定脉冲上，脉冲的正负排列收敛到特定的值。由于每次光脉冲通过相敏放大器时执行纠错，因此只需存在与待解决问题的数量一样多的光脉冲就足够了。日本 NTT 在 2019 年春把量子比特数增至 10 万个，并在函数中导入了外部磁场项。

还有一些研究人员把基于 OPO 的伊辛机模型作了进一步的扩展，认为使用任何非线性自维持振荡器都可以实现类似的伊辛机，可以把逻辑值编码到其相位中。这些类型的振荡器包括 MEMS（Micro-Electro-Mechanical System）振荡器、CMOS 振荡器、光电纳米

器件振荡器等 [188, 189]，可使用双稳态锁相实现基于相位的逻辑编码和存储。这些类型的振荡器容易实现大规模集成，成为一种能够高速、低功率运行的新型 AI 芯片。

10.3.3　CMOS 退火芯片

日本日立的研究人员提出了一种使用 CMOS 来仿真伊辛模型的方法。因为伊辛模型要求将自旋状态表示为二进制值，所以这些状态存储在半导体静态随机存取存储器（SRAM）中。表示自旋对之间的相互作用强度的交互系数，和表示外部磁场强度的外部磁力系数也存储在 SRAM 中。类似地，通过数字电路的操作来复制导致自旋值改变的相互作用。

为实现此目的，每个自旋由图 10.5 所示的电路表示。这包括存储自旋状态、相互作用系数、外部磁场系数的存储器电路，以及计算相互作用的数字电路。每次自旋都有相邻的自旋。每个相互作用具有系数 I_x（x=U、L、R、D、F）。N 是自旋值，N_U、N_L、N_R、N_D 和 N_F 是来自相邻自旋的值。伊辛模型的每次自旋也受外部磁场的影响，需要加入外部磁力系数，代表外部磁场的影响。

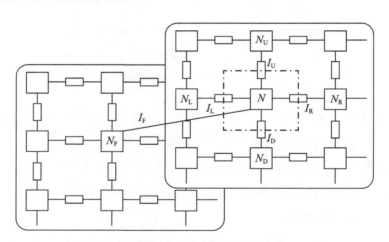

图 10.5　相邻自旋的连接 [190]

为了降低系统能量，相邻自旋之间的相互作用通过以下规则实现：

（1）受相邻的 5 个自旋和外部磁场的影响；

（2）如果 $a > b$，新的自旋值为 +1；如果 $a < b$，新的自旋值为 -1；如果 $a = b$，新的自旋值为 +/-1。这里 a 是假定值为（+1, +1）或（-1, -1）的连接对 N_x 的数量；b 是假定值为（+1, -1）或（-1, +1）的连接对 N_x 的数量。新的自旋值在存储器中更新。

对所有隔离的自旋同时执行该更新过程，意味着伊辛模型中任何自旋次数的增加都与同时更新的自旋次数的变化相匹配，因此自旋的总次数对自旋状态更新所花费的总时间

（即计算伊辛模型收敛所花费的时间）几乎没有影响。

　　为了实现这些规则，这款 CMOS 退火芯片使用了 XOR、开关电路和多数表决电路，通过比较由串接晶体管放电的预充电线的电压值来执行 XOR 和多数表决的功能。根据公开信息，这款 CMOS 退火芯片使用 65 nm 工艺制造，自旋数为 20,000 个（见图 10.6），裸片面积为 4 mm × 3 mm=12 mm^2，包含了 2.6×10^5 个 SRAM 单元（自旋值为 1 bit），量子比特数为 2000 ～ 4000[191]，互动频率为 100 MHz。

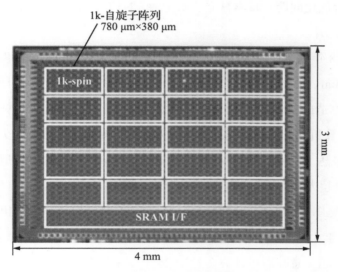

图 10.6　日本配备 20,000 个自旋的量子启发 AI 芯片[191]

　　图 10.7 为使用这款芯片解决最大割组合优化问题的优化过程（100 万个计算迭代）。当能量函数 H 达到了最小值时，设置为 ABC 的系数值显示出最佳状态。据称这款芯片的能效比传统 CPU 要高 1800 倍。

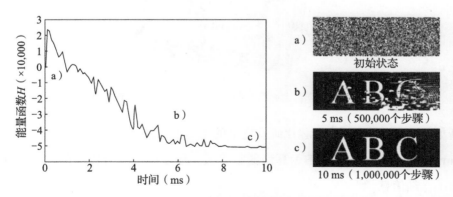

图 10.7　使用日本日立提出的 CMOS 退火芯片解决最大割组合优化问题的优化过程[191]

这款芯片基于采用邻近连接而不是全连接的伊辛机原理，需要事先进行软件处理。

CMOS 退火芯片使用的是普通的数字电路，因此与传统的量子退火机和使用超导器件的相干伊辛机相比，所得到的解决方案的精度会较差。但是，这已经满足一般应用的需求。从易用性和可扩展性的角度来看，用 CMOS 来实现退火芯片具有工程和经济方面的双重意义。

10.3.4 商用量子启发 AI 芯片

为了解决组合优化问题，日本日立、富士通、NTT、NII 等公司和机构已经发布了基于量子启发的 AI 芯片。

富士通在 2018 年东京论坛大会上发布了全球第一款商用的量子启发芯片，称为数字退火处理器（Digital Annealer Unit，DAU），能提供 8192 量子比特的计算能力（远高于谷歌在实验室中打造的 72 量子比特），精度从 16 位扩展到 64 位。富士通在 2020 年推出了 DAU 专用计算机系统，目标是提供 100 万位的大规模平行处理能力，也就是可以快速算出一个变量多达 100 万个的多项式方程的最优解。DAU 不同于一般专用处理器，是一个可以用来解决超大规模组合优化问题的专用 AI 芯片。

DAU 芯片（见图 10.8）是一块全连接的大型 FPGA，配置了基于伊辛模型的电路。富士通也在 2018 年 5 月正式推出了数字退火云端服务，可以用来处理 1024 位等级的超大规模组合优化问题（意味着可计算多达 1024 个变量的多项式方程组），让企业可以先用云端服务来解决过去难以处理的超复杂组合优化问题。

图 10.8　日本富士通的 DAU 芯片（来源：富士通官网）

最新加入这种量子启发 AI 芯片研发竞争的是日本东芝。该公司开发了一种名为模拟分岔（Simulated Bifurcation，SB）算法的新算法，用于解决组合优化问题，并在专业期刊上发布了详细信息[192]。

东芝在 FPGA 中实现了这个算法，并将最大割问题作为一个组合优化的例子（最大割问题可以从数学上转换成其他组合优化问题），与 NTT 和 NII 的结果进行了比较。根据该结果，东芝的 FPGA 在只需要约 1/10 时间的情况下，获得了与 NTT 和 NII 的结果只有很小差异的解，每解答一次只耗时 0.5 ms。此外，东芝开发了 SB 算法和实现它的机器，与其他模拟退火机器或量子退火机器相比，在可用变量的数量及其应对全连接方式方面也是有优势的。

如上文所述，在基于模拟退火的算法中，为了避免陷入局部最优值而不能达到全局最优值，常常需要在降低温度的同时，不断采用随机或非随机的方法对温度作一些"扰动"，也就是有时适当提高一下温度。这样可以让解决方案"跳出"快要陷入的最小值内。而东芝研发的 SB 算法不需要作这样的"再加热"，也可以达到全局优化。

SB 算法受到使用非线性振荡器网络的量子绝热优化的启发。SB 算法的核心是对原来的能量函数 H 进行微分，具有绝热过程中遍历过程的属性。绝热过程的特征在于，当系统参数缓慢转换时，微分方程的解继续保持低能量。跟踪 SB 算法中每个组合优化解的变化（一种概率分布）可以用来代替模拟退火中的再加热过程。它虽然不使用量子力学性质，但可以说它利用了接近某种量子隧道的效果，尽管它在经典力学范围之内。

东芝使用单个 FPGA 实现了基于 SB 算法、全连接 2000 个自旋的超快速伊辛机，其速度比最新的相干伊辛机快 10 倍。该公司还使用一个 GPU 群集 SB 机器解决了带有连续权重的、100,000 个节点的最大割问题，比最快的模拟退火算法快 10 倍。

如果基于模拟退火算法，操作的主要部分是乘积累加运算，需要的计算量约为 $O(N^2)$，而如果基于模拟分岔算法，按照东芝的说法，实现并行化以后已经可以把计算量降到 $O(N)$ 规模以下。

10.4　量子启发 AI 芯片的应用

组合优化问题在许多重要领域都广泛存在，包括操作和调度、新药研发、无线通信、金融、集成电路设计、压缩感知和机器学习等，常见很难解决的问题包括找出化学分子结构的最佳组合、大量投资标的的投资策略优化、蛋白质结构的预测、工厂生产物料补给路径优化等，还包括提高工业制造和农业生产的效率、自动驾驶汽车等。

这其中一个突出的应用是医药生产。在新药研发中，一个由 50 个原子合成的化学成分组合具有多达 10^{48} 个种类，以目前的通用计算机技术，得花 10^{24} 年才能得到解答，这几乎是不可能处理的问题。但如果使用解决这种超复杂组合优化问题的专用 AI 芯片，则可以快速得到答案。

金融领域也有很多组合优化问题需要解决，如研究不同股票的股价之间的相关性，对于投资决策有重要影响。如果使用量子启发 AI 芯片，将可以在极短时间内找到一个最优结果，如图 10.9 所示。各家公司的股价之间有不同的相关性，连接强度对于找出最佳投资组合十分重要。在图 10.9 中，连接强度（相关性）被分成了 4 个等级，公司 A1 的股票和公司 A7 的股票组合为最佳组合。

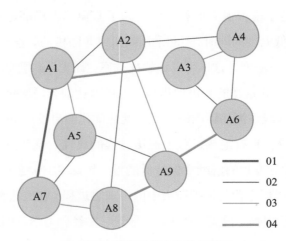

图 10.9　股票价格之间的相关性

对于目前属于 AI 技术主流的深度学习算法来说，主要问题是计算量巨大。这是因为它不是机械地执行人类定义的算法，而是从数据中自动执行训练，并且基于该训练执行实时推理。为了减小计算量，需要对超参数进行优化，实现神经架构搜索。当对数据进行训练时，需要对模型中的参数进行优化处理以最小化预测误差；而为了使 AI 基于该模型进行推理，需要优化要推理的参数以使评估函数最大化。这些都是比较典型的最优化问题，也是量子启发 AI 算法和芯片的用武之地。

在物联网时代，无处不在的传感器时时刻刻在收集大量数据，数据量不断增长，这些数据还需要进行分析。例如，这些数据可用于优化城市（交通等）社会系统。如果要对城市社会系统进行优化，也需要解决组合优化问题。物联网技术的进步导致云端的通信流量和处理负载持续快速增加，而云端通信的带宽和处理能力即将面临极限。因此，需要在 AI 边缘侧进行原始数据的实时优化和识别。这个领域也将成为量子启发 AI 芯片发挥重大作用的地方。

除了日本公司和研究所，意大利的研究人员也在研究伊辛模型的交互自旋的统计模型，用伊辛机来求解复杂的组合优化问题。2019 年，罗马大学的大卫·皮耶兰杰利（Davide Pierangeli）及其同事通过空间调制光场实现了超过一万次的自旋，成为伊辛机的最大光子版本[193]。与现有机器相比，它更容易扩展以适应更多的自旋。伊辛机的光子版本是对自旋状态和光场的相位和幅度中的自旋之间的相互作用进行编码，它可以比基于其他编码方案（如原子或磁体）的伊辛机快得多：能够通过多个空间或频率通道以光速并行处理数据。此外，光子伊辛机可对一个数学过程进行多次运算，但能量损耗却保持不变。光子的量子特性给系统提供了一个本征的噪声背景，可用来模拟系统热涨落过程。这些都是光子伊辛机很大的优点。

意大利的研究人员正在进行的另一个研究方向是把伊辛机用于深度学习。深度学习依赖超快速和大规模的矩阵乘法及累加，这种操作可以在伊辛机这样的快速光学处理器上执行[194, 195]。对于所有这些应用，研究人员需要证明它们可以在接近光速和大量自旋的情况下实现操作。在未来，如果能够将深度学习过程等交给光子伊辛处理器去处理，必将极大地推动 AI 的发展。

在这类量子启发算法方面，最近的趋势是引入量子力学多体相互作用作为量子涨落而不是横向磁场。也就是说，在量子退火的伊辛模型中，还增加了一个更复杂的磁场取代横向磁场来作为量子涨落。

2019 年 11 月，谷歌研究人员发布了在该公司最新一代 TPU 上运行伊辛机模型的成果[196]。他们开发了 SIMD 分布式马尔可夫链蒙特卡洛算法来模拟二维伊辛模型，该模型在TensorFlow 中编程并在 TPU 上运行。实验证明，这种方法在解决大型科学问题方面非常有前途。

10.5 小结

CMOS 退火芯片已经将伊辛模型用数字电路实现。在这种数字芯片里，既包含逻辑计算电路，也包含存储器。存储器内含有 PE，这是存内计算的架构。伊辛模型的互动系数都存储在存储器内，而互动运算及自旋状态更新则由存储器内的逻辑电路完成。

最新一代的量子伊辛机里，已经把伊辛模型从二维扩展到三维：把原来的二维模型作为一个平面，将这些平面叠起来相连接，成为一个三维模型，实施原伊辛机中未包含的外部磁场项。这样最终能够处理与其他伊辛机相同及更复杂的问题。

量子启发算法除了可以设计为一个专用 AI 芯片外，也可以设计为一个 IP 核，集成到一个 SoC 芯片里面。量子启发算法及其专用 AI 芯片，为解决当前基于冯·诺依曼架构的计算机很难解决的实际组合优化问题带来了曙光，也必将进一步推动 AI 技术的发展，并在各个应用领域中带来重大的技术突破。

第 11 章 进一步提高智能程度的 AI 算法及芯片

从认知发展过程来看，人类出生后第 3 个月，就可以非常准确地识别人脸。后续在成长的过程中还会继续学会语言，各种动作和行为，与别人的互动、推理，获取知识等，然后建立起自身的创造能力。AI 算法和 AI 芯片今后所要发展的能力，一定是与人类的认知能力对应的，只有让机器拥有这些能力，才可以让智能机器代替人类完成各种任务。

图 11.1 中标注了人类成长初级阶段的认知能力发育过程。随着这几年 AI 的迅猛发展，机器智能的水平正在逐渐提升，但是总体上说，目前最多也就相当于出生不久的婴儿的水平。

图 11.1　人类成长初级阶段的认知能力发育过程

AI 的演进和发展将分多个阶段进行：第一阶段主要提高机器模拟人类智力的水平，从而提高生产力，这类机器将得到广泛应用；第二阶段将实现全智能化，在各种任务中不再需要人类的参与，有自我创造的能力，达到代替人类生产的目标；第三阶段将广泛支持虚拟分身和增强智能[197]，形成人与机器共存和互相协同的社会。增强智能是人类智能与机器智能的结合。在第三阶段之后，将会到达 AI 发展的最后阶段，到那时 AI 将超越人类，即到达所谓的"奇点"。

AI 的这 3 个阶段都离不开 AI 算法和用硬件实现这些算法的 AI 芯片。在当前的 AI 第一阶段，智能机器正在逐步进入家庭和社会，并且被广泛地应用于人们生活和工作的各个领域。该阶段的主要 AI 算法基本上都基于 DNN 架构，这在前面几章已经作了详细讲述。这些 AI 算法和芯片目前在图像领域表现最佳，任务包括图像识别、图像分类、图像处理等。语音识别也是应用较多的领域。

在下一个阶段，就要让 AI 算法和芯片进一步提高智能程度，具有自学习的能力，并像人类一样拥有创造力。本章将介绍目前处于 AI 研究前沿的元学习、元推理、终身学习、解缠结表征和 GAN 等算法，及其 AI 芯片实现。

11.1　自学习和创意计算

人类的一个重要能力是自学习能力，即掌握学习方法，知道怎么学会某种技能或知识，学会"如何学习"。如果机器有了这种自学习能力，那么它的智能水平会不断自动提高，变得越来越聪明，并产生创造力和创意。如果有了创造力，就可以让它自动写诗、写文章、编剧本、作曲、创作广告图片、创作美术作品，甚至成为发明家。

目前，这样的 AI 算法已经在非洲一些国家的广播电台得到应用。这些应用让机器自动生成天气预报，编写农作物收成信息、害虫蔓延信息及自然灾害信息等，对当地居民都很有价值。

在 AI 算法写诗、写小说方面，已经有研究人员用它完成了 400 万首诗歌，再用一个第三方软件来评判这些诗歌的质量，以便确定哪些诗歌值得被出版发表。

在有创造力的算法的基础上，AI 还有很多潜力可挖。例如，针对为爱好足球或者芭蕾舞的学生们上物理课的场景，可以让 AI 系统专门编写一本适合他们兴趣爱好的物理学教科书，描述关于足球或芭蕾舞的物理学知识。这样的算法也可以用到机器人领域，它可以把创造力带给机器人，根据用户的需求来调整它的功能，让这个聪明的机器人完成更人性化、更精准的私人定制服务。

这样的 AI 算法不但能够自学习，还能结合环境自我修正。它能够针对我们遇到的种种问题提出有创意的解决方案：舞台上的音乐家，可以使用机器人伴奏乐队为他进行即兴伴奏；可以由 AI 来创作大型演讲会的演讲文稿。

从目前几家研究机构发明的算法来看，AI 所能达到的创造力有所不同。作家、作曲家、雕塑家、建筑师、舞蹈家、画家、设计师、科学家等可以使用这种 AI 自动创作一段有内涵的文字或一幅框图、流程图、五线谱音符图等，他们都可以由此获得意想不到的创新想法和思路。

有自学习能力和可以进行创意计算的 AI 算法和架构是目前 AI 研究的热点。下面重点介绍这种类型的算法及相关的 AI 芯片。

11.2　元学习

元学习（Meta-Learning）是一种让 AI 从数据本身学会"如何学习"的算法。元学习概念已经提出了 20 年左右，但引起人们广泛注意的是 2017 年 NIPS 会议上加利福尼亚大学伯克利分校教授彼得·阿贝尔（Pieter Abbeel）的一场报告。这场报告的关键词是"元学习"，指出元学习可以大大缩短训练时间，可以解决那些一直非常棘手的学习问题。

元学习是让 AI 学习很多类似的任务，使用已经在许多其他非常类似的任务中训练的模型，在面对类似的新任务时，仅仅使用少量训练样例就可有效地学习。它通常用于解决"One Shot Learning"问题，即在训练样本很少，甚至只有一个样本的情况下，依旧能进行预测。

元学习系统中通常有两种学习者：基础学习者（或快速学习者）和元学习者（或慢学习者）。基础学习者在快速更新的任务中接受训练；元学习者在与任务无关的多元空间中运行，其目标是跨任务传递知识（"知识迁移"）。在许多情况下，基础学习者和元学习者可以使用相同的学习算法。

通过这种双层架构，元学习能够学会"如何学习"。具体办法就是先用各种各样的任务训练网络，当它学会了几百个任务（如识别了 500 幅不同主题的图片），再做下一个任务（如识别第 501 幅图片）时，就十分容易了。用这 500 幅图片进行识别任务训练时，要做完一个丢弃一个（相当于遗忘一个）。神经网络不是学习具体某个知识，而是学会这些任务的共同特征。例如，让 AI 解决许多迷宫问题，学会走出迷宫之后，即使再进入新的迷宫，也可以很快计算出如何快速离开。元学习将学习任务视为学习范例。

下面介绍两种比较典型的元学习算法。

11.2.1　模型不可知元学习

深度强化学习是基于强化学习的很有前景的算法，已经被有效地用于机器人智能操作，但是在算法实现时反应速度还太慢。为了缩短深度强化学习的学习时间，加利福尼亚大学伯克利分校的研究人员在 2017 年提出了一种模型不可知元学习（Model-Agnostic Meta-Learning，MAML）[198] 方法。通过引用多个任务来对相同结构的神经网络进行训练，如果只学习几次即可获得权重的初始值，则该权重就成为训练完成后每个不同任务的神经网络的权重。使用这种方法时，可以根据情况将神经网络的权重初始值设置为可以对应于具有轻微变化的不同任务的值，成为在不同任务中共同使用的动作元素。

这种元学习方法适用于任何用梯度下降法训练的模型，其关键思路是训练模型的初始参数值。对于新任务来说，有个相对于参数的损失函数，要把这个损失函数的灵敏度提高。高灵敏度意味着参数的微小变化可能导致损失的明显改善。通过这些参数，可以简单地模拟模型，从而在只具有少量训练样例的新任务中表现良好。

元学习方法后来也有了不少改进版本，如元网络，可以在不同的时间尺度上更新权重。元学习方法中的元级别信息缓慢更新，而任务级权重在每个任务的范围内进行更新。

MAML 方法已经用在了真实的机器人身上。研究人员对机器人先进行多次跑步训练，然后它们得到"初始值"，就是机器人在原地跑步，即它知道如何跑，只是不知朝哪个方向跑。一旦新任务下达，它就会马上朝新任务定义的方向跑。这就大大增强了学习的速度和系统敏捷度。

11.2.2　元学习共享分层

另一种元学习算法是元学习共享分层（Meta Learning Shared Hierarchies，MLSH）[199]，其架构如图 11.2 所示，分为主策略和子策略两个层次：主策略针对单个任务，子策略针对任务共有的动作元素。

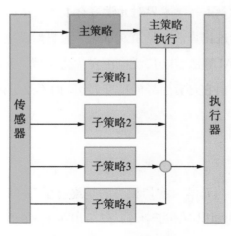

图 11.2　MLSH 的架构

MLSH方法的子策略学习各种任务通用的动作要素，把一组子策略先训练好以供挑选。当处理新任务的学习时，主策略根据传感器值输出子策略选择概率，可立即找出一组强大的子策略，然后通过更新主策略来处理新任务的学习。因此，子策略相当于一组工具，而主策略借助一组工具即可完成新任务。这是基于分层强化学习的思想，智能体将复杂的操作表示为一个高级操作的简短序列。这样的智能体可以解决更难的任务：解决方案可能需要1000个低级别的操作，但分层策略将其转换为10个高级操作的序列，这比搜索1000步序列的效率高多了。因此，它可以达到快速学习的目标，仅凭主策略的学习即可快速解决问题。

快速学习是人类智能的标志，无论是从几个例子中识别物体还是在几分钟内快速学习新技能。真正的AI应该能够做同样的事情，只从几个例子中快速学习和适应，并在更多数据可用的时候能够继续适应和处理。

这种快速、灵活的学习具有挑战性，因为必须将其先前的经验与很少量的新信息相结合，同时避免过度使用新数据。此外，先前经验和新数据的形式将取决于任务。因此，为了达到最大的适用性，学习（或元学习）的机制应该具备任务形式和计算形式的通用性。

与MAML类似，MLSH也已在机器人领域得到应用。走入迷宫的MLSH机器人能发现各种子策略，即向前、向后、向左、向右这4个不同的移动方向，然后自己导航走出迷宫。如果让机器人再走一遍另外的迷宫，它同样可以很快走出来。

最近几年，在最初的元学习算法基础上，又有很多研究人员发表了改进的元学习版本及相关论文。这些改进包括从存储器访问的架构上改进元学习、把优化问题看作"元优化"来作为元学习的一种类别、使用LSTM来实现元学习、扩展型MAML等。这些研究成果和论文反映了在DNN的背景下，学术界对元学习有了新的认识和创新。

元学习有点类似于AI进化算法（见第9章）。大自然的生物通过一代代的进化来优化物种，基于这种思路的AI算法曾经广泛应用在优化领域。元学习也是通过一次次的训练来达到优化算法的目的，但它是有引导的精准训练，而不是进化算法里使用的随机方法，这是一个最大的区别。

11.2.3 终身学习

在最新的AI算法中，与元学习密切相关的是终身学习（Life-long Learning）算法。该算法通过积累过去获得的知识而不断学习，然后用在未来的学习和问题解决中。然而，当前主流的深度学习范式是孤立学习的：给定训练数据集，在此数据集上运行深度学习算法以生成模型，然后将其用于所需要的应用。它不试图保留所学到的知识并将其用于后续学习。

与深度学习 AI 系统不同，人类仅通过几个例子就能进行有效的学习，这恰恰是因为人类的学习是知识驱动的：过去所学的知识可以帮助人类以很少的数据或精力来学习新事物。终身学习算法的目的就是模仿人类的这种学习功能，从而使 AI 系统的智力水平有所提高。

在现实生活中，大多数时候人们会期望许多新任务从根本上与旧任务不同。而终身学习没有这个假设，它会选择适用于新任务的先前知识。终身学习方法是持续学习过程，明确进行知识保留和积累，并使用先前学到的知识来帮助学习新任务。此外，终身学习还能够发现新任务并逐步学习它们，并在现实应用中学习其他知识以改进模型。

其他比较受关注的还有迁移学习和多任务学习范式。这两种范式都涉及跨领域或跨任务的知识迁移，但它们不会持续学习，也不会明确地保留或积累学到的知识，构建可以处理数百万个任务并学会自动完成新任务的深度学习系统要面临巨大的挑战。

而元学习通过大量任务训练元模型，只需几个例子即可快速适应新任务。但是，大多数元学习技术的一个重要前提是，新任务要与所训练过的任务来自同一类别（如训练识别猫、狗的图片之后，新任务也是识别图片），这是一个致命的弱点，限制了其应用范围。

11.2.4　用类脑芯片实现元学习

如前所述，元学习是一种带有"学会如何学习"功能的算法，这种功能已经被奥地利和德国的大学研究人员使用类脑芯片（见第 5 章）实现[200]。通常，类脑芯片的超参数和学习算法需要人工选择，以适应新的特定任务。相比之下，大脑神经元网络是通过广泛的进化和发展过程进行优化的，可以在一系列计算和学习任务中发挥作用。这个过程有时可以通过遗传算法模拟，但需要人工设计细节，并只能提供有限的改进。

元学习这种"学会如何学习"的功能特别适合类脑芯片架构。在类脑芯片上模拟的脉冲神经元通常表现出会加速的动态特性。研究人员采用了强大的无梯度优化工具，如交叉熵方法和进化策略，将生物优化过程的功能移植到类脑芯片中。结果显示，这些优化算法使神经形态智能体能够非常有效地从奖励中学习。

特别要指出的是所谓的元可塑性，即算法所使用的学习规则的优化，这实质上增强了硬件基于奖励的学习能力。奥地利和德国的大学研究人员首次展示了从这种芯片中"学习如何学习"的好处，特别是从先前的学习经验中提取抽象知识的能力，这加速了对新的相关任务的学习。同时，"学会如何学习"的功能本身也可以加速类脑芯片，因为这样它可以执行所需的大量网络计算，从而释放类脑芯片的全部潜力。

这种元学习 AI 芯片采用一种数模混合信号设计，具有用于神经元和突触、基于脉冲的连续时间通信的模拟电路，以及一个嵌入式微处理器，由台积电以 65 nm 工艺的 CMOS 来实现。它把 32 个神经元连接到 32×32 的突触交叉开关阵列，使每个神经元可以接收来自 32 个突触列的输入。突触权重设置为 6 位精度，并且可以按行配置以提供兴奋性或抑制性输入。突触具有局部短期可塑性和长期可塑性，由嵌入式微处理器实现。

这类利用元可塑性设计的类脑芯片的成功，为今后更好地实现元学习、迁移学习、终身学习等范式的 AI 芯片作了一次很好的尝试。

11.3　元推理

元推理（Meta-Reasoning）是一种针对有效部署计算资源问题的解决方案。随着深度学习的迅猛发展，AI 对算力的要求不断提高，而大数据应用中的数据量也在不断增大，这两者都呈指数级增长。如何在有限的计算资源上进行 AI 推理和运算，必然是一个要解决的大问题。

类似于元学习的"学会如何学习"，元推理是关于推理的推理，即"思考如何思考"，意味着作出关于如何思考或推理的明智决策。元推理是一种更为普遍的现象，其特征在于选择或发现将用于解决任务的认知过程的方法。元推理被认为是人类智能的一个关键组成部分，有可能解释人类认知的各个方面，并阐明人类思维与当前 AI 系统所存在的差异因素。

在关于 AI 的研究中，常讨论理性智能体的概念，元学习、元推理等元理论在理性智能体的定义和设计中起着核心作用，而理性智能体可以在性能有限的硬件上运行，并实时与其环境相互作用。

在传统的认知科学和 AI 中，思维或推理已被视为一个动作感知循环中的决策循环。元推理的基本模型如图 11.3 所示，理性智能体通过从它的一组能力中选择一些动作，感知来自环境的一些激励，并且合理、理性地动作以实现其目标，随后在目标层面感知这些基础动作的结果，并且继续循环。元推理是推理这个推理循环的过程，包括计算活动的元级（最高级）控制和推理的内部监控[201]。

图 11.3　元推理的基本模型

使用元推理的目的，就是让 AI 系统事先知道哪些运算是必要的、哪些运算是没有意义的，从而在元级作出合理的决策，即合理的计算资源安排。

在这个概念下，智能体的合理性不是通过它们采取的动作的预期效用来评估，而是通过在预期效用和花费计算量之间的更好折中来评估。从这个角度来看，合理性不仅是作出正确的决策和得出好的推论，还涉及采用有效的认知策略。后来，研究人员又将元级合理性定义为有界最优化的概念，该概念考虑了对元推理本身的计算约束。

约束优化问题为性能受限的硬件智能体定义了一个最优化程序。该硬件必须与其环境实时交互，可以在程序空间中执行运算。确定了评估资源有限的智能体的合理性这一标准后，问题就变成智能体如何实现它。而决定如何推理的问题本身可以用统计决策理论的语言来表达，并且有许多广为人知的 AI 工具可以应用。如果用数学公式表达元推理，元推理就是一个考虑可执行的计算量，然后把这个计算量降到最小并增加预期效用的问题。

更具挑战性的元推理问题，不仅要能够在现有策略之间进行合理性选择，还要能够在以前从未遇到的情况下有效地部署认知资源，即发现新策略。这方面可以沿用类似于元学习的方法：通过每次计算在一定程度上学到某些信息，然后作为选择下一次计算的数据。在这种情况下，发现新策略被简化为序列决策问题，并且可以表示为元级马尔可夫决策过程。马尔可夫决策过程是强化学习里的标准方法，因此可以把这类强大工具应用于元推理。

元推理概念在 20 世纪 90 年代就已有 AI 研究人员在讨论，现在又受到人们的重视，其原因就是需要解决一个越来越突出的问题：AI 系统的计算量和数据量已经出现了指数级增长。目前这方面的工作才刚刚启动，期待后续有更多的研究成果发表。

11.4　解开神经网络内部表征的缠结

DNN 在从数据中自动提取有意义的特征方面非常成功。我们通常不再需要人工介入的特征工程，可以专注于设计神经网络的架构。然而，由于神经网络的复杂性，提取的特征本身非常复杂并且通常不能被人类解释。

深度学习系统至今一直被看作是一个黑盒子，很难解释人工神经网络是如何得出结论的。训练神经网络的唯一可见结果是节点之间连接权重的千兆字节大小的矩阵，因此问题的"解释"散布在数千个权重之间。我们不得不信任来自外部的评估指标，如训练和测试错误。

表征学习（Representation Learning），即让系统自动发现和学习提取特征所需要的表征，是机器学习研究的核心。不管是过去流行的人工介入的特征工程，还是现在深度学习方法的隐式表征学习，算法的性能在很大程度上都依赖它们的输入表征的性质。尽管深度学习方法近年取得了成功，但它们仍远未达到生物智能的普遍性。

以图像识别来说，深度学习并不理解要识别的构图对象，它常常会把噪声灰粒理解为某种小动物，或把一只昆虫理解为一辆汽车。这是因为输入表征的属性变量都纠缠在一起。例如，把一束光从不同角度打到一个杯子上，就会产生不同形状的影子，光照和杯子是完全不同的属性变量，一旦光照方向发生变动，在一幅图像中就会产生成千上万个像素的变化。同样的，如果把一个物体移动，那么整幅图像的大量像素都会变动，但是只有一个位置变量才是真正关键的变量。

为了能够获取各种任务中最关键的属性特征，得知在训练数据之外泛化所必需的属性，许多研究人员已经提出不少解决方法，其中看上去很有前景的是解缠结表征（Disentangled Representation）方法，即设法解开神经网络内部表征的缠结，从而建立能在矢量中捕捉可解释因子的模型。

解缠结表征的基本思路是定义单个单元，它对某个内部因子的变化非常敏感，而对其他因子的变化相对不敏感。例如，在 3D 物体的数据集上训练的模型可以学习对某个独立数据因子敏感的某个独立特征，如物体的身份、位置、比例、光照或颜色等。这样就通过解缠结表征把这些表征分解开来了，而且通常是可解释的，这样就可以用不同的独立特征来学习数据中变化的不同内部因子。

使用解缠结表征的一个尝试是迁移学习。迁移学习是一种能够利用不同学习任务之间的共性来共享统计强度，并跨任务迁移知识的算法。表征学习算法对于此类任务具有优势，因为它们学习的是捕获相关因子的表征，因子的子集可能与某个特定任务相关，如图 11.4 所示。神经网络的隐藏层中的红色圆点为共享的解释因子，一些解释了输入，还有一些解释了每个任务的目标。

在大多数学习解缠结表征的初步尝试中，都需要有关数据生成因子的监督知识，并将每个属性编码为特征矢量中的单独元素。这些方法仅限于表示固定数量的属性，一旦添加新属性，则需要重新训练，因此妨碍了将这些属性轻易地推广到特征空间来完成一个新任务。例如，在人脸识别任务中，在没有明确监督的情况下，学习到的特征很可能不会反映"微笑"和"张开嘴"两个属性之间的联系，也不会与性别和种族密切相关。这就出现了一些无监督的解缠结因子学习方法。

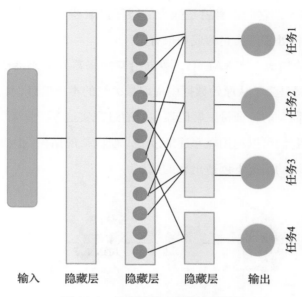

图 11.4　神经网络内部的表征学习

数据的不同解释因子会在输入分布中彼此独立地改变，并且当考虑连续的现实世界输入的序列时，一次只有少数几个因子会改变。复杂数据会来自许多来源之间的丰富互动。这些因子在复杂的网络中相互作用，可能使与 AI 相关的任务（如图像分类）变得复杂。例如，图像由一个或多个光源之间的相互作用，以及物体形状和图像中存在的各种表面的材料特性组成。场景中物体的阴影可以以复杂的图形模式相互叠加在一起，造成没有物体边界的错觉，并且可以显著地影响所感知的物体形状。

如何应对这些复杂的互动？怎样才能区分物体和阴影？最终，研究人员认为克服这些挑战的方法必须利用数据本身，即使用大量未标记的样例来学习将各种带有可解释性的来源分开的表征。诸如此类的考虑使我们得出结论：最有效的特征学习方法是尽可能多地解开因子的缠结，并尽可能少地丢弃相关数据的信息。

迪德里克·金马（Diederik P. Kingma）等人在 2013 年提出的变分自动编码器（Variational Auto-Encoder，VAE）是一类重要的生成模型（另一类生成模型是 11.4.2 节将讨论的 GAN）。VAE 能够从高度复杂的输入空间中解开纠缠在一起的简单数据生成因子，这已经得到证明。例如，当输入人脸图像时，VAE 可使用一个隐藏变量，自动学习来对面部打光的方向编码。训练之后，可以改变每个隐藏变量并观察对输出的影响，这样就可以人工分析模型所学习的特征类型。

到目前为止，VAE（和其他生成模型）在图像领域很成功，其中大多数体系结构基于卷积神经网络（CNN），它们本身就是强大的特征提取器。但是在时间序列或离散域的应用中，如音乐和语言处理等，它的成功很有限。

图 11.5 为 VAE 的构成。在 VAE 中，数据沿着编码器到解码器的顺序，先被压缩，然后被展开。压缩数据是为了从原始数据中提取最关键的本质信息，如果以一个动物为例，即相当于提取出"骨骼"的特征量。解码器主要通过充实这个"骨架"，即加入"肌肉"以再生数据。这时，我们可以利用概率逐渐改变"肌肉"的结构。因为有了"骨骼"，就能够在不损坏数据本质的情况下创造出新的数据。

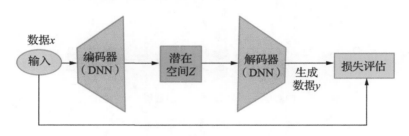

图 11.5　VAE 的构成

VAE 有几个扩展型，如 β-VAE[202, 203] 主要集中在解缠结的应用，并引入解缠结指标，使评估更容易。这些尝试的结果改进了现有的学习解缠结表征的方法，深入研究了如何衡量解缠结的结果，并尝试学习时间序列任务的解缠结表征。β-VAE 方法可以在没有监督的情况下学习数据生成因子的可解释表征。这种能力正是人类智能发展的一个重要前提，是用接近人类的方式来学习和推理。

β-VAE 方法是对 VAE 框架的修改，它引入了一个可调节的超参数 β，可以平衡潜在的通道容量和独立约束，并重新建立精度。根据研究结果，适当调整的 β >1 定性，效果大大优于 VAE（β =1）及解决各种解缠结因子学习方面问题的现有技术，如无监督（InfoGAN）[204] 和半监督（DC-IGN）[205] 等方法。

β-VAE 对训练是稳定的，对数据作出很少的假设并且依赖对单个超参数 β 的调整，可以通过使用弱标记数据的超参数搜索，或通过针对无监督数据的启发式视觉检查来直接优化。对网络内部表征解缠结的方法，使神经网络更容易被人类理解，并帮助神经网络更快地学习新数据，因为它从一开始就使不关联的表征因子脱离开来，只对特定的表征进行学习。

另外，谷歌旗下的 DeepMind 也在 2019 年 5 月发布了一种显式关系性神经网络架构[206]，把深度学习和符号化表征连接起来，而且着重表征了多任务通用和重复使用能力，达成了一定程度的可解释表征。这个新网络架构被称为 PrediNet，它学习到的表征中的不同部分可以直接对应命题、关系和对象，关键就是具有一定的关系解缠结能力，这也正是得到能学习到良好表征的模型所必需的。

内部表征可以对多种任务都通用，而且可重复使用，这种能力在目前的机器学习中还相当缺乏，但这正是人类最基本的能力，即人脑可以从不少相似或接近的事情中获得灵感，从而也给人类带来了很高的数据效率、迁移学习的能力和泛化到不同数据分布的能力，这些能力对终身学习、持续学习来说也是非常重要的。

11.5　生成对抗网络

现在，人脸识别技术已经非常普及，并已成为 AI 的重要应用之一。如果 AI 可以归纳分类出每个人的人脸，那么能否让 AI 根据人脸的特征创造出人脸，或根据照片创作出一幅有特定风格的艺术画作呢？

自 2014 年伊恩·古德费洛（Ian J. Goodfellow）[207] 等人发明了 GAN 之后，GAN 作为一种强大的无监督学习方法得到了迅猛发展。它是《麻省理工科技评论》（*MIT Technology Review*）报告的 2018 年十大突破性技术之一。GAN 在图像生成、视频预测和自动驾驶等许多领域中已开始发挥重要作用，成为当前的热点。基于 GAN 算法的产品甚至已经得到了商业化应用。

利用 GAN 算法，可以让 AI 学习和模仿几乎任何数据分布，因此可以被训练在很多领域中创作，如图像、音乐、演讲、小说、散文、诗歌等，其作品能做到与现实世界极其相似。因此，GAN 可以部分解决人类智能中很关键的创造性问题。GAN 被很多研究人员称为"下一代 AI 算法"，因为它不仅能够用于识别和分类，而且可以生成和联想，这就让 AI 迈向人类智力水平的征程又上了一个台阶。

GAN 由两个 DNN 组成，即一个生成器 G 和一个鉴别器 D，这两个模型相互竞争、相互加强。与传统的神经网络不同，GAN 采用博弈论方法，能够通过双人博弈从训练分布中生成目标。由于应用了对抗性学习方法，训练过程不需要近似难以处理的概率分布函数。此外，使用生成器的时候，只需用随机数驱动它。由于对用作 G 和 D 的 DNN 类型没有限制，因此可以根据要生成的数据和目的来选择适当类型的 DNN。例如，生成图像时，可以选用对图像处理非常有效的 CNN，而如要生成时间序列数据的语音和文本，则选 RNN 或 LSTM（见图 11.6）。

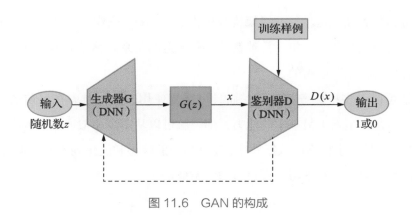

图 11.6　GAN 的构成

　　GAN 可以被看作反向的深度学习识别器。在用于图像识别的深度学习中，复杂的大数据被输入 DNN 中，在其中逐渐被压缩。例如，如果输入猫图像，它将提取猫的特征信息，同时丢弃详细的附带信息，如与猫无关的背景和猫的类型，最后压缩到 1 位信息，即"1"（是猫）或"0"（不是猫）。

　　GAN 里所使用的 DNN 遵循与此相反的过程。随机数除了平均值和方差之外，是信息量为零的数据，当输入该数据后，经过 DNN 处理，再添加数据，最终输出一幅高清晰度图像。从信息量为零，到一幅高清图像，听上去不可思议，而这正是 GAN 最主要的特色：它具有信息放大的作用，从输入到输出，不是一般的 DNN 所起的函数作用，而是会增加新的信息量。

　　在训练之前，生成器 G 先创建图像。这个过程比较简单。首先，使用正态或均匀分布对一些噪声 z 进行采样。如果使用 z 作为输入，用生成器 G 即可创建出图像 x [$x=G(z)$]。从概念上讲，z 表示所生成图像的潜在特征，如颜色和形状。在深度学习分类中，不控制模型正在学习的特征。类似地，在 GAN 中，不控制 z 的语义，即不控制 z 中的哪个字节决定图像某部分的颜色，而让训练过程学习它。为了发现它的语义，最有效的方法是绘制生成的图像并检查。

　　我们可以像训练 DNN 分类器一样来训练鉴别器。输出 $D(x)$ 是输入实数 x 的概率，即 $P(x)$。如果输入是真的照片，则 $D(x)=1$；如果是生成的图片，则 $D(x)=0$。通过该过程，鉴别器识别对真实图像有贡献的特征。同时，希望生成器创建 $D(x)=1$（匹配真实照片）的图像。因此，可以通过反向传播来训练生成器，这个目标值一直返回到生成器，即训练生成器产生接近鉴别器认为是真实的图像。

　　GAN 以交替的步骤训练两个 DNN，并将它们锁定在激烈的竞争中以改善自己。最终，鉴别器识别真实图像和生成图像之间的微小差异，而生成器的目标是创建鉴别器无法区分的图像。GAN 模型最终收敛并产生一幅自然的图像。

这种鉴别器概念也应用于许多现有的深度学习解决方案中，让一个鉴别器作为一个评判者，然后反馈检查到的差异，使 DNN 工作得更好。

总的来说，生成数据的概念有巨大的潜力，但遗憾的是也存在很大的危险。除了 GAN 之外，还有许多其他的生成模型。例如，由特斯拉的马斯克资助的 OpenAI 研发了 GPT-2。由 GPT-2 生成的文章段落看起来已经像记者所写的内容。然而，OpenAI 已经决定不公开其数据集和训练模型，因为它可能被误用。2020 年 6 月，规模更大的 GPT-3 也已问世，但仍限于内部测试使用。

VAE 的问题是输出数据的精度较低，这是因为利用概率只是粗略地近似，而且数据的检查是按照人的想法进行的。而 GAN 作了很大改进，它不使用近似概率，编码器被转换为输出数据的"检查官"，以使生成方法和检查方法同时进行深度学习。尽管如此，GAN 还是难以生成真实和高清的图像。

解决这个问题的突破是英伟达在 2017 年 10 月宣布的渐进式 GAN。它可以输出前所未有的高清晰度和非常逼真的 1024 像素 ×1024 像素人脸图像，这让世界各地的研究人员感到惊讶。很多人把它称为第二代 GAN（GAN 2.0）。图 11.7 为英伟达利用数据组 CELEBA-HQ 和渐进式 GAN 生成的 1024 像素 ×1024 像素明星图像。图像由使用随机噪声 z 的渐进式 GAN 生成，第一次达到了商业级应用水平 [208]。

图 11.7　渐进式 GAN 生成的明星图像

对于这些人脸照片，GAN 甚至还可以选取某几张脸的特征，通过把这些脸部特征组合在一起，以特定比例合成并创造出一张新的脸。有人把 GAN 的这个功能称为人工基因控制。

由于 GAN 受到人们的普遍追捧，大量的衍生技术（大部分是 VAE 和 GAN 的混合型）涌现出来，目前已经有 1000 种左右，而且数量还在不断增长。下面简单介绍几个衍生技术及其应用的例子。

（1）CGAN（Conditional GAN）：最初的 GAN 在使用时仅使用随机数，但仅此一项无法控制输出。CGAN 对此作了改进，即允许在输入随机数的同时，向 GAN 输入请求来控制要输出的数据。这是通过学习请求的内容和当时要成对输出的数据来实现的。这种 GAN 已经应用于人体姿势转换。通过人体姿势的附加输入，可以将图像里的人转换为不同的姿势。

（2）CycleGAN：这种 GAN 可能是第一批 GAN 的商业应用[209]实现。它可以将图像从一个域（如真实场景）转换到另一个域（如梵高或徐悲鸿的绘画风格，见图 11.8）。CycleGAN 打破了必须使用包含成对图片的数据集来进行训练这一传统限制。它不使用随机数，通过对源域图像进行两步变换（即首先尝试将其映射到目标域，然后返回源域得到二次生成图像），在多次的粗略配对中降低损失，这样就能够降低风格转换时对配对数据库的要求。

图 11.8　把真实世界中马的照片转换为徐悲鸿画作的马的风格

（3）PixelDTGAN：名人穿戴的衣服、帽子、鞋子等的款式，常常成为购物者追求的流行样式。PixelDTGAN 可以根据名人照片来创建各式服装图片和款式，这已经用于电子商务的商品推荐。

（4）StackGAN：把文本转换为图像是 GAN 较早的应用之一。只要输入一个句子，就可生成符合描述的多幅图像。文本和图像内容不一定必须直接相关，例如一句"草原上的马在奔跑"，可能会有几百种的图像显示。

GAN 最近已成为深度学习中的一种很特别的、有极大商业价值的算法，而基于 GAN 的加速器芯片也正在积极研发中。

GAN 在其生成模型中使用了一种新型的数学运算法，称为转置卷积（Transposed Convolution），也称为反卷积（Deconvolution）。对于传统的基于 DNN 的各种 AI 芯片，这种运算的执行效率很低。这是因为生成器（转置卷积）的主要操作不同于鉴别器（传统卷积）中的操作。卷积操作是把输入缩小，而转置是通过先在其行和列中插入零来扩展它，然后在此扩展输入上滑动窗口以执行一系列乘积累加。零的插入使得转置卷积和传统卷积的本质与硬件加速器不同，因为它导致了传统加速器中的无效操作（乘以零），这种无效操作占用了大量计算资源。

如果要绕过零而避免冗余计算，则需要处理非结构化存储器访问和不规则数据布局的技术。因此，GAN 加速器必须能够适应转置卷积，优化非结构化数据访问，并且支持多个 DNN 的训练。

GAN 所需的独特训练过程使其难以在现有的神经网络加速平台上运行：两个相互竞争的网络同时在 GAN 中共同训练，显著增加了对内存和计算资源的需求；而 GAN 中的不同 DNN 具有不同的计算和内存带宽要求，从而导致不同的处理瓶颈。此外，由于 GAN 生成高分辨率图像，因此还需要高吞吐量的推理和训练体系结构。这些都限制了 GAN 在图像和视频应用之外的任何规模的通用硬件的使用。虽然到目前为止还没有看到任何 AI 芯片初创公司专注于 GAN 加速器的开发，但是学术界已经展示了具有 GAN 功能的 AI 芯片的原型。

11.5.1　生成对抗网络的 FPGA 实现

阿米尔·亚兹丹巴赫什（Amir Yazdanbakhsh）等研究人员在 2018 年提出了一种适用于 GAN 的新架构，并用 FPGA 实现 [210]。该架构允许计算引擎分组在 SIMD 模式下运行，同时每个组运行自己的指令。由于 SIMD 单元将访问不同的存储位置，因此它们的架构将数据检索与每个单独计算引擎内的数据处理分开。为了使转置卷积及传统卷积运算的数据得到最大程度的重用，也需要正确处理处理单元之间的数据移动。

此架构被设计为一个完整的堆栈，称为 FlexiGAN。FlexiGAN 带有一个编译工作流程，该工作流程从 GAN 的高级规范开始，重新排序计算，优化数据流，分离数据检索，并生成两级指令层次结构以加速给定的 GAN，并在赛灵思 XCVU13P 的 FPGA 上做成了 GAN 加速器。如将这个加速器与仅支持传统卷积的类似优化设计进行比较，它可提供 2.2 倍或更高的性能。而且这个加速器有足够的通用性，可以在同一 FPGA 平台上有效地加速多种生成和鉴别模型。

11.5.2　生成对抗网络的 CMOS 实现

2020 年 2 月，韩国 KAIST 的研究人员展示了一款称为 GANPU 的 AI 芯片 [211]，这是一种针对 GAN 优化的节能型多 DNN 训练处理芯片。它具备 3 个关键功能：支持多个

DNN 的自适应时空工作负载多路复用（ASTM），用于高吞吐量推理和训练的输入和输出激活稀疏性利用功能（IOAS），以及指数 ReLU 推测功能（EORS）。ASTM 在运行多个 DNN 的同时，通过一个可重构累积网络（RAN）保持较高的处理器利用率。IOAS 架构可对输入激活（IA）和输出激活（OA）的稀疏性进行判断，零值均被跳过，以在 DNN 推理和训练的所有步骤中实现高吞吐量和高能效。EORS 可以使用权重和激活的指数值来预测未知的 OA 稀疏性。

这款芯片由 8×4 个双稀疏感知训练核（Dual Sparsity-aware Training Core，DSTC）、8 个长时存储器、1 个 RAN 和 1 个顶级 RISC 控制器组成。每个 DSTC 包含 1 个由 6×7 个处理单元（PE）组成的阵列、1 个 EORS 单元、累加单元、18 KB 权重存储器及 IA 和 OA 的缓冲区，集成了浮点 MAC 单元以保持训练和推理质量。该芯片的特点是解决了处理多个 DNN 时在时域出现的计算量或存储量峰值过高的瓶颈，以及在空域出现的计算或存储能力空闲的问题，采用了自适应方法来对此进行优化（见图 11.9）。

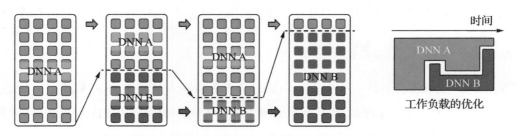

图 11.9　处理多个 DNN 的自适应时域 / 空域复用功能 [211]

GANPU 工作于 0.7 ～ 1.1 V 电源电压，功耗分别为 58 mW 和 647 mW，达到了较高的能效，最大频率为 200 MHz。DNN 计算的最高性能为无稀疏性时的 538 GFLOPS（fp16）和 1.08 TFLOPS（fp8），而在 IA 和 OA 的稀疏度均为 90% 时，最高可达 14.03 TFLOPS（fp16）和 24.13 TFLOPS（fp8）。在作为每次推理需要 99.10 GFLOPS 的 CycleGAN[209] 生成器时，GANPU 的处理能力在最大频率下达到 10.26 f/s，能效提高了 76.25%。GANPU 采用 65 nm CMOS 工艺制造，面积为 32.4 mm²。

GANPU 在芯片架构上作了很多创新，以应对处理多个 DNN 的挑战。这种架构为下一代基于 GAN 的 AI 加速器的研发创造了条件。

11.5.3　生成对抗网络的 RRAM 实现

陈怡然等人提出了一种基于 RRAM 的存内计算 GAN 架构，称为 ReGAN[212]，可以有效地减少片外存储器访问。

首先，研究人员分析了 GAN 中的一般训练过程，包括正向传播和反向传播。然后根据这样的计算路径，提出了一种流水线架构，以利用结构化逐层计算来提高系统吞吐量。该架构直接利用 RRAM 单元执行计算，而无须额外的处理单元。RRAM 用作存储中间结果的缓冲区。这样的设计可以让数据无须跨存储层次传输，从而极大地减少了数据移动并降低了能耗。

ReGAN 包含新提出的空间并行和计算共享技术，以进一步提高 GAN 中的并行性，从而更有效地支持训练。

ReGAN 将 RRAM 划分为 3 个区域：存储子阵列、全功能子阵列和缓冲区子阵列。存储子阵列与普通内存阵列相同，具有数据存储功能。全功能子阵列可以设置为计算和存储两种模式。在计算模式下，全功能子阵列执行矩阵矢量乘法；在存储模式下，它们用作数据存储的存储子阵列。最接近全功能子阵列的存储子阵列被用作缓冲器，用于存储各层之间的中间结果（如生成的图像数据等）。

ReGAN 是按照脉冲神经网络（SNN）的架构来设计的。比较特别的是执行 GAN 训练的流水线设计。当输入数据被存到缓冲区中时，全功能子阵列开始计算。当第一个输入矢量被发送到 RRAM 交叉开关时，字线驱动器可以继续处理下一个输入矢量。输入分别与两个具有正权重和负权重的交叉开关逐个相乘。"整合—激发"电路在位线上收集电流，并产生代表结果的输出脉冲。激活功能单元对结果执行非线性函数计算。中间数据（如部分和、导数等）存储在缓冲区中。当每一层计算完成或缓冲区已满时，结果将写回到存储子阵列中。

实验结果表明，ReGAN 与 GPU 平台相比平均可实现 240 倍的性能提升，平均能效提高了 94 倍。

另外一款基于 RRAM 的 GAN 芯片称为 LerGAN[213]，也是一种存内计算 GAN 架构。LerGAN 提出了一种去除零的数据重塑方案，以消除与零相关的计算；同时提出了一种可重构的互连方案，以减少数据传输开销。

这种 3D 连接的存内计算可以根据传播和更新的数据流动态地重新配置内部的连接，从而在很大程度上减少了数据移动，避免了 I/O 成为训练 GAN 的瓶颈。

实验表明，与基于 FPGA 的 GAN 加速器、GPU 平台和基于 RRAM 的常规 DNN 加速器相比，LerGAN 分别实现了 47.2 倍、21.42 倍和 7.46 倍的加速，以及 1.04 倍、9.75 倍和 7.68 倍的能效提升。

GAN 开发的最初几年已经取得了令人瞩目的进展。使用 GAN 得到的成像结果，精度可以高到与实际拍摄影像没有区别的程度。然而，不只是图像和图片，在未来几年，随着 GAN 专用芯片的开发及进入市场，GAN 生成的高质量视频可能会出现。语音交互、无人机、机器人、三维建模等越来越多的领域也开始引入 GAN 技术。

11.6 小结

本章介绍的这些 AI 算法体现了人们在神经网络研究方面取得的一定进展，向着人类所具备的思维方式和智能水平迈进，也向着通用人工智能（Artificial General Intelligence，AGI）迈出了可贵的一步。使用元学习算法，可以让 AI“学会如何学习”，即学会掌握解决这类问题的方法；元推理让 AI“思考如何思考”，判别推理计算资源的合理安排和使用；解缠结表征可以使神经网络更容易被人理解，并容易学习新的数据集；而 GAN 算法不但输入随机数，还可加入提示信息，系统可以根据提示改变输出数据。这就是说，GAN 是一种可以从两组不同的信息中产生出一组新的信息的技术，即相当于创造出一个新的点子和想法，实现了人们让机器进行“联想”的愿望。这种“联想”的功能，又给了研究人员很大的想象空间，让人们感受到了 AI 巨大的潜力。

人类的创造力及随之产生的文化、美学类事物成为 AI 的另一个标杆，这开辟了一个全新的、迄今为止只有人类才拥有系统优势的领域。针对一些特定应用的 AI 算法表现出了创造力，主要包括语言、音乐、视觉媒体和产品设计这几个方面。

目前，虽然不能说 AI 已达到像人类一样的学习能力和思考能力，但至少展示了 AI 的智力水平正在不断提高的过程中，AI 未来大有希望，拥有难以预料的前景和巨大的发展潜力。对于 AI 芯片来说，这正是一个大好的机会，从硬件底层支持元学习、GAN 这些算法的专用 AI 芯片将会大显身手，达到更好的实际应用效果。可以预见，在未来几年内，这些下一代的 AI 算法将会得到广泛应用，而起到商业化关键作用的将会是带有相关功能的 AI 芯片。

第 **12** 章 有机计算和自进化 AI 芯片

今天，集成几百亿个晶体管的 AI 芯片已经能够被制造出来。巨大的晶体管容量允许将越来越多的异构功能集成到单个芯片载体上。然而，设计这样大小的系统存在固有的复杂性问题，这是 CMOS 容量扩展不可避免的缺点。这种复杂性的增长，已经大大超过了设计人员生产力的提升，而且这种差距越来越大，导致开发成本或工程成本增加及开发时间周期拉长。因此，数十年来主导集成电路进展的晶体管容量问题已经变成了一种复杂性问题。

每一代芯片工艺的进步，都带来了芯片容量的增加，而 MOSFET 参数，即沟道长度、晶体管宽度、栅极氧化物厚度和互连宽度必须缩小为原先的 $1/\sqrt{2}$。缩小物理晶体管参数导致对寄生和随机效应更脆弱。电源噪声、热变化、α 粒子辐射和制造工艺变化导致芯片非常容易产生器件故障。

尤其是当 CMOS 技术接近低于 5 nm 特征尺寸范围的物理极限时，制造缺陷或操作期间的临时器件故障将会大量增加。最重要的是，这意味着除了必须解决固有的电路复杂性问题，还必须解决芯片设计中日益突出的可靠性问题。这就需要新的设计方法和工具来处理这些问题，以保证在芯片上实现可靠且稳健的系统。芯片设计的"一次性流片成功"并不意味着后续的批量生产能够成功。

系统中某处的物理缺陷通常会影响整块芯片的运行和性能，硬件和软件都是如此。例如 ASIC 这类芯片，通常不可能在运行时更换或解决故障。在增加芯片复杂性和降低可靠性的同时，芯片中断运行或性能下降将变得更加频繁并且产生质量问题。

在 AI 芯片中，还会出现由于神经网络模型的设计错误及其映射到硬件所造成的出错问题。如果神经网络模型的某些部位出错，将会对整个系统的性能造成重大影响。因此，准确找出这些部位，并对其采取特别的保护措施，对 AI 芯片的性能、可靠性、安全性等都有很大意义。

AI 芯片不管用于云端（数据中心）还是用于边缘侧的嵌入式系统、移动设备，都必须解决许多潜在冲突，如热量、成本、性能、安全性、故障恢复等，所有这些都面临着高速动态的操作行为和环境条件。如何使 AI 芯片能够在高度动态变化的情况下正常、可靠地运行，尤其是对可靠性要求极高的自动驾驶汽车、自动医疗手术、智能工厂等领域，越来越受到人们的关注。

12.1　带自主性的 AI 芯片

解决这个问题的对策就是让这块芯片本身带有"智能"，即让它有自主性，能自己知道自己的状况并即时反馈。AI 芯片的一个主要属性就是自主性，它能够监控自己的状态、行为及外部环境，从而智能地进行调整，以及智能地自我"进化"。一般来说，AI 芯片可以通过传感、激励、自感知、自适应等组合实现自主性学习。本书第 11 章介绍的元学习是一种自学习，主要是指 AI 算法的自学习，而这里讲的自学习是硬件电路的自学习，它直接体现了芯片级的智能。这种自学习可以包含很多"自 × ×"模式的功能范围。

这些"自 × ×"概念，当年 ASIC 刚兴起的时候就有人提出，2003 年 IBM 的"自主计算"项目对此作了归纳，使其成为一个研究主题。研究人员已经将自感知、自配置、自修复、自组织和其他自我特征视为自主计算的基本属性。自 2011 年以来，不断有人提出和修改对于"自主性"及"自主计算"的定义 [214]。自主计算的概念结构如图 12.1 所示。

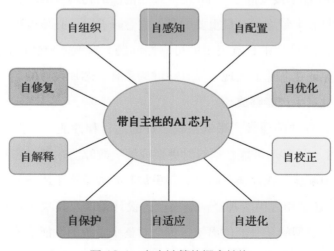

图 12.1　自主计算的概念结构

带自主性的计算系统非常类似于训练和推理组成的 AI 系统，它包含以下几方面。

（1）学习模型：这些模型捕捉有关自身及其环境的知识（如架构、设计、状态、可能的行动和运行时行为）；

（2）使用模型推理（如预测、分析、决策、计划）：模型推理可以使这些模型能够按照目标等级，根据它们的知识和推理采取行动（如探索、解释、报告、建议、自适应或影响其环境）。

对于一个真正的自主性系统，持续、动态的学习是必不可少的。动物（包括人类）和植物能够从出生或发芽成长为高度发达的智能体或参天大树的一个主要原因是它们从细胞组织到个体的各个层面都在进行无休止的学习。如图 12.2 所示，学习带有许多单元和功能。它必须集成在传感器和监控节点中，体现在注意机制、决策制定、目标管理、执行和驱动，以及系统的几乎每个部分中。学习只有在有反馈信号时才能进行，因此系统的各个学习单元必须充满各种反馈信息。

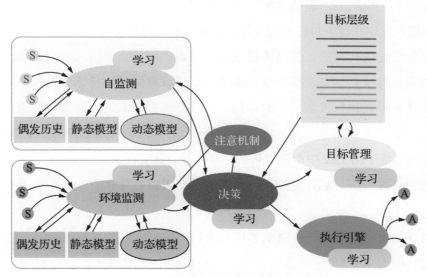

图 12.2　一种自主性系统的范例架构 [214]

许多机器学习算法都没有足够的效率来对片上学习的要求进行优化。因此，需要一种自适应的机器学习算法以及有助于持续学习和优化的系统架构。

在图 12.2 中，节点 S 是传感器，节点 A 是执行器。对自我和环境的适当评估（自监测和环境监测）是进行有效目标管理和有效决策的基础。所有被认为"好"或"坏"的评估都被映射到一个等级。这用来比较其他不相关的属性，如信号质量和电池的剩余水平。两种监测功能都可以不断改进，以识别正常特性并对差别进行分类。目标管理可以学习，以某种方式动态确定子目标的优先级。决策可以基于其对系统性能的影响来优化其算法。执行引擎可以学习生成控制命令以获得最佳效果。

迄今为止，自主性的特征已经体现在一些 ASIC 或 SoC 资源管理解决方案中。绝大多数研究人员遵循传统的控制循环方法，根据需要以特别的方式扩展和定制它们。这里将讨论一个较典型的芯片例子：多核架构的自主芯片（Autonomic System on Chip，ASoC），它的架构设计中具有自主性 [215, 216]。

这款芯片的功能处理单元是传统的核、加速器、存储器和其他功能硬件单元，由称为自主层的单元监视和控制。与自主层对应的另外一层称为功能层。对于功能层中的每个核或类似组件，自主层中存在相应的单元，由监视器、评估器、执行器和通信器组成，称为自主单元。例如，自主单元可以监视功能单元中的负载水平并相应地更新频率；通信器允许自主单元彼此通信。由于每个功能单元都被自主单元覆盖，因此这是一个分布式控制系统。

评估器是基于规则的，每条规则都包含匹配模式、动作和奖励值。模式与监视的值匹配，并确定在给定情况下可应用的规则。例如，模式可以对"太高负载"进行编码，动作则对频率的变化进行编码，奖励值根据监视器观察到的实际情况进行更新。评估器将本地获得的信息与从其他自主单元获得的状态信息或存储的本地知识合并进行处理。执行器对本地功能单元执行可能必要的动作。评估器和执行器的组合也可以被认为是一个控制器。

这款芯片展示了图 12.2 中范例架构的一些特性，具有自监控、决策制定和执行组件。学习以有限的形式开展。芯片架构是可以扩展的，可以有更多自主性的元素包含在芯片里面。

图 12.3 为 ASoC 芯片架构。这款芯片分为两个逻辑层：底层是功能层，包含 IP 组件或功能单元（FE）。如同传统的非自主设计，功能单元包含通用 CPU、存储器、片上总线、专用处理单元（PE），或者是系统和网络接口。上面是自主层，由各个自主单元和单元之间的互连结构组成，由它们来监督和控制功能层以实现最佳运行。自主层内的互连结构不必与功能层上的片上互连相同。

这种芯片架构代表了芯片设计未来的概念转变，可以消除功能单元和自主单元组件之间的逻辑分离，并可把这两部分全部或部分合并在一起。具有自主单元的芯片就成为一种带智能的芯片，它具有一定程度的自感知和自主性，为自主计算和有机计算打下了基础，并有可能成为与某种新的 AI 算法相匹配的硬件架构。

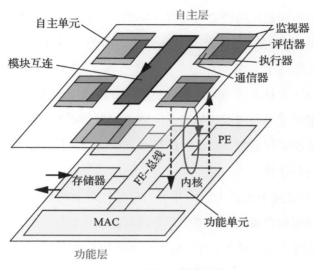

图 12.3　ASoC 芯片架构 [217]

12.2　自主计算和有机计算

12.1 节中介绍的芯片架构属于所谓的有机计算范式。按照百度百科的定义，有机是指事物的各部分互相关联协调而不可分，像生物体一样。有机计算是以有机方式与人类行为交互的计算，即利用在自然系统中观察到的特征，为技术系统配备类似生命的特性。这里指的"有机"是用于描述系统的行为，并不意味着它们是由有机材料构成的（详见第 15 章）。

有机计算的目标是建立尽可能安全、灵活和值得信赖的系统，完全满足人类的需求。为了实现目标，系统必须更加独立、灵活和自主地行动，即它们必须具有与人类融合的特性，这种特性称为"有机"。按照相关国际组织的定义，有机计算系统是一种动态适应外部和内部变化的技术系统，它的特点是自感知、自组织、自配置、自优化、自修复、自保护、自解释和情境意识，可以被视为 IBM "自主计算"愿景的延伸（见图 12.1）。

有机计算受到大自然如何处理复杂性问题的启发。例如：人体有一个自主神经系统，具有关键的生命控制和监控功能（如心跳控制、呼吸、通过皮肤功能进行温度控制等）。对于 AI 芯片，有机计算的目标是将这些"自××"功能集成到芯片中，使得该芯片实现更高水平的自主操作。有机支持代表了芯片设计的一个重大概念转变，因此，逐步在 AI 芯片上实现有机含量的增长，将会为 AI 芯片本身带来更进一步的智能，解决当前 AI 芯片设计和实现的复杂性和可靠性问题。

使用有机计算原理为当前和未来越来越复杂的芯片设计提供了方便。今天的芯片设计人员越来越难以分析不同芯片组件之间的交互作用，越来越难为芯片选择最佳设计参数，因为芯片的生产面临越来越大的工艺差异和变化，而芯片本身则运行在不断变化的环境中，它们也在不同的负载下工作。

此外，目前的设计工具无法充分地允许建模、分析故障和容错行为，而这对于解决特征尺寸接近物理极限时芯片的错误率提高的问题是相当必要的。如果芯片带有学习能力，将减轻芯片设计人员的工作负担，在设计的每个方面得到最佳参数设置，因为芯片可以在运行时自我纠正和自我优化。

图 12.3 中的自主层是逻辑自主层，并不一定是物理上的分层。它负责在运行时进行决策，以实现自我校正和自我优化，即实现有机概念。功能模块的接口可以集成到自主单元中。决策按规则编码，而规则由条件、动作和预测的奖励值组成。如果规则的条件匹配，即如果系统处于分类器描述的状态，并且预期的奖励足够高，则触发规则的动作部分。这些规则通过遗传算法和强化学习等 AI 算法进行学习，或加在中间件中实现自进化功能。

12.3　自进化硬件架构与自进化 AI 芯片

对应于自学习 AI 算法，芯片实现上也有创新的自进化电路。自进化机制可以成为有机计算的一部分，也可以作为芯片的单独功能。

当今，深度学习算法被许多人认为是最强大的 AI 算法。但是，可能存在完全不同类型，但比神经网络和深度学习更强大的智能计算范式。该技术可能基于人类大脑进化的过程。一系列迭代变化和选择产生了人类已知的最复杂和最有能力的器官——眼睛、大脑等。进化的力量令人惊讶，新的研究成果已经证明，进化算法在视频游戏中的应用，效果超过了深度学习算法[218]。

进化提供了复杂和微妙适应的创造性源泉，这往往让发现它们的科学家感到惊讶。然而，进化的创造力并不局限于自然界：在计算环境中进化的人工生物也让研究人员惊奇。实际上，进化算法领域的研究人员可以用进化算法来创造性地颠覆他们的期望或意图，暴露代码中未被识别的错误，产生意外的适应性，参与各种行为并让结果收敛到一个期望的最佳点。

12.3.1　自进化硬件架构

自进化硬件能够改变其结构和行为，以便针对特定任务或环境自动优化其操作。如果需要从生物有机体和自然进化中获取灵感，以创建这种硬件系统，并且开发出适当的优化方法和算法，不仅需要在芯片制造期间改变硬件，而且需要在芯片上进行频繁和快速的改变。今天的芯片通常无法在设计和制造完成后进行物理改变、扩展或再现某种功能，因此使用 FPGA 或类似的可重构架构是最好的选择。与其他有机计算模式相比，这种架构也有一个反馈机制，图 12.3 中的自主层带有 DSP 或 MCU 处理器，用来运行遗传算法。现在已经有不少研究人员提出了使用遗传算法的进化式深度学习算法，不过还没有实现为专用芯片。

实现自进化需要在芯片里实现动态部分重构（Dynamic Partial Reconfiguration，DPR）功能。通过该过程，FPGA 可以自动重新配置其部分逻辑，而其余部分继续运行。此外，这个过程还是一个动态过程，而不是下载软件的过程。这可以用于将自进化系统实现为分段电路，该分段电路被构造为多个处理单元（PE）的阵列，每个 PE 实现简单的功能，可以通过使用 DPR 进行 PE 替换来单独地改变。这种功能变化将由进化算法驱动，进化算法将对可进化电路执行随机的微小变化。通过评估这些变化如何影响可进化电路性能来决定是否保留这些变化。

20 世纪 90 年代中期推出的赛灵思 XC6200 FPGA 系列，是最先尝试可进化电路的 FPGA。虽然缺少重要的内部重构功能，但该器件曾被认为是最好的基于 FPGA 的可进化平台，主要是因为它可以方便地配置比特流，允许创建有效的电路；其路由资源基于多路复用器，实现了比特流配置的随机安全修改。随着具有更多可用资源的更大的 FPGA 出现，并且采用了减小 PE 大小的新设计技术，可进化电路系统可具有的 PE 数量有所增加。

后来这种 FPGA 被 Virtex 系列所取代，重构技术也发生了变化，DPR 因为一些局限而未能成为自进化系统的标准做法。DPR 把原来的多路复用器改换成交换矩阵，就不能进行随机比特流修改；另外一个问题是重构速度不足以实现近实时自适应。针对这些问题，之后有研究人员提出过虚拟可重构电路（Virtual Reconfigurable Circuit，VRC）[219] 的想法。VRC 是一种用于实现笛卡儿遗传编程（Cartesian Genetic Programming，CGP）的解决方案，是 CGP 架构在 FPGA 实现中采用的特定形式。CGP 拓扑的灵感来自于结构自组织、环境自适应、故障自修复的生物自律三大特性，已经广泛用于许多应用中。它将数字电路描述为有向图，描述树的每个节点的功能和连接，具有简单的整数基因型。该基因型映射在一种计算节点的网格上（笛卡儿坐标是指网格中定位每个节点的坐标）。CGP 通常不使用遗传编程，而是包含一个简单的进化策略。

VRC 本质上是一种覆盖体系结构，即在 FPGA 结构之上定义应用特定的可重构电路虚拟层，以降低重配置过程的复杂性并提高其与本机重配置相比的速度。然而，该虚拟层引入了大量开销，带来了时延。

CGP 由一系列排列成矩形网格的 PE 组成，如图 12.4a 所示[220]。这些 PE 中的每一个都可以从输入和左侧的列中获取数据，并且通常实现一种无状态的简单函数，如算术加法或逻辑和（即 AND）。为了在多路复用器和路由方面进一步简化系统，可以将某个 PE 可用的输入数量限制为左侧的最大列数（通常为一列，以避免多路复用器过大）。

CGP 是自进化芯片中最常用的拓扑结构之一。这种拓扑的一个问题是网络的路由可能仍然太复杂，并且多路复用器在逻辑路径中引入了额外的时延，降低了操作速度。不受此问题影响的另一种拓扑结构是脉动阵列（Systolic Array，SA），它已被用作实现可进化硬件的可重构结构（目前也被谷歌用于深度学习 TPU 芯片的基本拓扑架构）。它最初用于复杂的 PE 操作，但也可以用于更简单的 PE。与 CGP 相反，SA 中每个 PE 的输入是固定的，每一个输入都被连接到它的邻近 PE（见图 12.4b）。选择这种拓扑结构的主要动机是它很适合在高吞吐量处理中应用，以及适合于动态重构机制。

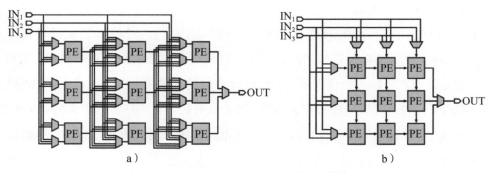

图 12.4　CGP 和 SA 的拓扑结构[220]

a）CGP　　b）SA

图 12.4 为具有 3 个输入和 1 个输出的 3×3 CGP 和 SA 拓扑的例子。这两个例子中的每个 PE 都有 1～2 个输出和 2 个输入，来自系统输入或前一列中的 PE。注意，SA 中除了系统输入端和输出端的那些多路复用器之外没有其他多路复用器，这使互连变得更简单。

12.3.2　自进化 AI 芯片

最近几年赛灵思推出的 Zynq 器件，从嵌入式 ARM 处理器重构电路引入了新的处理器配置访问端口（PCAP），以解决当前的 FPGA 异构器件问题，提供了新的可进化可能性和改进的重构速度。2019 年以来，赛灵思新的 FPGA 系列特别强调了自适应功能，也把 AI 引擎放入了 FPGA 芯片中。

　　把 AI 芯片变成一种可自适应的类生物有机体，是很多科学家追求的愿景。这种 AI 芯片可以编程，以进化为最佳配置。根据软件需求，这种可进化硬件的功能和架构以自主方式随时间动态变化，以优化其性能。

　　自进化并不意味着使用具有进化算法的软件来模拟电路设计的迭代改进。相反，它需要在线改变硬件的实际结构，也能够动态和自主地重新配置其结构。自进化芯片的发展与进化算法和可重构电路领域的进步密不可分。对于传统芯片，集成在上面的组件、电路和互连是固定不变的，而自进化试图随时间变化自主适应现实世界的需求，从而把任务所期望的性能达到最优化。

　　自进化功能不只是用于芯片本身的自修复、自适应等用途，还可以让人们设计具有所需 AI 功能的芯片。这样的芯片不必考虑不断变化的操作环境，因为它们可以根据 AI 任务要求的变化来动态进化，即改变它们本身的电路。从这一点来讲，这种自进化 AI 芯片将从根本上颠覆一般的 AI 芯片，它的类脑功能比第 5 章所介绍的类脑芯片更符合生物大脑：它会与周围环境互动，会通过自学习不断进化，变得越来越智能，这样的 AI 芯片构成的"人造大脑"可能成为终极的 AI。

　　自进化 AI 芯片包含几个部分：先把神经网络模型发送到 AI 芯片，经过片上编译器发送到进化算法单元，然后将电路配置发送到芯片可重构 AI 架构电路（见图 12.5）。芯片可重构 AI 架构电路利用所接收的输入配置来配置自身，并将拟合度值发送到基于进化算法的电路。拟合度值描述了找到的电路配置的好坏程度。根据收到的值，进化算法修改染色体并向芯片可重构部分返回新的配置。配置时间（重构时间）在纳秒级。

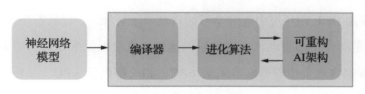

图 12.5　自进化 AI 芯片的基本结构

　　可重构电路与传统电路设计不同：传统电路的参数和架构由设计人员基于要解决的问题的知识来指定；可重构电路依赖进化算法来生成解决方案。

　　训练样例是要解决的问题的代表性例子。例如，以从图像流中去除某种类型的噪声为目的的系统，通常将噪声图像用作训练输入，并且将没有噪声的相同图像用作训练参考；同样，以对图像执行边缘检测为目的的系统将使用正常图像作为训练输入，并且使用已知边缘检测算法（可以在软件中完成）的结果用于训练参考。进化算法将自动生成具有不同电路（或处理行为）的可重构电路配置，以便使用这些候选解决方案中的每一个处理训练输入的结果来让训练参考尽可能相似。一旦找到了解决当前问题的合适解决方案，自进化系统应能够处理那些参考未知的新输入。这样，这种自进化功能可用于创建能够自适应的 AI 系统。

12.4　深度强化学习 AI 芯片

强化学习算法的原理与图 12.3 中的自主层原理十分相似，同样是通过外部环境的交互作用和反馈机制产生奖励和惩罚，不断试错和纠错。因此，近年来已经有人把强化学习的机制引入有机计算中。

虽然常规的 DNN 除了可以用于图像识别，也可用于动作控制，但是它的实时性很差，因为它需要通过网络与云端服务器连接进行远程学习。因此，DNN 很少被人用于诸如机器人之类的自主系统。

与图像识别任务不同，实时操作在动作控制中非常重要，这就需要使用强化学习那样的新的学习技术，以在本地确定和选择正确的机器人动作。深度强化学习（DRL）是强化学习（RL）与 DNN 的组合，可以说是 AI 领域现在最热门的方向之一。它之所以声名大振，与 DeepMind 团队用它在 AlphaGo 和 AlphaZero 上大获成功是分不开的。但是在当时，DRL 都是使用 CPU、GPU 及 FPGA 实现的，还没有基于 DRL 的专用 AI 芯片。

2019 年，Kim 等人在 ISSCC 上展示了一款适用于移动设备的 DRL 专用芯片[221]，这是一款带有自主性的 AI 芯片。

图 12.6 为使用 DRL 在环境中连续学习的自动驾驶智能体，把状态作为 DNN 的输入，而 DNN 的输出是动作，即带动汽车发动机的运行。它会反复采集运行经验并学会驾驶。DRL 的处理过程包含两个步骤：样本采集（SC）和策略更新（PU），用于动作的连续控制。首先，在 SC 步骤中，通过 DNN 推理来确定动作。输入状态、输出动作和相应的奖励组成采集经验，存储到存储器里。一旦采集到足够的经验样本，PU 步骤就开始计算损失，然后更新 DNN 的权重。计算损失的目的是把奖励最大化。

DRL 的芯片实现存在不少挑战，其中最大的挑战是需要大量的存储器访问，如需要存储 10,000 个"经验"及其他中间数据，需要很大的存储带宽。图 12.6 所示的这款芯片中设计了多个内核，而每个内核包含了经验压缩器、可换位处理单元阵列、控制器及存储器等。该芯片使用 65 nm CMOS 工艺制成，裸片面积为 16 mm^2，性能为 204 GFLOPS（权重精度为 16 位）。

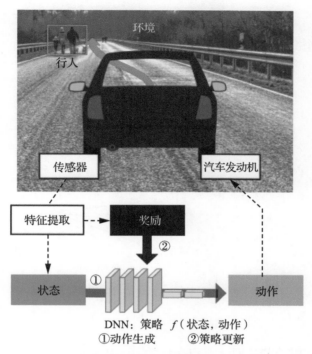

图 12.6　一款带有自主性的 DRL 专用芯片

12.5　进化算法和深度学习算法的结合

在进化算法最初得到应用的时候，就有研究人员把它与神经网络结合起来，提出了神经元进化（Neuro-Evolution，NE）的概念。它的基本思想是使用遗传算法直接搜索神经网络策略空间[222]。

NE 的基本思路是把神经网络的技术规范以字符串表示或用染色体编码（见图12.7）。染色体可以对任何相关的网络参数编码，包括突触权重值、处理单元的数量、连接（拓扑）、学习率等。然后，这些网络基因型在一系列世代中进化。将每一代每种基因型映射到网络表型（即实际网络），然后在问题环境中进行评估，并授予以某种期望的方式量化其性能的拟合度分数。在此评估阶段之后，通过各种可能的方案（如拟合度比例、线性排名、竞争选择等）根据拟合度从群体中选择基因型，然后通过交叉配对及可能的突变，形成通常的新基因型。这些新基因型取代最不适合的群体。重复该循环直到找到足够适合的网络，或直到满足一些其他判据才停止。

在图 12.7 中，神经元进化将每条染色体转化为神经网络表型并对任务进行评估。通过接收来自环境的输入（观察）并通过其神经网络传播它，以计算影响环境的输出信号（执行）。在评估结束时，根据网络的性能为网络分配一个拟合度值。在任务中表现良好的网络被配对以生成新网络。

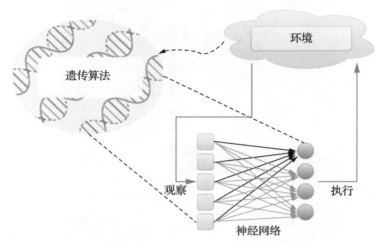

图 12.7　神经元进化：通过进化算法来优化神经网络 [222]

这种方法可以被用于监督型学习和强化学习，从而把进化算法和深度学习算法结合在一起。DNN 有很多限制，但是进化算法没有什么限制；DNN 只使用很单一的搜索，但是进化算法是发散式搜索。有的研究人员在 DNN 的卷积层和全连接层之外又新加了一层神经元进化层，使之成为一种可进化 DNN。

最近几年，这种可进化深度神经网络架构已经应用于文字处理、视频游戏，并与 GAN 相结合（称为深度互动进化），在图像处理领域显示出强大的威力 [223]。

12.6　有机计算和迁移学习的结合

在目前研究自动驾驶汽车的热潮中，有研究人员研发了一种在线迁移学习技术，用于自动驾驶汽车 [224]。这项技术在自学习方面把迁移学习和有机计算相结合。来自现有领域的先验知识被迁移到新领域以生成新模型，然后基于有机计算的自学习能力不断地重新建立模型。在线迁移学习有助于改进迁移学习算法，因为一般的迁移学习中，预测器一次只能观察到某一些特征，而结合了有机计算的在线迁移学习的优势在于它可以根据新数据的到达，不断地进化更新模型。

有机计算形成了一种可以相互合作并随着时间的推移而发展的整体。在这样的系统中，每个单独的单元可以是自主的，但是当从整体来看时，它们可以被视为自组织实体。

有机计算系统会动态响应环境的变化，并且还具有足够的自由度。如果将连接自动驾驶汽车视为一种自组织行为时，有机计算方法的应用及其优势就很明显。

在考虑未来的自动驾驶汽车时，预计路面车辆将相互连接并相互通信以优化行驶时间。整个系统可以被看作是一种群体，每个车辆在特定时间具有不同的功能，即从 A 点到 B 点行进。当考虑这样的群体时，它需要基于来自各个组件的输入动态地自我组织。这个群体不仅被看作各个元素的总和。假设某个路径上交通繁忙，其他车辆应该重新选择路径。有机计算将整个自动驾驶汽车网络作为自组织机制。

有机计算的另一个应用是自学习。一旦自主车辆学习了新技能或经验，该知识就可以迁移到其他车辆。当自主车辆面临诸如不熟悉地形之类的全新任务时，可以针对该特定任务迁移来自类似情况的知识，然后在使用有机计算时进行改进。例如，尝试在复杂的交叉路口进行导航，其中车辆以不同的速度和密度行进。

迁移学习和有机计算可以帮助车辆学习和吸收知识，并将现有知识用到不同任务中。由于采用了有机计算，自学习和自组织可以在自动驾驶汽车领域得到应用，把自主计算带入自主驾驶中去，使自动驾驶汽车的运行更具效率。

12.7 小结

有机计算已经开始应用到半导体芯片的设计实践，其中包括最初的电源管理模块，也包括近年的存储器控制模块及用于自动驾驶汽车的 AI 芯片。

总之，关注有机计算这一课题的研究人员已经开发了许多创新方法来对芯片进行自监测、自适应、自组织、自学习、自进化等。然而，类似于当初研究人员在自主计算上的努力，目前有机计算更多地关注从观察到决策再到行动这样一个周期的决定和行动部分，仅使用了相当有限和静态的概念，几乎没有涉及诸如抽象、注意力、对其自身行为和环境中的历史变化的前后关系的认识等方面。

随着下一代更智能的 AI 算法，如元学习、元推理、GAN 等不断涌现，将会出现适合这些新算法且带有自主性的 AI 芯片，从而使 AI 系统的智能水平更上一层楼，逐渐向人类智能靠拢。另外，作为硬件的 AI 芯片也需要变得"有机"，以自动适应外部和内部的变化，自动纠错、自学习，达到自进化，几乎完全摆脱人类的介入和操控，这样才能让智能机器成为未来地球上一个真正独立的"物种"。

第 13 章 光子 AI 芯片和储备池计算

实现 DNN 的 AI 芯片最需要满足的是降低功耗和提高吞吐量这两个需求，这些需求催生了新颖方法的出现，包括新兴的光子神经网络。由于光子器件的高通信带宽，光子实现方式有望实现高速传输；由于波导中光传输的低损耗，光子实现方式有望实现极低功耗。光子行进的速度比电子快得多，并且光子的移动成本与距离无关。因此，光子计算与电子计算相比有着明显的优势。很多年来，不少研究人员为研制光子计算芯片花费了大量精力。

近年来，随着研发 AI 芯片的热潮兴起，人们很自然地想到了是否可以用光来实现 AI 计算，开发速度更快、更节能的光子 AI 芯片。与任何高级计算体系结构一样，更快的处理速度可以使 AI 计算受益。深度学习特别需要对大型数据集进行快速数据分析，提高性能和降低功耗一直是深度学习 AI 芯片的重要目标。

随着半导体工艺的进步，许多原来不能集成在一起的光模块都能够集成到一块指甲大小的芯片里；一些原来难以加工的工艺，如基于硅实现的集成光子芯片所需的工艺技术（硅光工艺）已经相当成熟；AI 所涵盖的许多功能，只要能够转换成有效的算法和架构，都能用硅光芯片来验证实现，很多非常新颖的硅光 AI 芯片从而诞生。

硅光芯片具有在光域实现深度学习所需的矩阵计算的潜力，也具有在光域实现如储备池计算这样新颖算法的能力。这些都大大提高了运算速度，并节省了功耗、优化了空间使用。

目前，这些芯片大部分都只是原型样片，由学术界领头开发，要经过一段时间的验证和试验之后才能实现真正的商用。其中比较有代表性的有两种：一种是用硅光芯片实现光子深度学习，另一种是基于储备池计算的 AI 芯片。下面分别加以介绍。

13.1　光子 AI 芯片

长期以来，光学计算机一直被认为是信息处理最前沿、最令人向往的设备，因为它具有大带宽和低功耗计算的潜力。经过 30 年的技术积累，光学计算走过了低潮，慢慢进入了量子时代的复苏阶段。让我们先回顾一下光学计算的简史。

20 世纪 80 年代，贝尔实验室的科学家最早尝试制造光学计算机。这种新型计算机的带宽可达数百太赫兹，明显大于电子设备几千兆赫兹的带宽。到了 20 世纪 80 年代中期，人们对这项技术的期望达到了高潮。当时，贝尔实验室的一位人士在美国《纽约时报》上如此预测："到 20 世纪 90 年代中期，我们将拥有灵活的可编程计算机。你可能永远不知道其中有光学器件。你会看到没有闪烁的灯光，看起来很沉闷，但它会围绕其他一切器件运行。电子产品跟不上我们。"

贝尔实验室的光学计算方法是一种基于电子晶体管原理的光学晶体管版本，即一种用于切换（或放大）光信号的器件。与手机和计算机内部晶体管里面的电子不同，光束不会直接相互作用。然而，光可以与材料相互作用：通过暂时改变它通过的材料的特性，一个光束的通道可以被另一个光束"感觉到"。这种光学晶体管的开关工作方式如图 13.1 所示。

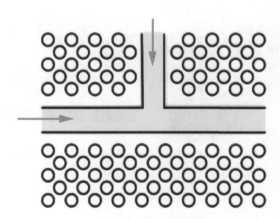

图 13.1　光学晶体管的开关工作方式

但遗憾的是，贝尔实验室的科学家的预测并没有实现。这主要是由于实现光学晶体管非常困难。每个光学晶体管都会吸收一些光，使光信号在传播时会逐渐变弱，这就限制了可在这种系统上执行的操作次数。最重要的是，如何用光来存储数据是个大问题，这个问题至今仍然极具挑战性。由于 20 世纪 80 年代未实现承诺，科学界对光学计算研究产生了怀疑和争议。

然而，虽然光学晶体管失败了，但一种新的光学计算方法又被发明出来。20 世纪 90 年代中期，由于新的证据表明量子系统可以解决在经典计算机上难以解决的问题，量子计算迅速发展。有许多已知的方法来实现量子系统，包括使用光子（单个粒子）。1994 年，为了构建光学量子处理器，迈克尔·雷克（Michael Reck）及其合作者描述了一种使用基本光学元件阵列的系统来执行被称为矩阵乘法的重要数学运算，被称为 Mach-Zehnder 干涉仪（Mach-Zehnder Interferometer，MZI）。

这种用基本光学元件搭建的系统，使用笨重的光学部件进行光学实验，这些光学部件被拧入光学桌面（控制振动的金属表面，通常称为面包板），以达到机械稳定性。但是，利用这种面包板平台，难以处理具有数十个以同步节拍运行的光束，即使很小的振动或温度变化也会给系统带来误差。因此，虽然把小型光学回路连接成一台更大的光学计算机是一个革命性的想法，但使其成为真正实用的技术的可能性很小。

构建一个光学神经网络需要相位稳定性和大量的神经元。由于传统光学实验系统通常组装在室内的金属桌上，占用空间较大，利用大量的光学部件（如光纤和透镜）进行此类转换已成为主要障碍。集成光子学（如硅光芯片）的出现为相位稳定的大型光学转换提供了可扩展的解决方案（见图 13.2）。

图 13.2　传统光学实验系统和集成光子芯片所占用空间的对比

a）传统光学实验系统　b）集成光子芯片

13.1.1　硅光芯片

随着半导体芯片工艺的进步，原来放在桌上的一大堆光学部件逐渐被集成光子芯片取代（见图 13.2）。这种光子芯片（常常在硅基材料上制成，因此也称为硅光芯片）将仪表大小的光学部件缩小至微米和纳米级，而且这些元件易于制造和控制。由于对作为当今互联网骨干的光纤网络技术的重视，电信行业一直在积极开发硅光芯片。然而，直到 2004 年左右，制造具有大量元件的硅光集成电路才变得可行。

目前，基于硅纳米光子学的硅光芯片技术正成为用于生产通用光子集成电路的成熟技术。到 2012 年，硅光芯片制造工厂开始为硅基光学芯片提供多项目晶圆（Multi-Project Wafer，MPW）服务。这使得很多学术研究小组能够以较低的成本共享资源，并以很低的数量设计生产研究型芯片。

传统 CMOS 芯片的所有功能都由晶体管、电阻器、二极管和电容器组合执行，但是硅光芯片的基本构件非常多样化，并且有不同的要求。首先，要使用低损耗波导来引导光。光的分配和布线还需要有效的分路器和波导交叉器。将芯片的光输入和输出与光纤耦合也是一项非常具有挑战性的任务，特别是对于深亚微米硅波导来说。由于光纤支持两个光偏振，但片上波导通常是偏振敏感的，这使得实现起来更加困难。

光在频谱上的覆盖范围很宽。大多数硅光技术支持 1310 nm 和 1550 nm 附近的近红外波段。硅光芯片的基本功能涉及光电转换。将光信号转换为电信号可以用光敏二极管完成，光敏二极管在硅光子学中通常用锗实现。可以使用相位或幅度调制将电信号转到光学载体上，这可以通过用嵌入式二极管或电容器修改硅波导中的电载流子密度来完成。作为光源的激光器可以在Ⅲ - Ⅴ族技术平台中单片集成，但在硅光芯片中，光源必须键合或耦合到片外。

硅光芯片对工艺提出了与 CMOS 芯片不同的要求。波导的层厚可能与晶体管不同，并且光学质量（如不希望的光吸收等）是重要的附加要求。此外，硅光子波导非常敏感，这对制造过程提出了纳米级的公差要求。

制造硅光芯片比传统电子 CMOS 器件便宜，不需要最先进的半导体工艺，如 7 nm 或 5 nm 工艺节点，而是可以使用更老、更便宜的工艺节点来制造。

由于硅光元件需要控制和驱动功能，因此需要与电子元器件集成。这可以是单片集成，在相同的晶圆级工艺中结合光学和电子元器件，也可以通过混合 3D 集成。随着光子芯片变得越来越复杂，电子功能集成度越来越高，这对芯片设计提出了新的要求。

光的并行性是光所具备的固有优势，以前曾激励研究人员探索使用光实现神经网络的方法。然而，这些网络的许多光学实现依赖笨重的折射元件，导致尺寸大且很难对准，因而阻碍了平台的广泛使用。近年来，随着硅光技术的成熟，人们对该领域的兴趣愈加浓厚，光学神经网络已有数个演示，而基于硅光技术来实现的深度学习加速芯片也已经崭露头角。

13.1.2　光学神经网络架构

2012 年，MIT 的尼古拉斯·哈里斯（Nicholas Harris，现任 Lightmatter 首席执行官）和合作者使用 OpSIS MPW 服务实现了可编程纳米光子处理器（Programmable

Nanophotonic Processor，PNP），这是一种采用硅光技术实现光学矩阵变换的光学处理器。实施大规模 PNP 存在两个主要技术挑战：一个是紧凑、低损耗、高效能的移相器；另一个是多通道控制和读出电路。关于 PNP 及其在量子信息处理中的应用的第一篇研究论文于 2015 年发表。

光学神经网络（Optical Neural Network，ONN）架构如图 13.3a 所示，信号以在集成光子波导中传播的光脉冲幅度进行编码，并在其中通过光学干涉单元（Optical Interference Unit，OIU），最后通过光学非线性单元（Optical Nonlinearity Unit，ONU）。光学矩阵乘法通过 OIU 实现，非线性激活通过 ONU 实现。

为了实现一个可以实现任何实数值矩阵乘法的 OIU，需要使用奇异值分解（Singular Value Decomposition，SVD），因为一般的实数值矩阵 $w^{(i)}$（加权矩阵）可以分解为 $w^{(i)} = U\Sigma V^*$，其中 U 是一个 $m \times m$ 的酉矩阵，Σ 是一个 $m \times n$ 的对角矩阵，在对角线上有非负实数，V^* 是 $n \times n$ 酉矩阵 V 的复数共轭。从理论上已经证明了任何酉变换 U、V^* 可以用光学分束器和移相器实现。以这种方式实现的矩阵乘法原则上不消耗功率。深度学习计算的主要部分涉及矩阵乘积，这一事实使得此处介绍的 ONN 架构具有极高的能效。

基于 SVD 的 OIU 示意图如图 13.3b 所示[225]，它由 56 个可编程 MZI 单元组成，每个单元都有两个 50∶50 功率分配器。OIU 使用硅光芯片实现。就 MZI 而言，SVD 的实现如图 13.3c 所示。$\Sigma^{(i)}$ 的元素可以使用图 13.3c 中 $\Sigma^{(i)}$ 模块所示 MZI 的内部移相器来配置，为 $\Sigma_{jj}^{(i)} = \sin\theta_{jj}/2$。除光衰减技术外，$\Sigma^{(i)}$ 也可以使用半导体这样的光学放大材料来实现。ONU 可以使用光学非线性来实现，如饱和光吸收和双稳态，这些非线性已分别在光子回路中得到证明。因此，对于输入强度 I_{in}，光输出强度可由一个非线性函数 $I_{out} = f(I_{in})$ 给出。

在图 13.3 中，图 13.3a 表示一个多层光学神经网络。左侧有表示输入矢量的光脉冲。每层由一个实现权重矩阵 $w^{(i)}$ 的 OIU 和一个实现激活函数 g 的 ONU 组成。图 13.3b 为 OIU 和 ONU 的详细框图。图 13.3c 为 OIU 实现，使用了一个衰减器（$\Sigma^{(i)}$）和两个 PNP。一个 PNP 用于实现 $V^{(i)}$，另一个实现 $U^{(i)}$。

由于 PNP 可以实现一般矩阵运算，因此它的应用领域很广，包括经典计算、量子计算、数据路由、安全等方面。2018 年，哈里斯和麻省理工学院的其他合作者发表了一篇关于线性 PNP 的论文[226]，该论文介绍了 PNP 的最新进展及对全光学神经网络的应用。在该工作中，整个 DNN 使用非线性光学器件（光学晶体管的基本版本）接合在一起的许多个 PNP 来实现。这种用光子芯片实现的 DNN，不但可用于推理，还可用于训练。

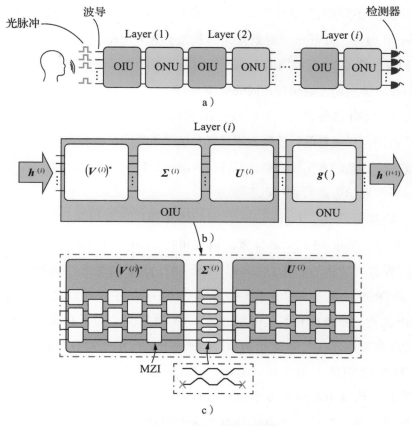

图 13.3　光学神经网络 [225]

13.1.3　光子 AI 芯片

虽然光学矩阵处理技术日趋成熟，但 AI 矩阵处理器领域却发生了重大变化。2017 年，谷歌发布了用于深度学习的矩阵处理器 TPU。DNN 的核心是矩阵乘积累加单元（详见第 3 章）。因此，为此任务构建矩阵处理器非常有意义。

哈里斯等麻省理工学院的研究人员已经通过实验展示了片上光学神经形态计算 [227]，使用全连接的神经网络算法，达到了与传统数字计算机相当的准确性。实验表明，在某些条件下，光神经网络体系结构可以在前向传播上至少快两个数量级，同时神经元数量与功耗之间可以保持线性关系。这类光子类脑芯片中的光脉冲处理，现在已经有很多选择，如使用半导体激光器、光子晶体纳米腔等。

事实证明，实现可扩展的冯·诺依曼光学计算机具有挑战性，但以硅光芯片实现的人工神经网络可以利用其固有特性（如其对非线性的较弱要求）来实现实用的全光学计算应用。与在当前电子计算机上实现的常规人工神经网络相比，光学神经网络架构可以显著提高能效。由于硅光系统的特殊性质，它能够实现比电子 AI 加速器更快、更节能的矩阵 MAC 处理器。在时延、吞吐量和能效方面都要优于电子 MAC 处理器几个数量级。硅光 AI 加速器可以在一个 CPU 时钟周期内执行任何矩阵乘法（无论矩阵大小），而电子芯片至少需要几百个时钟周期才能执行相同的操作。

硅光器件不受基于晶体管的电子电路的物理特性的约束——它开启了一条新途径，可以在实际功率范围内延续目前每单位面积计算量呈指数级增长的趋势。虽然研究人员仍然没有计划创建完全成熟的光学计算机，但该技术适用于特定类型的计算，尤其非常擅长实现的算法之一是深度学习最需要的矩阵乘法。

2019 年，哈里斯成立了 Lightmatter，用晶体管和硅光器件制作了第一个用于推理的 AI 芯片，包含了超过 10 亿个晶体管。该公司在 2020 年 8 月对外展示了这款芯片，获得业界高度评价。这款芯片称为 Mars，将于 2021 年正式商用。Lightmatter 采用不同的方法来处理 DNN，但与 TPU 采用的 2D MAC 阵列有许多相似之处。Lightmatter 的方法基于 PNP 架构，依赖硅光工艺中制造的 2D MZI 阵列。为了实现 $N \times N$ 矩阵乘积，该方法需要 N^2 个 MZI，这与脉动式 MAC 阵列使用的计算元素数量相同。在数学上，每个 MZI 执行 2×2 矩阵矢量乘积。总之，MZI 的整个网格将 $N \times N$ 矩阵乘以 N 个元素的矢量。光在大约仅 100 ps 的光学信号飞行时间内就从 MZI 阵列的输入传输到输出从而完成了计算，计算时间小于电子计算的单个时钟周期。由于该系统在较短的光学波长下工作，MZI 的理论带宽接近 200 THz。相比之下，电子 MAC 的带宽仅几吉赫兹。另外，MZI 每次计算所需的能量比最新的电子芯片中实现的电子 MAC 要低几个数量级。

MZI 需要有一个电子移相器来控制。有不少种移相器可供选择：热移相器通常很慢，频率在千赫兹范围内；PN 结很快但太大，通常用于高端光学器件。Lightmatter 选择了纳米光学机电系统（NOEMS），这种系统使用少量电荷来移动波导，损耗非常小，并且静态功耗几乎为零。它的工作速度为几百兆赫兹，因此 Mars 芯片的工作频率为 1 GHz。

光子芯片需要电子电路完成控制、存储等功能。因此，Mars 芯片除了一个基于硅光器件的光子内核外，还包含一个 SoC。这个 SoC 很小，但具有 30 MB 容量的 SRAM 用于缓存。这些存储容量不足以运行大型模型，但对于较小的模型则足够了。Mars 使用 3D 集成（见图 13.4），这样可以节省更多电量，因为数据不必在芯片之间传输很长的距离。

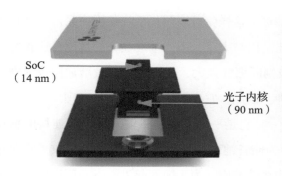

SoC
（14 nm）

光子内核
（90 nm）

图 13.4　使用 3D 集成的光子 AI 芯片（来源：Lightmatter）

13.2　基于储备池计算的 AI 芯片

当前的 AI 算法主要是基于模仿"大脑"的神经网络。多层结构组成的深度学习可以实现非常复杂的高级处理，但是需要花费很长的计算时间。另外，有研究人员发明了一种使用神经网络模仿"小脑"的新方法，与深度学习相反，这种方法是浅度学习，因而计算速度非常快。这种新的 AI 系统所基于的计算范式，称为储备池计算（Reservoir Computing）。

储备池计算已有十多年历史，并且从机器学习领域开始逐渐流行起来。尽管它最初被定义为训练循环神经网络（RNN）的一种轻量级方法，但现在已经发展成为一种使用动态系统对时间序列数据进行计算的方法。

从理论上讲，RNN 是完成复杂时间序列数据的机器学习任务的非常强大的工具。尽管如此，仍有几个因素阻碍了 RNN 在实际应用中的大规模部署。一个因素是它的学习规则还不多，并且大多数规则收敛速度慢，从而限制了它的适用性。因此，在 2001 ～ 2004 年间，先后有人提出了液体状态机（Liquid State Machine，LSM）[228]、回波状态网络（Echo State Network，ESN）[229] 和反向传播解相关（Backpropagation Decorrelation，BPDC）学习规则[230]等一些新的想法，都是用 RNN 替代神经网络的中间层（隐藏层）来作为储备池，主要目的是省去训练，而用一个简单的外部分类层来"读出"数据。

在神经网络中的每个节点（对应于神经元）处，输入到该节点的信号经过加权，通过适当的非线性函数输出，传播到下一个节点。改变权重相当于学习。在传统的神经网络中，权重基本上在所有节点上都改变。在储备池计算中，通过将输入映射到高维空间中（增强了可分离性），这种映射能够合并输入中存在的时间信息，无须调整内部连接权重，即可以利用递归非线性网络的动力学来处理时间序列，而无须训练网络本身，只需添加一

AI 芯片：前沿技术与创新未来

个通用的线性读出层并仅对其进行训练即可。这样就可以简化系统（因为只需要优化读数权重），从而轻松地训练系统，但其功能足以与完成一系列基准任务的其他算法相媲美。储备池计算尽管不像通过 DNN 实现高级判断那样强大，但是可以通过增加储备池中的节点数等来改善要生成的输出信号的多样性。因此，它也可以进行复杂的处理。

ESN 是最流行的储备池计算范例之一。它是一个具有随机输入和内部连接的稀疏连接固定 RNN。隐藏层的神经元（通常称为储备池）由于具有非线性激活函数（双曲正切是最常见的选择）而对输入信号表现出非线性响应。为了简便起见，下面所讲的储备池计算都指 ESN 算法。

储备池计算具有许多优点。首先，计算对系统的初始状态不敏感，并且不需要控制信号，从而简化了设计和实现。同样，训练是在封闭形式的回归中完成的，不需要迭代过程。而且，非线性计算本身就可以通过网络动力学充当递归内核并提取输入信号的非线性特征。输入中的噪声、网络状态及节点之间的交互可以使用正则化进行处理，并且可以缩放以实现最佳性能。这是特别有吸引力的，因为这取决于要计算的动力学，而结构更改可能会对系统的动态状态产生不利影响，更改后通常需要对网络进行重新训练。另外，编程是在输出上执行的，而不是在网络上执行对特定任务的控制，因此可以使用同一器件同时计算多个功能。

图 13.5 为储备池计算的示意图。储备池计算由输入驱动的 RNN（即储备池）和读出层（读取储备池状态并产生输出）组成。传统 RNN 在训练过程中将所有节点互连并确定其权重。而与传统 RNN 不同，储备池计算中的节点之间使用随机权重，节点之间利用随机稀疏连通性进行互连。输入和储备池的连接初始化后就固定了，通常无须进一步修改。

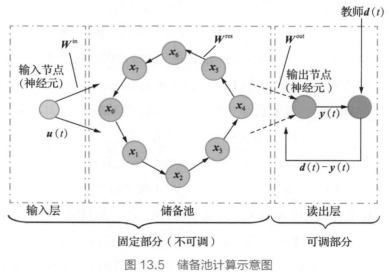

图 13.5　储备池计算示意图

读出层通常是储备池状态的线性组合。使用监督学习技术确定读出权重，其中网络由教师样例输入驱动，并将其输出与相应的教师数据输出进行比较以估计误差。然后，可以在线下训练中使用任何封闭形式的回归技术来计算权重，如果需要在线训练，则可以使用自适应技术来计算权重。

在数学上，输入驱动的储备池定义为：令 N 为储备池的大小，将时间相关的输入表示为列矢量 $u(t)$，将储备池状态表示为列矢量 $x(t)$，将输出表示为列矢量 $y(t)$。输入连通性由矩阵 W^{in} 表示，储备池连通性由 $N \times N$ 权重矩阵 W^{res} 表示。为了简单起见，假设有一个输入信号和一个输出信号，但是该表示法可以扩展为多个输入和输出。储备池的时间演变由式（13.1）给出 [231]：

$$x(t+1) = f(W^{res} \cdot x(t) + W^{in} \cdot u(t)) \tag{13.1}$$

式中，f 是储备池节点的传递函数，通常是双曲正切，但也可以使用 S 形或线性函数。通过将长度为 $N+1$ 的输出权重矩阵 W^{out} 与以 $x'(t)$ 表示的常数 1 扩展的储备池状态矢量 $x(t)$ 相乘来生成输出：

$$y(t) = W^{out} \cdot x'(t) \tag{13.2}$$

在这里，必须使用一对教师数据"输入 - 输出"，并使用回归来训练输出权重矩阵 W^{out}。这种回归可以封闭形式进行，因此与传统的 RNN 训练相比，储备池计算的训练非常有效，而传统 RNN 需要耗时的迭代过程。

图 13.5 中，细实线箭头表示固定的突触连接；虚线箭头表示可调连接。这种方法旨在把误差 $d(t)-y(t)$ 最小化，其中 $y(t)$ 是网络输出，$d(t)$ 是从目标系统观察到的教师数据时间序列。固定部分表示节点权重是固定的，节点间随机连接；可调部分表示可以更改输出层的权重，这也就是学习的过程。隐藏层中神经元的配置可以是任意的，但是为了简化硬件实现，常常使用环形拓扑。

为了使网络正常工作，储备池必须处于适当的动力学状态，通常处于稳定与不稳定的边缘，以确保对过去的输入有足够的记忆，并对新的输入作出良好的响应。简而言之，系统必须具有足够的动态性，但又不能不稳定。

储备池计算大大简化了 RNN 的训练过程，在强化学习、语音识别、噪声建模、混沌时间序列的生成和预测、机器人、信道均衡、自动控制等领域得到了成功应用。不过，这些应用中所使用的硬件，要么是使用 FPGA 或是在 CPU 上用软件模拟，要么是很多光学器件所组成的光学储备池计算，很少使用集成光子学技术。直到近两年才出现了较多基于硅光芯片的储备池计算研究成果的报道。

图 13.6 为由硅光芯片组成的储备池计算原型的基本构成及要点。

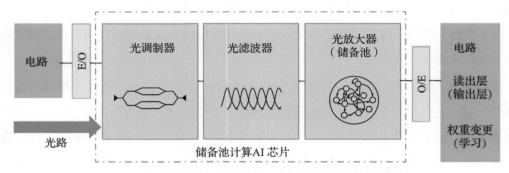

图 13.6　由硅光芯片组成的储备池计算原型的基本构成及要点

通过利用光路执行该储备池计算，可以实现比电子电路速度更高和功率更低的算术处理。在储备池计算中，输入层（光滤波器）和储备池的处理是固定的，并且可以使用光路相对容易地实现。通过在波长、相位和偏振方向上排列信息，可以在同一光路中进行大规模并行计算。另外，由于光路中不存在电阻，所以理论上布线功率为零，并且所有的计算都是通过光干扰进行的，因此可以以超低功率进行计算处理。通过应用光学器件技术进行通信，可以将它们以非常小的尺寸进行大规模的部署安装。

这里储备池体现为一个环状的光路，其内部放置了一个半导体光放大器，以简单的构造实现了在循环的光信号之间产生非线性相互作用，并且产生储备池所需的各种复杂信号的功能。

基于光学的储备池硬件实现可以充分利用光的优势（低功率、大带宽、固有的并行性等）进行计算。当信息已经在光域中时（如许多电信网络和图像处理应用的情况），这特别有吸引力。图 13.6 展示的使用带有耦合半导体光放大器网络的集成硅光芯片，其优势是所占面积非常小。此外，集成解决方案的机械稳定性支持直接使用相干光，其性能得到了显著改善。与实数网络相比，拥有一个以复数形式工作的储备池实际上会使系统的内部自由度增加一倍，从而导致有效的储备池大小大约是使用非相干光操作的同一器件的两倍。

但是，包含光放大器的光子芯片并不是一种非常省电的解决方案，其速度从根本上受到载流子寿命的限制。近年来，研究人员提出了使用无源硅光芯片来实现储备池计算[232, 233]的方案。储备池计算的最新发展已经表明，对于某些非线性不是很强的任务，可以使用完全无源的线性网络——即没有放大器或非线性元素的网络来实现最高性能。所需的非线性通常是在光电检测器的读取点引入的。比利时微电子研究中心（Interuniversity Microelectronics Center，IMEC）的研究人员也展示了使用神经形态计算在硅光芯片中进行光学信息处理的最新进展 [233]，他们的无源储备池计算芯片已经用于以高速度和低功耗执行各种任务。

克里斯托夫·范多恩（Kristof Vandoorne）等人提出了另一种体系结构 [232]，可以完全规避耗电问题。他们设计的储备池使用了无源硅光芯片，该芯片仅包含波导、分离器和组合器，即去掉了之前使用的放大器。结果，所需的非线性不再存在于储备池本身，每个节点输出波导中的信号是该节点输入波导的复数振幅的线性叠加。取而代之的是在输出读数处实现非线性，这里将储备池节点的复数振幅转换为实数功率水平，然后将其用作线性分类器的输入。以这种方式，储备池处理本身不消耗节点中的功率，即所有必要的功率都由输入信号提供。由于网络是无源的，因此唯一重要的时标是信号本身的速度和互连时延，而最终储备池时标仅仅由节点之间的互连时延来确定。

迄今为止，光子储备池计算的实验演示在各种信息处理任务中的性能通常都是最先进的。基于具有时延反馈架构的单个非线性节点的实现已证明，光子储备池计算在模拟信息处理方面具有竞争力。此外，集成的光子储备池可以进一步提高数字信息处理的计算速度，并降低 AI 处理的功耗。集成的硅光储备池芯片特别受人关注，尤其是在 CMOS 兼容的平台中实现时，因为它们可以利用各自相关的优势进行技术重用并批量生产。

13.3　光子芯片的新进展

目前，大部分光子 AI 芯片的试验都是在硅光芯片的基础上完成的，硅光芯片的设计和制造工艺已经趋向成熟。硅（及锗硅）在集成光子芯片方面有很大的优势。使用 SiN、TiO 或 AiN 的无源器件也已得到演示。这些材料的加工与 CMOS 晶圆厂的工艺兼容，将与硅光芯片集成在一起。

但是，硅光芯片也有较大的局限性。鉴于光子器件的模拟性质和尺寸限制，可扩展性是一个很大的挑战。现在基于硅的晶体管特征尺寸已经做到 7 nm 以下，这个尺寸比目前硅光芯片中光学器件的特征尺寸要小。可以利用等离子体把硅光芯片的特征尺寸减小。等离子体是以自由电子和带电离子为主要成分的物质形态。当光照射在金属表面时，等离子体就会被激发出来。等离子体可以被看作是光子和电子的连接或光与物质之间产生相互作用的物体。如果有适当的结构，可以将光子信息压缩到一个较小的空间中，那么有可能大大减小硅光芯片的尺寸。

尽管光子器件比 CMOS 逻辑电路和非易失性存储器（NVM）要大，但是诸如波分复用（Wavelength Division Multiplex，WDM）之类的技术允许大量信号同时通过器件的同一物理波导传输。如果神经元的激活由这些波长通道之一的光强度表示，而每个神经元都分配有不同的波长通道，则 WDM 可以提供一种将多个信号从一个网络层传输到下一个网络层的方法。这种方法很有可能在未来的光子 AI 芯片上得到应用。

一些大学和研究机构正在推动对高级光学材料、光开关、激光器和纳米光学的研究，以进一步推动光学计算的进展。研究人员已经用硅光子微环谐振器来实现光子突触，或通过将相变材料集成到光子芯片上，将输入的光信号与在相变材料状态下编码的突触权重进行模拟乘法（见第 16 章）。这说明使用 NVM 来实现的存内计算（见第 7 章）原理已经应用到了光领域，类似方法可以称为存内光子计算。

走在产业化的前列，把光子 AI 芯片真正变成产品的是总部位于法国巴黎的初创公司 LightOn。这家公司的第一个产品是称为光处理单元（OPU）的硬件协处理器。由于这款芯片利用了光学器件，它适用于处理非常大的数据量，将输入数据乘以固定矩阵，经过非线性计算，然后输出结果，即完成深度学习最重要的基本计算——矩阵矢量乘法及非线性计算。由于采用光计算，OPU 的处理速度比一般芯片高出几个数量级。

OPU 可以在数据处理流程中形成多种计算模式，包括强化学习、迁移学习、储备池计算等。而且 OPU 还非常方便使用：多核 OPU 的电路板只需插入标准服务器或工作站里，即可通过简单的软件工具系统进行访问，该工具系统可无缝集成到当前开发人员熟悉的编程环境中。

另外，来自英国布里斯托大学，以及微软、谷歌等公司的研究人员一直在研究把光子作为量子来做成量子计算机，而这里面所用到的量子芯片就是一种硅光芯片。在这种硅光芯片上实现量子算法的成果已经得到了展示。这样的架构和算法，也为未来的量子神经网络实现提供了基本的思路和方法。这种体系结构可以支撑可大规模制造的量子 AI 芯片，其最主要的优点之一是可以在常温下工作。

13.4　小结

光子芯片是正在兴起的半导体技术。它们用光（光子）取代电子作为晶体管之间传导信息的介质。这样，计算实际上可以以光速进行，比传统的电子驱动的芯片要快得多。提高 AI 计算的速度非常重要，尤其在边缘侧，AI 必须响应环境的实时变化。低时延 AI 计算一个至关重要的例子是自动驾驶汽车。自动驾驶汽车依靠神经网络来了解所处环境、检测物体，在道路和街道上找到自己的路径并避免碰撞。

人类驾驶汽车可以轻松达到每小时 100 ~ 160 公里的速度。而对于自动驾驶汽车来说，如果只依靠摄像头来判别道路，汽车就无法以这样的速度行驶。主要原因之一是处理视频信息的 AI 模型速度无法满足这个需求。其他低时延 AI 计算的例子包括无人机操作和机器人手术，这两者都涉及安全问题，需要控制硬件的 AI 模型的实时响应。

另外，当前的 AI 技术仍然非常耗电，这个问题在云端和边缘侧都存在。以美国为例，云服务器和数据中心耗电目前约占美国用电量的 2%。根据一些预测，到 2025 年，数据中心将消耗全球电力的 1/5。如果未来云端的大部分功率都用于神经网络计算，将给 AI 产业带来环境问题。电子芯片产生热量的原因是电子信号通过铜线并导致热量损失，这就是主要的电力成本所在。相比之下，光不会像电子产品那样导致发热。光子速度很快，并且不会像电子那样相互碰撞。因此，使用光子芯片可以大大降低 AI 运行（尤其是 MAC）的能耗。另外，光子系统还可以利用光的多路复用和超高速信号传播来实现很大的带宽密度。

光子 AI 计算尤其可以在边缘侧发挥优势，它将帮助减轻重量受限的设备的负担。例如，无人机上如果配备带有很多 AI 功能的设备，就得挂上一个巨大、笨重的电池。使用光子 AI 加速器有助于降低这些设备的功耗和重量。

有前途的光子芯片已经有很多，其中有一部分正被一些初创公司变成产品。然而，尽管光子芯片在处理速度上具有极大优势，目前光子器件的可扩展性还十分有限，尚不能实现大型神经网络所要求的矩阵矢量乘法。另外，光的存储问题尚未解决。虽然从理论上讲，光子芯片在时延、功耗方面只有电子芯片的 1/1000 左右，但是光子的控制还得由电子电路来控制，实际电路还需要增加不少光电转换、ADC、DAC 等接口和电路，因此目前的实际系统还未能充分发挥光子的优势。为了在硅光芯片上实现比纳米电子芯片更多、更复杂的计算，并提高光子 AI 系统的可扩展性，很多研究机构仍在进行大量光子计算及硅光芯片方面的研究工作。

目前，深度学习 AI 芯片和类脑芯片的研发正在积极地开展，同时，光子深度学习 AI 芯片、光子类脑 AI 芯片及基于储备池计算的光子 AI 芯片等也正在起步。该领域的进步已经与其他 AI 芯片架构的进步并驾齐驱。我们有望在未来看到更多的光子 AI 芯片诞生并得到广泛应用。

第五篇

推动 AI 芯片发展的新技术

第 14 章 超低功耗与自供电 AI 芯片

对于 AI 芯片来说，能效是衡量芯片性能优劣的最主要指标之一。除了二氧化碳减排一直是全世界人类的一个努力方向外，由于边缘侧 AI 终端设备的逐渐普及，降低设备功耗也成为头等需求。这是因为绝大部分的终端设备（包括智能手机及其他移动设备、可穿戴设备、物联网设备、嵌入式医疗设备等）必须使用容量有限的电池。

使用电池的主要问题是需要不断充电或更换。以目前智能手机几乎都在使用的锂电池为例，其电量密度每年只有 3% 的小幅度进步，这对摩尔定律揭示的芯片上晶体管数量每隔两年就会翻一番的进步来说，相差太远。近些年很多人都很看好石墨烯电池和一些"黑科技"快充技术，但是不管是石墨烯电池还是其他"黑科技"快充技术，有两点是无法同时实现的：一是量产，二是安全稳定性。

电池的另外一个问题是其中含有对环境有害的化学物质和金属。在垃圾掩埋场中分解时，它们会发生光化学反应，从而导致温室气体（全球变暖的元凶）的产生。电池中的有害化学物质最终会进入供水系统，从而损害人类、微生物和动植物的健康。

因此，还是需要回到消耗电力的源头上来解决问题。这可以从两个不同的方面来解决：一方面是尽量降低 AI 芯片的功耗，直至达到微瓦级；另一方面是找到和利用周边自然环境中已经存在的各种能量，来为 AI 芯片供电，从而无须定期更换电池，达到设备"永远在线"的目的。本章将分别讨论如何从这两个方面来实现超低功耗与能够自供电的 AI 芯片。

14.1 超低功耗 AI 芯片

深度学习 AI 芯片要完成由卷积层和全连接层组成的 DNN 的运算，这些运算需要计算单元和存储器两大部分，对应的推理计算量和存储容量量级分别如下所示。

（1）计算量：即使是中等大小规模的推理，每次推理通常也会超过 10 亿次算术运算。

（2）存储容量：100 KB ～ 150 MB。一个典型例子是 ResNet，这个网络模型的大小为 120 MB，然而其训练所需要的存储容量将会达到 21 GB。另外一个例子是基于 LSTM 的 NLP，它的模型大小达到了 2.5 GB，而在训练时所需的存储容量达到 40 GB。

如此庞大的计算量和存储容量，都要消耗大量能源。由此可见，要真正做到超低功耗，首先需要把神经网络的规模降下来。

"超低功耗"这个词常常出现在芯片的电路设计层面，几十年来，已经出现了许多卓有成效的降低功耗的方法和创意。现在一直在使用的 CMOS 工艺，就是在 20 世纪 80 年代初出现的一场降低功耗的重大革命，这种方法一直沿用至今。近 10 年以来，近阈值电压（Near Threshold Voltage，NTV）方法被使用在一些处理器的设计上，又一次降低了芯片的功耗。

在将近 30 年的时间里，芯片的电源电压一直在下降，到 2005 年左右达到了 1 V。由于芯片的动态功率与电压的二次方成正比，因此，小幅降低 10% 的电压可将动态功率降低 19%。而晶体管开始导通并传导少量电流的电压点被称为阈值电压，在现代工艺技术中，阈值电压为 0.2 ～ 0.3 V（尽管晶体管电流直到电压为 1 V 左右时才达到饱和）。在 ISSCC 2012 上，英特尔展示了 NTV 技术，把电源电压降到仅略高于阈值电压，从而显著提高了能效。

在 AI 芯片设计中使用 NTV 的一个例子是韩国 KAIST 的研究人员在 ISSCC 2017 上展示的一款超低功耗、可以"永远在线"的人脸识别 AI 芯片 [234]。该芯片包含 4×4 个处理单元，每个处理单元有 4 个卷积单元，每个单元具有 64 个 MAC 阵列。该芯片每个时钟周期可执行 1024 个 MAC 操作，而在 0.46 V 的近阈值电压的情况下，可以 5 MHz 的低时钟频率进行高吞吐量操作。在平均帧率为 1 f/s 时，该芯片的功耗仅为 0.62 mW。

但是，如果从 AI 系统的输入数据、算法级、网络架构级入手，从如何把神经网络的规模大大缩小，同时又不影响其精度和性能（或虽然降低了一些精度和性能，但不影响实际应用）的角度来考虑功耗问题，效果将大大好于电路级。这方面有很多问题值得思考，举例如下。

（1）现在的监督式神经网络需要给输入数据加标签，并进行大量的数据分析，需要的数据量也非常大。如何仅仅使用少量数据即可达到效果？

（2）如果今后改成无监督或自监督的神经网络，神经网络的规模是不是可以缩小？

（3）把神经网络的架构从一层层的顺序运算，改为树形结构或图形运算，是否可以缩小网络的规模？

（4）如何把网络模型的规模做到 100 KB 以下，却仍然达到一定的精度并可以得到有效应用？

图 14.1 为深度学习 AI 芯片目前所能达到的性能与功耗的示意图。本章介绍的超低功耗 AI 芯片，是指芯片的功耗在 2 mW 以下，甚至达到微瓦级（见图 14.1 中的绿色部分）。由于功耗极低，这种芯片的性能、精度、可编程性等都会受到一定影响，但是可以满足某些应用的特定需求。

未来超低功耗 AI 芯片的目标是在超低功耗的运行状态下，把峰值性能提高到 1000 TOPS 的等级，同时不牺牲分类精度及可编程性（见图 14.1 中的箭头）。另外一个目标是把神经网络的规模尽量缩小，从而让芯片不需要达到很高的性能即可有效运算。这里的能效目标是 10,000 TOPS/W。

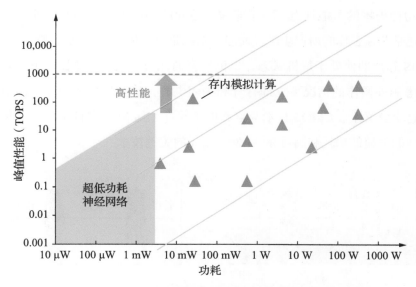

图 14.1　深度学习 AI 芯片目前所能达到的性能和功耗示意图

超低功耗神经网络是一个很新的研究方向，主要研究如何把网络的规模做小，做成一个"袖珍式"网络模型。2019 年初，一个专门讨论这个问题的名为"TinyML"的兴趣小组在美国硅谷成立，并定期召开研讨会议。TinyML 期望的系统，其目标是功耗仅为几十纳瓦到一微瓦。

现在已经有一些初创公司在朝着这个方向努力。例如，BabbleLabs 创建了约 20 层的中等复杂程度网络模型，这些模型可以适应不到 100 KB 的内存，以将语音命令带到电视和其他嵌入式设备中。以色列的初创公司 3DSignals 的深度学习 AI 芯片能够"听"出机器发出的异常声音，并发出警告，从而避免生产出低质量的产品。这款芯片也达到了极低的功耗。最近来自学术界和产业界的一些创新，确实已经将移动设备的硬件平台带入了 100 mW 功率指标之内。

实现超低功耗神经网络可以使用不少新的计算范式和新的方法，例如模拟计算、存内计算等，这些在本书前面几章已经作了探讨。采用存内计算的 AI 芯片的最新例子，是 2020 年 7 月由 IMEC 和格罗方德（Global Foundries）宣布的存内模拟计算（Analog in-Memory Compute，AiMC）深度学习加速芯片。它采用 22 nm FD-SOI 技术，频率为 100 MHz，实现了创纪录的高达 2900 TOPS/W 的能效（见图 14.1）。在未来几年的探索中，很有可能会出现更有效的方法，通过硬件创新来缩小能效差距，尤其是对于功耗预算小于 1 mW 的"永远在线"应用。

除了研究新的计算范式和新的算法来降低功耗之外，其他研究则主要集中在使神经网络的待机功耗为零的可能性上。一般来说，芯片的功耗主要由动态功耗和静态功耗组成。动态功耗是芯片工作时所产生的，而静态功耗是由晶体管的漏电造成的，也就是说，一般的 CMOS 芯片即使处于待机状态，也仍然会消耗很多电能。相比之下，非易失性器件可在不考虑额外操作的情况下立即打开和关闭电源，从而理想地消除了静态功耗（见图 14.2）。这个意义上，CMOS 技术与自旋电子器件（如 MTJ 器件）的混合集成将可能成为实现高性能、超低功耗和高可靠 AI 处理单元的关键技术。

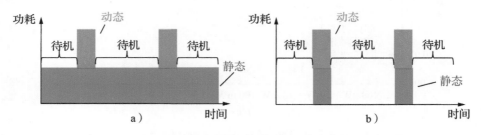

图 14.2　用非易失性器件可大大降低功耗

a）普通 CMOS 电路（使用易失性存储器）　b）用非易失性器件组成逻辑电路的方法

用于零功耗待机应用的 AI 系统或能够与零电流待机配合使用的 AI 芯片可以延长设备的使用期限。然而，这类方法仍然依赖电池，其使用受到电池寿命的严格限制。

14.2　自供电 AI 芯片

讨论芯片本身如何省电是一个方面，而如何做到对芯片"无电池"供电，让芯片做到"自供电"，又是另外一个重要方面。这可以通过为 AI 芯片另外配备芯片或传感器件，或直接在 AI 芯片上集成自供电电路来实现。

随着 AI 的发展，如何为 AI 芯片提供电力的问题将越来越重要。边缘侧的 AI 设备正在大规模普及，而基于云的解决方案对边缘侧设备来说实际上并不是有效的方法，如本书第 2 章提及的那样。除了效率之外，还有二氧化碳排放、数据隐私等问题。

另外，在全球安装了数十亿个边缘侧 AI 设备（如在每座城市的每个路口都安装摄像头或传感器，或为了保护林业资源在每棵树上安装 AI 数据分析设备）之后，没有哪种云能够处理这么大带宽的并发流量。而对于边缘侧设备来说，如果还是使用经常要更换的电池，就会造成很高的维护成本，并且有很多人类无法进入的危险场所，这对环境、对人工，都将会是一个沉重的负担。

其实在 AI 设备的周围存在着各种可以利用和采集的能源，这就需要判别哪些能源可以达到较高效率的电力转换。能量采集是指将环境能量从自然或人工环境转换为电能的过程。鉴于能量采集具有现场发电和补充能量存储的能力，它被认为是芯片自供电的突出解决方案。这样，AI 设备的使用寿命可延长数月、数年甚至数十年，并最终实现其自我维持。

自供电并不是一个新发明。曾经风靡一时的矿石收音机就是一种不需要电源的调幅收音机（见图 14.3a），当时这是一个了不起的创新。它利用一块带有活动探针的天然矿石作为检波器（见图 14.3b），加上天线、地线、谐振电路和扬声器等制成收音机，就可以听到广播电台播出的节目了。20 世纪 50 年代，人民邮电出版社还出版了《矿石收音机（修订版）》一书，受到广大无线电爱好者的喜爱（见图 14.3c）。

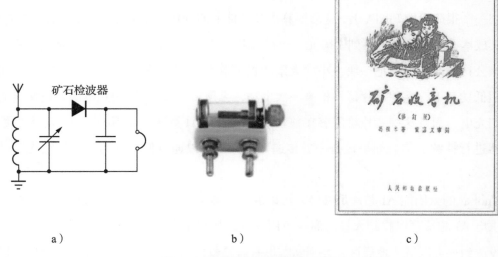

图 14.3　不需要电源的矿石收音机

a）矿石收音机原理图　b）可调节的矿石检波器　c）《矿石收音机（修订版）》图书封面

一般来说，根据能源能量存在的形式，能量采集传感器可分为热电型、磁能型、辐射型和机械型。

热电型能量采集利用温差来产生电，而磁能型利用来自周围电缆的磁场变化产生电。辐射能主要是指不同波长的电磁波传播，可以采集转换为电能。光伏电池，也被广泛称为太阳能电池，可以利用光伏效应将可见光中的能量转换为电能。采集太阳能和室内光能已成为为能量采集器供电的一种常用方法。而射频（RF）能量采集通过使用 RF 天线从无线电信号的电磁辐射中捕获能量来发电。

机械能是比较特别的，几乎在任何地方和任何时间都可以使用，如柔和的气流、环境声音、振动、人体运动、海浪等。自然和人工环境中的振动可以通过 4 种传导机制转换为电能：压电、电磁体、静电和摩擦电。压电发电使用压电材料（如锆钛酸铅和聚偏二氟乙烯）薄膜的变形将机械应变转换为电能。可以通过压电来采集机器和人的行走产生的振动。电磁体利用法拉第电磁感应定律发电。静电传导是指当可变电容器的充电板在振动时产生移动时，随着可变电容器的电容值改变来输出交流电压。另外，摩擦会导致接触表面产生带电现象，新的摩擦电纳米发电器（Triboelectric Nanogenerator，TENG）已经可以产生较高的电能（见 14.2.3 节）。

14.2.1　使用太阳能的 AI 芯片

初创公司 Xnor.ai 在 2019 年开发了一种采用太阳能 AI 技术的芯片，可以用于图像识别及其他应用。这个技术的关键是把神经网络架构和算法规模大大缩小，以致可以把软件安装到一个很简单的 FPGA 上，这需要算法和硬件上的创新。这样的 FPGA 仅需要 2 美元，而且其成本有可能降低至不到 1 美元。运行该芯片及其微型相机仅需要几毫瓦的功率。

该公司的研发人员把一块很小的太阳能板覆盖在 AI 芯片模块上（见图 14.4）。在这样的超低功耗下，这种芯片每秒检测一次事物，无须将 AI 芯片连接到电源、更换电池或为它们充电。而且这些芯片将能够在独立设备上运行 AI 算法，而不必通过云与大型数据服务器进行持续通信。如果设备需要传递数据，则可以通过低功率的远程无线连接进行传输。

Xnor.ai 的太阳能 AI 芯片足够轻，可以放到气球上，然后升到空中进行空中监视。这种自供电 AI 芯片可以找到大量的商业应用场景，如在家庭、街头或人迹罕至的地方；也可以投放到火灾区域或地震区，并判断哪里有需要救援的人；还可以散布在森林中，以监视野生生物或用作野火预警系统。

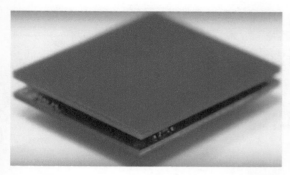

图 14.4　指甲大小的 AI 芯片模块，上面覆盖一块太阳能板，不需要电池（来源：Xnor.ai）

14.2.2　无线射频信号能量采集

利用射频信号来进行能量采集的想法，在开发手机无线充电技术的时候就已经开始实现了，现在已经相当成熟。如今，在日常生活中已广泛用于为移动设备（例如手机、笔记本电脑和平板电脑）充电的场景。但大部分无线充电使用了电磁感应方法，因此收端和发端的设备必须非常靠近。如果要真正达到随时随地都可以获取能量的效果，就必须进行信号的远程传输。

无线电力传输曾经是技术奇才尼古拉·特斯拉（Nikola Tesla）的梦想。他发明了特斯拉线圈（Tesla Coil），其目的是产生在地球及其电离层之间传输的频率约为 8 Hz 的径向电磁波，从而传递能量。之后几十年，也有不少研究人员和一些公司对这个想法进行实验。最近几年的技术进步已允许将电磁能通过电源从空中有效地传输到接收器设备。所谓的无线电力传输（Wireless Power Transfer，WPT）技术，就是通过空中的无线电波，把能量远距离传送出去，让每个设备随时随地可以获得电能。这样的传输就类似于现在的 4G、5G 网络或 WiFi 网络，只是把传输信息改为了传输电力。

WPT 是一项创新技术，它通过彻底改变能量的传输方式，理论上最终可以使人们的生活真正变成没有电线、全部无线的现实。

WPT 由能量发射器和能量接收器组成。能量发射器能够控制其发射功率和波形的时间或频率，以便为需要不同能量水平的不同类型的能量接收器充电。每个能量接收器均配备有采集器电路，该采集器电路将接收到的射频信号转换为直流信号以为其内置的能量存储器（超级电容器）充电。图 14.5 描绘了一种基于射频的前瞻性 WPT 能量接收器架构，存储的能量用于为 AI 处理器、收发器和传感器供电。

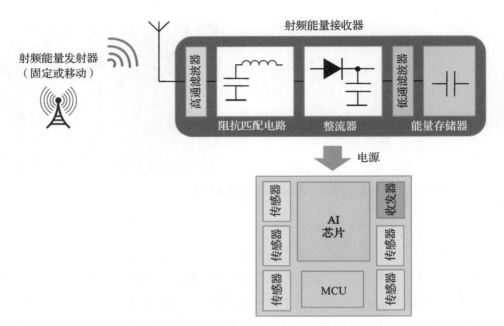

图 14.5　WPT 能量接收器的架构

改善总体电能转换效率的关键是优化整流器设计。由于整流器是传输所有传输功率的少数组件之一，因此整流器两端的电压降会导致明显的散热和功耗，因此必须将其最小化。这可以通过使用一些特殊的器件来实现，如肖特基二极管或浮栅二极管等。为了获得最佳的传输特性，应将能量接收器尽可能精确地调整到电磁场的频率。由于相关参数不仅难以在产品出厂前进行匹配，而且还会因环境变化而不断变化，因此使用动态自校准调整算法将会是一种较好的解决方法。利用这种算法可以定期将接收器输入处的阻抗匹配网络调整为最佳状态。

由于这样的能量接收器硬件可以做得很小，因此可以与 AI 芯片做在一起，很适合移动设备、嵌入式设备或可穿戴设备里的 AI 应用。随着基于射频的无线电力传输技术在实践中变得更加可行，下一步自然是部署专用 WPT 节点的专用网络，即无线电力传输网络（WPT Network，WPTN），旨在向附近的能量接收器从空中传输足够的功率。发射器由于具有广播特性，可同时向许多接收器提供能量。

到目前为止，为了组建一个有效的 WPTN，研究人员已经投入了大量精力来设计能量发射器、能量接收器和 WPTN 的架构以优化几个目标，如采集的功率、能源中断、充电时延及安全性问题 [235]；有的研究人员则提出了新颖的天线、整流器等方案 [236]。

射频能量的主要好处是它不受障碍物的影响，可以被视线无法到达的接收器获取。而另一方面，它的传输效率非常低，根据弗里斯（Friis）传输方程，如果在 900 MHz 范围内的自由空间中进行典型功率传输，仅经过 1 米的距离时，接收功率约为发射功率的 −30 dB（1/1000），之后每 10 米衰减 20 dB[237]。这是该技术目前只在低能耗设备和短距离场景应用的主要原因。弗里斯传输方程如下所示：

$$P_R = P_T \frac{G_T G_R \lambda^2}{(4\pi d)^2} \tag{14.1}$$

式中，P_R 为接收功率，P_T 为发射功率，G_T 为发射天线增益，G_R 为接收天线增益，λ 为所使用的射频波长，d 为接收器与发射器天线之间的距离。因此，传送到一个能量存储器（如一个电容器 C）的功率由天线处的接收功率（P_R）和射频采集器的效率（E_{ff}）的乘积给出：

$$P_C = E_{ff} P_R \tag{14.2}$$

如果发射器和接收器之间的距离为 2 米，在自由空间条件下，868 MHz 频率下的发射功率为 0.5 W（即 27 dBm），两个天线的增益均为 1（$G_T = G_R = 1$），则接收功率 $P_R =$ 88 μW（即 −10.5 dBm）[238]。

G_T、G_R 都与天线有关。因此，在 WPT 中，天线增益至关重要，从式（14.1）可以明显看出，它直接影响接收功率，进而影响系统性能。为此，有不少研究人员正在致力于研发专用的高增益天线架构。

WPT 的工作大部分停留在学术界的实验室。但是，也有一些初创公司做出了一些新的尝试和突破。例如，Energous 的 WattUp 技术不同于电磁感应式或谐振无线充电系统，它可在一定半径范围内对多个设备以各种角度进行无线充电，这对手机使用者来说是种非常奇妙的使用体验。

2018 年初，美国联邦通信委员会（FCC）通过了对 Energous 中场 WattUp 发射器参考设计的认证，中场发射器充电距离可达 3 英尺（约 0.9 米），这也是 FCC 第一次将设备认证授予远距离无线充电设备。未来 Energous 将瞄准远场无线充电发射器，届时充电距离可达到 15 英尺（约 4.6 米）或更远，让无线充电像 WiFi 一样布满整个房间。

2019 年 2 月，高通也针对无线充电推出了 Quick Charge 技术，以最大限度地降低输电损耗、减少终端装置内的发热、提高电池使用寿命，进而保护终端并改善使用者体验。对于 5G 手机而言，该公司的 5G PowerSave 技术基于联网状态下的非连续接收（3GPP 规范中的 C-DRX 特性）技术，能够提高 5G 移动终端的电池续航能力，让其续航可以媲美目前的千兆级 LTE 终端。

蓝牙 5 的标准也纳入了射频能量采集，从而使未来的蓝牙运行不再需要电池。

近年来，有一些在研发模拟电路方面有优势的半导体芯片公司，也在积极研发商用能源采集器芯片。例如，意法半导体（STMicroelectronics）提供的芯片就是一种用于能量采集应用的自供电 RF IC[239]，它集成了高性能宽带能量采集器（350 MHz ~ 2.4 GHz），灵敏度为 -18 dBm，在 868 MHz 时的功率效率约为 45%，输入功率为 -10 dBm，并提供 2.3 V 的平均输出电压。以上是目前一些较前沿的自供电芯片解决方案。

14.2.3　摩擦生电器件

摩擦生电是我们日常活动中最常见的现象之一。具有不同介电常数的材料之间的摩擦会导致在接触表面上产生摩擦电。摩擦电纳米发电器（TENG）利用摩擦电将机械能转化为电能。2012 年，研究人员首次报道了 TENG 的实验，其中通过聚甲基丙烯酸甲酯（PMMA）层和聚酰亚胺纳米线的接触 - 分离获得了 31.2 mW/cm^3 的功率密度和 110 V 的输出电压[240]。到目前为止，研究人员已经开发出了基于各种材料和结构的 TENG（包括基于织物的 TENG）用于多种应用和技术，如可穿戴设备、物联网、医疗系统、医疗保健监测服和自供电传感技术等。

TENG 可以通过摩擦电和静电感应的耦合作用将机械能转化为电能。基于该工作原理，TENG 的 4 种基本模式被提出，包括垂直接触 - 分离模式、水平滑动模式、单电极模式和独立摩擦层模式，如图 14.6 所示。这些工作模式涵盖了人们日常生活中几乎所有的机械运动。

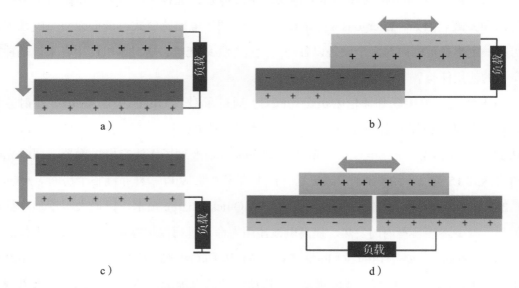

图 14.6　TENG 的 4 种工作模式[241]

a）垂直接触 - 分离模式　b）水平滑动模式　c）单电极模式　d）独立摩擦层模式

TENG 最早通过垂直于材料表面的相对运动起作用。两个电极之间的电位差随材料表面的间隙而变化，从而导致外部电子流动。2012 年之后，又出现了 TENG 的各种新模式，如单电极模式，它以地面作为参考电极，并且可以在不连接电导体的情况下从自由移动的物体中采集能量。还有独立摩擦层模式，此模式是根据单电极模式开发的。它不是使用接地作为参考电极，而是使用一对对称电极，并且随着自由移动的对象更改其位置，电子输出由不对称电荷分布引起。不同模式的结合或混合可以进一步提高 TENG 的性能 [242]。

利用射频信号来采集能量，需要天线及无线通信电路模块，这与太阳能板一样，都属于刚性设计，一般来说重量和尺寸相对较大，因此不易适用于可穿戴设备或嵌入式医疗设备。而使用静电或压电效应、基于微机电的能量采集通常提供的功率水平为微瓦级，因此它几乎不能满足需要功率在毫瓦级范围的可穿戴和便携式电子设备的需求。TENG 具有许多优点，包括较大的功率密度、高效率、制造材料的多种选择、低成本和非常轻。此外，它可以制成具有高度紧凑和三维集成可扩展性的薄膜结构，从而有可能产生毫瓦级至 1 W 的输出功率。

但是，要将 TENG 嵌入实际应用的电子系统中，需要克服许多重大挑战。例如，TENG 通常具有几百伏的高输出电压和微安级的低电流，这与移动电子设备的需求相去甚远；使用常规变压器进行电源管理时，TENG 的高固有阻抗导致能量转换效率极低；由于交流 TENG 不能作为直接驱动电子设备的稳定电源，因此有必要使用一个储能单元作为"存储库"。

为了应对这些挑战，研究人员提出了一种自供电系统 [243]，通过解决上述问题来满足个人电子产品的毫瓦级供电要求。该系统包括新设计的多层 TENG、电源管理电路和低泄漏能量存储器件。在加入这些电路和器件的同时，研究人员还进行了系统级优化，确保了所有系统组件的协同工作。

图 14.7 为一个基于 TENG 的自供电系统示意图。人体运动时在 TENG 上产生摩擦生电现象，通过一个电源管理模块及能量存储器件，自动供电给数据处理模块。图 14.8 为一种基于 TENG 的成品。

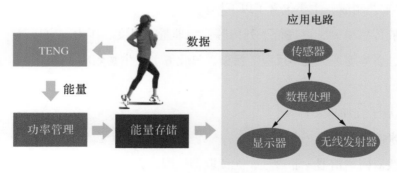

图 14.7　一个基于 TENG 的自供电系统示意图 [243]

图 14.8　一种基于 TENG 的成品[243]

许多研究人员尝试将电子功能集成到带有可穿戴电子产品的纺织品中。这类嵌入芯片的纺织品可弯曲、便携、可折叠，可以实现许多功能。在未来，这些纺织品也将是 AI 芯片展示优势的地方。在纺织品应用中，同样需要自供电的功能，以方便人们的日常生活。最近，已有研究人员探索如何把 TENG 嵌入纺织品中，他们把 TENG 与可穿戴电子设备织物集成，并已展示了研究成果[242]。

14.2.4　微尘大小的 AI 芯片

位于加拿大温哥华的 EPIC 开发了一种微型 AI 自供电芯片，该芯片具有能量采集功能和双向非磁性（不用射频）通信[244]功能。它体积小（因此又被称为智能微尘），可以轻松地嵌入日常物品中，感知人的动作、物理力、化学反应和生物效应等。EPIC 在 2020年 1 月举办的 CES 展会上展示了这款 AI 芯片。

与瞬时激活的系统不同，这家公司的 AI 芯片可以始终处于打开状态，即"永远在线"。可以由许多这样的芯片创建一个自组织的无碰撞网络，其行为就像下一代 AI 的"超生物"。他们也宣称已实现类似量子叠加的功能。

图 14.9 为这款 AI 芯粒各个功能模块的布局。这款面积仅为 0.3 mm^2 的芯片，使用芯粒（Chiplet）工艺制成，主要包含了以下模块：

（1）智能传感单元，可进行下列传感：物理量（温度、压力、电压等）、人的动作（靠近、接触、姿势等）、化学反应（污染、氧化等）、生物效应（细胞增长、血液分析、糖尿病检测等）；

（2）AI 量子叠加单元；

（3）纳米能量采集器（无电池）；

（4）无线双向通信器（非磁性，无读取器线圈，无天线）。

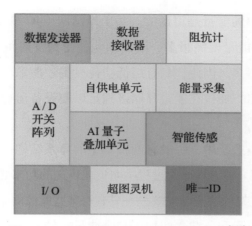

图 14.9　可以自供电的 AI 芯粒模块布局[244]

14.2.5　可采集能源的特性

可采集能源的特性包括可控性和可预测性。可控性是指设计人员是否可以控制能源的能量输出能力，包括其发生和幅度。自然资源，如阳光、风和潮汐，显然是不可控的；室内照明和射频之类的人工来源可能是可控的，也可能是不可控的；从压缩机的散热器散发出来的热量可以看作是可控的，因为一旦起动压缩机，便会有一定量的能量可用。因此，可控的来源也意味着可预测的来源。

可以采用各种能量采集技术从自然界和人工环境中捕获能量。表 14.1 为 4 种可采集的能源及其功率密度。如表 14.1 中的数据所示，这些能源的功率输出实际上非常低。除了振幅之外，从能源中获取的能量除了上述可控性和可预测性之外，还受到其时间可用性的限制。

表 14.1　4 种可采集的能源及其功率密度

光伏	振动	热量	射频
室外 10 mW/cm^2	人 4 μW/cm^2	人 20 μW/cm^2	GSM 0.1 μW/cm^2
室内 10 μW/cm^2	机器 100 μW/cm^2	机器 $1 \sim 10 \text{ mW/cm}^2$	WiFi 0.01 μW/cm^2

不可控和不可预测的来源意味着，它的发生既不能由设计人员控制，也不能由能量采集系统在没有复杂模型的情况下进行预测。该类别包含自然源，如地震期间的振动，以及很少发生的受到随机性影响的人造源，如交通事故中由车辆之间的冲击力引起的振动，在这种情况下很难确定其模式。采集此类资源被认为是不切实际的。

从射频电磁波中采集的能量是很低的。基于蜂窝网（4G 或 5G）的无线发射能量，比 WiFi 发射的电磁波的能量要高很多。即便如此，受到发射距离的影响，其中的能量比完全可控的能量要少得多。因此，只有超低功耗设备才能采用此类源。此类设备可能需要特殊的电源管理策略，如仅在能量存储级别足以使设备运行一个完整周期时才将其唤醒。

在自供电的能量采集系统中，一般有两种典型的体系结构：一边采集一边使用；或采集后先存储，然后使用。前者在操作过程中向负载传递的功率必须始终高于负载的最低功率要求，这造成了这类架构的主要弊端——只有对某些能源的某些应用有用。

因此，一般在采集单元和负载之间加入一个能量存储器。该能量存储器通常为一个或多个超级电容器，用作能量缓冲，以保持向负载的稳定功率传输。例如，可以在白天采集太阳能为存储设备充电，并在晚上为负载供电。在射频能量采集时也可以使用这种方法，但是电容器有电荷的充放电过程，在对这类电路进行设计建模时，需要考虑时延的因素。

14.2.6　其他可能被发掘的能源

（1）可以使用热电发电机（TEG）来采集热能（在此情况下利用的是温度差）。TEG 是固态设备，当它们经历温度变化时会利用塞贝克效应来发电。

（2）脚的运动是人体中最有活力的运动，从而导致多种集成到鞋底中的能量采集装置被开发出来。鞋底的另一个优点是，鞋底提供了足够的空间，可以不受干扰地集成能量采集器。通过在鞋底中安放一些磁铁和线圈，根据不同行走速度可以产生 $1 \sim 2.14\,\mathrm{mW}$ 的平均功率[245]。

（3）用线圈利用变化磁场产生电力。这可用于使用电流互感器从交流电源电缆中提取电能。该技术具有巨大的潜力，可以帮助电力公司沿电网部署传感器，以非侵入性的方式监视架空线和传输线的状态。

（4）风能和潮汐能。近年来，由于人们意识到风能和潮汐能是环境中重要的清洁能源，因此对水流和气流能量采集领域的研究越来越多。

上面列举了一些可以利用的能源，有的已经有了实际应用。然而，如果要把这些能源和 AI 应用有效地结合起来，一方面需要针对某个特定 AI 应用的场景来选择不同的能源，另一方面需要把这种能源方案与 AI 芯片的算法和电路设计紧密结合和匹配起来。

14.3　小结

要有效实现自供电，首先需要把 AI 芯片做到超低功耗，即几毫瓦，甚至是微瓦级；然后根据实际应用的环境，选取合适的能量采集技术，利用这些能量自动给 AI 芯片供电。

对于目前的深度学习 AI 芯片来说，需要大大简化网络模型、缩减存储量（如不用 DRAM）、缩小算法规模，同时又要保持足够的精度，才有这样的可能性。最近几年涌现出了很多深度学习 AI 芯片的新算法或新的电路和器件，降低功耗都是它们最主要的目的之一。这方面已经在本书第 3 章及其他几章作了许多介绍。

从电路级运行来说，一次 NAND 门电路运算大概消耗 0.2 fJ（即 0.2×10^{-15} J）。现在的问题是如何把每次 MAC 运算的能耗成本降低到飞焦（fJ）级别，如果能够实现，这样的 AI 芯片将会在物联网环境或边缘侧得到普遍应用。要达到这样的目标，存内计算、模拟计算、可逆计算等都可能是有力的手段。

同时，与深度学习 AI 芯片相比，基于神经形态的类脑芯片比较容易达到超低功耗的目标，因为这类芯片是在时间触发和事件触发模式下运行的，本质上就具备低功耗的特性。

另外，神经网络的一大优势就是面对随机噪声时具有非常强的纠错弹性和容错性。在超低功耗下工作时，电路容易出错；而能量采集技术还没有达到很高的稳定性。这时，神经网络本身的纠错和容错优势可以发挥作用。

迄今为止，能量采集和转换的效率还非常低，这方面还需要大力改进。例如，太阳能板、整流器、天线、超级电容器等领域都在不断创新和改善性能，未来很可能会出现新的技术突破。

像 EPIC 这样的自供电智能传感 AI 芯片，在未来可能将变得极为重要。人们可以像撒纸屑一样，向空中扔一些灰尘大小的廉价 AI 芯片，让它们分布到人们关心的环境中。它们将创造一个以前所未有的方式智能地进行交互的世界。而只有当器件可以在无人值守、不用电池的情况下使用数年至数十年时，此类应用才能体现效果。

蓝牙 5 已经准备丢弃电池，"拥抱"自供电。据预测，到 2023 年，全球将有超过 300 亿个支持蓝牙的设备，其中以 IoT 应用为目标的百分比将不断增长。"无电池"将对成本和维护产生重大影响。AI 已经大量用于 IoT（常称为 AIoT）。蓝牙系统的增长和发展必定与 AIoT 的增长和发展息息相关，未来的蓝牙 5 也代表了 AIoT 的发展趋势。

AIoT 中使用的 AI 芯片常采用 RISC-V 架构。RISC-V 是一种开放式指令集架构

（Instruction Set Architecture，ISA），它的商业化填补了计算机产业的长期空白。它不仅打破了 ARM 和英特尔现有的 ISA 双寡头垄断格局，还允许用户掌控自己的低功耗芯片开发进程，推动创新。初创公司 GreenWaves 的 GAP8 是业界首款支持物联网应用的电池供电 AI 超低功耗处理器，基于 RISC-V 架构。它具有 9 个内核，能够以数十毫瓦的功耗量级维持 10 GOPS 的性能。这款频率为 250 MHz 的处理器旨在为边缘侧计算和物联网加速 CNN 的运行。

本书第 2 章曾讨论了云端和边缘侧之间的关系。对一个超低功耗系统来说，接入云计算不可能带来好处，连续传输信号会消耗大量能量。达到超低功耗的唯一希望就是脱离云端，并将本地计算所消耗的能量降低到一定程度，从而靠采集能量就可以提供足够的能量来运行各种应用。如果把边缘侧 AI 设备全部做成无电池的自供电设备，将可能减轻数十亿个 AI 设备的负担，极大地扩展 AI 潜在的应用范围，使其得到大范围的普及，从而将"触手可及的 AI"这一愿景变为现实。

第**15**章 后摩尔定律时代的芯片

前面几章讨论了为提高 AI 芯片的效率，从改进 AI 算法、神经网络架构及硬件架构等方面入手，可以取得很好的效果。但是，这些改进和发展都没有触及最关键、最基本的部分，那就是芯片本身的材料、工艺和芯片内的器件、电路的组成。

除了本书第 13 章提到的硅光芯片可以采用较老一代的芯片工艺来制造，现在的 AI 芯片为了达到最佳性能和最低功耗，都尽量采用最先进的工艺（如 7 nm、5 nm）来制造。

半导体芯片技术发展极为迅速，每隔 2 ～ 3 年就有新的工艺和新的器件出现。由这些器件组成的芯片，基本满足了计算机技术、移动通信、可穿戴设备等的巨大需求。随着 AI 时代的到来，一些专门针对 AI 算法的半导体器件和芯片架构也出现，这将给 AI 芯片的创新发展带来新的巨大动力。

15.1 摩尔定律仍然继续，还是即将终结

戈登·摩尔（Gordon Moore）于 1965 年在美国的《电子》杂志上发表了一篇文章，预测集成电路上的晶体管数量将以每年翻一番的速度增长。10 年之后，他又修改了一下，变成了晶体管数量每两年翻一番。他的这个预测被后来几十年全球半导体芯片的发展所证实，因此被人们称为摩尔定律。

如果把晶体管数量增加一倍，那就可以以同样的成本把芯片的运算速度提升一倍，这也需要晶体管尺寸大大缩小。对于半导体厂家来说，不管是芯片制造厂家还是芯片设计厂家，摩尔定律为它们指出了一条发展路径。然而，要沿着这样一条路径走下去，半导体厂家（尤其是芯片制造厂家）就必须要有创新。最近十几年来，制造工艺从 40 nm、28 nm 一直发展到 7 nm、5 nm 的每个阶段都有比较重大的创新，如应变硅技术、高 k 金属栅技术、

3D 结构的 FinFET 等，但是晶体管的性能指标和能耗指标的提升已经有限，不能与 20 世纪 90 年代的上升曲线相比（见图 15.1）。

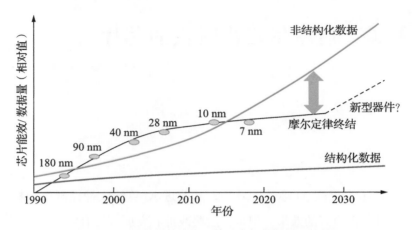

图 15.1　半导体芯片的工艺节点与数据处理的关系

另外，在大数据时代，需要处理的数据量正在呈指数级增长，尤其是那些格式不统一、激烈动态变化，甚至难以判断真伪且含义模糊的非结构化数据（包含多媒体数据）的比例急剧上升。而深度学习、神经形态计算等就是为了处理这些大数据。但是近几年来，以 CMOS 为代表的 MOSFET 工艺已经很难跟上数据爆炸的步伐，在能耗、性能上产生越来越大的差距。半导体领域的研究人员正在积极发掘和推动新型半导体器件的研发，以掀起一场有颠覆意义的革命，带动新的架构和计算模式，为适应未来 AI 的高效率应用铺路。

现在，半导体芯片里的晶体管数量已经可以达到几百亿个，晶体管线宽尺寸已经微缩到了 5 nm，并可以批量生产。现在只剩下台积电和三星这两家公司走到了 5 nm，格罗方德半导体止步于 14 nm，英特尔采用的 7 nm 技术已经比竞争对手落后几年。另外，台积电 3 nm 芯片的风险生产于 2020 年 10 月开始，计划于 2021 年开始批量生产；2 nm 芯片的开发也已经全面展开，该公司宣布 2024 年将会有 2 nm 芯片问世。

5 nm 是一个特殊的工艺节点，这是因为 5 nm 是一开始就采用极紫外（EUV）光刻技术的节点。极紫外光的波长仅有 13.5 nm，它能在硅材料上蚀刻极其细小的图形。在 5 nm 工艺中，预计代工厂将使用 10 ～ 12 个极紫外光蚀刻步骤，如果采用之前的传统技术，则需要 30 个或更多个步骤。台积电称，其 5 nm 工艺将使芯片速度提升 15%，能效提高 30%。

从制造这种芯片的经济成本、芯片的散热、物理学的极限（接近原子的大小）来说，工艺节点不可能无限缩小下去，因此晶体管数量的指数级增长不可能永远持续下去，它正在走向基于硅材料的 CMOS 的极限。原子的基本物理尺寸限制是硬性限制（两个硅原子的间隙约为 0.5 nm）。因此，当量子效应发挥作用且不再可能继续缩小时，接下来会发生什么？换句话说，就是随着工艺尺寸的继续缩小，摩尔定律必将终结。

但是，有些研究人员拿出了一些新的技术来补充现有的工艺节点，说明用了这些新的技术之后，晶体管的密度仍然可以按照摩尔定律的曲线走下去。例如，采用 3D 堆叠结构，即把原来的 2D 结构改为 3D 立体结构来增加晶体管密度；使用 2D 材料如过渡金属二硫化物（Transition Metal Disulfide，TMD），基于诸如钼、钨和硒等元素；用碳材料来代替硅，如台积电研发人员在 2019 年 8 月 Hotchips 会议上所说，如采用碳纳米管可以将半导体工艺推进到 1.2 nm 尺度，甚至最终可以达到 0.1 nm 尺度，这相当于氢原子大小的级别了。

如果按照这样的思路，摩尔定律还可以继续延续下去，不过这样的"摩尔定律"与半导体物理或电子学已经无关，主要是关于经济学的定律了。从消费者的角度来看，摩尔定律只是意味着"用户价值每两年翻一番"。在这种形势下，只要产业能够继续为其器件补充新功能，定律就将继续有效。

一般来说，基于摩尔定律的半导体产业有 3 条发展路径（见图 15.2）："摩尔定律进一步"（More Moore）、"比摩尔定律更多"（More than Moore）和"超越 CMOS"（Beyond CMOS）。下面分别介绍这 3 条发展路径。

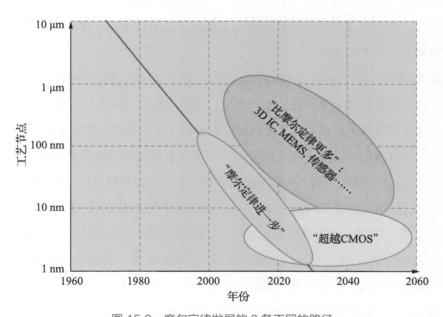

图 15.2　摩尔定律发展的 3 条不同的路径

15.1.1 摩尔定律进一步

所谓的"摩尔定律进一步"（More Moore），是指"正宗"的摩尔定律，即仍然基于硅材料 MOSFET/CMOS，按照晶体管数量每两年翻一番的速度继续向前发展。在摩尔定律的早期，缩小晶体管尺寸还可以提高速度并降低能耗，这被称为登纳德缩放定律（Dennard Scaling）。摩尔定律指出，一代比一代更多的晶体管装入同一面积区域，而登纳德缩放定律可确保新一代的每个晶体管都将发热更少、功耗更低。

但是，在 2005 年左右，登纳德缩放定律基本崩溃，散热问题导致时钟频率不能持续提高。那时，只能通过添加更多 CPU 核（多核架构）并改善单线程 CPU 性能来增强计算能力。2005～2017 年，摩尔定律再度延续：晶体管的速度增益可能不会比其前代产品大，但它们的功率效率更高、制造成本更便宜。半导体制造商开发了应变硅、高 k 金属栅等创新技术。这些技术都没有重新带来登纳德缩放定律所述的趋势。而且，芯片上虽然可以装载更多的晶体管，但并非所有晶体管都能同时导通，这称为暗硅效应（见第 1 章）。

从 2018 年开始，基于 FinFET 的 7 nm 工艺已经相当成熟，可以进行批量生产。FinFET 把晶体管做成了立体 3D 的结构。这种技术成功地延续了 22 nm 之后好几代半导体工艺的发展。在过去的平面结构中，如果把晶体管进一步缩小，源极和漏极会靠得越来越近，使漏电流越来越大。为了克服这个问题，20 世纪 90 年代，美国加利福尼亚大学伯克利分校的研究人员开展了 FinFET 技术的研究，把源极和漏极"竖立"起来，增强了它们之间的绝缘。栅极在 3 个侧面围绕鳍状沟道形成。这种技术在十多年后被英特尔正式采用，成为目前芯片工艺的主流技术。

在最新几代的芯片工艺中，FinFET 技术也已经有了不少改进，使鳍片更高、更窄，从而减少了达到给定性能水平所需的鳍片数量。但是，如果半导体工艺发展到 5 nm 以下，这种技术也会遇到瓶颈。主要是鳍片受内部应力影响，无法很好地竖立起来，即 FinFET 本身结构达到了物理极限。因此，不少研究人员认为未来的主流技术将是环绕式栅极（Gate-All-Around，GAA）技术（又称 GAA 横向晶体管技术），把栅极从四面全部包裹起来。这样的四面包裹，使沟道电流可以比 FinFET 的三面包裹更畅通地传输（见图 15.3）。

台积电虽然也在投入人力研究 GAA，但认为在未来的 3 nm 甚至 2 nm 工艺中，仍然可以采用改进后的 FinFET。三星则正在准备使用 GAA 技术，其对外宣布采用 GAA 技术的产品称为多桥通道场效应晶体管（Multi-Bridge Channel FET，MBCFET）。该产品使用的电源电压下降至 0.7 V，可以提升 35% 的性能，降低 50% 的功耗，并减小 45% 的芯片面积。三星计划在 2021 年开始风险试产，2022 年开始批量生产。

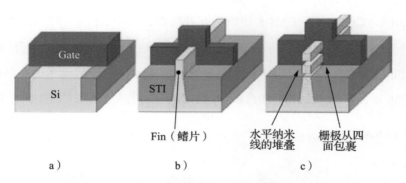

图 15.3　晶体管结构的变化

a）平面晶体管　b）FinFET　c）采用 GAA 技术的晶体管结构

比较常见的 GAA 鳍片结构分为纳米线方式和纳米片方式。纳米线是指穿透栅极的鳍片采用圆柱或方形截面，而纳米片为水平板状截面。三星采用的就是这种纳米片设计。现在看来，GAA 技术只能用到 3 nm，到了 2 nm 时代就无法再采用了，这是因为对于横向设计的晶体管来说，一个标准单元至少采用 3 层纳米线或纳米片，而使用 2 nm 工艺无法完成 3 层设计。业界比较看好的一种 2 nm 技术实现方案是互补场效应晶体管（Complementary FET，CFET）。

1.4 nm 尺寸，仅相当于 12 个硅原子的大小。芯片工艺到了 1.4 nm、1 nm 时代会采用哪种晶体管设计，是否会采用碳纳米管，目前还不得而知。但是，IMEC 的研究人员认为在 1 nm 时代仍会采用垂直排列 nMOS 和 pMOS 的 CFET。这种 CFET 带有 BPR（Buried Power Rail，一种将电源线掩埋在晶体管下方的结构）。尽管 CFET 的处理流程非常复杂，但毫无疑问，晶体管面积可以做得非常紧凑。但是这种结构能否获得所需的晶体管特性，还有待研究。

除了普通硅材料之外，2D 材料很可能会使摩尔定律延续一段时间（见图 15.4）。

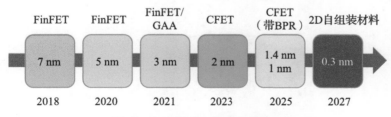

图 15.4　半导体工艺的发展路线

CFET 器件是由在 P 型鳍片上堆叠的 N 型垂直片组成的[246]（见图 15.5）。垂直方向的双层堆叠接入方式能够大大节省面积，器件自然扩展了，它可以将标准单元和 SRAM

的结构扩展 50%。CFET 源于 CMOS 逻辑的互补特性，其中 NFET 和 PFET 都由同一栅极控制。CFET 工艺流程需要对加工的高度尺寸进行精确控制。根据 TCAD 分析，CFET 最终可以胜过 FinFET 器件，并在功率和性能方面达到 3 nm 和 2 nm 技术节点目标。预计到 2024 年和 2025 年，英特尔、三星和台积电这 3 家大公司都会采用 CFET 工艺技术。

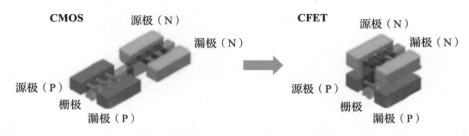

图 15.5　从 CMOS 到 CFET

在 2019 年 12 月举办的 IEEE 国际电子器件大会（IEEE Electron Devices Meeting，IEDM）上，英特尔工程师展示了创新的 3D 异质单片集成方法。通过在 NMOS 器件上部堆叠 PMOS 器件，可以显著减小标准单元的面积，大大提高性能。这可以通过堆叠 FinFET、GAA 或两者的组合来实现。首先制造出具有创纪录性能的基于锗的 PMOS 器件，然后将其堆叠在基于硅的 NMOS 器件之上。图 15.6 为通过锗 GAA PMOS（顶层）和硅 FinFET NMOS（底层）的异构集成而实现的 3D CMOS 晶体管结构。这些新技术甚至可以支持射频功能（如 5G 前端模块），与标准的基于硅的处理器完全集成。

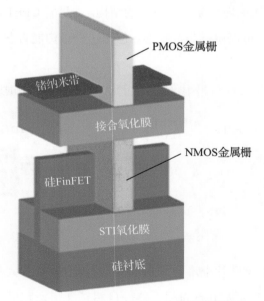

图 15.6　3D CMOS 晶体管结构 [247]

多年来，有不少研究机构曾做出这种堆叠型 CMOS 的原型，但没有达到批量生产的水准。这是因为要在不损坏第一层电路的情况下，在第二层或更高层上形成完美的电路很难。

预计到 2021 年或 2022 年，深度学习 AI 芯片的计算性能将达到 800 ～ 1000 TOPS，并且预计此后将进一步提升。AI 芯片内需要有大带宽的 SRAM，权重的存储直接限制了芯片的工作性能。这在深度学习的全连接层尤其严重，存储器带宽将需要在几年内达到太字节（TB）级才能满足需求。而工艺水平的进一步提高，会带来很大的好处。如果在 2021 年使用 5 nm 工艺，可以达到 100 MB 级（2015 年时使用 28 nm 只能达到 20 MB），前提是在一块面积为 100 mm^2 的芯片上，50% 的面积是 SRAM；但系统需要 500 MB 到几吉字节（GB）时，存储器带宽就可能不足，这将成为一个很大的限速因素。关键是到 2021 年 1 GB 非易失性 RAM 是否会投入使用。

事实上，摩尔定律的发展还存在着一个严重的瓶颈，那就是光刻技术。使用多重图案曝光、浸没式光刻技术虽然可以勉强应付 7 ～ 10 nm 工艺，但是对更先进的工艺已经力不从心。从 5 ～ 7 nm 工艺开始，芯片制造厂家就得使用体积庞大、极为昂贵的 EUV 光刻设备来完成光刻任务。ASML 提供的这种设备，2019 年的价格超过 1 亿美元 / 台，而到了 2 nm 时代（约在 2024 年），将需要采用更先进的 High-NA EUV（高数值孔径极紫外）光刻设备，这种设备的价格将达到每台 2.5 亿美元。尽管价格高得令人咋舌，但是 ASML 已经收到了订单。根据 ASML 在 2019 年 10 月发布的财报，仅在 2019 年第三季度，它就已经获得了 23 份 EUV 光刻设备订单。

大多数专家认为，硅 MOSFET 将在 2030 年之前的某个时候耗尽其缩小优势，晶体管密度也不可能再继续加大。而垂直堆叠（3D）、芯粒（Chiplet）及先进的封装技术可能会节省成本，同时解决 AI 芯片的性能提升问题。这就是所谓的"比摩尔定律更多"策略。

15.1.2　比摩尔定律更多

"比摩尔定律更多"（More than Moore）策略从另一个方向接受了挑战：与其使芯片性能更好、让应用更得心应手，不如从应用需求出发、由应用驱动来开发芯片，如从智能手机和超级计算机到云端数据中心，从上到下检查需要哪些芯片来支持它们。"比摩尔定律更多"的想法不仅着眼于单块芯片的计算能力，还从更高的角度观察整个系统的效率。它鼓励功能多样化，这些功能不一定根据摩尔定律进行扩展，而是以不同的方式为最终应用提供额外的价值。它从单一技术过渡到各种技术的整合。

摩尔定律最初是在逻辑和存储电路的开发中提出并得到验证的。"比摩尔定律更多"

进一步探讨了在系统级别集成众多功能及部件的机会，这些功能及部件通常包括非数字功能及部件，如模拟、射频、传感器、执行器、嵌入式 DRAM、微机电系统（MEMS）、高压电路、电源控制和无源组件，尤其是先进的封装技术，如 3D 堆叠、芯粒（Chiplet）、大芯片（晶圆级封装）、异质集成等。从新型晶体管结构和各种电路的工艺兼容性到先进的封装技术，"比摩尔定律更多"可以提高整体集成效率，使系统能够支持更多功能，同时降低整体系统成本。从本质上讲，它从"摩尔定律进一步"的"更便宜、更快"演变为"更好、更全面"。

15.1.2.1　3D 堆叠芯片

3D 堆叠芯片最早的商业成功是用于 NAND 存储器的堆叠。目前市场上的主流 3D NAND 产品为 64 ～ 96 层。2019 年 8 月三星宣布第六代超过 100 层的 3D NAND 闪存实现量产；美光科技也已宣布 128 层的 3D NAND 在 2020 年量产。SK 海力士则表示下一代 3D NAND 堆叠层数到 2021 年会超过 140 层。长江存储采用 Xtacking 架构的 64 层 3D NAND 也已经量产。但是，DRAM 芯片层数的堆叠比较困难，目前还正在积极研究中。

如前所述，加速深度学习的 AI 芯片中耗费能量及计算时间最多的是对片外存储器的访问。应对办法是增加片上 SRAM 的容量，但是这种容量的增加会受到限制，当前的解决方案是使用内存和计算结构集成机制，包括使用 2.5D 中介层以及使用晶圆键合和硅通孔（TSV）的 3D 集成。这种 TSV 的节距为微米级，其 TSV 直径为 1 μm。这种 TSV 的长宽比及机械应力都限制了 TSV 尺寸的急剧减小。

还有一种把两块芯片"面对面"键合的芯片，也称为 3D 芯片。两块芯片是分别制造的，然后直接在后端工序中在金属"表面"键合。TSV 或引线键合通常用于外部连接。2018 年底举办的英特尔架构日活动上，英特尔推出了业界首创的 3D 逻辑芯片封装技术——Foveros 3D，它可以实现在逻辑芯片上堆叠不同工艺的逻辑芯片，裸片间的互连间隙只有 50 μm。

以上这些多芯片封装方法短期内将提高整体计算和存储密度，但是实现密度有限，都不算是真正意义上的 3D 集成。3D 堆叠的最终目标是使用高密度的 3D 互连，做成单片 3D 集成芯片，其中依次制造多个有源层，垂直互连通过常规金属通孔实现。

美国斯坦福大学的研究人员近年来提出了被称为 N3XT（Nano-Engineered Computing Systems Technology）的基于新纳米材料的 3D 单片集成技术 [248]，这项技术已经受到产业界的高度重视。这种 3D 集成可以依次沉积多层晶体管（也称为有源层）和存储单元，并通过短的高密度夹层通孔（Inter-Layer-Via，ILV）垂直连接。这种 ILV 已经作为当今传统芯片中的连接导线。与微米级 TSV 不同，ILV 可以在纳米级形成。这是 N3XT 技术中非常重要的一部分。

N3XT 的芯片架构如图 15.7 所示。N3XT 技术的主要特点包括：

（1）在低温（<300℃）下制造的节能逻辑器件及低时延、高密度的非易失性存储技术；

（2）逻辑电路和存储单元之间的细粒度和超密集互连。

N3XT 架构利用这些组件技术来实现对大容量非易失性片上存储器与高速逻辑电路的并行访问，从而改善系统级能耗时延乘积，这与当前基准系统相比有显著改善（达 1000 倍左右）。N3XT 架构需要采用先进的热管理解决方案，当多个计算层与存储层交错时，这些散热解决方案可能至关重要。

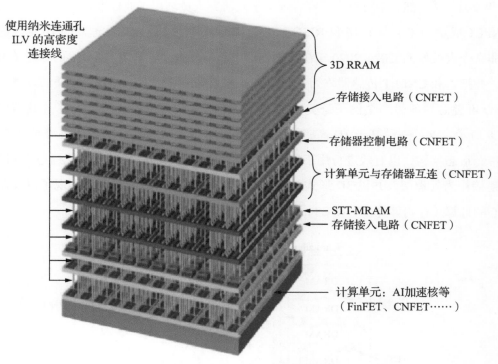

图 15.7　N3XT 的芯片架构[248]

N3XT 包含了多种器件和集成技术：

（1）用于低能耗和高速逻辑电路的碳纳米管场效应晶体管（CNFET）。

（2）用于低时延高密度 NVM 的金属氧化物阻变 RAM（RRAM）和自旋转移力矩磁性 RAM（STT-MRAM）。

（3）逻辑层和存储层堆叠起来的单片 3D 集成。芯片原型已经展示了 CNFET 和

RRAM 的单片 3D 集成，实现了超密集的垂直连接。该芯片的处理和设计步骤与现有的基于硅的芯片技术兼容。这种器件还可以集成薄膜器件、2D 材料（如 MoS_2）的 FET 等。

研究人员已经使用各种机器学习推理对 N3XT 器件进行了基准测试，其能效与传统 2D 芯片相比，最高可以提升约 2000 倍，十分具有竞争力。但是，如果要把这种类型架构的芯片投入批量生产及正式商用，还存在许多挑战。

高效节能的 CNFET 将多个并行碳纳米管（CNT）用于晶体管沟道。碳纳米管是直径为 $1 \sim 2$ nm 的碳原子空心圆柱结构，具有出色的机械、热和电性能，可同时实现高载流子迁移率和 CNFET 的良好静电控制。一些半导体芯片制造厂及研究机构已经制造出具有良好半导体性能的碳纳米管实验版本，构建了基于碳纳米管的逻辑和 SRAM 器件的原型。2019 年 9 月，《自然》杂志报道了麻省理工学院研究人员利用工业标准设计流程和工艺，用 CNFET 成功构建了一个 16 位 RISC-V 微处理器，其能效是硅微处理器的 10 倍。这是一个非常令人鼓舞的突破。2020 年初，麻省理工学院又研制了基于 CNFET 的深度学习加速器，并把它和 CNFET 传感器阵列、RRAM 及硅 CMOS 集成在一块 3D 堆叠芯片里。

3D 堆叠芯片的另一个例子是美国佐治亚理工学院的 Neurocube 芯片[249]，其结构如图 15.8 所示。这是一种基于 3D 高密度存储器并集成有逻辑层的、可编程且可扩展的 AI 数字神经形态架构，以有效进行用于训练和推理的 AI 计算。CNN 处理单元通过 2D 网格网络连接作为处理层，并以 3D 形式与多层 DRAM 集成在一起。架构也体现了以存储器为中心的计算（存内计算），以 28 nm 和 15 nm 工艺技术合成逻辑层。

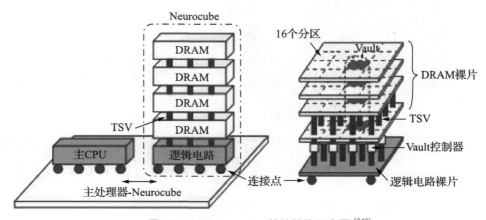

图 15.8　Neurocube 芯片结构示意图[249]

3D 堆叠的工艺是将平坦的电路蚀刻到硅芯片的表面上，然后在上面堆叠许多薄薄的硅层，并在每个薄层中蚀刻出电路，把逻辑电路、存储器、模拟电路，甚至光子回路全部堆叠在一起。原则上，这应该可以将更多的计算能力打包到同一空间中。然而，实际上它仅适用于没有严重散热问题的存储芯片（因为仅在访问存储单元时存储器才消耗功率，而且这种访问并不密集）。这里面的关键问题并不是连通孔排列，主要是热能耗散。另外，制造时在某个逻辑电路层上进行蚀刻，需要很高的温度，这就会破坏下一层的元器件和电路。

因此，3D 芯片仍然面临很大的挑战。当设计 AI 芯片时，3D 垂直堆叠的存储器的大小取决于 AI 的架构和模型，而现在还不清楚 3D 堆叠是否可以连续地垂直延伸下去。半导体器件工程师必须与 AI 架构领域的研究人员紧密合作，以确定未来的技术趋势并解决问题。

15.1.2.2　芯粒

现代芯片的功能越来越复杂，芯片尺寸也越来越大，导致工艺技术越来越复杂，由此带来了成本问题：不但制造成本高，设计成本也越来越高。为了应对这个问题，很多人想到了使用模块化设计方法，即把功能块分离成小型模块，做成一个个高良率、低成本的芯粒，然后根据需要灵活组装起来，即把芯片合理剪裁到各种不同的应用。芯粒技术也是异质封装技术的一种。

现在一些公司在组建芯粒库，其中包含 FPGA、I/O、处理器、ADC/DAC、存储器、机器学习核等。芯粒可以在多种产品中重复使用。这有点类似于过去的 IP 核，只是 IP 核最后要组合在同一块裸片上，而芯粒是单独分开的裸片，最后用先进封装技术把它们组合到一个封装中，外表看上去仍然是一片芯片。

芯粒的思想可以追溯到摩尔当时发表的那篇著名的文章（文中那条曲线成为后来的摩尔定律）。他写道："事实证明，利用较小的功能（分开封装和互连）构建一个大型系统会更经济。"这给人们指出了一个方向，即如何用较小的组件来经济地构建一个大型系统，那就是所谓的异质集成。

近年来，学术界和产业界都在进行芯粒的研发工作。芯粒一般可以通过 2.5D 架构的中介层来组装或堆叠。大部分中介层都是无源中介层，但是有源中介层正在受到一些研究机构的关注。与无源硅中介层相比，有源中介层对大型芯片来说可能具有较高的成本效益。

芯粒方法还可以使 SoC 组合不同公司的芯片，如最近宣布的采用 AMD Radeon Graphics 技术的 Intel Core 处理器 [250]。计算机体系结构研究文献还反映了一个趋势：对使用无源硅中介层 [251]，具有微流体冷却的无源中介层 [252]、有源硅中介层 [253, 254] 和光子芯粒 [255, 256] 的类似芯粒架构的研究。2020 年的 ISSCC 上，法国 CEA-Leti 展示了一款使用 6 个芯粒组成 96 个内核的芯片。该芯片采用 FDSOI 工艺，性能达到了 220 GOPS，使用了有源硅中介层，从而可将 I/O 逻辑电路、开关电容稳压电路、片上存储器等各个部分链接在一起的网络放到硅中介层上。

芯粒集成的相关产品已经出现在市场上，如 AMD 的百亿亿次级 APU vision、霄龙芯片[257] 和英特尔嵌入式多裸片互连桥接（EMIB）技术[258]（见图 15.9）、英伟达的 MCM-GPU（英伟达在 2019 年发布的研究型 AI 芯片 RC18 中就集成了 36 颗芯粒）、Marvell 的 MoChi™（模块化芯片）架构等。这里面都包含了不少创新技术，体现在芯粒之间的互连架构及电源电压的分配等方面。同时，这些产品推动了技术的简单化和标准化，从而为批量生产铺平了道路。

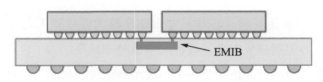

图 15.9　英特尔的 EMIB 技术

台积电也拥有能与 EMIB 竞争的 CoWoS（Chip-on-Wafer-on-Substrate）技术来构建多芯片封装。英特尔的先进接口总线（Advanced Interface Bus，AIB）是一种通用芯粒物理接口，每根线的数据速率为 2 Gbit/s，并且是开源版本。提供 EDA 工具的公司（如 Cadence）也纷纷提供针对芯粒设计的软件工具。先进的封装和 3D 集成技术有望使这种芯粒的系统级集成进一步发展。

现在，抓住先进封装和 3D 集成提供的机会，芯粒为安全可靠的电子系统设计开辟了新的领域。通过调整放置在一个芯片封装中的芯粒数量，就可以创建不同规模的系统，大大提升了系统设计的灵活性和可扩展性，同时也大大降低了研发成本，缩短了研发周期。

15.1.2.3　先进的芯片封装技术

多芯片模块（Multi-Chip Module，MCM）、系统级封装（System in Package，SiP）和异质集成，都是使用封装技术将来自不同芯片设计公司和代工厂的不同晶圆尺寸、不同特征尺寸、不同材料和功能的异种芯片、光学器件和封装好的芯片进行集成，放入不同基底上的系统或子系统中。MCM、SiP 和异质集成有所区别：传统的 MCM 主要是 2D 集成；SiP 也可以是 3D 集成，又被称为垂直 MCM 或 3D-MCM；异质集成与 SiP 非常相似，但适用于更细的间距，还可以加入许多芯粒、更多的输入 / 输出（I/O），能达到更高的密度和应用性能。实际上，可以将 SiP 视为异质集成的一大子集。

目前，大部分智能手机里的应用处理器都是 SoC。SoC 是将大多数功能集成到单块芯片中。而异质集成使用封装技术把来自不同无晶圆设计公司和代工厂的具有不同材料和功能的异种芯片，并排或堆叠集成到不同基板上的系统或子系统中。

如图 15.10 所示，在一块异质集成芯片里，可以混合集成生产工艺完全不同（如 7 nm、28 nm、MEMS 等）、半导体材料完全不同（如硅、锗、GaAs 等）、生产厂家完全不同、晶圆尺寸和工作原理也完全不同（如硅光芯片）的各种芯片。这种异质集成方法与普通 SoC 相比可以大大节省成本，加快上市时间，同时在处理功耗、信号完整性等方面都有一定的优势。

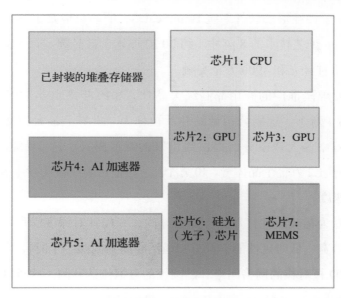

图 15.10　异质集成芯片

在接下来的几年中，无论是从上市时间、性能、外形尺寸、功耗、信号完整性还是成本方面考虑，异质集成都将向更高程度发展。异质集成将使高端智能手机、平板电脑、可穿戴设备、网络、电信和计算设备等高端应用中的 SoC 失去一些市场份额。堆叠封装（Packaging on Packaging，PoP）、存储器堆叠、芯片对芯片堆叠等异质集成方法不断发展，发光二极管（Light Emitting Diode，LED）、CMOS 图像传感器、微机电系统（MEMS）和垂直腔表面发射激光器（Vertical Cavity Surface Emitting Laser，VCSEL）等元器件都可以针对不同应用构成不同的异质集成系统。异质集成系统可采用多种硬件和软件方法来解决数据传输、连接性和可扩展性方面的问题。

15.1.2.4　大芯片

为了在快速发展的 AI 芯片领域提高竞争力并处在这一领域的最前沿，一些公司的研究人员正在想办法把芯片做大，以容纳更多的处理器和存储器。这对于深度学习加速器

AI 芯片来说尤其重要，因为深度学习需要在很短的周期内完成海量计算。然而，芯片面积做大首先受到了产品良率的限制，因此这样的大芯片有的只是利用前面叙述的异质技术把各种芯片和芯粒组装在一起，看上去是单片大芯片而已。

如果把单片芯片集成扩展到单片晶圆集成，那就使集成度大大增加了，技术上也跳跃了一大步。这种想法很早也有人进行过尝试，欧洲有一些研究机构在研究类脑芯片时，为了模仿人脑神经元的海量组合，也曾试验过晶圆级集成的类脑芯片。2016 年，欧盟的"人类大脑计划"开发了神经形态硬件系统 BrainScaleS，明确目标是了解大脑。这个系统包含 20 个采用 180 nm 工艺技术的 8 英寸（约 20.32 厘米）硅晶圆。每个晶圆包含 384 个模拟芯片，约 20 万个神经元和 4900 万个突触。

而准备进行大规模推广的商用晶圆级大芯片，2019 年来自非常引人瞩目的初创公司 Cerebras（见第 4 章）。这家公司做的芯片被称为"世界上最大的商用芯片"，直接致力于在深度学习中为大规模分析提供数量级的性能提升。这款大芯片的面积达到了 46,225 mm^2，集成了 1.2 万亿个晶体管、40 万个核、容量达 18 GB 的片上 SRAM，以及达到 100 Pbit/s 的互连速度。

40 万个核是专为稀疏线性代数运算而设计的，专门针对深度学习而优化；18 GB 片上 SRAM 具有大带宽、低时延性能，权重和激活时间只间隔一个时钟周期；100 Pbit/s 的互连速度是采用 2D 核对核的网格网络和晶圆级的数据流达到的。这种规模的计算能力和模型并行能力，通常需要许多 AI 芯片和系统组成大型群组来达到，但现在只需要单片芯片就可以达到了。

把晶体管集成到如此大的硅片上，最大的挑战是布线问题和散热问题。为了解决这两方面的挑战，这家公司曾经花费了很多年时间进行创新研究，最终取得了技术上的突破。

这样一种大芯片硬件平台带来了许多好处，有的好处还是非常独特的。例如，在这样一种芯片上可以探索目前在普通 AI 芯片上无法运行的新 AI 算法、架构和方法；还可以在不需要同时增加编程复杂度的情况下，提升 AI 性能；在加速同样的模型和算法时，可以大大节省空间及降低功耗。

目前，这家公司也已经可以提供编译软件，可以自动对 DNN 进行编译以便在大芯片上并行运行模型，甚至可以用 TensorFlow 直接运行用户的工作负载。

15.1.3 超越 CMOS

即使用了 3D 堆叠芯片，也有不少人认为它在成本上可能并不占优势，而且可能比

2D 芯片更糟。因此，只有将作为逻辑开关的晶体管，从材料和物理学上作出根本性的颠覆，才可能出现"后摩尔时代"的一场革命。全世界几乎每个主要的半导体研究中心都在寻找 CMOS 的后继半导体工艺技术。这是"超越 CMOS"（Beyond CMOS）的领域。从目前的进展情况来看，这方面并不缺乏创意。

早在 CMOS 的特征尺寸缩小结束之前，研究人员就已经探索了各种新型器件，以响应 CMOS 特征尺寸无法继续缩小的预测或实现 CMOS 以外的新颖功能。这样的新型器件有很多，如自旋 FET、自旋力矩器件、自旋波器件、隧道晶体管、压电晶体管、分子开关、纳米机电系统（Nanoelectromechanical System，NEMS）、热敏晶体管、超导晶体管等。它们经常被分为逻辑和信息处理器件及存储器件。这些器件还可以根据状态变量和工作机制进行分类（见图 15.11）。状态变量作为信息载体，代表了所选材料最基本的属性。合适的材料被制成可良好工作的器件，之后再组成电路、形成架构，这个层级关系如图 15.12 所示。

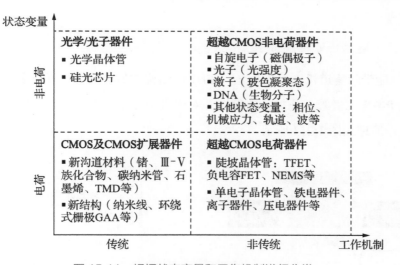

图 15.11　根据状态变量和工作机制进行分类

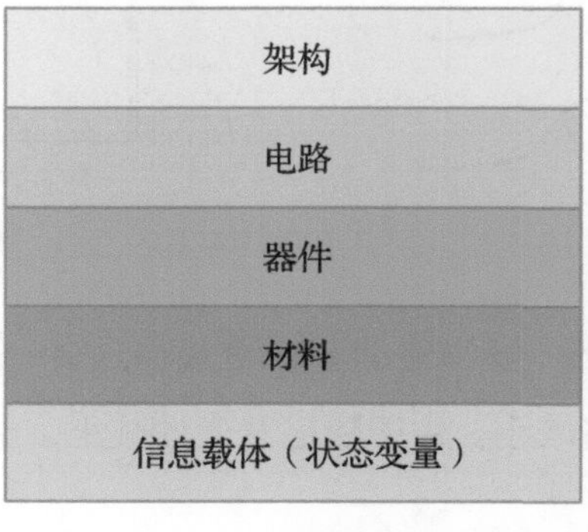

图 15.12　分 5 个层级组成的半导体芯片

这些新型器件中有一些器件不是以电荷的状态变量进行操作，有的还具有超出"0"和"1"二值器件的功能，这对于更复杂的操作很有用。CMOS 器件都是以电荷作为状态变量来工作的，而新的器件引入了新颖的切换机制（如自旋轨道相互作用、自旋霍尔效应、激子扩散等），改用其他状态变量（如自旋磁偶极子、电荷电偶极子、光子、激子、轨道状态、应变等）来进行操作。

很多正在研发的新颖器件使用了新材料，如用Ⅲ－Ⅴ族化合物、锗、碳纳米管和二维材料（包括石墨烯、TMD 等）做成的各种场效应晶体管（FET）等。

也有新型器件仍然把电荷作为状态变量，但是使用了新的沟道材料（如Ⅲ－Ⅴ族化合物、石墨烯等）和器件结构（如前面提到的环绕式栅极），以提高平面硅 FET 的性能。也有基于电荷的新型器件利用非传统机制来实现更好的性能或新功能，如隧道场效应晶体管（Tunnel Field-Effect Transistor，TFET）中能带到能带的隧道效应、单电子晶体管中的库仑阻塞效应等。

15.1.3.1 隧道场效应晶体管

TFET 以能带间隧道机制[259]工作。TFET 的结构类似于具有单栅或多栅的 P-i-N 二极管，通过在 P-i-N 二极管上施加反向偏压并对栅极施加正向偏压来启动隧穿。TFET 的基本结构及工作原理如图 15.13 所示。

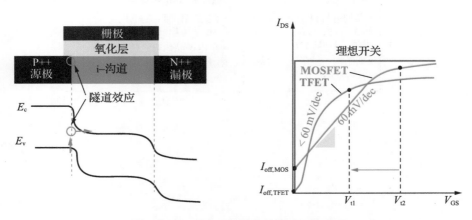

图 15.13　TFET 的基本结构及工作原理

在没有栅极电压的情况下，隧道势垒宽度增加，这会产生非常小的电流 I_{off}。如果施加正栅极电压，则隧道宽度将减小。由于隧道宽度的减小，电子从价带到导带发生隧穿，从而打开器件。

普通的 MOSFET 具有较高的断态泄漏电流 $I_{off,MOS}$（见图 15.13 右）和较高的亚阈值摆幅

（60 mV/dec），这种特性会给需要低功耗的应用造成很大的困扰。泄漏功率受器件亚阈值摆幅的影响，取决于施加栅极至源极电压 V_{GS} 时漏极至源极的电流 I_{DS}。

而在 TFET 中，亚阈值摆幅相对较低。为了降低亚阈值电流，必须降低栅极电压，并在电源电压降低之后，把阈值电压从 V_{t2}（普通 MOSFET 的阈值电压）降到 V_{t1} 以满足导通电流要求。TFET 的特征之一是电压较低，可降低功耗，并可达到较高的开启电流 I_{on} 与关闭电流 I_{off} 之比（约为 10）[260]。

硬件安全是芯片设计的一个重要考虑因素。与 CMOS 技术相比，TFET 的独特特性不但可以改善电路的性能，还可以帮助简化硬件安全电路的实现，如芯片 IP 核保护、硬件加密、特洛伊木马检测和预防等。其他一些新型器件也具有类似的优点，如用纳米线 FET 设计的多态门代替传统电路中的某些门，可以较简单地实现逻辑加密。

TFET 的功能吸引了研究人员在先进的智能设备中综合使用该技术，它属于较有商业前景的候选器件之一。但是，TFET 也有它的局限性，在高频应用时，它的功耗甚至大大超过了传统的 CMOS 技术。一些实验已经表明，TFET 只有在时钟频率为 500 MHz 以下时，功耗才会低于传统 CMOS 技术所用的 MOSFET，而且频率越低，它的优点就越突出。

15.1.3.2 基于 2D 材料的芯片

石墨烯是一种单原子层厚度的碳薄片，因此被称为 2D 材料。用它做成的晶体管，运行速度比硅晶体管快几百倍至几千倍，已经有不少研究人员做成了工作频率达到 10 GHz 以上的高频晶体管。然而，石墨烯最大的问题是没有自然的带隙，而带隙是使半导体起作用的原因。没有带隙的材料的特性，就像金属一样，无法阻止电流的流动，就不能让晶体管从"开"变为"关"。因此，尽管石墨烯有许多非常好的应用，但不一定能制造出比其他材料更好的数字逻辑电路，除非采用一些很烦琐的工程来打开带隙。

但无论如何，石墨烯只是应用 2D 材料的一个开端。还有许多其他材料，其中一些确实存在带隙。到 2019 年，已经有超过 2000 种候选 2D 材料，而且最近还正在不断增加中（见图 15.14）。论文 [261] 已确定了 51 种候选新型 2D 半导体材料。

这些 2D 材料中，最引人瞩目的是过渡金属二硫族化合物（TMD）。单层的过渡金属原子，如钼、钨等，被夹在非常薄的硫族元素层之间，形成"三明治"结构，这些硫族元素一般是硫、碲或硒。2010 年，世界上第一个单层二硫化钼（MoS_2）晶体管诞生；2015 年，又出现了第一个二硒化钨（WSe_2）晶体管。这几年，TMD 已经受到世界上许多物理实验室的重视，被做成了各种新颖的晶体管，并且把石墨烯、TMD 材料范围进一步扩大，使用单层金属氧化物，以及像硅烯、磷烯（单层原子黑磷）这样的单元素材料做成了晶体管。2019 年，台积电的实验室已经用二硫化钨建造了实验性 TMD 晶圆。2020 年，比利时 IMEC 的研究人员宣布了一种可以使 2D 半导体在普通硅芯片中发挥作用，从而更快进入市场的技术：使用 2D 材料来做成只有单原子那样薄的晶体管沟道区域，首先在 300 mm 的硅晶圆上生长二硫化钨，然后将其转移到已经部分制造的硅晶圆上。另外，美国得克萨斯大学奥斯汀分校的研究人员已经使用 2D 材料做成了只有单原子那样薄的忆阻器。

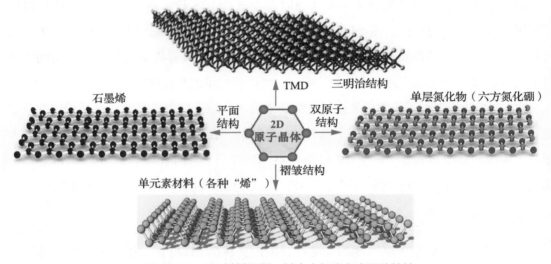

图 15.14　2D 材料示例，其中大部分有半导体特性

2D 材料晶体管目前还处于理论研究阶段，在制造和实验方面仍然存在不少挑战。其中一个很大的挑战是稳定性，如首个硅烯晶体管只能保存几分钟时间。但是，未来一旦解决了实验上遇到的各种问题，2D 材料晶体管将有非常诱人的发展前景，主要体现在以下几个方面：

（1）功耗是硅材料的几百分之一甚至几万分之一，这无疑将是一场电子器件的革命；

（2）消除了几十年来晶体管不断缩小所造成的短沟道效应，而这是当今晶体管的最大问题之一；

（3）具有一定的载流子迁移率，能够在很薄的沟道里（如 1 ～ 2 nm）轻松移动电子；

（4）可折叠、可卷曲，可做成极佳的柔性电子设备；

（5）用这种晶体管集成的芯片可 3D 打印，即可以按照设计好的芯片布局布线，把文件传输到世界任意地方，然后打印成可以使用的芯片；

（6）这种材料是透明的，可以做成全透明的电子器件和设备；

（7）可以做成大面积柔性衬底，如在汽车车身上"贴"满各种芯片；

（8）能够实现电到光的转换，即能够吸收和释放单个光子，并由电路来控制，这种特性正是量子通信和量子计算实现最为需要的。

要实现以上这些特性，可能还有漫长的路要走。有的物理学家认为需要 5 ～ 10 年，也有的人认为需要更长时间才会有起色。尽管如此，已经有不少研究人员作了一些初步尝试，尤其在实现人工突触机制方面已经取得了令人鼓舞的成果，为后续类脑芯片的实现作了铺垫。2D 材料提供了良好的可扩展性，并且在应用至存内计算方面很有潜力，有可能成为下一代 AI 芯片的新星。

15.1.3.3　新型存储器件

在存储器件方面，基于 CMOS 的 SRAM、DRAM 和闪存在工业产品中占主导地位。但也出现了许多新的存储器件，包括相变存储器（PCM）、磁性 RAM（MRAM，包含 Toggle MRAM 和 STT-MRAM）、阻变 RAM（RRAM）、导电桥 RAM（CBRAM）和铁电 RAM（FeRAM）等。基于材料、成分或电气结构的物理变化，大多数新型存储器是非易失性的，而这种变化通常需要时间来逆转。所有这些都具有随机访问的关键属性。由于特征尺寸是存储器件的关键指标，缩小是趋势，因此，还有一些研究机构正在探索采用低维结构（如分子和 DNA）来编码和存储信息。

有些新型存储器已进入早期商业化阶段。3D XPoint 是由美光科技和英特尔共同开发的基于相变存储器的技术，2017 年开始被英特尔商业化，商标名为 Optane™。2019 年初，英特尔开始将 Optane™ 存储器与最新一代的 Xeon 可扩展处理器（即 Cascade Lake）一起商业化。2019 年末，美光科技发布了自己的基于 XPoint 的 3D SSD，命名为 X100。

在嵌入式新型 NVM 里，MRAM 的发展速度相对较快。MRAM 可能是当今最有前景的下一代非易失性存储技术。其中 Toggle MRAM 和更先进的 STT-MRAM 都已经进入市场，在许多应用中获得了市场份额。下一代 MRAM 技术（如 SOT-MRAM）甚至可以以更高的密度替换最快的 SRAM 应用。值得注意的是，2019 年 3 月，三星宣布批量生产嵌入式 STT-MRAM，用于 MCU、物联网应用和内存缓冲区中的应用。2020 年 2 月，格罗方德半导体宣布开始批量生产 STT-MRAM，以替代大容量嵌入式 NOR 闪存，将用于边缘侧 AI、IoT 和其他低功耗应用。

其他进入早期商业化阶段的新型存储器还有 Everspin 的 STT-MRAM、Crossbar 的 RRAM、台积电的嵌入式 STT-MRAM 和嵌入式 RRAM 等。但其中大多数仍是产业界和学术界的实验室中活跃的研究主题。

图 15.15 为云端和边缘侧计算设备中新型存储器件将逐步取代传统存储器的发展趋势。

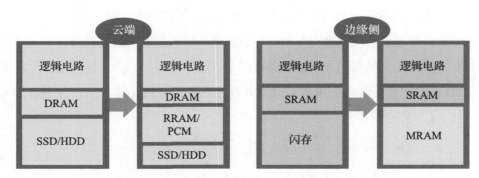

图 15.15　云端和边缘侧计算设备中存储器件的演变趋势

尽管与 SRAM 相比，STT-MRAM 的写入等待时间更长，功耗也更高，但它的读取等待时间和功耗却可以与 SRAM 媲美。此外，STT-MRAM 的密度比 SRAM 更高。这些优点及非易失性使 STT-MRAM 有望用于最后一级的高速缓存。最近的 STT-MRAM 达到了高达 4 GB 的容量、小于 2 ns 的读取时延和 10 ns 的写入时延，耐久度为 10^{16} 个周期。与磁场驱动的 Toggle MRAM 相比，流经 MTJ 的电流可切换的 STT-MRAM 具有更高的可扩展性及更低的功耗。因此，许多旨在实现 STT-MRAM 产品的初创公司相继成立。

新型存储器的另一个重要类别是基于氧化物的 RRAM 器件，它涉及由不同开关机制驱动的各种材料和结构，这些开关机制包括导电丝的形成、接口改进、相变等。导电桥 RAM 是 RRAM 的一种特殊情况，其中金属丝形成于绝缘电介质内部。RRAM 具有良好的可扩展性和合理的性能，可以与闪存竞争，但不是与 DRAM 竞争；最近，大多数 RRAM 研究已从存储器应用转移到神经形态计算，并可完成模拟计算和存内计算，以利用 RRAM 的连续阻性变化，该变化可以模拟神经网络中的突触权重调制。

RRAM 单元可以使用"金属 – 绝缘体 – 金属"叠层[262]来设计，其中通过电阻值的变化检测存储的数据。为了进行数据存储，"设置（SET）"操作将 RRAM 设置为低电阻状态，即在单元中存储"1"，而"复位（RESET）"操作将 RRAM 设置为高电阻状态来存储"0"。如果采用 3D RRAM，其中单个晶体管可控制多个堆叠的 RRAM 单元的访问。一些 RRAM 已经实现了高达 16 GB 的容量、3.6 ns 的读取时延，以及约 10 ns 的写入时延。

新型存储器中还有一种铁电场效应晶体管（FeFET），在 FET 的栅极堆叠中使用铁电介质。新的铁电隧道结（FTJ）器件也已被开发出来。FeFET 可以用作存储器件，其在铁电极化方向上编码的数据可以通过栅极电压进行切换。铁电介质的瞬态行为还可能在栅极叠层中引入负电容（Negative Capacitance，NC）效应，从而为低功耗逻辑电路提供低于 60 mV/dec 的亚阈值斜率器件，称为 NC-FET。近年来，由于发现了铁电掺杂的 HfO_x 与行业中的半导体工艺兼容，高速 FeFET 存储器和陡斜率 NC-FET 已引起了极大的关注，并取得重大进展。两种器件的主要挑战之一是周期耐久度，但未来 NC-FET 很可能会用于制造 3 nm 工艺的 GAA 晶体管。而 FTJ 器件可能是下一代存储技术的领先候选者，因为它们可能比现有的新存储技术具有更高的密度和更低的功耗。

另外一种正在试验的非易失性存储器是 IBM 发明的磁畴壁存储器（Domain-Wall Memory，DWM），又称赛道存储器，它利用磁性纳米管中无数的原子来存储数据。无须原子移动，电流会沿着 U 形管平滑地读写数据，耗费的时间不到 10^{-9} 秒。它利用自旋极化电流与磁畴壁中电子磁矩之间的交互作用，在磁畴壁中产生一种自旋转矩，从而令其移动。制造时将赛道垂直或水平排列在晶圆表面，形成赛道存储列阵。IBM 希望在未来几年内用这一技术提供太字节级别的存储，从而代替硬盘和闪存。

与自旋电子非易失性存储器技术一样，DWM 可以实现极高的密度（比 SRAM 高 40 倍），同时与其他器件相比，可保持接近零的泄漏功率。因此，这种新型存储器已经被用于深度学习 AI 芯片。在 DWM 中，数据以高存储密度存储在纳米线中，因为深度学习 AI 芯片一般需要存储大量的权重信息，如用这种存储器来替代 AI 芯片上的 SRAM，将可大大提高性能和能效，大大减小神经元大小，从而减小芯片面积 [150]。然而，这种存储器目前仍然停留在实验室阶段，何时能商业化应用还不得而知。

虽然许多新型存储器件都承诺具有某些超过闪存的优势（如更快的速度和更低的功耗），但是与闪存相比，成熟度还差得很远。大部分新型存储器更难与 SRAM 和 DRAM 的高速相竞争。

根据近几年出现的存内计算的思路，组成这些新型存储器的晶体管类型，很适宜把存储功能也用于计算，也就是用这些新型器件来实现神经网络计算，不单实现 DNN，而且也用于实现 SNN。这些器件的主要优势在于，它们可以非易失性方式存储神经网络的参数，从而取代传统的 DRAM，同时直接进行计算。这种方案在占用空间、计算性能和能耗方面都具有优势。然而，尽管新型器件显示出了巨大的潜力，但基于新型器件的神经网络芯片原型的复杂度、网络深度和规模仍远不及 CMOS 同类器件，还需要进行大量基础研究。

15.1.3.4　有机电子材料和器件

迄今为止，已经实现的绝大多数 AI 芯片的电路都依赖传统的无机电子元器件。它们的制造需要大量的资金投入和精密的设备，而庞大的资金和这些设备（如纳米级光刻机）基本上只有几家大公司才拥有。相比之下，有机电子产品可以使用小型实验室和设备，开发人员可以使用简单方法来制造。

有机电子材料是由有机（基于碳的）分子或聚合物利用合成方法制成的。它表现出导电性能，可以低电阻率传输电荷，导电性可随掺杂剂的浓度而变化。而有机场效应晶体管（Organic FET，OFET）是利用有机分子或聚合物作为有源半导体层的场效应晶体管。

一些研究机构和公司多年来一直在研究有机电子材料和 OFET，并且已经开发了一些基于有机材料的微处理器等芯片。这些芯片虽然运算速度很低，但是具有其他芯片没有的特点：有机电子材料通常价格不贵，可以集成在低成本制造工艺中，如喷墨印刷；其他的特点还包括制造温度低、可大面积制造、柔性可弯曲，甚至可做成透明的等。

有机材料的特殊性质可以提供新颖和替代的切换机制，这些机制在保持低能耗运行和大动态范围的同时，具有较低的随机性，因此可以实现较高的 AI 训练和推理精度。为了提高性能，有机神经形态核也可以内置到传统的数字 CMOS 处理单元中，以执行最密集的矢量矩阵运算，而神经核之间的通信将由数字 CMOS 处理单元执行。这种有机 - 无机神经形态系统利用了两种技术的优势。

有机忆阻器件（Organic Memristive Device，OMD）是为非易失性存储应用而开发的，通常由两端或三端的金属 - 绝缘体 - 金属结构组成，该结构显示出两个稳定的可切换的电导状态。有机材料包含了聚合物、小分子和供体 - 受体配合物、铁电材料等。通常，有机电子材料中的电阻转换是通过与无机材料中类似的机制实现的，如丝状导电、离子电荷转移和电迁移等。有机忆阻器件已经被证明可用作神经形态计算的二进制（二值）存储器件 [263]，但也有一些研究人员正在开发能够连续（即模拟）调整电阻值的有机忆阻器件，该器件非常适合于使用并行乘积累加运算的片上学习和推理。

OMD 可以作为传统忆阻器的极具吸引力的替代品，可以用在特定的神经形态应用中，例如进行实时推理的在线学习。

有机电子材料还具备其他材料所没有的"可定制"优势，即可以通过化学合成将其化学、电气和机械性能定制为所需的应用，如自动驾驶汽车上的 AI 应用。有机电子材料还可以做成由"可拉伸"晶体管阵列组成的芯片，这种具有弹性形变能力的芯片可以在某些特殊应用中发挥独特的作用。

有机电子材料最近已被用于各种神经形态的器件开发中。但是，有机电子材料和器件仍存在一些挑战和缺点。例如，与传统的无机材料相比，有机电路的工作带宽通常比无机材料小几个数量级，目前可实现的有机器件的载流子迁移率大概为 40 $cm^2/(V \cdot s)$，工作带宽为 20 MHz 左右。另外，有机电子材料电气参数的不一致性（如有机电子器件的漏极电流或阈值电压）明显要比无机材料更高。未来，工艺流程的优化可能会大大改善有机电子器件的性能。

由于有机电子器件可以很容易地整合到生物系统中，现在已被一些研究机构用于生物学相关的应用，从而使未来的类脑芯片与生物大脑的硬件形态更加接近，更具有与生物的兼容性，这就潜在地开辟了未来通往高效脑机接口和人形机器人的道路。

15.1.3.5　晶体管和材料的新思路

现在，人们不再仅仅依赖基本的材料属性，而是可以设计自己需要的超材料属性（超材料将在第 16 章专门介绍）。超材料依赖金属 – 电介质界面的精确纳米排列，如果在材料曲面上添加 2D 结构，那可能会发生怪异的现象。这种怪异现象，甚至会打破某个物理定律而创造某种奇迹。

随着计算能力的提高，从头开始完全模拟化学变化的全过程已经变得可行。但是，如果要想模拟某种超材料的化学或物理特性，可能需要进行几天，甚至几周的计算。在未来有了更强大的计算机（如量子计算机）的时候，某种革命性的超材料（包括在海量 2D 材料中进行筛选）可能会被发现。这种材料可以用现有材料为人们提供全新的物理特性。这也是 AI 的一个应用领域，使用 AI 发现新材料不但将推动器件的进一步扩展，也将推动 AI 本身的发展。

在新型晶体管研发方面，总部位于硅谷的 Atomera 提出了另一种解决方案。该公司开发了一种技术，主要是通过在晶体管的硅表面下方埋入一层只有原子那么薄的氧化层，可以提高晶体管的速度，减小同一芯片上器件之间的差异，并提高这些器件的可靠性。Atomera 希望这种被称为米尔斯硅技术（Mears Silicon Technology，MST）的方法可以在所有不同的工艺节点上使用，为芯片设计人员提供改善其系统的机会，无须为了追求 7 nm、5 nm 等先进工艺而付出成本。

英特尔最近与加利福尼亚大学伯克利分校和劳伦斯伯克利国家实验室合作，宣布了一种自旋电子学体系结构并实现了最佳性能。它被称为磁电自旋轨道（Magnetoelectric Spin-Orbit，MESO）芯片[264]，与 CMOS 相比，其能效提高了 100 倍，速度提高了 30 倍，密度提高了 5 倍，并实现了超低睡眠状态功率。

与 D-Wave、IBM、谷歌和微软制造的量子计算机所采用的存储量子比特不同，英特尔的 MESO 材料实现的量子效应使用拓扑特性来存储传统比特，从而能够将开关电压从 CMOS 常用的 3 V 降低到如今 MESO 使用的 500 mV，而且预测显示，进一步优化可能会将开关电压降至 100 mV。到目前为止，如此低的电压对于 CMOS 来说是不可能的，这可以大大降低芯片功耗。

近年来，超导晶体管和超导电路也正在受到人们的关注。基于约瑟夫森结（Josephson Junction，JJ）的超导电路是一项新的技术，可以提供以皮秒级时延进行切换的器件，并且与 CMOS 相比，其开关能量要低两个数量级。2018 年，美国国家标准与技术研究院（NIST）的研究人员已经将超导约瑟夫森结（D-Wave 的量子退火机中提供了该功能）集成到了神经形态计算芯片（类脑芯片）中，在 3D 架构中使用低至 1 J 的能量就能产生高达 1 GHz 的发送频率[265]。另外，麻省理工学院的研究人员也已利用约瑟夫森结做成了可再现生物神经元多种特征的"纳米线神经元"（见第 5 章）。

2020 年 6 月在美国举行的"2020 VLSI 技术与电路专题讨论会"上，召开了有关智能计算的线上会议，并提出了一个问题和 3 个选项："您认为 10 年后最能想象的智能计算技术和器件是什么？"。结果如图 15.16 所示，除了量子技术及铁电器件 / 自旋技术外，超导器件也占据一定比例。

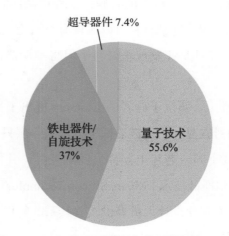

图 15.16　10 年后可能的智能计算技术和器件

虽然基于约瑟夫森结的电路可以提供较高的工作频率和能效，但该技术面临一些关键挑战：主要的问题是器件密度有限，并且缺乏用于存储结构的节省面积的技术。因此，超导电路目前只能用于具有较高计算强度但需要的存储容量可忽略不计的领域。这一领域还在探索中，有一些研究人员正在为解决这一问题不断努力，有的甚至已经实现了较大规模的实用电路。

15.2　芯片设计自动化的前景

随着晶体管集成数量的急剧增加，芯片设计的复杂度也相应地大大增加。为了设计一个 AI 芯片，往往需要投入大量的人力和资金，设计也需要至少一年的周期。在技术不断更新的后摩尔时代，这显然已经构成了一个巨大挑战。

因此，AI 芯片设计流程需要有颠覆性的改进和变动，以使芯片设计变得更高效、更迅速，而且更简洁。有几种方法将会被采用：

1.　算法设计和芯片设计紧密配合

这包括以下几方面。

（1）由芯片驱动算法设计：评估各种 AI 芯片架构的运行能力，然后再改进算法；

（2）由算法驱动芯片设计：根据应用需求和算法来设计 AI 芯片，或先用 FPGA 来实现研究型样片；

（3）算法和芯片协同设计：算法设计和芯片设计在一起进行，这需要与合适的公司或团队建立合作关系。

2.　AI 算法用于 EDA 芯片设计工具

使用深度学习等 AI 算法之后，可使现有的 EDA 工具带有智能。在设计模拟电路、RF 电路的时候，一些元器件的参数需要优化，而设计芯片版图的时候，布局布线需要在芯片面积、时序、拥塞和线长等多个指标上得到优化。这类最优化问题过去一直是芯片设计中最花时间、最难解决的问题，而现在有了合适的 AI 算法，可以在这方面充分发挥作用。

谷歌在 ISSCC 2020 上介绍了把 AI 用于 ASIC 芯片设计中布局布线的成果。如果让芯片设计专家完成这项任务通常需要一周甚至数周时间，而 AI 布局布线通常在 24 小时内就能完成相同的工作量，并且布局的连线通常更短。谷歌使用了深度强化学习方法对芯片布局问题建立模型。与典型的深度学习不同，强化学习系统不会训练大量的标签数据，而是会边做边学，并在成功时根据奖励信号调整网络中的参数。在这种情况下，奖励是降低功率、改善性能和减小面积三方面的组合指标。而执行的设计越多，其任务就会完成得越好。

AI 可能还会扩展到芯片设计过程的其他部分，包括使用 AI 来帮助生成测试用例，以更充分地进行 ASIC 设计验证；也许还可以使用 AI 来改进高级代码综合以达到更优化的设计。另外，AI 也可以帮助 EDA 工具在信号完整性和电源完整性方面加速自动化过程。

这些可能的应用方向对深度学习本身的普及很重要，同时对加速芯片设计进度也是一样的重要。

3. 芯粒的发展非常迅速

如果有朝一日芯粒的品种达到了几万甚至几十万种，AI 芯片设计公司只需要从市场上选择各种各样的芯粒，搭配一些简单的电路，把它们组合在一起设计，再向晶圆厂下单进行芯片制造，再封测成为一个新的芯片，就可以大大节省费用并缩短开发周期。

15.3　后摩尔定律时代的重要变革是量子计算芯片

应用于 AI 的量子计算有望解决人们现在无法解决的问题，这些问题即使目前运算最快的超级计算机也无可奈何。

量子计算的能力来自量子比特。量子比特可以通过叠加来表达指数状态空间，而计算过程则通过纠缠和干扰量子信息来解决问题，从而得到正确答案。目前较多的量子计算方法都依赖由超导电路构建并由其互连的量子比特阵列，这些超导电路支持通用门，允许所有逻辑操作，就像与非门可用于构建任何常规逻辑电路一样[266]。由于量子信息十分脆弱，因此需要使用错误缓解或纠错码来执行无错或容错的量子操作。

量子计算是一种与传统计算方法完全不同的概念。量子 AI 算法已经吸引了人们的注意力，主要是量子算法可以解决用传统计算无法解决或计算时间呈指数级增长的问题。量子计算的成功，关键在于量子芯片的实现。

未来的智能机器将具有一个量子处理芯片，该处理芯片将执行带有射频控制的低级门，并利用拓扑奇偶校验码保护的信息进行读出。此代码由许多物理量子比特形成逻辑量子比特。在逻辑量子比特上执行的算法将没有错误。量子芯片由物理层和逻辑层组成。物理层提供纠错功能，由物理量子处理器组成。该物理量子处理器具有受量子纠错处理器控制的输入线和输出线。物理量子处理器由逻辑层控制，在逻辑层中定义编码的量子比特，并对所需的量子算法执行逻辑操作（见图 15.17）。

有许多种可能的技术可用于实现量子芯片，这些技术通常按量子比特的存储方式进行分类。芯片必须满足几个功能标准才能进行可靠的量子计算。当前用于开发量子计算器件的技术包括基于传统 CMOS 工艺的硅量子点技术、离子阱量子比特、Transmon 量子比特（以约瑟夫森结连接的超导岛的电荷状态对量子信息进行编码）、基于硅光芯片的光子量子比特、量子模拟芯片、量子退火芯片、氮空位中心（Nitrogen-Vacancy Center，NV Center）–金刚石阵列及定制超导电路等。

图 15.17　量子处理芯片的构成

量子计算一般需要在低温下进行以保持相干性，这需要使用许多特殊的技术。为了使量子计算能在普通室温下进行，一种方法是使用硅光芯片，另一种方法是使用离子阱技术。

其中离子阱技术正受到越来越多的关注。美国惠普投资的初创公司 IonQ 正在迅速成为新兴量子计算市场的领导者。IonQ 使用捕获的离子来制造量子比特而不是超导结，在达到 200 量子比特之前似乎不需要任何纠错，因此被不少人认为是产生真正有用的系统最有希望的途径。另一家利用离子阱技术实现量子计算的是美国霍尼韦尔（Honeywell）公司，该公司在 2020 年 6 月称他们的量子计算机达到了世界最高性能。

而受量子计算启发的新器件和算法可以用普通的数字电路来实现，这已经在第 10 章进行了介绍。

与传统比特不同，量子计算在两个值之间快速波动，使它具有概率特征，让人联想到量子行为。这种受量子计算启发的算法中的比特，当然不能代替纠缠的量子比特，但是可以实现量子计算机的一部分应用。为了能达到这种概率行为，需要发掘新的材料和开发新的器件。

MTJ[267] 之类的新型器件可以在这方面发挥重要作用，因为作为关键要素的随机性，很难在标准数字平台内进行仿真，并且需要复杂的器件。相比之下，MTJ 可以相对简单地提供这种随机行为。MTJ 是 STT-MRAM 单元（和其他磁性存储器单元）的关键器件。正常的 MTJ 使用具有两个稳态（"0" 和 "1"）的纳米磁体来存储数字信息，但也可以将相同的磁体设计为不稳定，以便它们在 "0" 和 "1" 之间波动，从而使其不适合用于存储器应用，而很适合这种随机算法的使用。

这些芯片目前都处于研究的初级阶段，将会继续在实现规模、复杂性及环境温度等方面取得进展。大部分的量子芯片都需要在低温下运行，其中一些被认为是最有前途的方案甚至运行在 15 mK（约 -273.135 ℃）下。而当今的量子芯片仍然需要用室温下的电子设备来控制量子比特，因此会带来热量、噪声回流及导线拥塞等很多问题。在 4 K（约 -269.15 ℃）的低温下，逻辑电路需要使用低温 CMOS 或约瑟夫森结，而存储器或许可以使用 MRAM，但不能再使用 DRAM 或者 SRAM。

15.4　小结

摩尔定律持续 50 多年之后，将慢慢走向终结。AI 技术的发展，取决于半导体芯片的进步。在今后的后摩尔定律时代，半导体芯片领域的许多创新正在启动，许多尝试也正在开展。

"超越 CMOS" 的新型器件通常具有 CMOS 所不具备的独特特性，这可以实现新颖的功能甚至是新的计算架构。例如，将 FeFET 做成具有非易失性的逻辑开关，可用于存内计算设计或非易失性逻辑电路中。这种器件可以实现更有效的非冯·诺依曼体系结构。在存储器中进行神经网络计算（突触权重读取和更新）是存内计算的最新例子。PCM 和 RRAM 的模拟行为是神经网络实现高度可扩展的突触的非常有用的功能[268]。自旋电子器件在深度学习计算电路中也已表现出了出色的性能。

TFET 和纳米线 FET 的器件级可重构性和双极性是设计硬件安全电路很有用的功能。非稳 MTJ 中的可编程随机性或 RRAM 中的随机电报噪声（RTN）（见 9.4.2 节）可用于设计量子计算机中的概率逻辑或随机数生成器。这类 "超越 CMOS" 器件很有可能会组成新颖的计算架构。

曾经有人预测将要到来的后摩尔定律时代将从硅材料转变为碳材料，如石墨烯等二维材料和碳纳米管等，但也有一些人认为今后最有前途的是从 CMOS 转至量子效应，如隧道 FET 和自旋电子器件等。这类争议还将不断持续，因为现阶段就是处于探索阶段，对这么多的候选技术来说，还没有人可以确定未来究竟哪一种或哪几种可以产业化而成为市场主流。

如果再看得远一点，未来的 AI 芯片很可能不再是基于硅或碳的 "硬件"，而是使用某种新型材料的可折叠、全透明的 "软件"。甚至可能随着 "合成生物学" 的发展，创造出某种新型计算装置。合成生物学就是利用 DNA、酶和其他各种生物学元素构建出新系统的科学，DNA 已经做成存储芯片了，分子计算和蛋白质计算也有了多年的技术积累，那么这种计算范式变成一种全新 AI 系统的日子可能也不会太遥远。

第六篇

促进 AI 芯片发展的基础理论
研究、应用和创新

第 **16** 章 基础理论研究引领 AI 芯片创新

当前 AI 研究的趋势是专注于使用更强的计算能力和更多的训练数据来解决规模越来越大的问题。有不少分析指出，从产生高性能图像分类的第一个 DNN，到最近各方面所取得的进展，计算资源的需求一直是指数级增长。

这样的趋势并不存在于人类的大脑中。人类仅拥有有限的计算资源，即那些可以在我们大脑中携带的资源，并且仅限于可以在一生中获得的数据。

由于人类思维只有有限的计算资源，因此必须以自适应方式分配它们，以有效地解决复杂问题。人类必须能够充分利用可获得的每一条数据，建立并利用学习所产生的各种丰富的模型。由于具备了这些能力，人类得以成为高效、通用的学习者——这与当前需要大量训练数据且只能应对特定任务的 AI 系统（尤其是深度学习）形成鲜明对比。

AI 还只是刚刚开始发展，很多内部机制至今还不能从理论上得到很好的解释。要使 AI 系统能够像人类一样只利用有限的计算资源和数据资源就达到很高的性能，还需要对目前的 AI 算法和模型作出根本性的改变，就像当年在数学和物理学上得到突破那样。

数学和物理学的接力突破，奠定了无线通信的理论基础。麦克斯韦用 4 个方程组，推测出电磁波的存在并以光速传播。赫兹用实验探测到电磁波，证实了麦克斯韦的猜想。马可尼从赫兹的实验结果中发现了商机，拉开了无线通信产业的大幕。

现代计算机无比强大的功能，起源于最基本的数学规则。二进制定义了最基本的计算语言，布尔代数实现了数理逻辑运算。而冯·诺依曼提出的存储程序原理，为现代计算机的结构奠定了基础，掀起了以信息通信为主体的新的工业革命。

目前最流行的深度学习虽然缺乏扎实的理论背景，但并没有影响深度学习方法的实际应用和取得的商业成功。然而，加强其理论基础是必不可少的。一方面由于神经网络的内部机理至今仍然是"不可解释的"，另一方面神经网络至今只能用于专门的任务，还远远没有达到可以通用的泛化能力。如果没有基础理论的深度，就不会有算法的优化和新概念的开发，也不会有基于这样的算法的芯片实现。

AI 这个新兴的领域，与数学、物理学和其他一些理论学科有着密不可分的联系，涉及数学基础和统计物理、训练动力学、电磁场和量子场论、逻辑学基础、图像编解码、信息论等。

下面将对一些基础理论和思路进行介绍，这些刚刚开头的工作已经展示出它们与 AI 芯片的设计结合可能产生一线"颠覆性"的曙光。随着研究工作的深入，很可能会催生崭新的、更像人类的 AI 系统和芯片，即可以用更少的资源做更多事情的 AI 系统和芯片。

16.1　量子场论

量子场论（Quantum Field Theory，QFT）是量子物理学的基础理论，在无数的经验证明中得到了广泛的认可，成功地重新解释了量子力学。它将粒子视为场上的激发态，即所谓的量子，而粒子之间的相互作用则是以相应的场之间的交互项或费曼图来表示，这些图成为用于计算粒子交互过程的重要数学工具。

"场"的概念可以很直观地来描述，如一个电磁场被定义为时空的一种属性，可以用标量、矢量、复数等来表示。因此，QFT 将场的激发态定义为能量大于基态的任何状态，如光子是电磁场的一种激发态。

16.1.1　规范场论与球形曲面卷积

传统摄像头是对有限的 3D 场景采样，并投影到 2D 平面上。而 360° 全向摄像头围绕其光学中心的整个观察球体场景进行采样，提供视觉世界的完整画面——全方位视野视图。360° 图像提供了更加身临其境的视觉内容体验。

这种摄像头摄入的不仅有球形曲面物体，还包含无人机、机器人、自动驾驶汽车、VR/AR、3D 游戏的多台摄像头等旋转的物体摄入的 360° 全向视觉，360° 图像被投射到围绕摄像头光学中心的单位球面上。此外，球面和曲面图像数据还常常出现在医学成像、蛋白质分析、天体物理学、全球气候预报等重要领域。

卷积神经网络（CNN）可以处理各种视觉任务，包括图像识别、物体检测、图像分割等。然而，到目前为止，现有的 CNN 都是基于作用于平面上的普通卷积，它的训练数据和卷积核都是透视投影到平面的产物，不能理解和处理球形曲面物体的图像数据，也不能处理旋转的图像。例如，如果把一部汽车或一张人脸旋转一个角度，CNN 就无法识别出来。现有的 CNN 也无法有效执行三维物体表面识别、弯曲表面上图像或文字的识别等任务。

一些研究人员提出了解决方案，用几何 CNN、球面 CNN 等一些方法来帮助 CNN 应对复杂图像的处理，包括识别和分类，但是几何转换相当烦琐和费时。当以某种模式在球面上移动时，必须处理 3D 旋转而不是像在平面情况下的简单平移。球面信号的旋转不能通过对平面投影的平移来模拟，因为会导致错误和严重失真。

把规范场论（Gauge Theory）的等变原理应用到 CNN，是解决这一问题的一条有效途径。高通的 AI 研究人员塔科·科恩（Taco S. Cohen）等提出了一种基于规范场论的新型 CNN，即规范等变 CNN（Gauge Equivariant CNN，G-CNN）[269]。该模型可接收几乎所有曲面物体数据，并将新型卷积方法应用于这个神经网络。

规范场论是量子场论的一种，也是当代物理学最前沿的阵地之一。如麦克斯韦方程所描述的，电动力学是规范场论中最常被引用的例子之一。在电动力学的场方程中，电场 $E(t, x)$ 和磁场 $H(t, x)$ 被分别表示为一个标量场 $\phi(t, x)$（标量电势）和一个矢量场 $A(t, x)$（矢量磁势）。电磁四维势（Electromagnetic Four-Potential）$A_\mu = (\phi, A)$ 是电磁理论中的一个协变四维矢量，它以比电场和磁场本身更基本的角度来描述电磁场。A_μ 是协变的，这意味着它在任意的曲面坐标变换下都和一个标量的梯度变换方式相同。这样四维势的内积在任意惯性系下都是一个不变量。但是，电场与磁场和相应的标势与矢势的对应关系并不是唯一的，通常可以对这两个势作如下的变换：

$$
\begin{aligned}
\phi &\to \phi + \frac{\partial \lambda}{\partial t} \\
A &\to A - \nabla \lambda
\end{aligned}
\tag{16.1}
$$

这组变换称为规范变换，在规范变换下电场 E 和磁场 H 仍然保持不变。这本质上是对称性质，即规范不变性的一个例子。

规范场论主要基于对称变换，可以局部也可以全局地施行这一思想。一个物理系统往往用在某种变换下不变的拉格朗日量表述，它要求拉格朗日量必须也有局部对称性——应该可以在时空的特定区域施行这些对称变换而不影响到另外一个区域，在连续对称变换（规范变换）下保持不变。

规范变换的一个简单例子是温度测量，如在中国使用摄氏温度，而在美国使用华氏温度，这就是两种不同的规范。当以华氏温度测量时，我们得算出它对于摄氏温度的含义，因为有两个不同的参考系，这种计算就可称为规范变换。而这时的实际温度并没有变化，只是我们用来理解的值发生了变化，而且规范变换是一个简单的线性函数。

这种对称性或规范不变性是为介质及光学变换中的电动力学建模的指导原则。这意味着可以以一种固有的协变方式来表达麦克斯韦方程组，从而可以独立于坐标系选择而在流形（manifolds）①上描述电磁现象。这个原理对于设计一种等变 CNN 非常重要。

球面 CNN 的旋转不变性必须具备在给定空间内的全局对称性，这对应于物理学中通常所指的时空不变性。而规范等变 CNN 是针对局域对称性所提出的。一般流形确实具有局部规范对称性，如果想要构建仅依赖内在几何的流形 CNN，考虑这些不仅是有用的而且是必要的。为此，科恩等人在普通流形 M 上定义了类似卷积的运算，它与局部规范变换保持等变性。

如果考虑在一个球体表面均匀放置很多个指南针，每个指南针的指向都是一个矢量，称为矢量场。如果测量的时候使用了不同的局域坐标系（不同的规范），那么测得的每个矢量的指向随规范而变化。如图 16.1 所示，一个规范是在一个流形 M 的子集 U 上的切线标架的局域坐标系。球面是个流形 M，U_1 是蓝色箭头下的局域空间（蓝色规范），U_2 是红色箭头下的局域空间（红色规范），弯曲流形 M 的局域可以近似看作平直，如平直拉伸后的 V_1 和 V_2。待测矢量在 U_1 和 U_2 规范下，位置、方向、模长都不同。如果蓝色和红色规范之间的变化保持等变，就满足了局部规范变换的等变性。

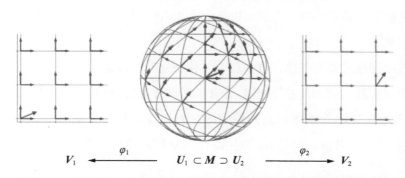

图 16.1　在流形 M 上定义卷积运算，对局域规范变换保持等变性[269]

规范需要用几何量来表示，如卷积核和特征图（即场，类似于物理学中的物质场）。规范等变卷积以各种类型的 M 上的多个特征场作为输入，并产生作为输出的新的特征场。每个场由许多个特征图表示，它们的激活可以看作相对于空间变化的坐标系（即规范）的几何对象（如标量、矢量、张量等）系数。因此可以建造一种网络，使得如果变换规范，系数则以可预测的方式改变，以便保持其几何意义。这种类似卷积的运算应该是规范等变

---

① 流形是局部具有欧几里得空间性质的空间，在数学中用于描述几何形体，如屏幕、球面、立方体的表面，甚至难以想象的 4D 时空等。任何光滑表面都是流形。物理上，经典力学的相空间和构造广义相对论的时空模型的四维伪黎曼流形都是流形的实例。

的，意味着 CNN 应该能够识别输入坐标系到输出坐标系的任何变换的影响。这种规范等变性，也是流形卷积的一个关键几何定义，即确保输入矢量的规范变换会导致输出矢量的等变变换（即相同的变换，但具有不同的表示形式）。

实现规范等变的方法是首先为流形的子集任意选择一个光滑的局域规范，比如图 16.1 中蓝色箭头定义的局域规范。从任何一个点出发，可以像平面卷积一样定义一个卷积核及卷积核的朝向，并将其与局域的输入特征图（即场）匹配点乘，从而计算出输出特征图。这就实现了局域卷积，但为了让输出满足等变性，还必须对卷积核作一些线性约束。

一般来说，流形不具有全局对称性，但是它们可能具有某些局部对称性。但是科恩等人把规范等变网络用于一个特定的流形例子——20 面体。20 面体是具有 20 个面、30 条边和 12 个节点的传统实体。20 面体的每一面都是平直的，但整体又是很好的球形近似。这种流形具有一些全局对称性（离散旋转），很好地体现了局部对称和全局对称之间的区别和相互作用。而使用现有的深度学习方法可以有效地实现该流形的规则性和局部性。这种算法在全向信号的分割方面表现出优异的性能和准确性。与球面 CNN 模型相比，规范等变 CNN 模型的最大优势在于，它摆脱了球面 CNN 模型对于全局对称性的假设，只要在局域上近似地具备对称性，它就可以将广义相对论规范场论的数学工具及相应结论借用到这个模型里。

为了有效处理球形曲面图像，过去还有一种预处理的方法，即先把球面图像转换成普通的平面图像，然后进入 CNN 进行处理。曾有公司设计过类似功能的专用曲面预处理芯片。然而，这种芯片在处理分辨率很高的图像时，难以应付高度实时性。而规范等变 CNN 从本质上解决了这个问题，这是 AI 芯片设计由基础理论所指导、从理论上突破的一个例子。

另一个值得注意的方面是规范场论已经很好地用于物理学、数学、经济学、金融学和生物学等，可以从自由能（Free Energy）原理角度来表述。在生物学和神经科学中，自由能原理提出了一种适用于任何自组织系统的统一的行动、感知和学习，及如何与环境保持平衡的理论。在这种情况下，系统相当于具有拉格朗日量（反映神经元或内部状态）的大脑，而环境（具有外部状态）产生局部感知扰动（表现为局部对称性被破坏或发生了规范变换）。注意力、感知和行动都可作为规范场来补偿，恢复拉格朗日量的对称性 [270]。如果这种原理适用于大脑或神经系统，它也可能适用于 AI 系统，作为一种开发未来 DNN 的理论基础。

16.1.2　重整化群与深度学习

重整化群（Renormalization Group，RG）[271] 作为一种最终成型于 1970 年左右的技术，背后隐含的思想（重整化）可以说是近代物理学在观念上最重要的突破之一。重整化（Renormalization）起源于量子场论，目的是希望路径整合的结果保持标度不变。在凝聚态问题中，一般很关心系统何时处于标度不变（自相似 / 分形 / 临界）状态，因此重整化群概念发展了起来。

重整化群是一个在不同尺度下考察物理系统变化的数学工具。它是一种迭代式的粗粒度处理过程，旨在解决涉及许多尺度的困难物理问题。目标是通过整合（即边缘化）短距离自由度来提取物理系统的相关特征以描述大尺度的现象。在任何 RG 序列中，从原子涨落的微观尺度开始依次整合物理波动，然后迭代移动到宏观更大尺度的波动，直到所有尺度的波动都被平均为止。在此过程中，某些称为相关运算符的特征变得越来越重要，而被称为无关运算符的其他特征对系统物理属性的影响越来越小。也就是说，在当前观测尺度下对不需要关心的细节模糊处理，最终得到一个简单的模型。

重整化群提供了一套复杂且精巧的近似方案来系统地描述一个非常复杂的物理学系统。这是一种粗粒子方案，即跨过距离尺度，一步步放大相关的细节，紧扣其影响大尺度行为的要素，同时模糊无关的细节，最后精炼出系统的基本部分。它使得物理学家无须知道所有组成成分的精确状态，就可以准确地描述大尺度系统。

美国的两位教授研究发现，深度学习领域里的提取相关特征，与重整化群的系统描述方案，在本质上就是一回事 [272]。人们在理论上仍然没有很好地理解为什么深度神经网络（DNN）在揭示结构化数据中的特征方面如此成功。然而，一个可能的解释是它们可以被视为连续迭代的粗粒度方案。DNN 的初始层可以被认为是低级特征检测器，然后被送入 DNN 中的更高层，将这些低级特征组合成更抽象的更高级特征。通过连续应用特征提取，DNN 学会使数据中不相关的特征变得不重要，同时学习数据中相关的特征。

对于 DNN，常用的是监督式网络，而另一类是无监督网络，其中包括 RBM 之类的模型。RBM 是一种特定类型的 DNN，由两层神经元组成。可见层接收输入样例，另一个隐藏层构建输入的内部表征。为了提高计算效率，每层中都没有横向连接，因此它们被称为受限。RBM 可以模拟热系统的 RG 粗粒化过程。

已经有研究人员证明在基于 RBM 的 DNN 和重整化群之间存在着精确的一对一映射关系 [272]。而对于深度学习原理与量子场论之间存在的相似性，也有研究人员进一步用数学作了详细推导 [270]。这种相似性表明，DNN 的原理深深扎根于量子物理学中，显示出与量子场论原理的对应关系。

近来有研究人员提出，在量子系统（如矩阵乘积状态和张量网络）的背景下开发的现代 RG 技术在变分 RG 方面具有自然解释[273]。这些新技术利用了纠缠熵和解缠结之类的想法，这些想法创建了具有最小冗余量的特征。这些想法是否可以导入深度学习算法，还是一个有待探讨的问题。

物理学家已经开发了精密的机制，利用 RG 的一些基本概念来识别物理系统的微观和宏观特征，这与生物大脑的学习机制也是非常接近的。我们人类掌握了特殊的诀窍，能够分辨出人群中一张熟悉的面孔，或分辨出面前被各种颜色、轮廓、质地所混淆的任意目标。这种学习过程表明，大脑也采用了某种形式的重整化群来理解世界。

重整化群、深度学习和生物大脑的学习过程的相似性，还需要进一步深入研究并形成简化的数学模型。如果能够有任何简化复杂机制的模型导入深度学习中，将可以为深度学习技术提供一个全新的视角，也会为未来的 AI 芯片开发带来新的思路。不过，将量子场论和 RG 的想法引入深度学习技术领域存在着潜在障碍，即 RG 通常应用于具有许多对称性的物理系统，而深度学习通常只与结构有限的数据相关联。

总之，作为量子科学基础理论的量子场论，正在受到 AI 研究人员的重视，主要是因为其潜在作用：量子场论提供了一种坚实的理论基础来解决目前深度学习所遇到的瓶颈，为找到深度学习内部机制的明确解释提供了一种理论根据。同时，它也能为下面讲到的基于复数运算的 DNN 带来一定帮助。

16.2 超材料与电磁波深度神经网络

长期以来，科学界一直在寻找新颖或改良的材料：这些材料可以超越传统的光学定律，以更平坦、更坚固、成本更低、可堆叠的组件代替笨重的玻璃和塑料光学组件。超材料（Metamaterial）[274]是人工设计和制造的一种以非传统方式操纵电磁波的结构材料。电磁超材料的工作范围覆盖了太赫兹（THz）、红外光或可见光波长（与光相互作用）。一些超材料在高频下会表现出磁性，从而导致强磁性耦合，这会在光学范围内产生负折射率或零折射率。用此材料做成的器件具有电磁波的异常反射和传输特性。

超材料具有可调的各向同性负折射率，它的一个作用是控制光的相位和振幅。这一进展可以发展成新的技术，如光学隐身、全息显示和量子悬浮等。把超材料切割成很薄的二维切片，称为晶片。在晶片中，每个像素可以转换成具有特定幅度、相位、辐射图案和极化的特定电磁波。虽然低转换效率仍然是一个挑战，但可以把晶片集成到量子阱或多层器件中，这有可能提高一些效率。在晶片材料的选择中，硅材料特别流行，不仅由于其高折射率和在电信频谱范围内的极低吸收损耗，而且还具有极其重要的工程技术意义。

利用这种超材料研究光在纳米尺度上的行为以及纳米尺度物体与光的相互作用的研究领域称为纳米光子学。这个新兴研究领域扎根于量子光学，而与 DNN 技术也有交集。事实上，光子晶体、等离子体激元、超材料和其他执行光子行为的材料已经被考虑用于开发新颖的光子 DNN。DNN 的计算主要是矩阵乘法，并且由于光子的性质，纳米光子回路几乎可以以光速进行这种计算（见第 13 章）。

于南方等人[275] 提出了设计以突变相移为特征的超材料晶片的想法，可以用来控制电磁场辐射图案。这让人想起了在可重构发射阵列天线设计中采用的方法。事实上，这种晶片可以被视为纳米天线阵列：通过纳米天线设计来变换谐振频率，可以有效地控制散射信号中的相移量。

非线性也可用于操纵电磁波，从而建立光学与物理学其他领域之间的关系，如考虑在非线性晶格中形成电磁波辐射图案。当材料的微观细节通过一些系数值来表示时，光子晶格的设计可以利用类似于凝聚态物质或量子物理中的重整化群（见 16.1 节）的过程，以使有效自由能达到最小。

美国加利福尼亚大学洛杉矶分校（UCLA）的林星等人介绍了一种物理机制，舍弃了传统的计算机硬件和电路，而选择使用全光机制来建立神经网络架构，称为全光衍射 DNN（Diffractive Deep Neural Network，D^2NN），以执行机器学习[276]。由于 D^2NN 只需靠光学衍射运行，因此不需要任何额外能耗便可执行任务。

D^2NN 由一组衍射层组成，其中每个点（等效于一个神经元）充当指向下一层的电磁波的次级源。次级电磁波的幅度和相位由输入电磁波与该点的透射或反射系数（复数值）的乘积确定（遵循变换光学定律）。

D^2NN 中的人工神经元通过一个由振幅和相位调制的次级波连接到下一层的其他神经元，该次级波由较早层创建的输入干涉图样和该点的局部透射或反射系数调制。与标准的 DNN 类似，可以将每个点或每个神经元的透射或反射系数（复数值）考虑为一个相乘的偏置项，该项是可学习的网络参数，在该网络训练的过程中，在根据目标输出所算出的误差的基础上，由所需功能来确定进行迭代调整，即通过误差反向传播算法来优化网络结构及其神经元相位值。该算法基于传统深度学习中使用的概率梯度下降方法。在此数值训练阶段之后，D^2NN 设计就完成了，即确定了所有神经元层的透射或反射系数。这时，根据这些数值结果即可进行 3D 打印，做成晶片。

这些晶片可以进行透射或反射，层上的每个点都作为神经元，具有复数值的透射（或反射）系数。这种 D²NN 设计可以以光速执行特定任务，从而创建一种高效且快速的方式来实现机器学习任务。

图 16.2 所示的 D²NN 使用了 5 层 3D 打印的超材料半透明晶片，每层的面积为 8 cm×8 cm，然后在衍射网络的输出平面上定义了 10 个检测器区域。每个半透明晶片上都有数万个凸起像素，通过每个晶片复杂的像素组合将光线偏折。D²NN 使用频率为 0.4 THz 的连续波照明来测试网络的推理性能，推理结果根据检测器检测到的不同光强度来区分，从而完成图像分析任务。5 层 D²NN 设计的数字测试在大约 10,000 张测试图像上实现了 91.75% 的分类精度。

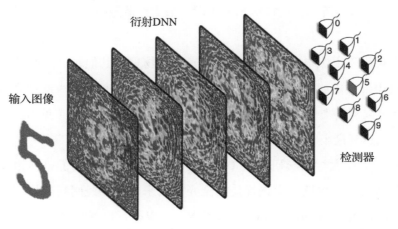

图 16.2　一个用 3D 打印制作的 D²NN 原型（用于图像分类）[276]

D²NN 的一个重要优势是可以使用各种大批量和大面积 3D 制造方法（如激光光刻），容易扩展成规模很大的系统，如有效地达到数千万至数亿神经元的连接，并且保持节能的方式。由于 D²NN 的组件都可用 3D 打印生产，未来晶片大小与层数都能继续提升，而这些更大的系统也可用来处理更复杂的数据及图像分析任务，同时成本还非常低廉。根据 UCLA 的报道，该研究团队制作一台 D²NN 器件只需不到 50 美元。

从目前情况来看，D²NN 还只是一种概念性的演示，这也是一种基于超材料的大芯片实现的 AI 芯片。与第 2 章和第 15 章中介绍的大芯片不同的是，D²NN 全部由光而不是电来运行，这些超材料晶片所起到的作用是光的衍射、反射、折射和透射等。

天津大学的鹿利单等人使用红外光源建立了光子神经网络传递模型，用矩阵光栅来代替 3D 打印的衍射层，并获得了更高的识别精度[277]。使用红外光源的优点是单个神经元的面积可以减小到 $5~\mu m^2$，因此 $1~mm \times 1~mm$ 的矩阵光栅可以包含 200×200 个神经元。矩阵光栅的特征尺寸可减小到 D^2NN 的 1/80，非常有利于硅光芯片的集成并获得更广泛的应用。未来，或许可以把这些大芯片微型化，即把网络的所有层结合在一起成为单片晶片，封装在一个光模块里，这样一种独特的模块化 AI 芯片不但将为深度学习 AI 芯片领域带来变革，而且为 AI 的未来应用开辟出广泛的新领域。

安东尼奥·曼扎利尼（Antonio Manzalini）提出了一个基于超材料、由可编程复数 DNN 组成的理想结构[278]，称为电磁波 DNN。这个理想化的纳米光子 DNN 如图 16.3 所示，它把 D^2NN 模型进一步广义化，神经网络层是由多层可编程超材料晶片形成的。晶片上的每个点都代表一个神经元（图 16.3 中带颜色的小方块），而某一层上的每个点都充当次级波源。各个点被来自上一层的某个点的入射波激发，并向下一层发射，从理论上讲，相邻层之间通过衍射和干涉实现了完全的连接性，即神经元通过变换光学原理连接到下一层晶片的某个神经元。电磁波作为输入，并且用复数来处理信号，而不是用实数。晶片的可编程性允许动态改变晶片每个点的折射率。

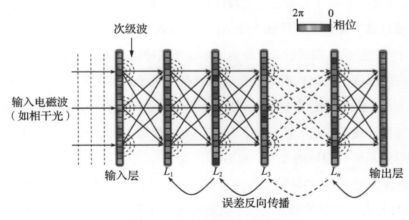

图 16.3　电磁波 DNN[276, 278]

由于麦克斯韦方程在任意空间坐标变换下的形式是不变的，这意味着坐标变换的影响可以被电磁波传播所穿越的材料特性吸收。因此，通常变换光学器件为控制电磁波提供了一个很大的用途，即空间变化的折射率可用于控制电磁波传播特性的变化。

折射率不是固定的，需要有一个训练阶段来迭代地调整。一种方法是采用带有开关二极管和机械微纳米系统的可编程晶片。但是，如果采用这种方法，则仍然需要电子控制来对晶片编程。为了做到全光运行，可考虑使用等离子技术进行控制，但目前还需要克服很多挑战。

电磁波 DNN 与传统 DNN 之间存在一些关键区别，举例如下。

（1）电磁波 DNN 的输入是电磁波。由于电磁波的特性，需要对复数（而不是实数）进行处理。

（2）电磁波 DNN 中任何神经元的激活函数是波干扰现象和与超材料谐振器的电磁波相互作用的表达，而不是像普通 DNN 中 ReLU 函数、S 形函数、线性函数或非线性函数等那样的神经元激活函数。

（3）电磁波 DNN 中神经元之间的耦合基于波传播和干扰的原理。每个点的输出由输入波与该点的透射或反射系数（复数值）的乘积给出。在此过程中，局部透射或反射系数会对该点的输出波进行乘法偏置，然后通过传播对其进行加权，并在下一层的点上与其他次级波发生干扰，从而在物理上实现矩阵乘法。

当前，用于深度学习的绝大多数技术和架构都是基于实数值操作和表示的。然而最近的研究表明，使用复数可以具有更丰富的表征能力，并有助于增强网络的鲁棒性。除了电磁波 DNN 使用复数外，也有研究人员专门提出了一种深度复数神经网络[279]，并进行了详细的数学分析，得到了比普通的实数计算网络更好的结果。另外，用复数表达的神经网络也已经通过基于储备池计算的光子 AI 芯片得以实现（见第 13 章）。根据这种用复数来表征和计算的思路，未来很有可能会诞生全新的神经网络体系结构。

这种电磁波深度学习架构可以以光速执行基于电子计算的神经网络可执行的各种复杂功能；将在太赫兹或全光图像分析、特征检测和对象分类中得到广泛的应用，但是要达到这些应用目标，还需要进一步的理论研究，有必要继续完成数值模拟和实验，并需要 AI 和量子光学两个研究领域的人才一起参与。

超材料也将为光子 AI 芯片带来新的希望，这就是光子忆阻器。忆阻器已被广泛用于构建人工突触，这是因为其本质上类似于突触可塑性的多个方面，如权重更新和权重存储。同样，为了实现新颖的光子 AI 芯片，也已有研究人员开始讨论构想光子忆阻系统的可能性。电子忆阻器的特征是 $I\text{-}V$ 捏滞回线，证明系统拥有对通过它们的最后电荷的记忆；而在光子忆阻器中，透射率相对于入射在器件上的电磁场而变化。因此，光子忆阻器将表现出与电子忆阻器的 $I\text{-}V$ 捏滞回线类似的透射 – 入射场功率（Transmission-incident field Power，T-P）捏滞回线。

在 1971 年蔡少棠教授奠定了忆阻器理论后，惠普终于在 2008 年找到了合适的材料，从而做出了第一块电子忆阻器芯片，现在研究人员也在积极找寻合适的材料来实现光子忆阻器。吴红亚等人在微波范围观察到由 $CaTiO_3\text{-}ZrO_2$ 陶瓷介电立方体组成的介电超材料中的光子忆阻行为，并测量到这些系统中的 T-P 捏滞回线。这种影响归因于与电磁波相互作用产生的温度升高引起的介电立方体介电常数的降低[280]。

朝着实现全光子忆阻硬件迈出第一步的关键步骤，将是找到合适的材料来进行信号存储和信号处理，这也将是实现未来新颖光子 AI 芯片的基本条件。

16.3　老子之道

按照 AI 的发展趋势，一般都认为它最后将达到人类智能的水平。但是，达到人类级别的智能已经被证明是困难的，进展缓慢。很多工作仅仅是为了满足当前的应用需求，导致许多人错误地重新定义 AI。

人类可以做的许多任务，计算机还做不了。如果对人类智力如何运作有足够的了解，我们就可以模拟它。但是，我们没有足够的能力通过观察自己或他人直接了解我们的智力如何运作。因此，充分了解人类大脑以模仿其功能，需要在心理学和逻辑学方面取得理论和实验上的成功。在 AI 的主要关注点中，知识表示、不确定性管理和近似推理构成了密切相关的研究领域，其中逻辑起着非常重要的作用。

数学逻辑被设计为把确切的事实和正确的推理用数学公式来表示。它的创始人莱布尼兹（Leibniz）、布尔（Boole）和弗雷格（Frege）希望将它用于表达常识事实和推理，但他们没有意识到常识语言中使用的概念的不精确性往往是一个必要的特征，并不一定就是出错。数学逻辑的最大成功在于将纯粹的数学理论形式化，它不需要不精确的概念。

现在所有的由 CPU、GPU、FPGA 或绝大多数 ASIC 实现的 AI 芯片，最基本的理论依据就是布尔逻辑。尽管半导体器件线宽尺寸的逐渐缩小是摩尔定律的基础，但能效却是新的限制因素。能效将不再由器件的线宽尺寸决定，而是被系统设计中普遍使用的布尔逻辑的局限性所限定。未来将需要布尔逻辑的替代设计，这样就可出现新的半导体器件级的创新。

布尔逻辑并不适合脑神经科学。它只能表达人类智能中精确计算的一面，而从不考虑人类常识语言的不精确性，不能反映出人类智能中识别、分类、推理、预测等这类非精确计算的一面。而这一面恰恰成为现今最热门的 AI 研究课题。现在的状况是使用并不适合非精确计算的逻辑表达来试图解决这些 AI 课题。

由于常识信息需要使用不精确的事实和不精确的推理，因此使用数学逻辑来获得常识的成功非常有限，这导致有研究人员设计了扩展的逻辑语言甚至扩展的数学逻辑形式。

自 20 世纪 50 年代以来，研究人员一直试图找到其他方法，但仍然没有成功地获得任何可以应用于常识信息的方法或思路。

但是，这种思路可以从一些传统哲学思想中找到。W. R. Zhang 受中国古代老子的哲学思想启发，提出了基于平衡的阴阳逻辑系统[281-283]，可以看作是对布尔逻辑的扩展。这种阴阳逻辑系统会给 AI 的研究带来好处，特别是要把 AI 芯片做到达到人类智能级别的时候，也许会发挥重要作用。

老子是一位生活在 2000 多年以前、我国春秋战国时代的思想家，他唯一传世的著作就是《道德经》。老子说："道可道，非常道；名可名，非常名"，什么是"道"？"道"就是道路，"一达谓之道"。这是《说文解字》中的解释，道路是从一点到另一点的轨迹、途径。老子是守藏史，这个职位在古代并不是单一地管理图书，还负责观测天象，这点在《史记·太史公自序》中有明确说明。观测天象看到最多的就是日月星辰的运行轨迹，也就是大自然的运行规律或法则。

从老子的学说里，是不是可以看出自然智能的本质？"道"是统一的，但也是无处不在且包罗万象的。在《易经》中，"道"被定义为大自然的阴和阳（见图 16.4）。在西方科学界，"道"被看作一种阐述阴和阳的古代中国哲学。如在神经科学教科书中，"道"被认为是精神和物质的统一，这也是科学的终极挑战之一。在物理学中，有人把它解释为广义相对论和量子理论的大统一。量子力学之父尼尔斯·玻尔（Niels Bohr）声称无法获得对量子过程的因果描述，量子力学必须在其中加入对粒子与波的互补描述才算完整，这时就把"道"联系了起来。

图 16.4　中国古代的老子之道和阴阳学说中的代表性图案

但是老子学说并没有严密的逻辑基础。如果仅仅按照老子所说的"道可道，非常道；名可名，非常名"（"可以说的道不是永恒的道；可以命名的名称不是永恒名称。"），没有证明道的连贯性和一致性。为此，W. R. Zhang 对老子学说作了修正并提出了一种逻辑理论，对永恒的道补充了形式逻辑上可定义的因果关系。

由于数千年来科学一直未能达到心灵和物质的统一，因此对于统一，必然存在不同的逻辑和哲学。而 W. R. Zhang 认为，由于宇宙中的所有存在（包括宇宙本身）属于一种动态均衡，基于均衡的阴阳双极动态逻辑和因果关系对于心灵、光和物质的统一是非常关键的，这也是迈向人类智能级别的 AI 及认知机器人的一个关键步骤。

W. R. Zhang 认为，从哲学上讲，基于均衡的本体论可使宇宙中的所有存在从形式上被定义为一种具有平衡和不平衡状态的双极动态均衡（见表 16.1）。

（1）（-1,0）表示阴，负极性或不平衡状态（↓）；

（2）（0,+1）表示阳，正极性或不平衡状态（↑）；

（3）（-1,+1）表示阴和阳，平衡状态（↑↓）；

（4）（0,0）表示空的阴和阳状态。

表 16.1　二进制与阴阳双极解释的差异 [281]

表述方法	阴	阳	阴阳	非阴非阳
图案	╎	▌	╫	不存在
单级表述	假	真	矛盾	虚无
二值编码	0	1	NA	NA
双极表述	负极	正极	正负均衡	不存在
双极编码	(-1, 0)	(0, +1)	(-1, +1)	(0, 0)

4 个双极值或存在形成了一个定义良好的数学结构 B_1 = {-1,0} × {0,+1} = {（-1,0），（0,+1），（-1,+1），（0,0）}，即一个量子点阵或因果集的双极笛卡儿积（见图 16.5）。该量子点阵或因果集包含基于真值的二价点阵。量子计算是基于前两种情况：向上箭头的特征为 1，向下箭头为 0，把传统二进制扩展到概率性质的复杂时空。而 B_1 考虑了所有 4 种情况，基于均衡的解释超出了时空，成为本体论上不同的逻辑和哲学。

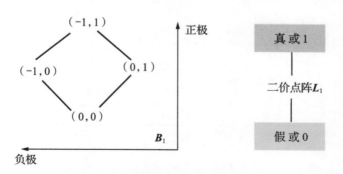

图 16.5　双极量子点阵 B_1 的哈斯图（与单极二价点阵 L_1 相比）[281]

量子计算的目标是以概率和时空的随机性来解决复杂计算问题，而基于均衡的动态逻辑系统的目标是用"永恒的道"来达到量子世界与现实世界的统一。W. R. Zhang 的一个关键论点是，如果没有基于双极动态均衡的统一，两个世界都是不可能存在的。

将 DNN 与结构化逻辑规则相结合将会带来性能上的很多优势，也可以利用其灵活性来减少神经网络模型的不可解释性。一种设想是将逻辑规则的结构化信息转换为神经网络的权重，这种新的神经网络架构甚至适合于进行情感分析。

另外，这样一个基于均衡的逻辑系统，是一种多值逻辑系统，有别于当今数字系统中最基本的二值逻辑系统，也有别于量子计算所应用的逻辑系统。使用多值逻辑计算的优点早已为人所知，但问题是我们尚未发现可以实现它的合适材料和器件。目前，晶体管只能在"开"或"关"状态下工作，因此，新器件必须找到一种新方法来始终保持更多状态，并且易于读取和写入。

现已发现忆阻器具备多值逻辑计算的能力。另外，最新的研究表明铁电体可以保持 2 ～ 4 个在能量上稳定的极化位置。如果与这些新型的基于忆阻器或铁电体的存储芯片相配合，这样的动态逻辑系统很可能会在未来的 AI 芯片设计中发挥很大的潜力，它们有可能通过一次以多种状态表示数据来成倍地提高计算能力。

迈向实用性逻辑的第一步就是允许通过包含不确定性来进行更真实的推理建模。目前处理不确定性的最常用形式之一是模糊逻辑（Fuzzy Logic）。模糊逻辑研究的热潮在 2000 年前后达到了最高点，虽然这几年有所回落，但是发表的论文数量仍然居高不下（见图 16.6）。

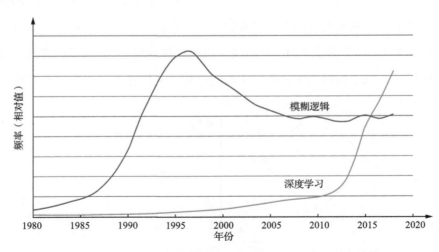

图 16.6　40 年来模糊逻辑和深度学习在公开出版书籍中
的出现频率 [284]

为了解决深度学习算法的"黑盒子"问题，许多研究人员正在致力于建立可解释 AI（XAI）的范式，以使 AI 作出的决定对人类更加透明，以人类可以理解和接受的方式解释其决策。这种范式在狭义上基于模糊逻辑，即部分真值的逻辑演算。模糊逻辑得出的解释对人来说是可以理解的，而基于老子之道的动态逻辑系统可以得到更易于人类理解的解释。

阴阳道学作为中国古代的哲学遗产，在产生几千年后，其形式逻辑被找到并用于科学。由于它在逻辑上可定义因果关系，以及平衡与和谐等状态，可以有效地把人类智能的本质用这样一种动态逻辑来表述，从而有希望探索形成一种新的 AI 硬件实现方式及新的可解释 AI 范式，这或许会是一个科学哲学的美丽故事。

16.4　量子机器学习与量子神经网络

量子计算使用量子力学现象（如叠加和纠缠）来执行计算。量子计算机不但可以在理论上构建，也可在物理上实现。量子计算和 AI 这两个领域被看作是当前最前沿的科技领域，吸引了大量人力、物力的投入。但过去这两个领域的研究在很大程度上是并行进行、相互独立的。这主要是因为人们还没有看到能真正发挥量子计算潜力的量子计算机，而 AI 的技术目前也还处于早期阶段。

实际上，量子物理中的一些基础理论可以用传统计算来进行仿真，如果算法设计合理，可以达到意想不到的效果。本书第 10 章已经介绍了受量子原理启发的 AI 芯片，并不需要真实的量子计算机，即可解决非常棘手的大型组合优化问题。

随着这几年深度学习的迅猛发展，许多研究人员试图把量子计算和机器学习结合起来。深度学习与量子计算的交集称为量子机器学习（Quantum Machine Learning，QML）[285]。QML 有两个不同的研究方向：一个是使用机器学习（主要指深度学习）技术来分析量子过程的输出，另一个是受量子结构启发的深度学习算法的设计。

深度学习的研究人员对量子计算感兴趣，期望量子计算机在深度学习中有用处，主要有两个理由。首先，随着数据量的不断增长，当前深度学习的数据量和计算量正在迅速接近经典计算模式的极限。从这个意义上讲，量子算法为某些类型的问题提供了更快的解决方案。其次，量子学习理论[286]已经成为一个专门的研究理论分支，在某些假设下指出了经典和量子在学习上完全不同的实现方法，这意味着那些困难的经典问题有可能从基于量子的计算范式得到明显好处。

在如何使用量子计算方法来加速深度学习的计算这方面，已经有不少研究成果，包括数据存取和通信、并行架构、线性代数、取样、优化等问题上的应用，把从单个神经元到训练算法的所有组成元素放在所谓的量子神经网络上执行。量子神经网络的第一个研究成果出现在 20 世纪 90 年代[287]，至今已经有许多关于该主题的论文被发表。创建适合量子信息处理的新的深度学习模型是很有前途的研究方向。另外，针对小型量子计算设备的量子神经网络算法开发和实现，将能够发现量子神经网络的实际问题，并可为实际应用的基准测试提供帮助。

使用量子技术来加速训练神经网络的研究工作主要集中在 RBM 上。RBM[288] 是生成模型（即允许基于先前观察而生成新的数据的模型），由于它与伊辛模型（见第 10 章）强相关，因此特别容易从量子角度进行研究。研究表明，用 RBM 计算对数似然和取样是困难的，而使用量子技术有助于降低训练成本。

目前有两种主要的量子技术可以用来训练 RBM。第一种方法基于量子线性代数和量子取样。美国微软的内森·维贝（Nathan Wiebe）等[289] 开发了两种算法，以基于幅度放大[290] 和量子吉布斯取样来有效地训练 RBM。这些方法的另一个优点是可以用于训练完整玻尔兹曼机。完整玻尔兹曼机中的神经元对应完整图形的节点（即它们是全连接）。尽管完整玻尔兹曼机与 RBM 相比具有更多的参数，但由于训练的计算成本高，它们在实践中并未使用，并且迄今为止，大型完整玻尔兹曼机的真正潜力尚不清楚。

训练 RBM 的第二种方法是基于量子退火。量子退火是一种量子计算模型，它对伊辛模型能量函数中的问题进行编码（详见第 10 章）。具体而言，这个方法是利用量子退火产生的自旋结构来绘制吉布斯样本，然后可以用来训练 RBM。量子退火非常适合实现深度量子学习，并且可以在硅芯片上实现和商业化，其中包括用 CMOS 工艺实现的基于量子退火原理的 AI 芯片（见第 10 章）。

量子玻尔兹曼机[291] 具有更通用的可调谐的耦合度，能够实现通用量子逻辑，目前正处于设计阶段。

如何将经典数据编码为量子态是任何量子算法都要考虑的重要部分。一种方法是应用量子随机存取存储器（Quantum Randum Access Memory，QRAM）来存储量子态，并允许以叠加方式进行查询。现在已经有不少关于 QRAM 理论和实践的讨论[292]，但是也有研究人员认为 QRAM 在数据编码为量子态方面不一定有效。在硬件解决方案方面，已经进行了 QRAM 的原理验证演示，但构建大量量子开关阵列是一个难以解决的技术问题。

也有研究人员把深度强化学习和量子物理结合起来[293]。深度强化学习在发现可调谐量子系统的控制序列方面的有效性已经被证明，该可调谐量子系统的时间演化远离其最终平衡，没有任何先验知识。这些简单的考虑及文献中描述的其他分析表明深度学习原理可能植根于量子物理学。

量子光学这一领域在最近几年有了很大进步，尤其是出现了不少与 CMOS 兼容并基于硅光技术的量子芯片原型。片上硅波导已经被用于构建具有数百个可调干涉仪的线性光学阵列，并且可以使用专用超导量子信息处理器来实现量子近似优化算法。为了构建基于量子光学的神经网络，并最终应用这样的芯片来实现，格雷戈里·施泰因布雷歇尔（Gregory R. Steinbrecher）等人提出了一种量子光学神经网络（QONN），可以将用于 DNN 的许多功能映射到量子光学回路中[294]。通过数值模拟和分析，QONN 可以被训练来执行一系列量子信息处理任务，是很有前途的下一代量子处理器架构。

除了用量子技术构建传统的 DNN 外，也有研究人员构建了量子生成对抗网络（QuGAN），其中数据由量子状态或经典数据组成，并且生成器和鉴别器配备了量子信息处理器[295]。当生成器产生与数据相同的统计值时，会出现量子对抗博弈的唯一固定点。由于量子系统本质上是概率性的，因此量子处理比经典更简单。与传统 GAN 相比，QuGAN 可能会展现出指数级的优势。

量子技术在芯片上的实现，是研究人员多年来追求的目标，也是量子技术领域中最难解决的课题之一。这类专用量子信息处理器将成为未来的量子 AI 芯片，而 QRAM 也将以芯片形式实现（量子芯片见第 15 章）。

量子计算是一个快速发展的领域，但最重要的问题仍然是：什么时候才会出现真正能够商用的通用量子计算机？虽然近年来由于政府、企业和学术机构的支持，全世界建立量子计算机的努力已取得相当大的进展，但现在人们普遍认为通用量子计算至少在 15 年之后才会真正实用。设计量子计算机的障碍包括确保量子比特在实现算法所需的时间内保持相干性，具备能够实现 0.1% 误差率的量子门，从而可以执行量子纠错，使量子比特实现具有可扩展性，继而允许系统级的有效乘法扩展。

很多人认为，量子机器学习或量子神经网络是可以提供量子加速的第一个证明。当第一台可实际运行的量子计算机出现之后，AI 将从传统计算机转到量子计算机上，到时将会出现量子人工智能，而这也将可能成为量子计算机的"杀手级"应用。

16.5　统计物理与信息论

统计物理是以玻尔兹曼等人提出的，以最大混乱度（也就是熵）理论为基础，通过配分函数，将有大量组成成分（通常为分子）系统中的微观物理状态（如动能、位能）与宏观物理量统计规律（如压力、体积、温度、热力学函数、状态方程等）联系起来的科学。这些微观物理状态包括伊辛模型中磁性物质系统的总磁矩、相变温度和相变指数等。

统计物理中有许多理论影响着其他学科，如信息论中的信息熵，化学中的化学反应、耗散结构，和发展中的经济物理学等。从这些学科当中都可看到统计物理在研究线性与非线性等复杂系统中的成果。

基于统计物理的方法已应用于传统物理领域之外的几个领域。例如，来自无序系统的统计物理学的分析和计算技术已经应用于计算机科学和统计学的各个领域，包括推理、机器学习和优化。

由于现在计算资源变得很普及且很强大，这就促进了这些方法向邻近学科领域的传播。一个例子是在 20 世纪中期马可夫链蒙特卡洛方法的有效使用。另一个重要例子是为分析具有多个自由度的无序系统而开发的分析方法。大量的粒子加在一起会有无法计算的自由度量，无法计算出它们全体的总运动效果，只能用统计方法计算。统计物理方法已经在数学类比的基础上应用于各种问题，这些类比的对应关系从数学角度来看非常清楚。

人工神经网络的奠基人之一约翰·霍普菲尔德（John Hopfield）当时就指出了这种类比，引发了物理学界对神经网络和类似系统的极大兴趣。这些类比包括动态神经网络和无序磁性模型材料的简单模型的概念相似性，所谓的吸引子神经网络（如 Little-Hop 场模型）中的平衡和动态效应，各种各样机器学习场景的分析，包括前馈神经网络的监督训练和结构化数据集的无监督分析等。

这些分析和类比涵盖了广泛的概念和领域，其中包括信息论、随机微分方程相变的数学分析、平均场理论、蒙特卡洛模拟、变分微积分、重整化群以及各种其他分析和计算方法 [296]。

信息论是由贝尔实验室的工程师克劳德·香农（Claude Shannon）在 20 世纪 40 年代后期开创的，它的目的是对一个信号的信息量进行量化，而信息熵则代表了通信系统中接收的每条消息中包含的信息的平均量。

香农的理论始于以下观察：确定数据中的信息量并不总是像数那些所包含的字母、数字或其他符号的数目那样简单。明显的例子是重复的消息。例如，在公共交通系统（如在地铁中）进行广播通知，人们肯定不会因为重复说同一件事两次而获得两倍的信息。然而，这种冗余虽然不会增加新信息，但能够检查收到的信息的一致性，因此它在保持消息的精确度方面非常有用。

有些数据包含了很多冗余。像 BBGBBBBBGBGBB 这样的字符串包含的信息要多于具有重复模式（如 BGBGBGBGBGBG）的字符串中的信息，后者具有一些可以简化的冗余，而前者则没有。某种意义上，前者的数据比后者的数据包含更多的信息，因为它的可预测性较差，因此很难以重复模式进行描述。这表明，不可预测性是衡量信息的很好的指标。而信息熵，即一条消息中混乱的程度，可以很好地衡量其信息内容。低熵的消息可以比高熵的消息压缩更多，因为它们的信息含量较低。

信息论被广泛地应用于机器学习领域。从基于相对熵概念的差异来看，互信息测量和数据比较刺激了机器学习数据分析的新方法。例如，来自非扩展统计物理学的 Tsallis 熵[297] 可用于改进使用决策树的学习[298] 和基于内核的学习[299]。最近的方法将 Tsallis 熵与强化学习联系起来[300]。特别是波尔兹曼 - 吉布斯（Boltzmann-Gibbs）统计是自适应过程中必不可少的工具。GAN 可以用信息论来进行理论推导。图神经网络也可以使用信息最大化理论来推导。另外，在布尔逻辑电路的设计中，也可使用信息论作为设计基于熵的拟合函数的基础。

2015 年，以色列希伯来大学的计算机科学家和神经科学家纳夫塔利·蒂什比（Naftali Tishby）等人提出用信息瓶颈理论作为分析深度学习的框架[301]。信息瓶颈这个概念是蒂什比等人在 1999 年提出的，表示网络摆脱多余细节的嘈杂输入数据，仅保留与一般概念最相关的数据，就好像通过一个瓶颈压缩信息一样。

任何 DNN 都可以通过网络层与输入和输出变量之间的互信息来量化。使用这种表示，可以计算 DNN 提取相关信息方面的最佳信息理论极限，并获得有限的样例泛化边界。在极限情况下，网络已尽可能地压缩了输入，而不会牺牲准确预测其标签的能力。他们认为，一个深度学习网络的最佳架构、层数及每一层的特征与连接都和信息瓶颈折中的分叉点有关，即输入层相对于输出层的相关压缩。这种新见解为深度学习算法带来了新的最优化界限。

美国硅谷的初创公司 Perceive 把信息论应用到他们的 AI 芯片上，颠覆了神经网络的算法。如前所述，深度学习 AI 芯片的计算是以大量的矩阵乘积累加运算作为核心的。但是，这家公司应用了信息论中将信号与噪声区分开的数学方法，对信息量进行量化。

如果要识别一只猫，普通的 DNN 能够根据看到的许多猫的图片来进行归纳，因为它们至少可以发现噪声中的一些信号，但这是以经验法得到的，而不是严格的数学方法。这意味着信号会携带噪声，从而使 DNN 变得非常庞大，并容易受到对抗性例子和其他技巧的影响。然而，如果根据信息论的数学理论，可以采取严格的数学量化方法，把在大数据中只占很少一部分的信号（如一只猫）从海量的噪声中提取出来，从而大大缩小神经网络模型的规模。

基于信息论来设计深度学习算法，代表着一种新的神经网络处理方式。这家公司的 AI 芯片称为 ERGO（见图 16.7），也采用了全新的芯片架构，没有采用 MAC 阵列，从而使这款芯片的能效表现达到市场上同类产品的 20 ～ 100 倍，具有 55 TOPS/W 的超高能效。它在以 30 f/s 的速度运行 YOLOv3（这是一个具有 6400 万个参数的大型网络）时功耗仅为 20 mW。

图 16.7　基于信息论的 AI 芯片 ERGO（来源：Perceive）

将信息科学与物理学联系起来是当今学科联合的一大趋势。例如，量子纠缠被认为是暗能量、重力和时空本身的来源。全息原理也可能与纠缠和 RBM 有关。而前面章节也已提到，量子场论可以对 RBM 和 DNN 作出解释。尤其是这几年深度学习的兴起，很多人希望找到有力的分析工具，以解开深度学习的运作之谜。统计物理已经成功地用于分析浅层的神经网络，而 DNN 和其他复杂架构中的学习机理，也逐渐被证明和解释[302]。

统计物理学已经对机器学习和推理中相关现象的理解作出了重要贡献，并且仍在继续帮助人们更清楚地理解很多复杂的 AI 算法。统计物理学与 AI 算法的重要联系，已经受到 AI 领域人士的高度关注。

16.6　小结

这些基础理论都涉及数学、物理学甚至哲学等与 AI 算法和模型之间的联系。深度学习加速器 AI 芯片的商业化已经取得了相当程度的成功，但是 AI 这门新兴技术本身才刚刚起步。也就是说，AI（包括深度学习）的许多机制迄今为止都不是很清楚，DNN 的运行还是一个"黑盒子"，因此以深度学习作为一些关键领域 AI 应用的核心还不能让人完全放心。在一些安全性要求很高的关键应用中，能解释自己在干什么、为什么要这样做，同时能确保特定行为的技术和算法，仍然是一个挑战，需要有深入的理论研究和突破。一且能够把"黑盒子"变成"白盒子",从理论上清楚地解释 AI 的所有机制,那一定会产生崭新的 AI 算法,从而催生全新的 AI 芯片架构。

　　基于这样的算法和基于信息论、统计物理等基础理论而由硬件实现的 AI 芯片,不只在算法上,还将在芯片架构和电路上,颠覆目前的主流深度学习 AI 芯片,达到比现阶段 AI 芯片更高的性能和效率,发挥比现在 AI 芯片更大的作用,从而创造大量新的产业发展机会,引领 AI 向前发展。

第 17 章 AI 芯片的应用和发展前景

半导体芯片技术的发展即将进入后摩尔定律时代。新型非易失性存储器（NVM）、3D IC、芯粒（Chiplet）接近或已经达到了成熟的商用阶段；晶圆大小的 AI 大芯片也已得到成功研发，很快也将进入商业应用；一些新的计算范式，如模拟计算、存内计算、随机计算等也已经成功应用于 AI 芯片；软件定义硬件（Software Defined Hardware，SDH）很可能在未来替代昂贵的 ASIC，因为这种方法可以根据正在处理的数据实时重新配置硬件和软件。

基于 2D 材料的半导体芯片的研发还面临很大的挑战，但也取得了不少新进展。在多年之后，人们可能会看到全透明、可打印和可弯曲的芯片，这种芯片可能以前所未有的形式出现。未来的芯片甚至可能以某种形式的生物体（如现在已开始研究的 DNA 存储器、蛋白质存储器等）来表现。

将来，人机界面（Human Machine Interface，HMI）也将通过 AI 芯片来扩展人体的功能。脑电波分析和其他方法揭示了大脑功能的奥秘，再加上人们对人体机理理解的不断深入，将导致更复杂的界面被创建。通过脑机接口芯片，人类和 AI 机器人设备可以自然融合。人们失去的身体功能将得到替代，并利用自然感知无法检测到的信息，提升人类的潜力，就像虚拟现实（Virtual Reality，VR）和增强现实（Augmented Reality，AR）扩展了人类的感觉一样。

17.1 AI 的未来发展

这类包含 AI 芯片的机器，也就是图 17.1 所示的电子产品，将随着 AI 芯片功能的发展，从个人计算机走向移动设备、智能设备、机器人、自动驾驶汽车，还将最终走向自主控制、高度智能化的机器。

图 17.1 为 AI 的发展路线和电子产品越来越智能化的趋势，以及作为这些产品核心的半导体芯片（见第 15 章）的未来前景。

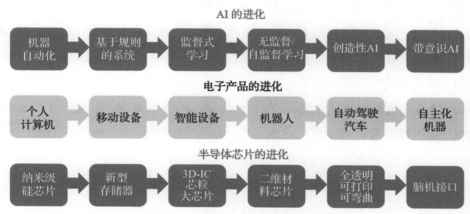

图 17.1　AI、电子产品和半导体芯片的进化

AI 的进化分为几个阶段。最开始的机器自动化通常包括简单的反馈控制，这些反馈控制可通过调整和适应传感器的读数来维持稳定的操作。但是自动机器无法学习任何新动作，因此并不能看作是真正的机器智能。

几个世纪以来，哲学家将推理能力视为人类智力的最高体现。AI 研究人员的注意力一度集中于能够模仿人类理性推理的程序。1980 年，卡内基梅隆大学开发了一个名为 XCON 的专家系统，获得了一定的成果。但是专家系统的构建者很快就发现，很多事物无法作为规则来描述。因此没有人建立起真正的带有学习能力和较高智能的专家系统。

人工神经网络开启了有可能实现智能机器的新纪元。深度学习就是在人工神经网络上发展而来的，用的是监督式学习，即机器不是通过将逻辑规则应用于输入来计算输出，而是在训练数据的过程中学到或建立一个模型，并依此模型推测新的实例。

训练监督式学习的 DNN 很昂贵，因为训练过程很长，而且要获得训练集也很昂贵。每次训练，需要大量的样例、标签，才可以识别出一幅人脸或其他目标。如果不用监督式学习，而用无监督学习，就不需要标签和训练，即可通过进行内部修改和自组织来学习并提高性能。它吸引了更多研究人员的关注，因为它可以节约获得训练数据集的巨大成本。

进一步提高智力、独自发挥创造力的 AI 机器是未来的发展趋势。本书第 11 章专门讨论了一些带有创造力的 AI 算法和芯片实现。第 12 章里提到的遗传算法、进化算法，其实也是一种带有创造力的算法。通过进化和遗传，可以让程序一代一代进化，最后达到最优值，利用自有的"创造性"达到预定目标。

认知科学家认为，大脑本身的结构——复杂的褶皱、折痕和交叉连接可以使人们认识到意识是大脑活动的一种统计现象。而带有意识的 AI 可能是 AI 的终极目标，但是现阶段还有很多争议，即人类是否能够造出这样的 AI。这样的 AI 机器（包括 AI 芯片）是人们最雄心勃勃的梦想——它的特征包括了思考、推理、理解并具有自我意识、自我反省、同情心和感知力。从来没有人成功建造过这样的机器，也没人知道它们是否可以被建造出来。

除了继续改进深度学习算法之外，采用一种既能达到高速，又能简化电路的算法，也是一些公司和大学研究机构的努力方向。例如，Facebook 的 AI 研发团队领头人 Yann LeCun 就已经建议使用图神经网络（GNN）。GNN 是一种将图作为输入进行操作的 DNN。

大多数机器学习模型都需要规则形状的输入，如像素网格（CNN）、数字矢量（MLP）和序列数据（RNN），而 GNN 允许使用不规则形状的输入直接用于深度学习[303]。其可用领域包括预测社交网络图中的朋友圈（见图 17.2）、学术文献的引用网络、商品推荐、解决组合优化问题，以及分类和回归任务等。使用 GNN 的好处是避免了 DNN 最主要的运算：乘积累加运算。如果 GNN 成为主流，则 AI 芯片设计的一个基本运算架构就改变了。

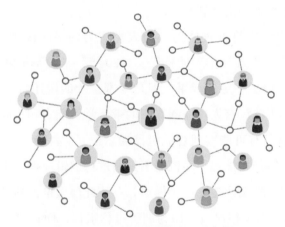

图 17.2　GNN 可用来表示朋友圈

GNN 使用图的边和节点代替烦琐的数字矢量，大大减少了所需的学习数据量和计算量。它将图数据转换至低维空间，同时最大限度地保留结构和属性信息，然后为随后的训练和推理构建神经网络。目前的一些通用硬件平台（如 CPU、GPU 等）架构并不能很好地适应 GNN 的不规则性等特点，但一些针对 GNN 的专用加速器芯片已经开始研发。

GNN 并未对生物大脑的行为（如学习）作出进一步的深入探讨和建立更贴近的模型。

学习是 AI 最重要的属性。到目前为止，所有学习（即训练）主要是在远程数据中心的高性能服务器上完成的。但是，由于能源成本和时延迫使智能功能转移到边缘侧设备，在本地学习可以提供学习功能的个性化和隐私保护；此外，情感分析和意图识别等人文智能因素也需要本地学习和低功耗计算，这使得高性能学习处理器成为必需。

17.2　AI 芯片的功能和技术热点

如果从芯片设计的角度来看，现在用于深度学习的 AI 芯片（包括 CPU、GPU、FPGA、ASIC）为了实现深度学习的庞大乘积累加运算，都包含大量乘积累加单元来进行并行计算。为了达到并行计算的高性能，芯片面积越做越大，由此带来了成本和散热等十分严重且难以解决的问题。另外，深度学习 AI 芯片软件编程的成熟度、芯片的安全性、神经网络的稳定性等问题也都未能得到很好的解决。

因此，很多研究人员正在积极研究如何在原有基础上不断改进和完善这类 AI 芯片。本书前面几章已经介绍了一些改进深度学习的计算范式，如近似计算、模拟计算、随机计算、存内计算等；也探讨了使用光子而非传统的电子电路，甚至采用量子计算原理来实现深度学习算法。

迄今为止，大多数 AI 专用芯片都针对视觉和语音应用而开发，主要用于图像识别、图像分类、语音识别等应用，这是因为卷积神经网络（CNN）技术在这两个领域应用的相对成熟。在自动驾驶汽车和机器人中，实现眼睛和耳朵的智能将对人类社会产生很大影响，但实际上它只是 AI 真正潜力的一小部分。

CNN 运算属于硬件密集型操作。为了降低 CPU 的计算负担，CNN 目前大多使用专用电路来设计实现，即将作为 NPU 或深度学习处理单元（Deep Learning Processing Unit，DPU）的硅 IP 核集成到主 SoC 芯片里面。近年来，其他的神经网络算法，如循环神经网络（RNN）和 RBM 也已被实现为 AI 加速器芯片。由于 CNN 与 RNN 硬件具有不同的最优架构，因此需要分别为 CNN 和 RNN 设计构建异构加速器。

随着基于 DNN 的 AI 技术开始出现明显变化，AI 的应用领域已开始迅速扩大。2015～2019 年，AI 技术主要集中在图像识别和语音识别领域，而从 2020 年开始，语言理解和语言抽象方面预计会得到快速发展。这方面的技术除了 RNN 的变种 LSTM 和 GRU 等之外，主要将依赖基于注意力机制的 Transformer 模型[304]。Transformer 在训练和参数数量上都具有很大的优势。结合 Transformer 的语言模型，可以理解句子的上下文，随着上下文的变化来理解同一个单词的含义。图像、语音识别与语言理解、抽象结合在一起，形成多模态运行，将把 AI 推到一个新的发展阶段（见图 17.3）。

图 17.3　基于 DNN 的 AI 技术热点的演变

来 自 Transformer 的 双 向 编 码 器 表 征（Bidirectional Encoder Representations from Transformers，BERT）是谷歌"AI 语言"项目组研究人员的新成果。它将 Transformer 模型的双向训练应用于语言建模。结果表明，双向训练的语言模型比单向训练的语言模型对上下文有更深的理解。基于 Transformer 模型的运算现在基本都在 GPU 上运行，为此各家公司也在用 GPU 作为硬件平台的基础上，以 BERT 为基准，在运行 Transformer 模型的算法性能方面开始了竞争。2020 年 5 月，微软的 DeepSpeed 获得了最快的 BERT 训练纪录：在 1024 个 NVIDIA V100 GPU 上运行的速度为 44 分钟。他们采用了一种随机 Transformer 的算法。

到目前为止，大多数使用多任务深度学习的方法通常在单一模态的情况下进行（例如，要么都是视觉任务，要么都是文本任务）。在未来，AI 芯片将集成多任务、多模态、元学习的功能，在多任务、多模态的情况下运行（见图 17.4）。它们可以用于与环境互动，如通过片上传感器和执行器用于 AIoT，并能够自行作出规划。而一个理想的 AI 芯片将可以与其他 AI 芯片进行高度协作（如内嵌多个 AI 芯片的机器人），并具有像人类一样的情境感知功能，这个时候的 AI 芯片已经具备自我思维能力。

许多实际应用都需要使用多个 DNN，如 GAN 及自动驾驶汽车的应用。在自动驾驶中，需要不同的 DNN 进行对象跟踪、定位和分段。因此，在单片 AI 芯片中，需要实现同时处理多个 DNN 的功能。这方面最新的成果是韩国 KAIST 在 2020 年 ISSCC 上发布的 GANPU 芯片（见第 11 章）。但是，这款芯片仅实现了两个 DNN 的运算。如果要实现多个 DNN 运算，需要同时使用多组 AI 芯片，很可能将组成一个 AI 芯片阵列，以应对更智能、更先进的应用，尤其是机器人的应用。

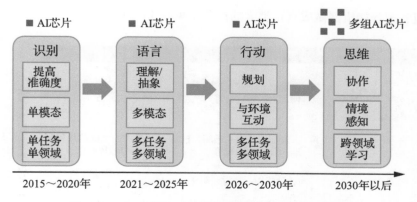

图 17.4　AI 芯片从"识别"到"思维"的功能演变

　　神经网络的下一步是使观察和与现实世界互动产生的复杂时空数据变得有意义。为此，需要使用注意力机制来解析时空信息，以便能够理解复杂的指令及其与环境的关系。因此，注意力是善于理解具有序列数据的神经网络的最重要组成部分之一，无论处理对象是视频序列、现实生活中的动作序列还是输入的语音或文本序列。我们的大脑会在多个层面上实现注意力，以便仅选择要处理的重要信息，并消除手头任务不需要的大量背景信息。基于注意力机制的 Transformer 模型未来将会有很大的发展空间。

　　一般来说，处理时间序列的模型并不是"硬件友好"的，算法的递归属性将导致很复杂的数据依赖性。尽管近年来有一些研究人员尝试做了芯片原型，要对 RNN、LSTM、GRU 等进行硬件加速（如专用于稀疏 LSTM 的加速器 ESE[305]、组合 CNN 和 RNN 的可重构 DNPU[306]、利用 RNN 增量网络更新方法的 DeltaRNN[307] 等），但是从芯片架构角度来说，它们并不能与算法做到很好的匹配。然而，Transformer 所需的计算量更小，并且更适合现代机器学习硬件架构，从而可以将训练速度提高一个数量级。目前，已有一种基于 Transformer 的芯片实现方案采用了存内计算的范式，这也是未来几年的趋势。

　　另外一个在深度学习领域很有前景的是被称为稀疏型专家混合体（Mixture of Experts，MoE）的模型[308]。它可以构建非常大容量的模型，对于任何给定的样例，模型中只有一部分被激活（如 2048 个"专家"中只有两三个"专家"被激活）。而目前大多数深度学习模型，对每个样例来说，都是整个模型被激活。现在，MoE 模型也已用于 GNN。

17.3　AI 的三个层次和 AI 芯片的应用

　　从人类特征的角度来看，AI 芯片的功能可以与人类特征的 3 个层次：人体、人脑、人性相对应，把智能机器做成真正类人的设备（见图 17.5）。

人类特征的3个层次	功能	AI芯片	
人性	情感、幽默、想象力、创造力、影响力等	未来带意识、带自主性的AI芯片	
人脑	识别、分类、预测、推理、分析、决策等	研发中的类脑芯片和深度学习AL芯片	AI芯片功能演进
人体	各种感知：视觉、听觉、味觉、嗅觉、触觉外骨骼、机械手、机器人全息影像	传感器芯片+AI功能"传感器内计算"	

图 17.5　AI 芯片功能与人类特征的 3 个层次

现在市场上主流的深度学习加速 AI 芯片，主要功能还只是一个矩阵乘法和加法运算的算术运算器而已，它本身既没有自主性，也没有自学习、自进化等智能功能，因此离真正的智能芯片还有很长的路要走。但是，基于神经形态的类脑芯片正在不断取得新的进展，很有在不久的将来取代深度学习 AI 芯片的势头。也有研究人员开始基于 GAN 这类下一代 AI 算法来开发芯片。GAN 的出现给研究人员提供了一种重塑世界的可能性。通过 GAN，计算机正在以一种更加高维度的抽象思维去构建自己所理解的世界。

现在 AI 芯片的研发项目大部分集中在模仿人脑的层次，但也有少数正在研究另外两个层次，尤其是关于人体这个层次，近年来也取得了较大的进展，包括传感器内计算（In Sensor Computing）和具有嗅觉功能的 AI 芯片。

将 AI 推理功能整合到带有丰富传感器的嵌入式平台（如自动驾驶汽车、可穿戴设备等）中引起了人们极大的兴趣。这种系统设计的中心问题是需要在本地用非常有限的能量从感测到的数据中提取信息。这需要设计用于处理传感数据的低功耗深度学习 AI 系统来实现。在传统的系统中，传感部分的电路与计算电路是完全分开的，两者之间的数据传输就造成了大量能耗。Sai Zhang 等人提出的传感器内计算架构[309]，消除了传感器与处理器之间的接口。该架构以模拟方式将推理计算嵌入带有不少噪声的传感器电路中，并通过重新训练超参数来改善数据处理性能。

另外一个比较具有里程碑意义的例子是使用新的 GNN 来实现一个具有嗅觉功能的 AI 芯片。气味是很多生命有机体共有的一种感觉，并且在生命体对外部环境作出反应和分析方面起着至关重要的作用。嗅觉与享用食物的能力息息相关，可以让人类对新鲜出炉的北京烤鸭和最受欢迎的香水作出区分。尽管嗅觉很重要，但它并没有像视觉和听觉那样受到

AI 研究人员的关注。2019 年 10 月，谷歌的科学家在论文《用于气味的机器学习》[310] 中描述了利用图神经网络，直接预测单个分子的气味描述符方法，而无须使用任何手工制定的规则。实验证明，该方法在气味预测方面的性能显著提升，也是有希望的未来研究方向。而英特尔的类脑芯片 Loihi 通过学习得到了 10 种危险品的不同气味特征。拥有这种"嗅觉"类脑芯片的机器人在监测环境、检测危险物质等方面有很大的商用潜力。

到了"人性"这一层次，AI 系统和人类将在相互理解的基础上进行交互和合作。AI 系统通过本地学习和识别人的意图和情感来获得所需的信任和理解。在这种情况下，AI 系统可以被视为具有人文智能的宠物或伴侣，人类可以与其进行通信，甚至分享情绪。同样，人类也可以学习如何适应它们的行为。AI 芯片需要提供很多必需的基本功能，包括情感识别、人脸识别、手势识别、自然语言交流等。

AI 应用的开发及其实际经济意义在很大程度上将继续取决于 AI 芯片领域的进展情况。过去，AI 使用 GPU 芯片将其计算速度提高了几个数量级，并实现了实际应用。而在小型移动设备上运行的移动 AI 应用，需要高性能和低功耗的专用芯片。例如，智能手机现在都已经在使用 AI 协处理器来改善照片拍摄的质量及其内容评估等，但这些并不能算作是 AI 的"杀手锏"应用。

近年来，AI 的应用范围已经有了很大的扩展。AI 功能不仅集成在智能手机的芯片上，还用于超级计算机、自动驾驶汽车、5G 通信设备、IoT、可穿戴设备、EDA 芯片设计、新材料和新药物开发等领域。人们正在讨论如何把 AI 应用到音视频编解码领域（取代原来的 MPEG 标准）；而在无线通信领域，如何使 AI 在未来的 6G 标准中发挥作用，也已经引起了人们的极大兴趣。

具体来说，可以对人工智能应用的 3 个阶段作如下划分。

1. AI 第一阶段：智能机器进入家庭和社会

- 活跃于看护、烹饪、清洁等工作领域；

- 智能机器代理购物；

- 在建筑施工现场工作；

- 用于通信网络（5G、6G、WiFi 等）；

- 用于虚拟现实（VR）、增强现实（AR）；

- 用于智慧城市；

- 隐形眼镜式显示器；

- 全面用于智能医疗和保健。

2. AI 第二阶段：智能机器代替人类

- 无人驾驶汽车、无人驾驶出租车服务逐渐普及；
- 各种大小的机器人，包括在血管内移动的微型医疗机器人；
- 无须照明的"黑暗工厂"成为制造业的基础；
- 指派 AI 秘书、AI 教师、AI 技工、AI 法官完成相应的工作；
- 全自动证券交易；
- 智能机器自学习和自我改进；
- 无人机配送范围扩大；
- 人与人通信和交流跨越语言障碍。

3. AI 第三阶段：智能机器与人类共存和协同

- 虚拟分身成为家庭和社会的主力；
- 增强智能得到全面应用；
- 智能机器具有创造力和思维能力；
- 电影由理解导演意图的虚拟演员出演（如由已去世的明星出演）；
- 把芯片植入人体内；
- 人的视觉、嗅觉、听觉、触觉、味觉都大大扩展；
- 人与宠物直接对话交流；
- 空中飞行的无人驾驶出租车；
- 人与车在街道同行，交通信号灯消失。

以上这些应用中，有的应用可能很快就会变成现实，如医疗护理机器人或能植入人体的 AI 芯片，但是很多应用并不是很快就会得到推广，因为新技术的推广应用涉及社会各个领域和方面。各种应用对 AI 芯片及智能产品的要求都是非常苛刻的，不仅涉及产品性能，还涉及 AI 的可靠性问题、道德问题、安全性问题、管理问题，以及文化习俗等人文和社会科学领域的问题。它将需要很有力的全国，甚至全球范围的合作及努力。

2019 年底，微软为了消除客户对 AI 系统安全性和可靠性的担忧，把区块链技术集成到了 AI 系统中，这样可以大大改善 AI 的安全性和可信任度。区块链技术具有以加密货币自动付款的能力，并能够以去中心化、安全和受信任的方式提供对共享的数据、交易和日志等的访问。在 AI 系统中加了区块链功能后，可形成一种新的分布式可信任 AI 系统，这也是未来 AI 发展的一种趋势。因此，含有区块链功能的 AI 芯片可能会有很大需求。

17.4 更接近生物大脑的 AI 芯片

AI 的终极目标是做到类似生物大脑。生物大脑可以在结构上（作为架构）或功能上（作为行为）被模仿。组成 DNN 的神经元虽然也是模仿生物大脑，但它是一种过于简化的模型。

一些神经形态学方法试图模仿突触和神经元的脉冲信号，做成类似于生物大脑的芯片。具体来说，就是在电路中再现神经元的细节和机制。但是，细节化的神经元的电路尺寸太大，并不适合半导体芯片集成。因此，目前唯一可以集成的类脑神经网络是脉冲神经网络（SNN，见第 5 章），基于这种网络所实现的芯片属于类脑芯片。

在这种网络中，突触可以用存储器实现，通常是 SRAM。然而，为了减小面积、降低功耗，很多研究人员正在积极研究用 RRAM、PCM 和 MRAM 等非易失性存储器（NVM）来作为突触器件。使用单个器件而不是复杂的电路实现突触，就可以轻松地扩展集成规模。而神经元行为可以用模拟 CMOS 电路建模，使用生物神经元所需的尽可能多的不同脉冲形状进行信息传递和处理。虽然忆阻器技术目前还未完全成熟，在实际硅片中仅实现了有限的阵列规模，只能适用于小型应用，但是在未来，基于忆阻器的类脑芯片很可能会实现商业应用，并批量生产。

因此，从 AI 芯片的发展来看，研发的"主战场"必然会从深度学习 AI 芯片转到类脑芯片。神经形态计算和存内计算等技术是很有希望实现 AI 功能的方向。类脑芯片不但使用传统的 CMOS 技术，而且将会用基于忆阻器的新型器件来实现。若干年之后，类脑芯片很可能将在各类 AI 芯片及各种 AI 应用中占据主要地位（见图 17.6）。

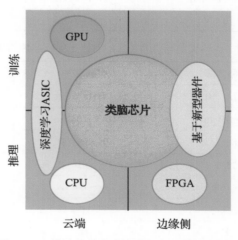

图 17.6 类脑芯片在未来几年将占据主要地位

英特尔在 2020 年 3 月宣布的基于 SNN 的 Pohoiki Springs 系统，已经达到了相当高的智力水平。它所模拟的神经元数量和突触数量已经与老鼠的大脑相当。尽管如此，这样的"大脑"仍然无法在自然环境中执行一些简单的任务。这也表明人们对大脑中信息处理的规则还知之甚少，对脑科学和认知科学的研究还只是刚刚开始。只有完全理解了大脑的生物行为，才能建立起真正有效的神经形态计算模型。现在，已有一些公司邀请研究生物脑科学的专家加入 AI 芯片的研究队伍，AI 的研究可能会通过利用大脑模仿来取得更多进展，而对大脑功能的深入了解也将继续激发人们对机器智能的追求。

表 17.1 和表 17.2 列出了生物大脑与基于硅的类脑芯片的区别。从这两张表可以看出，虽然在有些方面硅芯片可以胜过生物大脑，但是在能效等许多方面，硅芯片与生物大脑还相差很远。这也明确说明了，类脑芯片与生物神经系统之间在实现计算处理的方式上仍然有很大的不同。两者之间的主要区别体现在基本处理组件、系统体系结构、信息编码、配置方法以及构造和校准方法上。

表 17.1　生物大脑与类脑芯片的对比（生物大脑的优势）

	生物大脑	类脑芯片	生物大脑的优势
形态	"湿件"、柔性	"干件"、刚性	—
功耗	20 W	≫ 1000 W（多组芯片）	占绝对优势
噪声影响	随机响应	应对效果差	—
突触能耗	≈ 2 fJ	≈ 10 pJ	1/5000
维度	3D	2D，正转向 3D	—
扇出数	$10^3 \sim 10^4$	$3 \sim 4$	10,000 倍
神经元密度	1×10^5 个 /mm^2	5×10^3 个 /mm^2	20 倍
脉冲电压	≈ 0.1 V	≈ 1.0 V	1/10

表 17.2　生物大脑与类脑芯片的对比（类脑芯片的优势）

	生物大脑	类脑芯片	类脑芯片的优势
脉冲速度	< 100 Hz（10 ms）	> 1 GHz（1 ns）	10,000,000 倍
尺寸	$1 \sim 10$ μm	$10 \sim 100$ nm	1/1000
可靠性	80%	99.9999%	200,000 倍
突触错误率	75%	≈ 0	$> 10^9$ 倍
工作温度	$36 \sim 38$ ℃	$5 \sim 60$ ℃	范围宽
维护	无法拆卸	可拆卸维修	—
可扩展性	无	有	—
外部组合	有限	任意	—

无论如何，从计算和高能效技术系统实现的角度，类脑芯片还有很多东西要向大脑学习。神经网络的硬件实现不应该是神经系统的精确再现，而仅仅是为了有效地利用现有技术来解决实际问题。在渐渐走向后摩尔定律时代的今天，神经科学、脑科学也正在经历一场革命。借助创新技术，科学家可以对大脑的行为有更深的洞察。基于此，神经科学领域将为新颖的计算解决方案提供长期的灵感来源。将大脑灵感的范围扩展到计算中，不仅将使当前的 AI 算法变得更好，而且将超越大脑的感觉系统，将 AI 扩展到新的应用中。想要充分发挥脑启发计算的潜力，就需要脑科学、计算机科学和神经形态硬件领域之间加强协作并共享知识。

在类脑芯片（神经形态处理器）的最新研究结果中，已经可以看到未来的巨大潜力。与现有的深度学习技术相比，类脑芯片所需功耗要低几个数量级（25 ～ 275 mW）。在一些类脑芯片中，各个带存储的内核组成了相互连接（突触）的神经元，从而每个"神经突触"核都有自己的记忆，这就是存内计算的优势。另外，每个核不是以固定的时钟频率运行，而是仅在受到其他计算核的相关活动刺激时才运行，这极大地提高了能效并类似于大脑的工作原理。但是，此技术并不完美，由于硬件架构与传统的架构截然不同，因此并非所有软件工具都可以使用。

下面再介绍 4 种更接近生物大脑的 AI 芯片原型。虽然这些创新的原型目前还仅仅处于概念阶段，但它们的创新优势和未来的发展潜力已经显露出来。

17.4.1　带"左脑"和"右脑"的 AI 芯片

发端于 20 世纪 60 年代的 CPU 是基于规则的计算，而 2010 年以后崛起的 AI 计算、量子计算都是基于统计的计算。从应用的角度来看，未来的 AI 系统可能既需要图像识别、图像分类、自然语言处理等非精确的计算，有感知功能，实现与人类的互动；也需要精确的算术运算和精准控制机器的计算，如当前的高级驾驶辅助系统（ADAS）应用。在这两个方面，AI 可能都会胜过人类。有人把这些应用比喻为人脑中的右脑和左脑之分（尽管这种说法至今仍有争议），右脑运作属于感性（艺术、感知、情绪、音乐等），左脑运作属于理性（科学、逻辑、分析、语言等）。如果要做成一种真正类似于人类的智能机器，那就不但需要模仿右脑或模仿左脑，更重要的是要把这两者结合起来。因此，已有模拟左脑和右脑合成的 AI 芯片[311]，即用 CPU、DSP 等模块实现左脑运算，用深度学习加速器模块实现右脑运算，合在一起组成一块 AI 芯片（见图 17.7）。

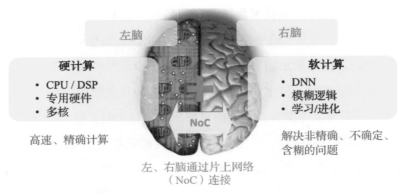

图 17.7　把左、右脑的运作功能合在一块 AI 芯片中 [311]

同时带"左脑"和"右脑"的想法，未来也将通过光子处理来实现。与电子晶体管不同，让光通过纳米光子处理器中的光学元件不会产生热量。实验证明，如果使用光子处理器，每个矩阵计算使用的能量减少了几个数量级。这种带"左脑"和"右脑"的光子 AI 芯片，在未来的某些应用中可以发挥比电子芯片大得多的作用。

17.4.2　用细菌实现的扩散忆阻器

尽管 CMOS 及其他新型器件已被用于构建具有复杂电路和低功耗的类脑芯片，但这些芯片并没有被很好地用于模拟时域中的神经和突触行为。美国惠普和一些大学的研究人员曾在 2016 年研制了具有扩散作用的氧化钽银忆阻器，代表了神经形态功能硬件实现方面的进步 [312]。扩散忆阻器在物理层面上与生物突触和神经元具有内在相似性，这可能使新的计算范式中复制生物神经网络行为变得可行且更加有效。最新的前沿研究是把基于硅的芯片上的开关电路改变为用生物学的蛋白质、细菌等来实现生物大脑的特征，这方面曙光已现。

在上述扩散忆阻器的基础上，2020 年 4 月，美国马萨诸塞州立大学的一个研究组利用蛋白质纳米线来作为生物导线，制造出了一种新的扩散忆阻器 [313]。蛋白质纳米线是基于地杆菌（又称土壤细菌）做成的，这种细菌分布在淡水沉积物、有机物或重金属污染的地下水沉积层里（见图 17.8）。它有一种神奇的特性，即可以促进金属还原，改变金属离子的反应性和电子转移性能，从而形成一种可记忆的电阻。这种忆阻器把传统硅芯片使用的 1 V 左右的电源电压降到了 40 ～ 100 mV，从而接近生物大脑的工作电压。这是一个重大的概念突破，改变了 AI 芯片最基本的材料和半导体的工作原理，是目前最接近生物大脑的人工神经元和突触之一。如果能够在生物电子学领域进一步探索，让研发走向成熟，未来 AI 芯片将可能与生物大脑直接连接和融合，并颠覆整个 AI 芯片产业。

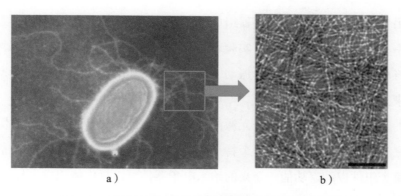

a）　　　　　　　　　　　　　　　b）

图 17.8　地杆菌和从地杆菌获得的蛋白质纳米线 [313]

a）地杆菌　b）从地杆菌获得的蛋白质纳米线

17.4.3　用自旋电子器件实现的微波神经网络

自旋电子器件的基本原理在本书第 5 章已经作了介绍。一门新的学科"自旋电子学"已在近年得到了蓬勃发展，而带有自旋电子器件的 STT-MRAM 已经走上了产业化的道路。自旋电子器件本身是个振荡器，它能产生很高频率的电磁波（GHz 级）。如果对它的物理特性作深入研究，可以发现它还具有两个很重要的特性：一个是其频率可以通过电流或磁场来调节；另一个是它可以对于一个输入交流信号实现同步（同相）。

如果把这种自旋电子器件作为神经元，那么神经元之间的连接可以通过自旋电子器件的电磁波接收和发射来实现，这样可以组成一个微波神经网络，即一个微型无线通信网络（见图 17.9）。而学习过程（权重更新）可以通过上述自旋电子器件的两个特性来进行，即调节频率和同步。两个神经元的频率达到同步时，即表明有了强连接的突触。

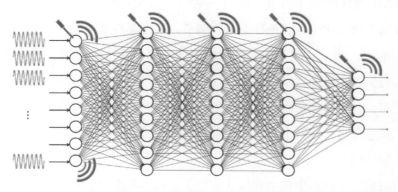

图 17.9　基于自旋电子器件的纳米神经元，通过微波通信组成一个微波神经网络 [314]

米格尔·罗梅拉（Miguel Romera）等人已经基于这个思路做了初步的实验 [314]。他们训练了一个由 4 个自旋力矩纳米振荡器组成的硬件网络，根据自动实时学习规则精细地调整它们的频率，从而识别口语元音。实验表明，较高的识别率源于这些振荡器进行同步的能力。通过将小型动态神经网络赋予振动、同步之类的非线性动态特征，可以使用这种微波神经网络来完成模式分类任务。

在普通的人工神经网络中，神经元激活函数是静态的，并且通过标准算术运算来实现计算。相比之下，神经形态计算的一个特点是需要包含大脑的动态性质，并希望能够赋予神经网络的每个组件以动态功能。新兴的纳米电子器件可以提供体积极小且节能的非线性自动振荡器，可以模仿生物神经元的周期性脉冲活动，然后使用振荡器之间的动态耦合来完成人工神经元之间的突触通信。由此组成的神经网络又向生物大脑的功能迈进了一步。

17.4.4　用电化学原理实现模拟计算

受到生物大脑运作非常节能的启发，研究人员正在尝试用模拟器件代替传统晶体管的二进制开关模式。模拟器件可以模仿大脑突触在学习或遗忘过程中变得越来越强或越来越弱的方式。如在本书第 6 章所介绍的，包含两端阻性开关（或忆阻器）的交叉开关阵列可以实现高效节能和快速处理的神经网络。该神经网络的核心组件是阻性开关，其电导率可以用电子电路调节。这种调节模拟了大脑中突触的增强和减弱。

然而，不管是用 RRAM 还是 PCM，这些两端子器件的性能目前仍远未达到可靠、快速且节能的神经网络训练所需的标准。最新的阻性开关依赖导电丝的形成或依赖相变，这些方法仍然存在稳定性差或能耗高的缺点。因此，需要一种从根本上创新的工作机制来应对这些挑战。

麻省理工学院的研究人员最近展示了一种新的突触设计，该设计依赖确定性的电荷控制机制，以离子的电化学方式进行电阻的调节，只需要极低的能耗[315]。

在生物大脑中，两个神经元之间的阻性是随着钙、镁或钾离子流过突触膜而增强或变弱的。要实现受这一原理启发的器件，首先需要寻找一种材料，既能与当前的半导体芯片工艺流程兼容，又能够实现高能效的模拟神经网络。这就需要对材料原子和电子行为进行基础研究，熟悉在这种材料中如何实现电阻调节。另外，还需要开发合适的门控电路并优化器件的几何结构。

该器件利用质子（固态中最小和最快的离子）流入和流出三氧化钨（WO_3）的晶格，以模拟方式连续调整其电阻。为了实现有效的门控，需要把两端器件改为三端，即增加一个门控端子，相当于晶体管的栅极。图 17.10 为这个质子电化学突触器件的结构示意图。其中 R 为固态氢储藏层，也用作栅极端子；E 为固态质子所传导的电解质层；A 为有源开关层，作为具有活性物质 WO_3 的传导通道；G 为源极和漏极间通道的电导，由 $G=I_d/V_{ds}$ 计算得出，其中 I_d 是在漏极处测量的电流，V_{ds} 是施加在源极和漏极之间的读取偏压；I_g、V_g 分别为在栅极和源极之间施加的门控电流和门控电压。

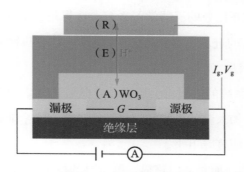

图 17.10　质子电化学突触器件的结构示意图 [315]

通过增加质子和去除质子，通道的电导可以在 7 个数量级范围内调节，从而获得连续的电阻态。质子的插入增加了载流子密度和迁移率，从而增加了 WO_3 的电导。

这种三端电化学阻性开关机制把质子插在无机材料中作为模仿突触行为的基础，能耗非常低，已经接近生物大脑的能耗等级。另外，它还具有良好的可逆性及编程中的高对称性。

学术界和产业界的研究重点正在转向如何在神经形态计算系统中引入更复杂行为的概念和技术。最终目的是要获得一种类似于生物的神经形态动态"认知"，能够创造、存储和操纵有关其内在和外在世界的知识，并能够利用这些知识进行经济上有利的行为。如果在自主的 AI 芯片和系统中导入有效的类似于大脑的认知行为，将可提供巨大的经济、技术和社会效益。因此，从生物大脑中全面地提取工程原理、把生物大脑工程化将是未来努力的主要方向，当然也存在巨大的挑战。

简单地说，当前的 AI 由计算机程序组成，这些程序处理来自环境的输入数据并生成输出数据。深度学习模型基于密集的 MAC 运算，而这种模型与生物大脑的计算模型偏差很大，大脑根本不会进行大量的矢量矩阵乘法。因此，AI 研究人员大多忽略了对脑科学的研究，而只专注于开发 AI 的数学和逻辑方法。本书将在 17.5 节讨论这个问题。

17.5　AI 芯片设计是一门跨界技术

"创芯"的热潮一波接一波，带来了新的思路、新的技术、新的产业，也成就了大批卓有贡献的科学家、工程师和发明家。关于 AI 算法和 AI 芯片的专利申请和研究论文的数量正在"爆炸式"增长；AI 产业也不靠几家大型企业垄断，而是靠充满活力、成长中的千万个中小型企业和大量的科研机构，这些是 AI 创新真正的源泉。

AI 芯片是有效的 AI 系统的核心。但是真正可以实现的 AI 应用，需要 AI 和计算机系统工程来完成。对基于深度学习技术的 AI 系统来说，未来需要构建一个可以处理数百万个任务，并学会自动完成新任务的机器学习系统。这将是一个真正的巨大挑战：它将需要许多领域的专业知识和新的进步，涵盖 AI 芯片设计、计算机网络、编译器、分布式系统和不断改进的机器学习算法。

基于类脑芯片的 AI 系统的挑战将会更大，它既要达到生物大脑的神经元和突触数量的规模，研究和搞明白生物大脑的思维和记忆功能，成为一个能独立解决新任务的系统，又要把硬件的整体能耗大幅度降下来。

AI 芯片不是单个领域，而是一门跨界、跨学科的技术。如果要在 AI 芯片的性能上有重大突破，研发人员必须具备跨界的知识和经验。软件编程人员要了解硬件设计，而硬件设计人员要熟悉算法和编程。图 17.11 为与 AI 芯片设计相关的人才需求，涉及很多领域。

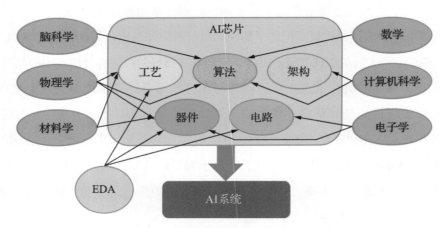

图 17.11 与 AI 芯片设计相关的人才需求

这些领域大部分与目前大专院校所设置的学科基本是对应的，如大学里有数学系、计算机科学系及电子工程系等。但是，在理工类大学设置的学科中，往往缺少脑科学及认知科学。

未来，脑科学、认知科学方面的人才是实现新的 AI 芯片的关键人才。解剖学的进展表明，大脑网络（连接体）在脑智能中发挥着重要作用；可以对情节记忆之类的大脑功能进行建模，以加速模仿过去体验记忆的 AI 学习。甚至整个大脑功能也可以建模为多个 AI 功能的分层组合，每个功能都模仿大脑的功能模块；生物大脑里的海马体、新皮质区域的组织、大脑的其他部分（如丘脑）以及它们如何协作以达成智能行为、人眼的视觉注意力问题等都很可能可以被模仿，从而成为支撑通用人工智能（AGI）的关键。

诸如此类的科学知识，还很少被建立起很好的模型用于 AI 芯片的设计，还没有形成一个很好的理论框架；而电子、计算机专业出身的广大芯片设计人员一般并不具备这方面的知识。因此，需要加强与神经科学家的合作，将跨学科（如深度学习和神经科学）的教育和培训计划提上日程。希望为 AI 的发展作出贡献的学生和崭露头角的芯片研究人员应该学习神经科学，更多的计算机科学家和研究人员也应该研究神经科学，并利用大脑的计算原理来发展 AI 和开发新颖的 AI 芯片。

除了脑科学，AI 芯片和以其为核心的 AI 系统的进步涉及计算机科学、材料学、工程学，以及信息论、光学、量子物理学、统计物理学等方面的新知识和基础理论。另外，半导体芯片正在进入后摩尔定律时代。对于正在从事 AI 芯片设计或制造的业内人员来说，AI 时代代表了计算机行业和半导体行业激动人心的时刻。

在 AI 时代，非常需要培训大量具备创新思维，能够进行创新的科学家和工程师。在 AI 领域，尤其是 AI 芯片方面，还有巨大的空间等待人们去创新、去发掘、去开拓。从事研发工作固然重要，但大力发展新的 AI 应用也同样需要人才。AI 的研发和应用也为推动经济发展、社会进步、人员就业等带来巨大的机会。

大学和研究所需要积极应对和响应时代变化和企业需求，需要灵活地改变 AI 相关专业领域的学生人数。例如，计算机科学专业的学生规模需要扩大，为社会和企业提供高质量的 AI 人力资源。另外，相关学科的学习内容也需要不断地及时更新。未来 10 年，相关学科的教育内容很可能让人耳目一新。同时，为了提高创新能力和使用新的设计方法，企业内部也必须重新培训大量的设计师和工程人员。研究和开发 AI 需要有新的投资，总成本很可能高达数十亿美元。

17.6　小结

在 AI 技术中，基于 DNN 的深度学习得到长足发展，以此为基础的 AI 芯片也已形成了一个新兴产业。目前，大部分的 AI 芯片是根据 Yann LeCun 和 Hinton 于 10 年前发表的概念，然后不断作些改进而设计的。这些芯片都是用传统的硅基 CMOS 电路设计和制造的，仍然受到如冯·诺依曼架构、暗硅等现象的很大限制。随着 NVM 器件的日益成熟和产业化，基于模拟计算和存内计算、以 NVM 为基本架构的 AI 芯片会在不久的将来得到广泛应用。这是因为这类芯片的性能和能效远高于目前的深度学习加速器。根据一些基于 NVM 的新型 AI 芯片原型的初步测试结果，这类芯片在功耗极低的情况下可以实现30,000 倍的加速。例如，需要在多个 GPU 上进行几天训练的 ImageNet 分类问题，在基于 NVM 的单个加速器芯片上只需要不到 1 分钟。

深度学习算法是目前 AI 领域最热门的研究课题。然而，业内人士一般认为，就算沿着深度学习这条路线出现指数级的进步，也不能期望实现可以被认为达到人类水平的 AI。因此，需要有一种从根本上与此完全不同的方法来达到 AI 的终极形态（如图 17.1 和图 17.5 所示的最后阶段）。从近期阶段来看，基于神经形态计算的类脑芯片很有发展前景。

我们今天所知道的 AI，无法将在一项任务中学到的结果应用于另一项新任务。神经网络也无法成功地将初步获得的知识与上下文结合起来。此外，人类通过记忆，只用一次的经验就可以学习到一定的知识，如"不能碰热炉子""不要让蚊子叮咬"等。与此相对应，如果想让基于神经网络的 AI 学习，就需要庞大的样例。目前还不清楚如何在不使用大量数据的情况下用当前的 AI 技术来解决问题，如用小数据即可识别图像，而不需要大数据。我们可以回想美国莱斯大学研究人员在 2007 年发明的基于压缩感知技术的单像素摄像机，只用一个像素，就可组合生成一整幅图像。这类技术可能会给研究人员以启示，创造出只用很少的数据生成并重构对象的新 AI 系统。

目前，AI 芯片与人类相比并不是那么"聪明"。不过，它本身已经达到初步的"聪明"程度。在未来，它不会变笨，一定只会变得越来越聪明。AI 芯片正在取得飞快的进步。如果通过促进半导体工艺技术、计算机算法和架构、芯片设计和脑科学的进步，使 AI 芯片处理能力进一步提高，那么它的智力也会进一步提高，具有创造力、自进化、自学习的下一代 AI 芯片（见本书 11.1 节、12.1 节及 12.3 节）的出现也不会太遥远，而新的 AI 理论也会建立起来。

一块或多块 AI 芯片可以用于各种各样的智能应用，也就是达到学术界常讨论的 AGI 的目的，是 AI 芯片要实现的最终目标之一。AGI 将需要新的方法，如使用无监督学习、迁移学习、终身学习等算法的能力。AI 已经能够在围棋这样的游戏中显露出超人的能力，而迁移学习意味着 AI 系统能够利用这些知识来玩其他游戏或学习其他领域的知识。此外，AGI 需要具备常识、抽象、好奇心、注意力和寻找因果关系的能力，而不仅仅是相关性。事实证明，这些能力在计算机实现上非常困难。就算能实现，也需要首先在芯片技术方面取得突破。

有机计算、进化算法、自组织算法、深度强化学习算法等也将会给 AI 芯片带来突破性的发展，让芯片变成一种"有机体"，可以自我发展和取得进步。而芯片的耗电和电池问题也必将在不远的未来得到有效解决，通过使用大自然中的绿色能源，或使用可逆计算、光子计算等方法突破基本的物理障碍，使 AI 芯片的功耗降到极低，最终实现自供电运行。

目前，AI 领域迫切需要更多的脑神经科学家与 AI 算法设计人员一起来探讨和寻求发展影响神经网络计算的理论。此外，还需要挖掘和利用很多已有的基础理论，如量子场论、细胞自动机、脉动式阵列、Strassen 算法等，在 DNN、SNN 及其他类型的神经网络的实践上发展出一套理论，建立起新一代的、更接近生物大脑的算法和架构，就像当年赫兹发现电磁波、香农建立信息论，以及物理学、化学、数学、材料科学方面的各种突破。

AI 技术与数学、物理学等基础学科有着密不可分的关系，尤其是基于人工神经网络的深度学习技术，虽然基本架构是从大脑结构得到启发，但是最后演变的是越来越复杂的数学模型，不少研究人员也从纯数学的角度来加速或简化这个模型。而物理学中关于能量、热量、熵、耗散等概念和相关的许多经典方法，也在不断被 AI 研究人员用来进行创新思考，研究下一代超低功耗的 AI 芯片。

量子场论、规范场论、统计物理、信息论等理论近年来都受到了 AI 学术界的关注，成为研究下一代 AI 芯片的有力理论支撑和工具。大自然的许多从"混沌"到"有序"的演进现象，也给人们带来了无限的想象空间。就连放烟花这样的过程，都可以使人联想到最优化过程的搜索空间问题，从而创造出一种智能算法（见第 9 章）。

古代的老子之道，是中国精湛文化的代表之一，里面蕴含着深厚的哲理。如果从这些哲理里发展出一套基于均衡的动态逻辑系统并与量子力学等联系起来，是不是会对当今一直沿用的由 0 和 1 组成的数字系统造成颠覆（见第 16 章）？

新的 AI 算法和 AI 芯片的广泛应用，还将给其他技术领域带来冲击性影响。例如在无线通信领域，不管是学术界还是产业界，都一直致力于增大通信网络的带宽，以便可快速传输最占带宽的视频和图像。但是，新一代的 AI 算法具有生成、联想、压缩等功能，可以大大降低视频和图像的带宽需求，如果在这样的基础上进行通信传输，将不再需要类似 5G 的大带宽网络。另外，新一代 AI 算法也已经用于对无线电波进行实时分析，如果在这个领域取得进一步进展，将会给目前无线电波的传输方式带来巨变。

如何在最短时间内找到一个大型组合问题的最优解，是人们长期以来探索的问题。如今，从量子原理得到启发的 AI 算法，已经得到了成功开发，并实现为一种相当有发展前景的 AI 芯片，2021 年批量生产后，将形成一个独特的产业。

光子处理器的运行速度要比最新的电子芯片快得多。因此，如果 AI 芯片实现从电子走到光子并形成一定规模的产业，将是技术领域的颠覆性事件。

AI 芯片的发展取决于整个半导体芯片产业的未来发展，而在未来，几乎所有芯片都将内置 AI 功能设计，区别只是加入多少功能的问题。目前的半导体芯片厂商和 IP 核供应商都已经或多或少地介入了 AI 领域。

AI 势必会和各个行业越来越多地产生交集，并将深刻影响这些行业的发展。AI 芯片及其平台是 AI 技术的核心，是使能工具，接下来的创新还要与各个行业的需求一起碰撞和协同。未来 AI 将加速从中心向边缘侧延伸，为智能城市、自动驾驶、云业务、移动通信和 IT 智能化、智能制造、机器人等应用场景提供全新的 AI 芯片，为各行各业赋能。

AI 正在各个领域得到广泛的应用，并且以前所未有的速度深入到人类社会之中，这种影响将会越来越大。AI 是未来的通用技术。正如多年前一位 AI 领域的专家所说，AI 的应用发展，会像当年电力刚发明的时候一样，慢慢变得无处不在：无论是空中的飞机、无人机，还是地上的自动驾驶汽车；无论是在学校、医院、工厂、家庭，还是每一个人的身上或体内，都将存在 AI 芯片。AI 芯片将融合到地球的每一个角落，和人类一起组成一个崭新的社会（见图 17.12）。

图 17.12　AI 芯片无处不在的未来社会（小方块代表 AI 芯片）

许多经济学家和咨询公司正在了解和预估 AI 将如何影响整体生产力。著名咨询公司埃森哲（Accenture）最近的一份报告预测，AI 将使一些国家的国内生产总值翻一番。虽然 AI 预计会对人员就业造成重大影响，但整体收入的巨大增长可以抵消这方面的影响。

AI 从辅助人类到代替人类工作，最后超越人类的过程，虽然还很漫长，但是人类创造的高新技术正在大踏步往前迈进。利用基于 AI 芯片的 AI 系统来增强人类的认知，从而创建自适应的人机协作，已经有了初步成果。但是，在部署此类系统之前，还必须解决与可靠性、安全性、隐私、道德和法规相关的问题。

从创新思维到形成整个产业，AI 芯片正在促进人类的发展和人类的进步，具有巨大的产业价值和战略地位。我们需要开创和推进 AI 的新发展，需要在器件、架构、算法等多方面不断创新和发明。AI 芯片的研发活动已经进入一个新的阶段，产业和市场正在蓬勃发展，许多新公司正在不断提供新颖的方法和技术。AI 芯片将在推动创新和实现未来可以更广泛应用的 AI 方面扮演领导角色。

未来的 AI 创新前景无可限量，一个更加多姿多彩、激动人心的 AI 时代即将到来，让我们张开双臂迎接这个新时代吧！

附 录 中英文术语对照表

英文	缩写	中文
1T1R	—	单晶体管单电阻
Adaptive Compute Acceleration Platform	ACAP	自适应计算加速平台
Adiabatic Quantum-Flux-Parametron	AQFP	绝热量子通量参变器
Advanced Driver Assistance System	ADAS	高级驾驶辅助系统
Advanced Interface Bus	AIB	先进接口总线
Analog in-Memory Compute	AiMC	模拟存内计算
Analog-to-Digital Converter	ADC	模数转换
Analog-to-Information Converter	AIC	模拟 - 信息转换器
Ant Colony Optimization	ACO	蚁群优化
Application Processor	AP	应用处理器
Application Specific Integrated Circuit	ASIC	专用集成电路
Approximate Computing	AC	近似计算
Approximate Computing Unit	ACU	近似计算单元
Approximate Mirror Adder	AMA	近似镜像加法器
Approximate Parallel Counter	APC	近似并行计数器
Arithmetic and Logic Unit	ALU	算术逻辑单元
Artificial Bee Colony	ABC	人工蜂群
Artificial General Intelligence	AGI	通用人工智能
Artificial Intelligence	AI	人工智能
Artificial Intelligence Internet of Things	AIoT	人工智能物联网
Artificial Neural Network	ANN	人工神经网络
Association for Computing Machinery	ACM	美国计算学会
Augmented Reality	AR	增强现实
Auto-Encoder	AE	自动编码器
Autonomous Vehicle	—	自动驾驶汽车

续表

英文	缩写	中文
Back Propagation Decorrelation	BPDC	反向传播解相关
Benchmarking	—	基准测试
Bidirectional Encoder Representations from Transformers	BERT	来自 Transformer 的双向编码器表征
Binary-Input,Triple-Weighted	BITW	二值输入、三值加权
Binary Neural Network	BNN	二值神经网络
Bipolar Memristor	BM	双极性忆阻器
Bit Line	BL	位线
Bit-Serial	—	位串行
Body-Bias	—	体偏压
Brain Floating Point	—	脑浮点
Bulk Synchronous Parallel	BSP	整体同步并行计算
Buried Power Rail	BPR	嵌入电源线
Capacitive Digital-to-Analog Converter	CDAC	电容式数模转换器
Capsule Network	—	胶囊网络
Carbon Nanotube Field-Effect Transistor	CNFET	碳纳米管场效应晶体管
Cartesian Genetic Programming	CGP	笛卡儿遗传编程
Central Processing Unit	CPU	中央处理器
Charge-Trap Transistor	CTT	电荷陷阱晶体管
Chiplet	—	芯粒
Chip-on-Wafer-on-Substrate	CoWoS	晶圆级封装
CMOS/Nanowire/MOLecular Hybrid	CMOL	CMOS/ 纳米线 / 分子集成电路
Co-Design	—	协同设计
Complementary Field-Effect Transistor	CFET	互补场效应晶体管
Complementary Metal Oxide Semiconductor	CMOS	互补金属氧化物半导体
Compressed Sparse Column	CSC	压缩稀疏列
Compute Unified Device Architecture	CUDA	计算统一设备体系结构
Computing In Memory	CIM	存内计算[①]
Conditional Generative Adversarial Network	CGAN	条件生成式对抗网络
Conductive Bridging Random Access Memory	CBRAM	导电桥随机存取存储器
Convolutional Neural Network	CNN	卷积神经网络
Cross Point	—	交叉点
Crossbar	—	交叉棒
CUDA Deep Neural Network	cuDNN	CUDA 深度神经网络
Dark Silicon	—	暗硅

---

① 存内计算有 CIM、IMC 和 PIM 几种不同的英文表述。

英文	缩写	中文
Dataflow Processing Unit	DPU	数据流处理单元
Data-Free Quantization	DFQ	无数据量化
Deconvolution	—	反卷积
Deep Forest	—	深度森林
Deep Learning Accelerator	DLA	深度学习加速器
Deep-Learning Processing Unit	DPU	深度学习处理单元
Deep Neural Network Processing Unit	DNPU	深度神经网络处理单元
Deep Neural Network	DNN	深度神经网络
Deep Reinforcement Learning	DRL	深度强化学习
Dennard Scaling	—	登纳德缩放定律
Diffractive Deep Neural Network	D^2NN	全光衍射深度神经网络
Digital Annealer Unit	DAU	数字退火处理器
Digital Signal Processing	DSP	数字信号处理
Digital-to-Analog Converter	DAC	数模转换器
Disentangled Representation	—	解缠结表征
Domain-Wall Memory	DWM	磁畴壁存储器
Dual Inline Memory Module	DIMM	双列直插式内存模块
Dual Sparsity-aware Training Core	DSTC	双稀疏感知训练核
Dynamic Random-Access Memory	DRAM	动态随机存取存储器
Dynamic Vision Sensor	DVS	动态视觉传感器
Dynamic Voltage Accuracy Frequency Scaling	DVAFS	动态电压精度频率缩放
Dynamic Voltage Accuracy Scaling	DVAS	动态电压精度缩放
Echo State Network	ESN	回波状态网络
Efficient Inference Engine	EIE	高能效推理引擎
Electromagnetic Four-Potential	—	电磁四维势
Electronic Design Automation	EDA	电子设计自动化
Embedded Multi-Die Interconnect Bridge	EMIB	嵌入式多芯片互连桥接
Energy Delay Product	EDP	能耗时延乘积
Energy Reciver	ER	能量接收器
Energy Transmitter	ET	能量发射器
Explainable Artificial Intelligence	XAI	可解释人工智能
Extreme Ultra-Violet	EUV	极紫外光刻
Fast Matrix Multiply	FMM	快速矩阵乘法
Federated Learning	FL	联邦学习
Ferroelectric Random Access Memory	FeRAM	铁电存储器
Field Programmable Gate Array	FPGA	现场可编程门阵列

英文	缩写	中文
Field-Effect Transistor	FET	场效应晶体管
Fin Field-Effect Transistor	FinFET	鳍式场效应晶体管
Fitness	—	拟合度
Flip-Flop	FF	触发器
Floating-Point Operations Per Second	FLOPS	每秒浮点运算次数
Free Energy	—	自由能
Full Self-Driving Computer	FSD	全自动驾驶汽车计算系统
Fully Connected	FC	全连接
Functional Element	FE	功能单元
Fused Multiply Accumulate	FMAC	融合乘法累加
Fuzzy Logic	—	模糊逻辑
Gate-All-Around	GAA	环绕式栅极
Gated Recurrent Unit	GRU	门控循环单元
Gauge Equivariant CNN	G-CNN	规范等变卷积神经网络
Gauss Process Regression	GPR	高斯过程回归
General Matrix Multiply	GEMM	通用矩阵乘法
Generative Adversarial Network	GAN	生成对抗网络
Giga Floating-point Operations Per Second	GFLOPS	每秒 10 亿次浮点运算
Giga Operations Per Second	GOPS	每秒 10 亿次运算
Global Buffer	GLB	全局缓冲区
Globally Asynchronous and Locally Synchronous	GALS	全局异步局部同步
Graph Neural Network	GNN	图神经网络
Graphics Processing Unit	GPU	图形处理器
Hardware Description Language	HDL	硬件描述语言
Hardware-Aware	—	硬件感知
High Bandwidth Memory	HBM	高带宽存储器
Highly Doped Silicon Via	HDSV	高掺杂硅通孔
Hopfield Neural Network	HNN	Hopfield 神经网络
Huffman Coding	—	霍夫曼编码
Hybrid Memory Cube	HMC	混合存储器立方体
Image Signal Processing	ISP	图像信号处理
In Sensor Computing	—	传感器内计算
In Situ Nonlinear Activation	ISNA	原位非线性激活
In-Processor-Memory	—	处理器内嵌存储器
Input and Output Activated Sparsity	IOAS	输入和输出激活稀疏性
Instruction Set Architecture	ISA	指令集架构

英文	缩写	中文
Intellectual Property Core	IP Core	知识产权核
Intelligent Processing Unit	IPU	智能处理单元
Inter-Layer-Via	ILV	夹层通孔
Internal Load Balancer	ILB	内部负载均衡器
Internet of Things	IoT	物联网
Interspike Interval	ISI	脉冲间间隔
Ising Model	—	伊辛模型
Josephson Junction	JJ	约瑟夫森结
Leaky Integrate-and-Fire	LIF	漏电整合 - 激发
Life-long Learning	—	终身学习
Light Detection and Ranging	LiDar	激光雷达
Light Emitting Diode	LED	发光二极管
Linear Feedback Shift Register	LFSR	线性反馈移位寄存器
Liquid Silicon	—	液态硅
Liquid State Machine	LSM	液体状态机
Long Short-Term Memory	LSTM	长短时记忆
Look-Up-Table	LUT	查找表
Low Noise Amplifier	LNA	低噪声放大器
Low-Cost Inter-Linked Subarray	LISA	低成本互连子阵列
Mach-Zehnder Interferometer	MZI	Mach-Zehnder 干涉仪
Magnetic Tunnel Junction	MTJ	磁隧道结
Magneto-Electric Spin-Orbit	MESO	磁电自旋轨道
Magnetic Random Access Memory	MRAM	磁性存储器
Manifolds	—	流形
Markov Chain Monte Carlo	MCMC	马尔可夫链蒙特卡洛
Max Pooling	MP	最大池化
Max-Cut	—	最大割
Mears Silicon Technology	MST	米尔斯硅技术
Memetic Algorithm	—	模因算法
Memristor	—	忆阻器
Meta Learning	—	元学习
Meta Learning Shared Hierarchies	MLSH	元学习共享分层
Metal-Oxide-Semiconductor Field-Effect Transistor	MOSFET	金属氧化物半导体场效应晶体管
Metamaterial	—	超材料
Meta-Reasoning	—	元推理
Micro-ElectroMechanical System	MEMS	微机电系统

英文	缩写	中文
Million Operations Per Second	MOPS	每秒百万次运算数
Mirror Adder	MA	镜像加法器
Mixture of Experts	MoE	专家混合体
Model-Agnostic Meta-Learning	MAML	模型不可知元学习
Moving Picture Experts Group	MPEG	运动图像压缩标准
Multi-Chip Module	MCM	多芯片模块
Multi-Bridge Channel FET	MBCFET	多桥通道场效应晶体管
Multi-Instance GPU	MIG	多实例 GPU
Multilayer Perceptron	MLP	多层感知器
Multiple Instruction Multiple-Data	MIMD	多指令多数据
Multiply Accumulation	MAC	乘积累加
Nano-Engineered Computing Systems Technology	N3XT	纳米工程计算系统技术
Nanoelectromechanical System	NEMS	纳米机电系统
Natural Language Processing	NLP	自然语言处理
Near Data Processing	NDP	近数据处理
Near Memory Computing	NMC	近内存计算
Near Threshold Voltage	NTV	近阈值电压
Network on Chip	NoC	片上网络
Neural Architecture Search	NAS	神经架构搜索
Neural Network Accelerator	NNA	神经网络加速器
Neural Network Processor	NNP	神经网络处理器
Neuron Processing Element	NPE	神经元处理单元
Neural Processing Unit	NPU	神经处理单元
Neuro-Evolution	NE	神经元进化
Non-Blocking	—	无拥塞
Non-deterministic Polynomial	NP	非确定性多项式
Nonvolatile Computing-In-Memory	nvCIM	非易失性存内计算
Nonvolatile Memory	NVM	非易失性存储器
Optical Interference Unit	OIU	光学干涉单元
Optical Neural Network	ONN	光学神经网络
Optical Nonlinearity Unit	ONU	光学非线性单元
Optical Parametric Oscillator	OPO	光学参量振荡器
Organic Field-Effect Transistor	OFET	有机场效应晶体管
Organic Memristive Device	OMD	有机忆阻器件
Oscillator Neural Network	ONN	振荡器神经网络
Packaging on Packaging	PoP	堆叠封装

英文	缩写	中文
Panoptic Feature Pyramid Network	—	全景特征金字塔网络
Parallel-to-Serial	P2S	并行到串行
Parametric Quantron	—	参量量子器
Particle Swarm Optimization	PSO	粒子群优化
Peer-to-Peer Network	P2P	对等网络
Peripheral Component Interconnect Express	PCIe	高速外设组件互连标准
Peta Floating-point Operations Per Second	PFLOPS	每秒 1 千万亿次浮点运算
Phase Change Memory	PCM	相变存储器
PMMA	—	聚甲基丙烯酸甲酯
Population Based Training	PBT	基于群体的训练
Processing Element	PE	处理单元
Processor Configuration Access Port	PCAP	处理器配置访问端口
Programmable Nanophotonic Processor	PNP	可编程纳米光子处理器
Polyvinylidence Fluoride	PVDF	聚偏二氟乙烯
Lead Zirconate Titanate ($PbZr_xTi_{1-x}O_3$)	PZT	锆钛酸铅
Quantized Neural Network	QNN	量化神经网络
Quantum Field Theory	QFT	量子场论
Quantum Flux Parametron	QFP	量子通量参变器
Quantum Generative Adversarial Networks	QGAN	量子生成式对抗网络
Quantum Machine Learning	QML	量子机器学习
Quantum Neural Network	QNN	量子神经网络
Quantum Random Access Memory	QRAM	量子随机存取存储器
Radio Frequency	RF	射频
Radio Frequency Integrated Circuit	RFIC	射频集成电路
Random Access Memory	RAM	随机存储器
Random Telegraph Noise	RTN	随机电报噪声
Raspberry Pi	—	树莓派
Rectified Linear Units	ReLU	修正线性单元
Recurrent Neural Network	RNN	循环神经网络
Reinforcement Learning	RL	强化学习
Renormalization Group	RG	重整化群
Representation Learning	—	表征学习
Reservoir Computing	—	储备池计算
Resistive Analog Neuromorphic Device	RAND	电阻式模拟神经形态器件
Resistive Processing Unit	RPU	阻性处理单元

续表

英文	缩写	中文
Resistive Random Access Memory	RRAM/ReRAM	阻变存储器
Restricted Boltzmann Machine	RBM	受限玻尔兹曼机
Reverse Computing	RC	可逆计算
Road Experience Management	REM	道路体验管理
Roofline Model	—	屋顶线模型
Scratch Pad	SPad	本地暂存区
Self-Organizing Map	SOM	自组织映射
Self-Timing	—	自定时
Semi-disjoint Expanded Network	SDEN	半非相交扩展网络
Spin-Transfer Torque Magnetoresistive Random Access Memory	STT-MRAM	自旋转移力矩磁性随机存取存储器
Simulated Annealing	SA	模拟退火
Simulated Bifurcation Algorithm	SBA	模拟分岔算法
Simultaneous Localization And Mapping	SLAM	同步定位和映射
Single-Instruction Multiple Data Stream	SIMD	单指令多数据流
Singular Value Decomposition	SVD	奇异值分解
Smart Memory Cube	SMC	智能存储立方体
Software Defined Hardware	SDH	软件定义硬件
Software Development Kit	SDK	软件开发工具包
Solid State Driver	SSD	固态硬盘
Sparse Linear Algebra Core	SLAC	稀疏线性代数处理核
Sparse Matrix Multiplication	SpMM	稀疏矩阵乘法
Sparsity Harvesting Technology	—	稀疏采集技术
Spike Timing Dependent Plasticity	STDP	脉冲时间突触可塑性
Spiking Neural Network	SNN	脉冲神经网络
Spin Transfer Torque	STT	自旋转移力矩
Static Random-Access Memory	SRAM	静态随机存取存储器
Stigmergy	—	共识主动性
STMicroelectronics	—	意法半导体
Stochastic Computing	—	随机计算
Support Vector Machine	SVM	支持向量机
Swarm Intelligence	—	群体智能
Switched Capacitor	SC	开关电容
System in Package	SiP	系统级封装
System-on-a-Chip	SoC	片上系统
Tensor Core	—	张量核

英文	缩写	中文
Tensor Processing Unit	TPU	张量处理单元
Tensor Streaming Processor	TSP	张量流式处理器
Tera Floating-point Operations Per Second	TFLOPS	每秒 1 万亿次浮点运算
Tera Operations Per Second	TOPS	每秒 1 万亿次运算数
Ternary Neural Network	TNN	三值神经网络
Tesla Coil	—	特斯拉线圈
Therm-Electric Generator	TEG	热电发电机
Through Silicon Via	TSV	硅通孔
ThruChip Interface	TCI	ThruChip 接口
Tile/Tiling	—	分区
Time to First Spike	TTFS	首次脉冲时间
Transition Metal Disulfide	TMD	过渡金属二硫化物
Transmission-incident field Power	T-P	透射 - 入射场功率
Transposed Convolution	—	转置卷积
Traveling Salesman Problem	TSP	旅行商问题
Triboelectric Nanogenerator	TENG	摩擦电纳米发电器
Tunnel Field-Effect Transistor	TFET	隧道场效应晶体管
Ultra-Reliable and Low Latency Communication	URLLC	超高可靠低时延通信
Unipolar Memristor	UM	单极性忆阻器
Variational Auto-Encoder	VAE	变分自动编码器
Vector-Matrix-Multiply	VMM	矢量矩阵乘法
Vertical Cavity Surface Emitting Laser	VCSEL	垂直腔表面发射激光器
Very Large Scale Integrated circuit	VLSI	超大规模集成电路
Virtual Reality	VR	虚拟现实
VIrtual Reconfigurable Circuit	VRC	虚拟可重构电路
Wafer Scale Engine	WSE	晶圆级引擎
Wireless Power Transfer	WPT	无线电力传输
Wireless Power Transmission Network	WPTN	无线电力传输网络
Word Line	WL	字线
Word Line Digital-to-Analog Converter	WLDAC	字线数模转换器
Zetta Floating-Point Operations Per Second	ZFLOPS	每秒 10^{21} 次浮点运算

参考文献

[1] Hartnett K. To Build Truly Intelligent Machines, Teach Them Cause and Effect[J]. Quanta Magazine, 2018.

[2] Chua, Leon O. How We Predicted the Memristor[J]. Nature Electronics, 2018, 1(5): 322-322.

[3] Gori M, Monfardini G, Scarselli F. A New Model for Learning in Graph Domains[C]// Proceedings of the International Joint Conference on Neural Networks, IEEE Press, 2009, 2: 729-734.

[4] Sabour S, Frosst N, Hinton G E. Dynamic Routing Between Capsules[C]// 31st Conference on Neural Information Processing Systems, 2017.

[5] Zhou Z H, Feng J. Deep Forest[J]. National Science Review, 2019.

[6] Hoehne B. Data Center and Optical Network Innovation: Enabling the 5G Ecosystem[C]// Keysight World, 2019.

[7] Sze V, Chen Y H, Yang T J, et al. Efficient Processing of Deep Neural Networks: A Tutorial and Survey[J]. Proceedings of the IEEE, 2017, 105(12): 2295-2329.

[8] Goodfellow I, Bengio Y, Courville A. Deep Learning[M]. The MIT Press, 2016.

[9] Cong J, Xiao B. Minimizing Computation in Convolutional Neural Networks[M]// Artificial Neural Networks and Machine Learning – ICANN 2014. Springer International Publishing, 2014.

[10] Sze V. Designing Hardware for Machine Learning: The Important Role Played by Circuit Designers[J]. IEEE Solid-State Circuits Magazine, 2017, 9(4): 46-54.

[11] He K, Sun J. Convolutional Neural Networks at Constrained Time Cost[C]// IEEE. Proceedings of the IEEE Conference on Computer Vision and Pattern Recognition, 2015: 5353-5360.

[12] Li F, Liu B. Ternary Weight Networks[Z/OL]. (2016-11-19). arXiv: 1605.04711.

[13] Antonio Polino, Razvan Pascanu, et al. Model Compression via Distillation and Quantization[C] // International Conference on Learning Representations(ICLR), 2018.

[14] Russakovsky O, Deng J, Su H, et al. ImageNet Large Scale Visual Recognition Challenge[J]. International Journal of Computer Vision, 2015, 115(3): 211-252.

[15] Choi J, Venkataramani S, et al. Accurate and Efficient 2-bit Quantized Neural Networks[C]// Proceedings of the 2nd SysML Conference, Palo Alto, CA, USA, 2019.

[16] Nagel M, Baalen M V, et al. Data-Free Quantization through Weight Equalization and Bias Correction[Z/OL]. (2019-06-11). arXiv: 1906.04721v1.

[17] Montero R M, et al. Template-based Posit Multiplication for Training and Inferring in Neural Networks [Z/OL]. (2019-07-09). arXiv: 1907.04091v1.

[18] Horowitz M. Computing's Energy Problem (and What We Can Do About It)[C]// IEEE International Solid-State Circuits Conference(ISSCC), 2014: 10-14.

[19] Jacob B, Kligys S, Chen B, et al. Quantization and Training of Neural Networks for Efficient Integer-Arithmetic-only Inference[C]// The IEEE Conference on Computer Vision and Pattern Recognition, 2018.

[20] Louizos C, Reisser M, Blankevoort M, et al. Relaxed Quantization for Discretized Neural Networks[C] // International Conference on Learning Representations (ICLR), 2019.

[21] Moons B, Goetschalckx K, et al. Minimum Energy Quantized Neural Networks[Z/OL]. (2017-11-23). arXiv: 1711.00215v2.

[22] Gopalakrishnan K. DNN Training and Inference with Hyper-Scaled Precision[C]// ICML, 2019.

[23] Han S, Maon H, Dally W J. Deep Compression: Compressing Deep Neural Network with Pruning, Trained Quantization and Huffman Coding [Z/OL]. (2015-10-01). arXiv: 1510.00149.

[24] Abu-Mostafa Y S. The Vapnik-Chervonenkis Dimension: Information Versus Complexity in Learning[J]. Neural Computation, 1989, 1(3): 312-317.

[25] Schmidhuber J. Discovering Neural Nets with Low Kolmogorov Complexity and High Generalization Capability[J]. Neural Networks, 1997, 10(5): 857-873.

[26] Lin Z, Courbariaux M, Memisevic R, et al. Neural Networks with Few Multiplications [Z/OL]. (2015-10-11). arXiv: 1510.03009.

[27] Kim M, Smaragdis P. Bitwise Neural Networks [Z/OL]. (2016-01-04). arXiv: 1601.0607.

[28] Dettmers T. 8-Bit Approximations for Parallelism in Deep Learning [Z/OL]. (2015-11-14). arXiv: 1511. 4561.

[29] Gupta S, Agrawal A, Gopalakrishnan K, et al. Deep Learning with Limited Numerical Precision[C] // Proceedings of the International Conference on Machine Learning, Lille, France, 2015: 1737-1746.

[30] Zhou S, Wu Y, Ni Z, et al. Dorefa-net: Training Low Bitwidth Convolutional Neural Networks with Low Bitwidth Gradients [Z/OL]. (2016-06-20). arXiv: 1606.06160.

[31] Chen, Y, Li J, Xiao H, et al. Dual Path Networks[J]. Advances in Neural Information Processing Systems, 2017: 4467-4475.

[32] Mahmud M, Kaiser M S, Hussain A, et al. Applications of Deep Learning and Reinforcement Learning to Biological Data[J]. IEEE Transactions on Neural Networks and Learning Systems, 2018, 29: 2063-2079.

[33] Zhu C, Han S, Mao H, et al. Trained Ternary Quantization[Z/OL]. (2016-12-04). arXiv: 1612.01064.

[34] Umuroglu Y, Conficconi D, Rasnayake L, et al. Optimizing Bit-Serial Matrix Multiplication for Reconfigurable Computing [Z/OL]. (2019-06-11). arXiv: 1901.00370v2.

[35] Malossi A C I, Schaffner M, Molnos A, et al. The Transprecision Computing Paradigm: Concept, Design, and Applications, Design[C]// Automation & Test in Europe Conference & Exhibition (DATE). 2018.

[36] Szegedy C, Vanhoucke V, Ioffe S, et al. Rethinking the Inception Architecture for Computer Vision[C] // Proceedings of the IEEE Conference on Computer Vision and Pattern Recognition, Las Vegas, NV, USA, 2016, 2818-2826.

[37] Iandola F N, Han S, Moskewicz M W, et al. Squeezenet: Alexnet-level Accuracy with 50x Fewer Parameters and < 0.5 mb Model Size [Z/OL]. (2016-11-04). arXiv: 1602.07360.

[38] Mao H Z, Han S, et al. Exploring the Granularity of Sparsity in Convolutional Neural Networks [Z/OL]. (2016-06-05). arXiv: 1705.08922.

[39] Park D H, Wesley T, Beaumont J, et al. A 7.3 M Output Non-Zeros/J, 11.7 M Output Non-Zeros/GB Reconfigurable Sparse Matrix-Matrix Multiplication Accelerator[J]. IEEE Journal of Solid-State Circuits, 2020, 55(4).

[40] Knowles S. Intelligence Processors[Z]. Graphcore, CWTEC, 2017.

[41] Graphcore. IPU Programmer's Guide[Z]. 2020.

[42] Y Chen, Luo T, Liu S, et al. DaDianNao: A Neural Network Supercomputer[J]. IEEE Transactions on Computers, 2016, 66(1): 73-88.

[43] Wang S, Zhou D, Han X, et al. Chain-NN: An Energy-Efficient 1D Chain Architecture for Accelerating Deep Convolutional Neural Networks[C]// Proceedings of the IEEE/ACM Proceedings Design, Automation and Test in Europe (DATE), 2017: 1032-1037.

[44] Farabet C, Martini B, Akselrod P, et al. Hardware Accelerated Convolutional Neural Networks for Synthetic Vision Systems[C]// IEEE International Symposium on Circuits and Systems, 2010: 257-260.

[45] Sim J, Park J S, Kim M, et al. 14.6A 1.42TOPS/W Deep Convolutional Neural Network Recognition Processor for Intelligent IoT Systems[C]// International Solid-State Circuits Conference, San Francisco, California, 2016: 264-265.

[46] Hinton G E, Salakhutdinov R R. Reducing the Dimensionality of Data with Neural Networks[J]. Science, 2006, 313: 504-507.

[47] Zhang C, Li P, Sun G, et al. Optimizing FPGA-based Accelerator Design for Deep Convolutional Neural Networks[C]// International Symposium on Field-programmable Gate Arrays, Monterey, California, 2015: 161-170.

[48] Chen Y H, Krishna T, Emer J S, et al. Eyeriss: An Energy-Efficient Reconfigurable Accelerator for Deep

Convolutional Neural Networks[J]. IEEE Joural of Solid-State Circuits, 2017, 52(1): 127-138.

[49] Bankman D, Yang L, Moons B, et al. An Always-On 3.8 μJ/86% CIFAR-10 Mixed Signal Binary CNN Processor With All Memory on Chip in 28-nm CMOS[J]. IEEE Journal of Solid-State Circuits, 2019: 54(1).

[50] Nurvitadhi E, et al. Can FPGAs Beat GPUs in Accelerating Next Generation Deep Neural Networks[C] // Proc. ACM/SIGDA Int. Symp. Field-Program. Gate Arrays, 2017: 5-14.

[51] Zidan M A, Strachan J P, Lu W D. The Future of Electronics Based on Memristive Systems[J]. Nature Electronics, 2018, 1(1): 22-29.

[52] Andrew G H, et al. MobileNets: Efficient Convolutional Neural Networks for Mobile Vision Applications [Z/OL]. (2017-04-17). arXiv: 1704.04861v1.

[53] Andrew G H, et al. Searching for MobileNetV3 [Z/OL]. (2019-06-12). arXiv: 1905.02244v3.

[54] Teerapittayanon S, McDanel B, Kung H T. BranchyNet: Fast Inference via Early Exiting from Deep Neural Networks[C]// 23rd International Conference on Pattern Recognition, 2016.

[55] Hinton G, et al. Distilling the Knowledge in a Neural Network[C]// in Proceeding of NIPS Workshop, 2014.

[56] Yang T J, et al. NetAdapt: Platform-Aware Neural Network Adaptation for Mobile Applications[C]. Computer Vision-ECCV, 2018.

[57] Chen B D, Medini T, et al. SLIDE: In Defense of Smart Algorithms over Hardware Acceleration for Large-Scale Deep Learning Systems [Z/OL]. (2020-03-01). arXiv: 1903.03129v2.

[58] Tan M X, Le Q V. EfficientNet: Rethinking Model Scaling for Convolutional Neural Networks[Z/OL]. (2019-11-23). arXiv: 1905.11946.

[59] Wu Y N, Emer J S, Sze V. Accelergy: An Architecture-Level Energy Estimation Methodology for Accelerator Designs[C]// 2019 IEEE/ACM International Conference on Computer-Aided Design, Westminster, CO, USA, 2019.

[60] Parashar A, et al. Timeloop: A Systematic Approach to DNN Accelerator Evaluation[C]// IEEE International Symposium on Performance Analysis of Systems and Software, Madison, WI, USA, 2019.

[61] Chen Y H, Yang T J, Emer J, et al. Eyeriss v2: A Flexible Accelerator for Emerging Deep Neural Networks on Mobile Devices [Z/OL]. (2018-07-10). arXiv: 1807.07928.

[62] Chen Y H, Krishna T, Emer J S, et al. Eyeriss: An Energy-Efficient Reconfigurable Accelerator for Deep Convolutional Neural Networks[J]. IEEE Journal of Solid-State Circuits, 2017, 52(1).

[63] Han S, Liu X Y, et al. EIE: Efficient Inference Engine on Compressed Deep Neural Network [Z/OL]. (2016-05-03). arXiv: 1602.01528v2.

[64] Shin D, Lee J, Lee J, et al. DNPU: An Energy-Efficient Deep-Learning Processor with Heterogeneous Multi-Core Architecture[J]. IEEE Micro, 2018, 38(5): 85-93.

[65] Moons B, Uytterhoeven R, Dehaene W, et al. ENVISION: A 0.26-to-10 TOPS/W Subword-Parallel

Dynamic-Voltage-Accuracy-Frequency-Scalable Convolutional Neural Network Processor in 28nm FDSOI[C]// IEEE ISSCC, 2017.

[66] Ueyoshi K, Ando K, Hirose K, et al. QUEST: A 7.49 TOPS Multi-Purpose Log-Quantized DNN Inference Engine Stacked on 96MB 3D SRAM Using Inductive-Coupling Technology in 40nm CMOS[C]// IEEE ISSCC, 2018.

[67] Lee J, Lee J, Han D, et al. LNPU: A 25.3 TFLOPS/W Sparse Deep-Neural-Network Learning Processor with Fine-Grained Mixed Precision of FP8-FP16[C]// IEEE ISSCC, 2019.

[68] Trader T. Cerebras Debuts AI Supercomputer-on-a-Wafer[Z]. Cerebras Systems, 2019.

[69] Freund K. World-Record AI Chip Announced by Habana Labs[Z]. Forbes, 2019.

[70] Cutress I. Hot Chips 31 Analysis: In-Memory Processing by UPMEM[Z]. AnandTech, 2019.

[71] Bouvier M, et al. Spiking Neural Networks Hardware Implementations and Challenges: a survey[J]. ACM Journal on Emerging Technologies in Computing Systems, 2019, 15(2): 22.

[72] Benjamin B V, Gao P, McQuinn E, et al. Neurogrid: A Mixed-Analog-Digital Multichip System for Large-Scale Neural Simulations[C]// Proceedings of the IEEE, 2014, 102(5): 699-716.

[73] Thorpe S, Delorme A, Rullen R V. Spike-based Strategies for Rapid Processing[J]. Neural Networks, 2001, 14: 715–725.

[74] Huys Q, Zemel R, Natarajan R, et al. Fast Population Coding[J]. Neural Computation, 2007, 19: 404-441.

[75] Rullen R V, Thorpe S J. Rate Coding versus Temporal Order Coding: What the Retinal Ganglion Cells Tell the Visual Cortex[J]. Neural Computation, 2001, 13: 1255-1283.

[76] Huh D, Sejnowski T J. Gradient Descent for Spiking Neural Networks [Z/OL]. (2017-06-14). arXiv: 1706.4698.

[77] Luis A, Mesa C, Barranco B L, Gotarredona T S. Neuromorphic Spiking Neural Networks and Their Memristor-CMOS Hardware Implementations[J]. MDPI Materials, 2019, 12: 2745.

[78] Likharev K, Strukov D. CMOL: Devices, Circuits, and Architectures[C]. Cuniberti G, Fagas G, Richter K. Introducing Molecular Electronics. Heidelberg: Springer, 2005: 447-477.

[79] Mikawa T. Neuromorphic Computing Based on Analog ReRAM as Low Power Consumption Solution for Edge Application[C]// International Memory Workshop, 2019.

[80] Kataeva I, Ohtsuka S, et al. Towards the Development of Analog Neuromorphic Chip Prototype with 2.4M Integrated Memristors[C]// IEEE International Symposium on Circuits and Systems, Sapporo, Japan, 2019: 1-5.

[81] Kuzum D, Jeyasingh R, Lee B, et al. Nanoelectronic Programmable Synapses based on Phase Change Materials for Brain-Inspired Computing[J]. Nano Letters, 2012, 12(5): 2179-2186.

[82] Saïghi S, et al. Plasticity in Memristive Devices for Spiking Neural Networks[J]. Front Neurosci, 2015,

9(51).

[83] Gerstner W, Ritz R, Hemmen J L. Why Spikes? Hebbian Learning and Retrieval of Time-Resolved Excitation Patterns[J]. Biological Cybernetics, 1993, 69: 503-515.

[84] Sharad M, Augustine C, Panagopoulos G, et al. Spin-based Neuron Model with Domain-Wall Magnets as Synapse[J]. IEEE Transactions on Nanotechnology, 2012, 11(4): 843-853.

[85] Wang X, Chen Y, Xi H, et al. Spintronic Memristor Through Spin-Torque-Induced Magnetization Motion[J]. IEEE Electron Device Letters, 2009, 30(3): 294-297.

[86] Grollier J, Querlioz D, Camsari K Y, et al. Neuromorphic Spintronics[J]. Nature Electronics, 2020, 3: 360-370.

[87] Kurenkov A, Duttagupta S, Zhang C, et al. Artificial Neuron and Synapse Realized in an Antiferromagnet/ Ferromagnet Heterostructure Using Dynamics of Spin–Orbit Torque Switching[J]. Advanced Materials, 2019, 31(23): 1900636. 1-1900636.7.

[88] Bodo R, Iulia-Alexandra L, Yuhuang H, et al. Conversion of Continuous-Valued Deep Networks to Efficient Event-Driven Networks for Image Classification[J]. Frontiers in Neuroence, 2017, 11: 682.

[89] Lee C, et al. Enabling Spike-based Backpropagation for Training Deep Neural Network Architectures [Z/ OL]. (2019-08-11). arXiv: 1903.06379v3.

[90] Moreira O, Yousefzadeh A, et al. NeuronFlow: A Hybrid Neuromorphic – Dataflow Processor Architecture for AI Workloads[C]// IEEE International Conference on Artificial Intelligence Circuits and Systems, 2020.

[91] DVS Introduction[Z]. Zurich: iniVation AG, 2020.

[92] Merolla P A, et al. A Million Spiking-Neuron Integrated Circuit with a Scalable Communication Network and Interface[J]. Science, 2014, 345(6197): 668-673.

[93] Mayberry M. Intel's New Self-Learning Chip Promises to Accelerate Artificial Intelligence[Z]. Intel, 2017.

[94] Davies M, Srinivasa N, Lin T H, et al. Loihi: A Neuromorphic Manycore Processor with On-Chip Learning[J]. IEEE Micro, 2018: 82-99.

[95] Benjamin B V, Gao P, Mcquinn E, et al. Neurogrid: A Mixed-Analog-Digital Multichip System for Large-Scale Neural Simulations[J]. Proceedings of the IEEE, 2014, 102(5): 699-716.

[96] Neckar A S. Braindrop: A Mixed Signal Neuromorphic Architecture with a Dynamical Systems-Based Programming Model[C]. Ph. D. Thesis, Stanford University, Stanford, CA, USA, 2018.

[97] Neckar A, Fok S, Benjamin B V, et al. Braindrop: A Mixed-Signal Neuromorphic Architecture With a Dynamical Systems-Based Programming Model[J]. Proceedings of the IEEE, 2018, 107(1): 144-164.

[98] Schemmel J, Briiderle D, Griibl A, et al. A Wafer-Scale Neuromorphic Hardware System for Large-Scale Neural Modeling[J]. Proceedings of the IEEE International Symposium on Circuits and Systems, Paris, France, 2010: 1947-1950.

[99] Furber S B, Galluppi F, Temple S, et al. The SpiNNaker Project[J]. Proceedings of the IEEE, 2014, 102(5): 652-665.

[100] Nikonov D E, Young I A. Benchmarking Delay and Energy of Neural Inference Circuits[J]. IEEE Journal on Exploratory Solid-State Computational Devices and Circuits, 2020, 5(2): 75-84.

[101] Kravtsov K S, Fok M P, Prucnal P R, et al. Ultrafast All-Optical Implementation of a Leaky Integrate-and-Fire Neuron[J]. Optics Express, 2011, 19(3): 2133-2147.

[102] Nahmias M A, Shastri B J, Tait A N, et al. A Leaky Integrate-and-Fire Laser Neuron for Ultrafast Cognitive Computing[J]. IEEE Journal of Selected Topics in Quantum Electronics, 2013, 19(5): 1-12.

[103] Rosenbluth D, Kravtsov K, Fok M P, et al. A High Performance Photonic Pulse Processing Device[J]. Optics Express, 2009, 17(25): 22767-22772.

[104] Fok M P, Deming H, Nahmias M, et al. Signal Feature Recognition Based on Lightwave Neuromorphic Signal Processing[J]. Optics Letters, 2011, 36: 19-21.

[105] Toomey E, Segall K, Berggren K K. A Power Efficient Artificial Neuron Using Superconducting Nanowires [Z/OL]. (2019-06-29). arXiv: 1907.00263.

[106] Cowan G E R, Melville R C, Tsividis Y P. A VLSI Analog Computer/Digital Computer Accelerator[J]. IEEE Journal of Solid-State Circuits, 2005, 41(1): 42-53.

[107] Guo N, Huang Y, Mai T, et al. Energy-Efficient Hybrid Analog/Digital Approximate Computation in Continuous Time[J]. IEEE Journal of Solid State Circuits, 2016, 51(7): 1-11.

[108] Wan Z. Scalable and Analog Neuromorphic Computing Systems[D]. Los Angeles: University of California, 2020.

[109] Li W, Xu P, Zhao Y, et al. TIMELY: Pushing Data Movements and Interfaces in PIM Accelerators Towards Local and in Time Domain [Z/OL]. (2020-05-03). arXiv: 2005.01206v1.

[110] Joshi V, Gallo M L, et al. Accurate Deep Neural Network Inference Using Computational Phase-Change Memory[J]. Nature Communications, 2020, 11: 2473.

[111] Haensch, Wilfried, Gokmen, et al. The Next Generation of Deep Learning Hardware: Analog Computing[J]. Proceedings of the IEEE, 2019, 107(1).

[112] Gong N, Idé T, Kim S, et al. Signal and Noise Extraction from Analog Memory Elements for Neuromorphic Computing[J]. Nature Communications, 2018, 9(1): 2102.

[113] Gokmen T, Vlasov Y. Acceleration of Deep Neural Network Training with Resistive Cross-Point Devices[J]. Frontiers in Neuroscience, 2016, 10(51).

[114] Ando T, Narayanan V. Machine Learning for Analog Accelerators[Z]. IBM's Blog, 2018.

[115] Kim S, Gokmen T, Lee H M, et al. Analog CMOS-based Resistive Processing Unit for Deep Neural Network Training[C]// 2017 IEEE 60th International Midwest Symposium on Circuits and Systems

(MWSCAS). IEEE, 2017.

[116] Rasch M J, et al. Efficient ConvNets for Analog Arrays [Z/OL]. (2018-07-03). arXiv: 1807.01356v1.

[117] Skrzyniarz S, Fick L, Shah J, et al. 24.3 A 36.8 2b-TOPS/W Self-calibrating GPS Accelerator Implemented Using Analog Calculation in 65nm LP CMOS[C]// 2016 IEEE International Solid-State Circuits Conference (ISSCC). IEEE, 2016: 420-422.

[118] Miyashita D, Yamaki R, Hashiyoshi K, et al. An LDPC Decoder With Time-Domain Analog and Digital Mixed-Signal Processing[J]. IEEE Journal of Solid-State Circuits, 2013, 49(1): 73-83.

[119] Hsin-Yu T, Stefano A, Pritish N, et al. Recent Progress in Analog Memory-Based Accelerators for Deep Learning[J]. Journal of Physics D Applied Physics, 2018, 51.

[120] Han S, Liu X, Mao H, et al. EIE: Efficient Inference Engine on Compressed Deep Neural Network[J]. Acm Sigarch Computer Architecture News, 2016, 44(3): 243-254.

[121] Mutlu O, Ghose S, Luna J G, et al. INVITED: Enabling Practical Processing In and Near Memory for Data-Intensive Computing[C]// 2019 56th ACM/IEEE Design Automation Conference (DAC). IEEE, 2019: 1-4.

[122] Zhang J, Wang Z, Verma N. In-Memory Computation of a Machine-Learning Classifier in a Standard 6T SRAM Array[J]. IEEE Journal of Solid-State Circuits, 2017, 52(4): 1-10.

[123] Chang K K. Understanding and Improving the Latency of DRAM-Based Memory Systems[D]. Pittsburgh: Carnegie Mellon University, 2017.

[124] Seshadri V, Mowry T C, Lee D, et al. Ambit: In-Memory Accelerator for Bulk Bitwise Operations Using Commodity DRAM Technology[C]// IEEE/ACM International Symposium. ACM, 2017.

[125] Donghyuk, Lee, Saugata, et al. Simultaneous Multi-Layer Access: Improving 3D-Stacked Memory Bandwidth at Low Cost[J]. ACM Transactions on Architecture and Code Optimization (TACO), 2016.

[126] Abu L M, Abunahla H, Mohammad B, et al. An Efficient Heterogeneous Memristive XNOR for In-Memory Computing[J]. Circuits and Systems I: Regular Papers, IEEE Transactions on, 2017: 1-11.

[127] Zha Y, Nowak E, et al. Liquid Silicon: A Nonvolatile Fully Programmable Processing-In-Memory Processor with Monolithically Integrated ReRAM for Big Data/Machine Learning Applications[C] // Symposium on VLSI Circuits, 2019.

[128] Yan B, Yang Q, Chen W H, et al. RRAM-based Spiking Nonvolatile Computing-In-Memory Processing Engine with Precision-Configurable In Situ Nonlinear Activation[C]// 2019 Symposium on VLSI Technology. IEEE, 2019.

[129] Feng X W, Li Y D, et al. First Demonstration of a Fully-Printed MoS2 RRAM on Flexible Substrate with Ultra-Low Switching Voltage and its Application as Electronic Synapse[C]// Symposium on VLSI Technology, 2019.

[130] Chen W H, et al. A 65nm 1Mb Nonvolatile Computing-in-Memory ReRAM Macro with Sub-16ns Multiply-and Accumulate for Binary DNN AI Edge Processors[C]// IEEE International Solid-State Circuits Conference(ISSCC). IEEE, 2018.

[131] Su F, Chen W H, Xia L, et al. A 462GOPs/J RRAM-based Nonvolatile Intelligent Processor for Energy Harvesting IoE System Featuring Nonvolatile Logics and Processing-in-memory[C]// 2017 Symposium on VLSI Technology. IEEE, 2017.

[132] Verma N, Jia H, Valavi H, et al. In-Memory Computing: Advances and Prospects[J]. IEEE Solid-State Circuits Magazine, 2019, 11(3): 43-55.

[133] Sidiroglou S, Misailovic S, Hoffmann H, et al. Managing Performance vs. Accuracy Trade-offs with Loop Perforation[C]// ACM SIGSOFT Symposium and the 13th European Conference on Foundations of Software Engineering. 2011: 124-134.

[134] Shi Q, Hoffmann H, Khan O. A HW-SW Multicore Architecture to Tradeoff Program Accuracy and Resilience Overheads[J]. IEEE Computer Architecture Letters, 2014, 14(2): 1-1.

[135] Gupta V, Mohapatra D, Raghunathan A, et al. Low-Power Digital Signal Processing Using Approximate Adders[J]. IEEE Transactions on Computer-Aided Design of Integrated Circuits and Systems, 2013, 32(1): 124-137.

[136] Yang Z, Jain A, Liang J, et al. Approximate XOR/XNOR-based Adders for Inexact Computing[C]// 13th IEEE International Conference on Nanotechnology (IEEE-NANO), 2013.

[137] Lu S L. Speeding Up Processing with Approximation Circuits[J]. Computer, 2004, 37(3): 67-73.

[138] Kung J, Kim D, Mukhopadhyay S. A Power-Aware Digital Feedforward Neural Network Platform with Backpropagation Driven Approximate Synapses[C]// IEEE/ACM International Symposium on Low Power Electronics and Design (ISLPED), 2015: 85-90.

[139] Sarwar S S, Venkataramani S, Raghunathan A, et al. Multiplier-less Artificial Neurons Exploiting Error Resiliency for Energy-Efficient Neural Computing[C]// Design, Automation and Test in Europe. EDA Consortium, 2016.

[140] Gupta V, Mohapatra D, Park S P, et al. IMPACT: IMPrecise Adders for Low-power Approximate Computing[C]// Low Power Electronics & Design. IEEE, 2011: 409-414.

[141] Kulkarni P, Gupta P, Ercegovac M. Trading Accuracy for Power with an Underdesigned Multiplier Architecture[C]// 2011 24th Internatioal Conference on VLSI Design, 2011: 346-351.

[142] Whatmough P N, Lee S K, Lee H, et al. 14.3 A 28 nm SOC with a 1.2 GHz 568 nj/prediction Sparse Deep-Neural-Network Engine with > 0.1 Timing Error Rate Tolerance for IoT Applications[C]// IEEE International Solid-State Circuits Conference (ISSCC), 2017: 242-243.

[143] Whatmough P N, Das S, Bull D M. A Low-Power 1-GHz Razor FIR Accelerator with Time-Borrow

Tracking Pipeline and Approximate Error Correction in 65nm CMOS[J]. IEEE Journal of Solid-State Circuits, 2014, 49(1): 84-94.

[144] Koppula S, Orosa L, et al. EDEN: Enabling Energy-Efficient, High Performance Deep Neural Network Inference Using Approximate DRAM [Z/OL]. (2019-10-12). arXiv: 1910.05340v1.

[145] He K, Gerstlauer A, Orshansky M. Controlled Timing-Error Acceptance for Low Energy IDCT Design[C] // 2011 Design, Automation & Test in Europe, 2011: 1-6.

[146] Ranjan A, et al. Approximate Storage for Energy Efficient Spintronic Memories[C]// 52nd ACM/EDAC/ IEEE Design Automation Conference, 2015: 1-6.

[147] Li B, Gu P, Shan Y, et al. RRAM-Based Analog Approximate Computing[J]. IEEE Transactions on Computer-Aided Design of Integrated Circuits and Systems, 2015, 34(12): 1-1.

[148] Temam O. A Defect-tolerant Accelerator for Emerging High-Performance Applications[C]// International Symposium on Computer Architecture. IEEE, 2012.

[149] Alaghi A, Qian W, et al. The Promise and Challenge of Stochastic Computing[J]. IEEE Transactions on Computer-Aided Design of Integrated Circuits and Systems, 2018, 37(8): 1515-1531.

[150] Ma X L, Zhang Y P, et al. An Area and Energy Efficient Design of Domain-Wall Memory-Based Deep Convolutional Neural Networks using Stochastic Computing [Z/OL]. (2018-02-03). arXiv: 1802.01016v1.

[151] Kim K, Lee L, Choi K. Approximate De-Randomizer for Stochastic Circuits[C]// International SoC Design Conference (ISOCC), 2015.

[152] Alawad M, Lin M. Stochastic-Based Deep Convolutional Networks with Reconfigurable Logic Fabric[J]. IEEE Transactions on Multi Scale Computing Systems, 2016, 2(4): 242-256.

[153] Kim K, Kim J, et al. Dynamic Energy-Accuracy Trade-off Using Stochastic Computing in Deep Neural Networks[C]// 53nd ACM/EDAC/IEEE Design Automation Conference (DAC), 2016.

[154] Larkin D, Kinane A, Muresan V, et al. An Efficient Hardware Architecture for a Neural Network Activation Function Generator[C]// International Symposium on Neural Networks. Springer, Berlin, Heidelberg, 2006.

[155] Cheemalavagu S，Korkmaz P，Palem K, et al. A Probabilistic CMOS Switch and Its Realization by Exploiting Noise[C]// IFIP-VLSI SoC, 2005: 452-457.

[156] Camsari K Y, Faria R, Sutton B M, et al. Stochastic p-bits for Invertible Logic[J]. Physical Review X, 2016, 7(3).

[157] Onizawa N, et al. In-Hardware Training Chip based on CMOS Invertible Logic for Machine Learning[J]. IEEE Transactions on Circuits and Systems I: Regular Papers, 2020, 67(5): 1541-1550.

[158] Cai R, Ren A, et al. A Stochastic-Computing based Deep Learning Framework using Adiabatic Quantum-

Flux-Parametron Superconducting Technology [Z/OL]. (2019-07-22). arXiv: 1907.09077.

[159] Gilbert A C, Zhang Y, et al. Towards Understanding the Invertibility of Convolutional Neural Networks [Z/OL]. (2017-05-24). arXiv: 1705.08664v1.

[160] Daly, Erica L, Bernhard, Jennifer T. The Rapidly Tuned Analog-to-Information Converter[C]// 2013 Asilomar Conference on Signals, Systems and Computers, Pacific Grove, CA, USA, 2013: 495-499.

[161] Frank M P. Throwing Computing into Reverse[J]. IEEE Spectrum, 2017, 54(9): 32-37.

[162] Zhang C X, Mlynski D A. Mapping and hierarchical self-organizing neural networks for VLSI placement[J]. IEEE Transactions on Neural Networks, 1997, 8(2): 299-314.

[163] 谭营. 烟花算法引论 [M]. 北京 : 科学出版社 , 2015.

[164] Gao M, Pu J, Yang X, et al. TETRIS: Scalable and Efficient Neural Network Acceleration with 3D Memory[J]. Acm Sigops Operating Systems Review, 2017, 51(2): 751-764.

[165] Ye F. Particle Swarm Optimization-based Automatic Parameter Selection for Deep Neural Networks and Its Applications in Large-scale and High-dimensional Data[J]. Plos One, 2017, 12(12): e0188746.

[166] Jaderberg M, Dalibard V, et al. Population Based Training of Neural Networks[Z/OL]. (2017-11-28). arXiv: 1711.09846v2.

[167] Real E, Aggarwal A, et al. Regularized Evolution for Image Classifier Architecture Search [Z/OL]. (2019-02-16). arXiv: 1802.01548v7.

[168] Liu H X, Simonyan K, Vinyals O, et al. Hierarchical Representations for Efficient Architecture Search [Z/OL]. (2018-02-22). arXiv: 1711.00436v2.

[169] Lorenzo P R, Nalepa J. Memetic Evolution of Deep Neural Networks[C]// the Genetic and Evolutionary Computation Conference. ACM, 2018: 505-512.

[170] Liang J, Meyerson E, et al. Evolutionary Neural AutoML for Deep Learning [Z/OL]. (2019-04-09). arXiv: 1902.06827v3.

[171] Singh P, Dwivedi P. Integration of New Evolutionary Approach with Artificial Neural Network for Solving Short Term Load Forecast Problem[J]. Applied Energy, 2018, 217: 537-549.

[172] Kenny A, Li X. A Study on Pre-training Deep Neural Networks Using Particle Swarm Optimisation[C] // Asia-Pacific Conference on Simulated Evolution and Learning, 2017: 361-372.

[173] Badem H, Basturk A, Caliskan A, et al. A New Efficient Training Strategy for Deep Neural Networks by Hybridization of Artificial Bee Colony and Limited–memory BFGS Optimization Algorithms[J]. Neurocomputing, 2017, 266(Nov. 29): 506-526.

[174] Banharnsakun A. Towards Improving the Convolutional Neural Networks for Deep Learning Using the Distributed Artificial Bee Colony Method[J]. International Journal of Machine Learning and Cybernetics, 2019, 10(6): 1301-1311.

[175] Leke C, Ndjiongue A R, Twala B, et al. A Deep Learning-Cuckoo Search Method for Missing Data Estimation in High-Dimensional Datasets[C]// International Conference in Swarm Intelligence, Springer, Cham, 2017: 561-572.

[176] Wang B, Xue B, Zhang M J. Particle Swarm Optimisation for Evolving Deep Neural Networks for Image Classification by Evolving and Stacking Transferable Blocks [Z/OL]. (2020-03-21). arXiv: 1907.12659v2.

[177] Palangpour P. FPGA Implementation of PSO Algorithm and Neural Networks[D]. Lola: Missouri University of Science and Technology, 2010.

[178] Ameur B, Anis S. FPGA Implementation of Parallel Particle Swarm Optimization Algorithm and Compared with Genetic Algorithm[J]. International Journal of Advanced Computer ence & Applications, 2016, 7(8).

[179] Fang Y, Wang Z, Gomez J, et al. A Swarm Optimization Solver Based on Ferroelectric Spiking Neural Networks[J]. Frontiers in Neuroence, 2019.

[180] Eberhart R, Kennedy J. A New Optimizer Using Particle Swarm Theory[C]// the Sixth International Symposium on Micro Machine and Human Science, Nagoya, Japan, 1995, 1: 39-43.

[181] Cai F X, Kumar S, et al. Harnessing Intrinsic Noise in Memristor Hopfield Neural Networks for Combinatorial Optimization [Z/OL]. (2019-04-03). arXiv: 1903.11194.

[182] Lucas A. Ising Formulations of Many NP Problems [Z/OL]. (2014-01-24). arXiv: 1302.5843.

[183] Someya K, Ono R, Kawahara T. Novel Ising Model Using Dimension-control for High-speed Solver for Ising Machines[C]// 2016 14th IEEE International New Circuits and Systems Conference (NEWCAS). IEEE, 2016.

[184] Nishimori H. Statistical Physics of Spin Glasses and Information Processing: An Introduction[M]. Oxford University Press, 2001.

[185] Yoshimura C, Hayashi M, Okuyama T, et al. FPGA-based Annealing Processor for Ising Model[C] // Fourth International Symposium on Computing & Networking. IEEE, 2017.

[186] Yan K. Accelerated Optimization Using Coherent Ising Machines[D]. Tokyo: The University of Tokyo, 2013.

[187] Yamamoto Y, Aihara K, Leleu T, et al. Coherent Ising Machines—Optical Neural Networks Operating at the Quantum Limit[J]. Npj Quantum Information, 2017, 3(1): 49.

[188] Wang T S, Roychowdhury J. Oscillator-based Ising Machine[D]. Berkeley: University of California, 2017. arXiv: 1709.08102v2.

[189] Takata K, Utsunomiya S, Yamamoto Y. Transient Time of An Ising Machine Based on Injection-locked Laser Network[J]. New Journal of Physics, 2012, 14(1): 013052.

[190] Yamaoka M, et al. A 20k-Spin Ising Chip to Solve Combinatorial Optimization Problems With CMOS Annealing[C]// IEEE Journal of Solid-State Circuits, 2016, 51(1): 303-309.

[191] Kazuo Yano. Artificial Intelligence as a Hope: AI for Taking on the Challenges of an Unpredictable Era[Z]. Hitachi Review, 2016, 65(6).

[192] Goto H, Tatsumura K, Dixon A R. Combinatorial Optimization by Simulating Adiabatic Bifurcations in Nonlinear Hamiltonian Systems[J]. Science Advances, 2019, 5(4).

[193] Pierangeli D, Marcucci G, Conti C. Large-scale Photonic Ising Machine by Spatial Light Modulation[J]. Physical Review Letters, 2019, 122(21): 213902.1-213902. 6.

[194] Mcmahon P L, Marandi A, Haribara Y, et al. A Fully Programmable 100-spin Coherent Ising Machine with All-to-all Connections[J]. Science, 2016, 354(6312): 614-617.

[195] Roques C C, et al. Heuristic Recurrent Algorithms for Photonic Ising Machines[Z/OL]. (2019-11-19). arXiv: 1811.02705v3.

[196] Yang K, Chen Y F, et al. High Performance Monte Carlo Simulation of Ising Model on TPU Clusters[C] // the International Conference for High Performance Computing, Networking, Storage and Analysis, Denver, Colorado, 2019.

[197] 韩德尔 , 张臣雄 . 人工智能 +：AI 与 IA 如何重塑未来 [M] 北京 : 机械工业出版社 , 2018.

[198] Finn C, et al. Model-Agnostic Meta-Learning for Fast Adaptation of Deep Networks[Z/OL]. (2017-07-18). arXiv: 1703.03400v3.

[199] Frans K, et al. Meta Learning Shared Hierarchies[Z]. (2017-10-26). arXiv: 1710.09767v1.

[200] Bohnstingl T, Scherr F, Pehle C, et al. Neuromorphic Hardware Learns to Learn[J]. Frontiers in Neuroence, 2019, 13: 483.

[201] Cox M T, Raja A. Metareasoning: Thinking about Thinking[M]. The MIT Press, 2011.

[202] Higgins I, Matthey L, et al. β -VAE: Learning Basic Visual Concepts with a Constrained Variational Framework[C]// International Conference on Learning Representations (ICLR), 2017.

[203] Burgess C P, Higgins I, Pal A, et al. Understanding Disentangling in β -VAE[D/OL]. (2018-04-10). arXiv: 1804.03599v1.

[204] Chen X, Duan Y, et al. InfoGAN: Interpretable Representation Learning by Information Maximizing Generative Adversarial Nets[D/OL]. (2016-06-16). arXiv: 1606.03657.

[205] Kulkarni T D, Whitney W, Kohli P, et al. Deep Convolutional Inverse Graphics Network[C]// Neural Information Processing Systems(NIPS), 2015.

[206] Shanahan M, et al. An Explicitly Relational Neural Network Architecture[Z/OL]. (2019-12-20). arXiv: 1905.10307v3.

[207] Goodfellow I J, et al. Generative Adversarial Nets[C]// Neural Information Processing Systems (NIPS),

Montreal, 2014, 2: 2672-2680.

[208] Karras T, et al. Progressive Growing of GANs for Improved Quality Stability and Variation[Z/OL]. (2018-02-26). arXiv: 1710.10196v3.

[209] Zhu J Y, et al. Unpaired Image-to-Image Translation Using Cycle-Consistent Adversarial Networks[C]// IEEE International Conference on Computer Vision (ICCV), 2017: 2223-2232.

[210] Yazdanbakhsh A, et al. FlexiGAN: An End-to-End Solution for FPGA Acceleration of Generative Adversarial Networks[C]// 26th IEEE International Symposium on Field-Programmable Custom Computing Machines (FCCM), 2018.

[211] Kang S, Han D, et al. 7.4 GANPU: A 135TFLOPS/W Multi-DNN Training Processor for GANs with Speculative Dual-Sparsity Exploitation[C]// IEEE International Solid- State Circuits Conference (ISSCC), San Francisco, CA, USA, 2020: 140-142.

[212] Chen F, Song L, Chen Y. ReGAN: APipelined ReRAM-based Accelerator for Generative Adversarial Networks[C]// 23rd Asia and South Pacific Design Automation Conference, Jeju, Korea, 2018.

[213] Mao H, Song M, Li T, et al. LerGAN: AZero-free, Low Data Movement and PIM-based GAN Architecture[C]// 51st Annual IEEE/ACM International Symposium on Microarchitecture, Fukuoka, Japan, 2018: 81-669.

[214] Jantsch A, Dutt N, Rahmani A M. Self-Awareness in Systems on Chip-A Survey[J]. IEEE Design and Test, 2017: 99.

[215] Dutt N, Jantsch A, Sarma S. Toward Smart Embedded Systems: A Self-aware System-on-Chip (SoC) Perspective[J]. ACM Transactions on Embedded Computing Systems, 2016, 15(2): 1-27.

[216] Chandra A, Lewis P R, Glette K, et al. Reference Architecture for Self-Aware and Self-Expressive Computing Systems[A]// Lewis P R, Platzner M, Rinner B, Torresen J, et al. Self-Aware Computing Systems: An Engineering Approach[C], 2016: 37-49.

[217] Bouajila A, Zeppenfeld J, et al. Autonomic System on Chip Platform[M]// Organic Computing—A Paradigm Shift for Complex Systems, Springer, 2011.

[218] Wilson D G, et al. Evolving Simple Programs for Playing Atari Games[Z/OL]. (2018-06-14). arXiv: 1806. 5695v1.

[219] Sekanina L. Virtual Reconfigurable Circuits for Real-World Applications of Evolvable Hardware[A] // Tyrrell A M, Haddow P C, Torresen J. Evolvable Systems: From Biology to Hardware. Berlin: Springer, 2003: 186-197.

[220] Mora J, Salvador R, Eduardo D L T. On the Scalability of Evolvable Hardware Architectures: Comparison of Systolic Array and Cartesian Genetic Programming[J]. Genetic Programming & Evolvable Machines, 2019, 20(2): 155-186.

[221] Kim C, Kang S, Shin D, et al. A 2. 1TFLOPS/W Mobile Deep RL Accelerator with Transposable PE Array and Experience Compression[C]// 2019 IEEE International Solid- State Circuits Conference(ISSCC). IEEE, 2019.

[222] Gomez F, Schmidhuber J, Miikkulainen R, et al. Accelerated Neural Evolution through Cooperatively Coevolved Synapses[J]. Journal of Machine Learning Research, 2008: 937-965.

[223] Bontrager P, Lin W, Togelius J, et al. Deep Interactive Evolution[Z/OL]. (2018-01-24). arXiv: 1801.08230v1.

[224] Fellicious C, Transfer Learning and Organic Computing for Autonomous Vehicles(2018-08-16). arXiv: 1808. 05443v1.

[225] Harris N C. Programmable Nanophotonics for Quantum Information Processing and Artificial Intelligence[D]. Cambridge: Massachusetts Institute of Technology, 2017.

[226] Harris N C, Carolan J, Bunandar D, et al. Linear Programmable Nanophotonic Processors[J]. Optica, 2018, 5(12).

[227] Shen Y C, Harris N C, Skirlo S, et al. Deep Learning with Coherent Nanophotonic Circuits[Z/OL]. (2016-10-07). arXiv: 1610.02365v1.

[228] Maass W, Natschläeger T, Markram H. Real-Time Computing without Stable States: A New Framework for Neural Computation based on Perturbations[J]. Neural Computation, 2002, 14(11): 2531-2560.

[229] Jaeger H. The "Echo State" Approach to Analysing and Training Recurrent Neural Networks-with an Erratum Note[R]. Bonn: German National Research Center for Information Technology GMD Technical Report, 2001.

[230] Steil J J. Backpropagation-Decorrelation: Online Recurrent Learning with O(N) Complexity[C]// IEEE International Joint Conference on Neural Networks. IEEE, 2004, 1: 843-848.

[231] Goudarzi A, Lakin M R, Stefanovic D. Reservoir Computing Approach to Robust Computation Using Unreliable Nanoscale Networks[C]// International Conference on Unconventional Computation and Natural Computation. Springer, Cham, 2014.

[232] Vandoorne K, Mechet P, Van V T, et al. Experimental Demonstration of Reservoir Computing on a Silicon Photonics Chip[J]. Nature Communications, 2014, 5.

[233] Katumba A, Freiberger M, Laporte F, et al. Neuromorphic Computing Based on Silicon Photonics and Reservoir Computing[J]. IEEE Journal of Selected Topics in Quantum Electronics, 2018, 24(6): 1-1.

[234] Bong K, Choi S, Kim C, et al. 14.6 A 0.62mW Ultra-low-power Convolutional-neural-network Face-recognition Processor and A CIS Integrated with Always-on Haar-like Face Detector[C]// 2017 IEEE International Solid- State Circuits Conference (ISSCC). IEEE, 2017.

[235] Liu Q, Yildirim K S, Paweczak P, et al. Safe and Secure Wireless Power Transfer Networks: Challenges

and Opportunities in RF-Based Systems[J]. IEEE Communications Magazine, 2016, 54(9): 74-79.

[236] Shafique K, Khawaja B A, et al. Energy Harvesting Using a Low-Cost Rectenna for Internet of Things (IoT) Applications[J]. IEEE Access, 2018, 6.

[237] Rosa R L, Zoppi G, Finocchiaro A, et al. An Over-the-distance Wireless Battery Charger based on RF Energy Harvesting[C]// 2017 14th International Conference on Synthesis, Modeling, Analysis and Simulation Methods and Applications to Circuit Design (SMACD). 2017.

[238] Rosa R L, Trigona C, Zoppi G, et al. RF Energy Scavenger for Battery-free Wireless Sensor Nodes[C] // 2018 IEEE International Instrumentation and Measurement Technology Conference (I2MTC). IEEE, 2018.

[239] Guerra R, Finocchiaro A, Papotto G, et al. An RF-powered FSK/ASK Receiver for Remotely Controlled Systems[C]// 2016 IEEE Radio Frequency Integrated Circuits Symposium (RFIC). IEEE, 2016: 226-229.

[240] Fan F R, Tian Z Q, Wang Z L. Flexible Triboelectric Generator[J]. Nano Energy, 2012, 1(2): 328-334.

[241] Lin Z M, Chen J, Yang J. Recent Progress in Triboelectric Nanogenerators as a Renewable and Sustainable Power Source[J]. Journal of Nanomaterials, 2016.

[242] Liu J, Gu L, Cui N, et al. Fabric-Based Triboelectric Nanogenerators[J]. AAAS Research, 2019, 2019: 1-13.

[243] Niu S, Wang X, Yi F, et al. A Universal Self-charging System Driven by Random Biomechanical Energy for Sustainable Operation of Mobile Electronics[J]. Nature Communications, 2015, 6: 8975.

[244] EPIC Semiconductors. Smart Dust AI Chip With Feelings[Z]. 2019.

[245] Ylli K, Hoffmann D, et al. Human Motion Energy Harvesting for AAL Applications[J]. Journal of Physics: Conference Series, 2014, 557: 012024.

[246] Ryckaert J, Schuddinck P, Weckx P, et al. The Complementary FET (CFET) for CMOS scaling beyond N3[C]// 2018 IEEE Symposium on VLSI Technology. IEEE, 2018.

[247] Chau R. A Bright Future for Moore's Law[Z]. Intel, 2020.

[248] Aly M M S, Wu T F, Bartolo A, et al. The N3XT Approach to Energy-Efficient Abundant-Data Computing[J]. Proceedings of the IEEE, 2018, 107(1): 19-48.

[249] Kim D, Kung J, Chai S, et al. Neurocube: A Programmable Digital Neuromorphic Architecture with High-Density 3D Memory[C]// ACM/IEEE 43rd Annual International Symposium on Computer Architecture (ISCA). IEEE, 2016: 380-392.

[250] Walker C. New Intel Core Processor Combines High-Performance CPU with Custom Discrete Graphics from AMD to Enable Sleeker, Thinner Devices[Z]. Intel, 2017.

[251] Seemuth D P, Davoodi A, Morrow K. Automatic Die Placement and Flexible I/O Assignment in 2.5D IC

Design[C]// International Symposium on Quality Electronic Design. IEEE, 2015.

[252] Zheng L, Zhang Y, Bakir M S. A Silicon Interposer Platform Utilizing Microfluidic Cooling for High-Performance Computing Systems[J]. IEEE Transactions on Components, Packaging and Manufacturing Technology, 2015, 5(10): 1379-1386.

[253] Kannan A, et al. Enabling Interposer-based Disintegration of Multi-core Processors[C]// The International Symposium on Microarchitecture (MICRO), 2015.

[254] Kim M M, Mehrara M, Oskin M, et al. Architectural Implications of Brick and Mortar Silicon Manufacturing[J]. Acm Sigarch Computer Architecture News, 2007, 35(2): 244.

[255] Cianchetti M, et al. Implementing System-in-Package with Nanophotonic Interconnect[C]// Workshop on the Interaction between Nanophotonic Devices and Systems, 2010.

[256] Demir Y, et al. Galaxy: A High-performance Energy-efficient Multi-chip Architecture Using Photonic Interconnects[C]// International Conference on Supercomputing(ICS), 2014.

[257] Shilov A. AMD Previews EPYC "Rome" Processor: Up to 64 Zen 2 Cores[Z]. AnandTech, 2018.

[258] Mahajan R, Sankman R, Patel N, et al. Embedded Multi-die Interconnect Bridge (EMIB)— A High Density, High Bandwidth Packaging Interconnect[C]// Electronic Components & Technology Conference, 2016: 557-565.

[259] Brinda Bhowmick. Hetero Double Gate-dielectric Tunnel FET with Record High ION/ IOFF Ratio[C] // International Conference on VLSI, Communication & Instrumentation (ICVCI), 2011.

[260] Knoch J, Appenzeller J. A Novel Concept for Field Effect Transistors—the Tunneling Carbon Nanotube FET[C]// Proceedings of the 63rd DRC, 2005, 1: 153-158.

[261] Rasmussen F A, Thygesen K S. Computational 2D Materials Database: Electronic Structure of Transition-Metal Dichalcogenides and Oxides[J]. Journal of Physical Chemistry C, 2015, 119: 13169-13183.

[262] Wong H S P. Metal-Oxide RRAM[J]. Proceedings of the IEEE, 2012, 100(6): 1951-1970.

[263] Yu S, Gao B, Fang Z, et al. Stochastic Learning in Oxide Binary Synaptic Device for Neuromorphic Computing[J]. Frontiers in Neuroence, 2013, 7: 186.

[264] Manipatruni S, Nikonov D E, Lin C C, et al. Scalable Energy-efficient Magnetoelectric Spin-orbit Logic[J]. Nature, 2019, 565(7737): 35-42.

[265] National Institute of Standards and Technology. NIST's Superconducting Synapse May Be Missing Piece for "Artificial Brains"[Z]. 2018.

[266] Gambetta J, et al. Building Logical Qubits in a Superconducting Quantum Computing System[J]. Nature Quantum Information, 2017, 3.

[267] Bhatti S, et al. Spintronics Based Random Access Memory: A Review[J]. Materials Today, 2017, 20(9): 530-548.

[268] Chen A, Rosing T S, Datta S, et al. A Survey on Architecture Advances Enabled by Emerging Beyond-CMOS Technologies[J]. IEEE Design & Test, 2019: 46-68.

[269] Cohen T S, Weiler M, Kicanaoglu B, et al. Gauge Equivariant Convolutional Networks and the Icosahedral CNN[Z/OL]. (2019-05-13). arXiv: 1902.04615v3.

[270] Lee J W. Quantum Fields as Deep Learning[Z/OL]. (2017-08-18). arXiv: 1708.07408.

[271] Wilson K G, Kogut J. The Renormalization Group and the ε Expansion[J]. Physics Reports, 1974, 12: 75-199.

[272] Pankaj M, Schwab D J. An Exact Mapping Between the Variational Renormalization Group and Deep Learning[Z/OL]. (2014-10-14). arXiv: 1410.3831.

[273] Efrati E, Wang Z, Kolan A, et al. Reviews of Modern Physics[J]. Real-space Renormalization in Statistical Mechanics, 2014, 86: 647.

[274] Cai W, Shalaev V, Optical Metamaterials: Fundamentals and Applications[M]. Heidelberg: Springer Science, 2010.

[275] Yu N, Genevet P, Kats M A, et al. Light Propagation with Phase Discontinuities: Generalized Laws of Reflection and Refraction[J]. Science, 2011, 334(6054): 333-337.

[276] Lin X, Rivenson Y, Yardimei N T, et al. All-Optical Machine Learning Using Diffractive Deep Neural Networks[J]. Science, 2018, 361(6406): 1004-1008.

[277] Lu L, Zeng Z, Zhu L, et al. Miniaturized Diffraction Grating Design and Processing for Deep Neural Network[J]. IEEE Photonics Technology Letters, 2019, 31(24): 1952-1955.

[278] Manzalini A. Complex Deep Learning with Quantum Optics[J]. Quantum Reports, MDPI, 2019.

[279] Trabelsi C, et al. Deep Complex Networks[Z/OL]. (2018-02-25). arXiv: 1705. 09792v4.

[280] Wu H, Zhou J, Lan C, et al. Microwave Memristive-like Nonlinearity in a Dielectric Metamaterial[J]. Scientific Reports, 2014, 4: 5499.

[281] Zhang W R, Peace K E. Revealing the Ubiquitous Effects of Quantum Entanglement—Toward a Notion of God Logic[J]. Journal of Quantum Information Science, 2013, 3.

[282] Zhang W R. YinYang Bipolar Relativity: A Unifying Theory of Nature, Agents and Causality with Applications in Quantum Computing, Cognitive Informatics and Life Sciences[M]. Information Science Reference, 2011.

[283] Zhang W R. The Road from Fuzzy Sets to Definable Causality and Bipolar Quantum Intelligence—To the Memory of Lotfi A. Zadeh[J]. Journal of Intelligent & Fuzzy Systems, 2019, 36(4): 3019-3032.

[284] Statistics From Google Ngram Viewer[Z]. 2020.

[285] Adcock J, et al. Advances in Quantum Machine Learning[Z/OL]. (2015-12-09). arXiv: 1512.02900.

[286] Arunachalamand S, Wolf R D. Guest Column: A Survey of Quantum Learning Theory[J]. ACM SIGACT

News, 2017, 48(2).

[287] Kak S. On Quantum Neural Computing[J]. Information Sciences, 1995, 83(3-4): 143-160.

[288] Smolensky P. Information Processing in Dynamical Systems: Foundations of Harmony Theory[D]. Boulder: University of Colorado Boulder, Department of Computer Science, 1986. Technical Report No. CU-CS-321-86.

[289] Wiebe N, Kapoor A, Svore K M. Quantum Deep Learning[Z/OL]. (2015-05-22). arXiv: 1412.3489v2.

[290] Brassard G, Hoyer P, Mosca M, et al. Quantum Amplitude Amplification and Estimation[J]. Communications In Contemporary Mathematics, 2002, 305: 53-74.

[291] Amin M H, Andriyash E, Rolfe J, et al. Quantum Boltzmann Machine[Z/OL]. (2016-01-08). arXiv: 1601. 2036.

[292] Biamonte J, Wittek P, Pancotti N, et al. Quantum Machine Learning[J]. Nature, 2017, 549: 195-202.

[293] Porotti R, Tamascelli D, Restelli M, et al. Coherent Transport of Quantum States by Deep Reinforcement Learning[Z/OL]. (2019-01-20). arXiv: 1901.06603.

[294] Steinbrecher G R, Olson J P, Englund D, et al. Quantum Optical Neural Networks[J]. npj Quantum Information, 2019, 5(1): 60.

[295] Lloyd S, Weedbrook C. Quantum Generative Adversarial Learning[Z/OL]. (2018-04-24). arXiv: 1804. 9139v1.

[296] Saitta L, Giordana A, Cornu¡äejols A. Phase Transitions in Machine Learning[M]. Cambridge University Press, 2011.

[297] Tsallis C. Introduction to Nonextensive Statistical Mechanics: Approaching a Complex World[M]. Springer, 2009.

[298] Maszczyk T, Duch W. Comparison of Shannon, Renyi and Tsallis Entropy used in Decision Trees[C]// Rutkowski L, Tadeusiewicz R, Zadeh L, et al. Artificial Intelligence and Soft Computing-Proc. of the 9th International Conference, Zakopane, 2008: 643-651.

[299] Ghoshdastidar D, Adsul A, Dukkipati A. Learning With Jensen-Tsallis Kernels[J]. IEEE Transactions on Neural Networks and Learning Systems, 2016, 10: 2108-2119.

[300] Lee K, Kim S, Lim S, et al. Tsallis Reinforcement Learning: A Unified Framework for Maximum Entropy Reinforcement Learning[Z/OL]. (2019-02-7). arXiv: 1902.00137v2.

[301] Naftali T N, Zaslavsky N. Deep Learning and the Information Bottleneck Principle[Z/OL]. (2015-03-09). arXiv: 1503.02406v1.

[302] Angelov P, Sperduti A. Challenges in Deep Learning[C]// Verleysen M. Proceedings of the European Symposium on Artificial Neural Networks (ESANN), 2016: 489-495.

[303] Wu Z H, Pan S R, Chen F W, et al. A Comprehensive Survey on Graph Neural Networks[Z/OL]. (2019-

12-04). arXiv: 1901.00596.

[304] Vaswani A, Shazeer N, Parmar N, et al. Attention is All You Need[J]. Advances in Neural Information Processing Systems, 2017: 5998-6008.

[305] Han S, Kang J, Mao H, et al. ESE: Efficient Speech Recognition Engine with Sparse LSTM on FPGA[C] // Proceedings of the 2017 ACM/SIGDA International Symposium on Field-Programmable Gate Arrays, Monterey, CA, 2017: 75-84.

[306] Shin D, Lee J, Lee J, et al. 14.2 DNPU: An 8.1TOPS/W Reconfigurable CNN-RNN Processor for General-Purpose Deep Neural Networks[C]// Proceedings of the 2017 IEEE International Solid-State Circuits Conference, San Francisco, CA, 2017: 240-1.

[307] Gao C, Neil D, Ceolini E, et al. DeltaRNN: A Power-Efficient Recurrent Neural Network Accelerator[C]// Proceedings of the 2018 ACM/SIGDA International Symposium on Field-Programmable Gate Arrays, Monterey, CA, 2018: 21-30.

[308] Shazeer N, Mirhoseini A, et al. Outrageously Large Neural Networks: The Sparsely-Gated Mixture-of-Experts Layer[Z/OL]. (2017-01-23). arXiv: 1701.06538.

[309] Zhang S, Kang M, et al. Reducing the Energy Cost of Inference via In-sensor Information Processing[Z/OL]. (2016-07-03). arXiv: 1607.00667v1.

[310] Sanchez-Lengeling B, et al. Machine Learning for Scent: Learning Generalizable Perceptual Representations of Small Molecules[Z/OL]. (2019-10-25). arXiv: 1910.10685v2.

[311] Yoo H J. Brain Inspired Intelligent SoCs and Applications[C]// IEEE 10th International Symposium on Embedded Multicore/Many-core Systems-on-Chip (MCSoC-16), Lyon, France, 2016.

[312] Wang Z, Joshi S, Sergey E, et al. Memristors with Diffusive Dynamics as Synaptic Emulators for Neuromorphic Computing[J]. Nature Materials, 2016, 16(1): 101-108.

[313] Fu T, Liu X, Gao H, et al. Bioinspired Bio-voltage Memristors[J]. Nature Communications, 2020, 11(1): 1861.

[314] Miguel R, Philippe T, Sumito T, et al. Vowel Recognition with Four Coupled Spin-torque Nano-oscillators[J]. Nature, 2019, 563: 230-234.

[315] Yao X, Klyukin K, Lu W, et al. Protonic Solid-state Electrochemical Synapse for Physical Neural Networks[J]. Nature Communications, 2020, 11(1): 3134.